装备科技译著出版基金

Assurance Technologies Principles and Practices

保证技术原理与实践

产品、过程和系统安全性观点

A Product, Process, and System Safety Perspective

〔美〕Dev G. Raheja, Michael Allocco　著

梅文华　罗乖林　侯　建
章　珂　丁利平　吴文婷　译

国防工业出版社

·北京·

著作权合同登记　图字:军-2008-066号

图书在版编目(CIP)数据

保证技术原理与实践:产品、过程和系统安全性观
点/(美)拉赫贾(Rahe ja, D. G.),(美)阿罗科
(Allocco, M.)著;梅文华等译.—北京:国防工业出
版社,2014.6
书名原文:Assurance technologies principles
and practices (Second Edition):a product,process,
and system safety perspective
ISBN 978-7-118-09439-8

Ⅰ.①保... Ⅱ.①拉...②阿...③梅... Ⅲ.①软件质
量-质量管理 Ⅳ.①TP311.5

中国版本图书馆 CIP 数据核字(2014)第 060796 号

※

国防工业出版社 出版发行
(北京市海淀区紫竹院南路23号　邮政编码100048)
北京嘉恒彩色印刷有限公司
新华书店经售
*
开本 710×1000　1/16　印张 25　字数 480 千字
2014 年 6 月第 1 版第 1 次印刷　印数 1—3000 册　　定价 98.00 元

(本书如有印装错误,我社负责调换)

国防书店:(010)88540777　　发行邮购:(010)88540776
发行传真:(010)88540755　　发行业务:(010)88540717

译 者 序

装备可靠性工程理论和技术从国外引进已有 30 余年,翻译出版了大量书籍,并且通过消化吸收和创新研究,国内专家也编著出版了大量书籍。但是,这些书籍主要局限于可靠性、维修性和保障性的范围。随着技术的发展,近年来逐步重视测试性和安全性的研究。但是,对于装备安全性的研究非常之少,以至于目前在型号研制中,订购方不知如何提出安全性要求、如何进行验证与评价;在研制过程中,研制方不知如何开展安全性设计与分析工作。

《保证技术原理与实践》一书是作者长期研究的总结,在全面阐述装备共性技术及其相互关系方面非常有特色,既有理论深度,又有实践经验,对国内科研、生产和教学,有重大参考应用价值。第一作者 Dev Raheja(德夫·拉赫贾)是世界上系统保证技术领域的领军人物。作为"按竞争力进行设计"的创始人和主席,他主要与通用电气、通用汽车、西门子、尼桑、波音、NASA、福特、英特尔、摩托罗拉和 IBM 等一些大公司负责研发的经理和工程技术人员合作,就如何运用创新和创造力来降低新产品的费用开展培训。他曾经担任通用电气公司执行董事,在加州大学、华盛顿大学和威斯康星大学开办过可靠性与系统安全性培训班,并在马里兰大学任教授,负责可靠性工程专业的博士学位课程教学。他曾获得多项奖励,包括系统安全性学会授予的科学成就奖。他出版的《保证技术原理与实践》第一版曾列入技术类畅销书。第二作者 Michael Allocco(米歇尔·阿罗科)在安全性工程、系统安全性和安全性管理方面有 30 多年的经验,主要从事民用、军用、航空航天和医疗领域的产品、过程和系统的危险分析、风险评估和事故调查。他是系统安全性学会的会员,曾任该学会执行副主席。他发表了很多关于系统安全性技术和方法的论文。他还在 3 所重点大学开设了系统安全性工程方面的研究生课程。

《保证技术原理与实践》由梅文华、罗乖林、侯建、章珂、丁利平、吴文婷翻译,由梅文华统稿。梅文华翻译第 3,7,11,13 章;罗乖林翻译第 5,8,10 章;侯建翻译第 9,14 章;章珂翻译第 1,2,6 章;丁利平翻译第 4 章和术语;吴文婷翻译第 12 章和附录。

　　《保证技术原理与实践》的翻译出版得到了总装备部装备科技译著出版基金资助,空军装备研究院张福泽院士、武汉理工大学罗帆教授高度评价和热情推荐了该书,在此一并表示衷心的感谢。

　　译者期望《保证技术原理与实践》的翻译出版对我国军工产品研制过程中贯彻落实可靠性、维修性、测试性、保障性、安全性等专门工程工作能起到促进作用。

　　由于译者水平有限,译文中难免出现错误和不足,敬请批评指正。

译　者

前　言

复杂系统中超过 60% 的问题是由内容不完整、描述不清晰、文字水平不高的规范所引起的。一个好的规范将减少至少 80% 的风险,这就是我们编写本书的目的。要确保规范的质量,就应该完整地读完这本书。每一章都揭示规范的一个不同方面。比如你建造一栋新房,仅描述前边的墙面是不够的,必须仔细关注每一堵墙面,否则,大家可能会对一栋各边失调、墙地不合的房子感到纠结。同样,我们必须从各个方面如系统安全性、可靠性、维修性、人机工程、后勤保障、软件完整性和系统集成等方面描述产品,确保各方面之间匹配良好。

大家都对安全性倾注了大量心血。我们无法忍受重大事故和每年大约 125 次汽车安全性召回。太多的人徒然丧命,无数家庭遭受痛苦。这就是为什么本书每一章都要描述确保我们所做每一件事情的安全性的方法。

本书强调的安全性工作不仅仅是一项像大多数人出于无知认为的必要开支,而是一项出色的投资。2004 年,仅在车祸中就死亡 120 万人,经济损失达到 2300 亿美元,预防事故的成本肯定比这要低得多。

本书第一版 1991 年由 McGraw – Hill 出版社出版,书名《保证技术:原理与实践》,曾连续两年列入技术类畅销书。后来,由于 McGraw – Hill 停止出版工程管理类图书,导致印刷中断。作者感谢 John Wiley & Sons 出版社鼓励我们写作本书并将安全性作为本书的坚实基础。也感谢我们的读者,正是你们让第一版成为畅销书。

Dev G. Raheja

Michael Allocco

目　录

第1章 保证技术、利润及与安全性相关的风险管理

1.1 引　言

保证技术是确保产品在预期的寿命内工作良好的过程。在产品的设计、生产、维护中要预先考虑保证技术,如果想要成功的话,还必须综合集成。飞机或核电厂等大型系统的生产商将这个综合集成过程称为系统保证,而消费品或工业品的生产商则称之为产品保证。区别主要在于复杂程度不同。

公司常犯的最主要的错误是,在制定系统性能规范上没有下足够的功夫。通常很多设计保证功能的描述是模糊、遗漏或不完整的。例如,一个规范可能说可靠性为95%。但这是一个模糊的表述。它并没有说在多长时间内。一年? 还是在保证期内? 或是在预期寿命内,如汽车的1000000英里? 置信水平完全遗漏了,任务周期也遗漏了。任何制定规范文件的人必须阅读本书,书中每一章都指出了规范所需要的各项特征。

以下是基本的保证技术:

可靠性分析:在较长的周期里,降低产品故障率,减少生产商保证费用,让顾客愿意回头——如果价格不是不合理的话。产品可靠性基于其设计的健壮性、部件的质量和制造加工。它的设计要求来自采购任何硬件或软件之前的初步分析。

维修性分析:使停机时间最小,减少修理时间,从而减少维护费用。有些维修性的输入来源于可靠性分析。

系统安全性工程和管理:在产品、过程或系统的整个寿命周期,能够识别、消除和控制与安全性相关的风险,因而提供安全的产品、过程或系统。

质量保证工程:在设计中综合考虑顾客满意的需求,确保规范得到满足,减轻与制造错误或缺陷有关的风险。

人因工程:承认人在产品、过程或系统中的作用,并进行有效的集成。它帮助设计师,通过使设计对人的使用错误不敏感,来防止人为灾难。同时减少对与产品、过程或系统打交道的人造成的风险。

后勤保障工程:减少现场使用保障费用。这种费用多是由于较差的质量、可靠性、维修性和安全性造成的。规划阶段的设计分析可以避免很多这类不必要的资源浪费。

1.2　更省、更好和更快的产品

保证技术的目的是让一个组织能生产出更省、更好和更快的产品。这些好处是一个组织在一个竞争市场中最好的杠杆。

美国国防部在寿命周期费用(LCC)方面的数据显示[1],85% 的费用花在生产阶段和使用期间,设计开发阶段仅占 15% 。寿命周期费用分解如下:

方案阶段	3%
研制阶段	12%
生产阶段	35%
使用和保障阶段	50%

如果一个产品的寿命周期费用是一亿美元,其中 8500 万美元花费在设计后的工作,大多数费用集中在诸如降低生产浪费、支付保证金或召回费用,以及解决各种问题等。一个好的产品保证组织应该扭转这一不利局面。在寿命周期前期的花费应该多得多,而在寿命周期后期的投入少得多。这样可以显著地减少寿命周期费用。尽管是顾客支付了这些费用的大多数,但他们会对供货商产生很大影响。顾客总是跑到产品需要更少的维护和修理的另一个供货商那里去(例子见第 4 章,讲述了佳能公司如何从竞争者手里夺走 90% 的市场份额)。当这一切发生时,即使一个老牌的、具有稳固地位的供货商也不能幸存。除了不便于使用和故障以外,高的维护和修理率意味着高的寿命周期费用。一个供货商如果其产品寿命周期费用太高,就不可避免地开始失去顾客。

要降低成本需要在工程分析以及产品改进、过程设计和过程控制方面有必要的投入。有足够的证据表明,在这些技术上的投入并不是额外负担,而是聪明的投资。那些不情愿为日后节省 10 美元而在今天投入 1 美元的公司(有些数据显示也许会节省 100 美元)是没有前途的。

图 1.1 可以更加清楚地说明保证技术带来的好处。图中显示,当在保证技术方面没有任何投入时,寿命周期费用最高,当保证技术应用得越多,寿命周期费用越低。例如,一亿美元的 LCC,采用保证技术后可降低到 5000 万美元。保证技术可使供货商和顾客双方都受益(见第 3 章关于采用和不采用应力筛选的 LCC 讨论)。除非只是为了短期生存与快速获利,一个公司不应该害怕投资 500 万美元以便在未来费用中节省出 5000 万美元。迄今为止,一直在强调物美价廉的好处。幸运的是,这些好处也是遵守一个有效的执行计划的基本需要。"挑战者"航天飞机的灾难就是在这方面的一个教训。事故显示,由于技术问题,航天飞机项目计划已经完全不在掌控之中。只有当计划符合实际,并在一些问题出现之前,有足够的资源去识别和化解,才能真正掌控计划。这就是奥本海姆所说,"天才就是在问题提出之前就有了答案的人"的意思。利用本书介绍的各种积极主动的方法可以化解问题。

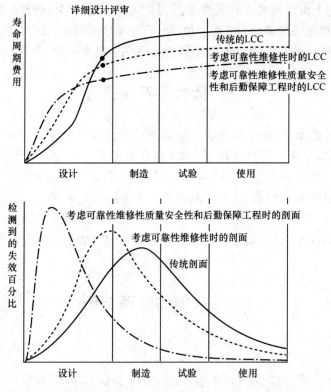

图 1.1　保证技术在寿命周期费用和性能上的效果

一个成功的故事发生在福特公司。在分析了 1995 年的"林肯"牌汽车（Lincoln Continental）的各种内部、外部接口和其他问题后，工程师对规范做了 700 多处修改，其结果是生产费用从 9000 万美元降低到了 3000 万美元。尽管项目启动较晚，但提前 4 个月完成了。只有那些得到了这样结果的人才明白，实现更省、更好、更快是一门学问。

对保证技术进行综合集成是非常复杂并且耗时的。它不是为了某个目的将这些技术进行折中，而是要采用并行工程，协调一致地完成任务。这个过程允许同时采用多种分析方法，以便阻止后面出现问题。例如，作者之一的一位同事曾为明尼阿波利斯市的一个防务电子公司进行了一个新产品的可靠性分析，这个分析与产品设计同步进行。他发现在当时的设计中很多元器件工作在额定值的 50% 以上。他让公司明白，这样设计不符合可靠性工程降额原则，他协助重新设计了产品以使所有元器件都工作在额定值的 50% 以下。结果使设计工程师大吃一惊。当他们做产品鉴定试验时，竟然一次通过了！他们以前从来没有这么顺利，过去总是要来回重复几次，一边试验一边解决问题。但这一次由于新产品不需要解决什么问题，比预期时间提前了 3 个月完成。设计得更好的产品能够帮助减少时间、节省费用。这个例子显示的仅是可靠性改进的结果。如果在质量保证、系统安全性、维修性和综合保障工程上也进行类似的改进,新产品的推广时间能够压缩得更短。

注意:这里的关键是并行工程。如果分析是顺序进行的,就像很多公司做的那样,分析总是滞后的并且没什么价值,进度也几乎总是失控的。

1.3　什么是系统保证

要理解系统保证,就必须理解故障和危险的定义。如果一个系统尽管满足规范,但是不满足用户的合理期望,那么它就故障了。当故障导致危险,事故就可能发生。这样的说法使很多读者惊讶,但每年几百万的不安全产品都是由于这个原因被召回的。例如:一个人佩戴了一个可编程起搏器,走过商场的电磁防窃装置,引起起搏器失灵,结果造成这个人心脏病发作死亡。起搏器和防窃装置都符合各自的规范,但不满足用户的期望。顾客期望的是一个既安全①又麻烦最少的产品。

1.4　关键的管理责任

1.4.1　集成

对于顾客来说,系统的性能依赖于至少 5 个要素的集成,即硬件、软件、人、环境和方法,而集成只能通过供货商管理层来实现。在用户环境中,系统应该在防止这几个领域中的错误、失效和危险等方面具有健壮性。用户期望这样的健壮性贯穿于整个寿命周期。这些概念在图 1.2 中给出。

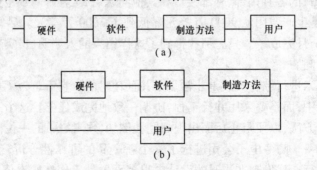

图 1.2
(a)典型的系统保证模型;(b)改进后的模型。

---

① 没有任何产品是完全安全的:一个安全的系统应该表明,在整个寿命周期内与安全性相关的风险应已经被识别、消除或控制在一个可以接受的水平内。

图 1.2(a)中的方块图表示,一个系统要正常工作,其硬件、软件、制造方法和人的因素(使用和维护人员),必须同时可靠。同时还应考虑这个模型是在一个环境条件下工作的。这个模型也意味着这 5 个要素之间的所有接口必须是可靠的。

在这些要素中,人的行为是最不可预测的,因此它可能是整个链路中最薄弱的环节。图 1.2(b)给出了一个改进的模型,其中用户是一个冗余要素。通过增加软件的使用,减少人的作用。

1.4.2　制定与目标相符的预算

一旦系统得到定义,管理层必须遵循基本规则,并对资源进行有效管理。在早期设计阶段,需要各种资源为非常详细的分析提供支持。在这时的投资是最有效的。不幸的是,由于缺乏预算,妨碍了管理者进行及时投资。为了给这些活动制定预算,管理者应该学会预料几百项设计改进所需的投资。

1.4.3　管理风险

在大多数管理学教科书中对风险管理过程的定义都非常粗略。它们大多数使用过去数据,并不考虑总会有新的灾难在等待着发生。本书以一种精心设计的方式处理风险,在主动设计的帮助下来避免很多新的灾难。

风险的传统定义"频度和严重度的乘积"是含糊的。比如说,如果产品的失效有 10 个等级的严重度,它没有明确哪个等级的失效应该考虑。当计算失效的频度时,例如有 5000 个左右的失效,它没有明确应该考虑哪些失效。ITT 公司的前主席 Harold Feenan 写道,"理论应该被当作一个起点。一旦你突破了屏障,你就必须理论联系实际"[2]。这句话可完全应用到风险。第一个现实是,复杂的产品,例如"哥伦比亚"号航天飞机,可能以几千种方式失效。每一个失效或危险可能有无损害、丧失系统和失去生命等几个严重度等级。事实上,"哥伦比亚"号的灾难可能有更高的严重度,如可能坠毁于城市人口稠密地区。第二个现实是,像航天飞机这样的复杂产品,可能以不同的方式再次失效。

1. 管理与安全性相关的风险

在风险管理的范畴内,风险控制包括风险接受、风险减小、风险避免、风险扩散、风险转移等概念。从大的方面考虑,当思考初始设计方案的时候,也应该理解和应用这些风险管理概念。

(1) 风险接受、风险减小。风险接受和风险减小是通常在系统寿命周期的后期采用的技术。在设计之初可以较早地做出风险避免的决策。可以做出完全排除风险的选择,也可以得出结论,认为系统、使用或过程可能太危险。

(2) 风险代替。用低风险代替高风险等于风险减小。这类决策也可在方案制定阶段较早地做出。例如,由于存在遭受电击的风险,可以用低功率的设备代替高

5

功率的设备。

（3）风险扩散。风险扩散的方法涉及保险。类似的风险被投保，并将其扩散开来。保户提供保金，即保险的费用。保险公司赔偿风险发生后的损失。当损失与保金之比小于0.60时，保险公司将签下这一保险业务。当总损失超过保金时，保险公司将不会承担这笔保险业务。

（4）风险转移。风险转移就是将风险从一个实体转移到另一个实体。高风险工作可以转包给具有更合适的风险控制能力的子承包商来做。例如，专业的汽车喷漆要比在自家后院自己喷的风险低。专业厂家可能装备有适合的漆棚、呼吸器、易燃液体贮存罐以及符合"国家防火协会标准"的电气装置等。但可能将一些明显的风险也转移过来了，如吸入有毒物质、发生火灾、爆炸等风险——不排除由于质量不好的潜在风险。

2. 风险评估

风险评估提供对系统风险排序的能力，以便按照从高风险到低风险的顺序，分配资源来解决较高的风险。风险评估还提供在非常相似的系统内进行风险比较的能力，还能对初始风险和残余风险进行比较。系统的总目标是设计一个风险可接受的复杂系统。

分析员应该关注与安全性相关的风险。评估复杂系统时，需要明确一个基本的概念，即风险是每个系统、子系统、使用、任务或行动中固有的。"风险"是根据严重度和可能性对事故发生可能程度的表达。以诱发因素和贡献因素形式出现的危险，合在一起代表了事故的潜在风险。

3. 风险类型

有很多类型的风险需要考虑：投机的、静态的、动态的和固有的。投机性风险是一种不能确定最终结果是赚还是赔的风险。赌博就是一种投机性风险。通常投机风险是不能投保的。如果公司引入一个还未充分掌握的新技术，其结果就是投机的。例如，投机风险包括系统丧失、过程中断、操作偏差、贵重物品被窃、肆意破坏、关键人员流失、水灾、水源污染、污染、环境破坏、火灾和爆炸等。静态风险是连续的和不变的；暴露可能是一直都存在的，包括太阳射线、环境污染、核能、放射性元素等形式。动态风险是起伏的，它可能是不可预测的，如气候反常、太阳黑斑、流星袭击。固有风险是不可避免的，是设计完成之后系统内的残余风险，可以认为是经营的风险。

4. 风险术语

在进行风险评估时，需要特别考虑几个概念，即已识别和未识别的风险，可接受和不可接受的风险，以及残余风险。已识别风险是通过评估已辨识和理解的风险。不可能所有的风险都包括在内，所有的风险都已识别。任何行动都存在未知的方面，就可能代表着风险。风险的可接受性与社会学、行为科学以及暴露在风险之中的人是否接受有关。可接受风险是已识别和未识别风险的一部分，允许存在而不需进一步的风险控制、消除或缓解的风险。残余风险是采取了保证技术、系统安全性和风险管理等所有措施之后还存在于系统内的风险。

5. 风险知识

一个分析员应该获取尽可能多的风险知识。这些知识可能是从分析、综合、模拟或试验中得到的。在进行这些工作时,应该努力使分析、综合、模拟和试验尽可能地接近实际。提出的假设、进行的计算、综合的试验都应该合适并反映实际情况。缺少复杂系统行为、协同效应以及系统异常等方面的知识,就等于可能对风险知识掌握不充分。当进行分析、综合、模拟和试验的时候,有可能出现错误或疏忽,进而得出歪曲的结果,歪曲的现实,并因此得到歪曲的风险知识。

1.5　系统保证是一个过程

所有的保证技术都是过程。因此,系统保证也是一个过程。但是,就像任何创新的过程一样,只有当顶层管理者将它作为企业目标,它才能够发挥作用。管理者必须不仅要致力于系统保证,而且也应该主动地参与其中。那些只看重经济效果的管理者将不再有竞争力。

例1.1　一个典型的例子是横滨－惠普公司,该公司的管理层以及所有研发工程师都学习并实践可靠性工程。图1.3(a)的数据给出了年故障率与价格的关系。随着故障率的降低,价格也在降低,本应如此。如果有效地应用保证技术,产品故障率低,将导致更高利润,如图1.3(b)所示。20世纪80年代,惠普公司董事长和首席执行官 John Young 提出全公司将可靠性提高10倍的目标。图1.3(c)表明这个目标已经实现。总之,保证技术减少了费用、增加了利润。

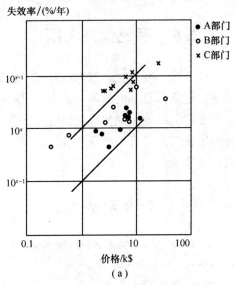

(a)

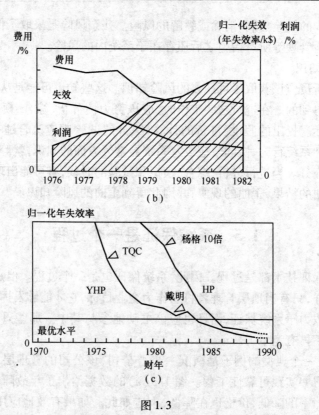

图 1.3

（a）年失效率与价格关系；（b）横滨 – 惠普公司生产线业绩；（c）可靠性改进（摘自横滨 –
惠普公司总裁 Kenzo Sasaoka 1990 年在由日本科学家和工程师协会举办的"国际可
靠性和维修性会议"上的介绍，经 Sasaoka 先生许可后重印。）。

1.6　系统保证大纲

描述系统保证的各项任务、活动和功能需要规范地定义，以便安排工作和分配
资源。本书通篇针对系统保证所涉及到的具体专业学科，描述了各种任务、活动和
功能。对每个专业制定了专门的计划。这些将在后续章节进行讨论。一个综合的
系统工程或系统保证计划用来定义并行工程任务、活动和功能，例如正式的并行评
审、工作组会议、计划表以及协调等。

参 考 文 献

[1]　M. B. Darch, Design Review. In：Reliability and Maintainability of Electronic Systems, J. E. Avsenault and
　　　J. A. Roberts（Eds. ）, Computer Science Press, Potomac, MD, 1980.

[2]　H. Geenan, Managing, Doubleday, New York, 1984.

补 充 读 物

Ireson, G. W. , and C. F. Coombs, Jr. , Handbook of Reliability Engineering and Management, McGraw-Hill, New York, 1988.

Ohmae, K. , The Mind of the Strategist, McGraw-Hill, New York, 1982.

Raheja, D. , There Is a Lot More to Reliability than Reliability, Society of Automotive Engineers World Congress, Paper 2004 – 866, 2004.

第2章 统计概念简介

2.1 概 率 设 计

本章仅仅包括为理解本书后续章节所需要的统计学内容。如果读者想了解统计学的更多细节,建议阅读参考文献[1]、[2]和[3]。

大多数设计的性能被作为确定性的对待,但实际上是概率性的。如果一个工程师用杨格法则计算作用于一组相似部件每一个部件上的应力所产生的应变,则每个部件上的应变值是相同的。但在实际情况中,每个部件的应变值是不相同的。应变值的范围可以用统计理论来描述。同样的可变性原理适用于所有的工程测量和取值上。总是存在一个变化,并且变化的范围能够量化。

为了研究变化情况,需要画出一个数据的直方图,确定目标值上方或下方的百分比值。当一个仪器供货商承诺 ±5% 的精度,意味着测量值落在目标值 ±5% 范围内的百分比很高。

如果所画出的直方图每个矩形条代表频度,它的值是母体中所有值的百分比,并且如果相邻两个矩形之间的间隔很小,则可以将每个矩形条的顶点连接成一条光滑曲线。这条曲线代表由对应区间表征的事件所发生的相对频度。当相对频度用来作为母体的一部分的估计值时,通常称为概率,而曲线的数学模型则称为概率密度函数(pdf)或 $f(t)$ [1,2]。

本章涵盖适用于工程实际的一些分布。如果这些模型与数据不匹配,可以采用一些特殊的分布。2.2 节介绍概率密度函数的普通结构。其他节将描述保证技术常用的模型。

2.2 用于可靠性、安全性和维修性的概率计算

失效概率是一个在可靠性、维修性和安全性评估中最为重要的概念。无论对于什么形状的分布,下面的基本概念都是很有帮助的。

2.2.1 直方图的结构和经验分布

概率分布是由数据的直方图确定的。即使后来的分布可能不尽相同,但直方图是一个估计,可以随着之后更多知识的累积不断地修正。构造一个直方图需要

对相互独立且整体完备的间隔内的数据进行分组,计算每个间隔的样本数,并绘出相对于每个间隔的样本数。相互独立意味着任意两个间隔不存在相互重叠。整体完备意味着必须考虑所有可能的间隔,即使在某些间隔内没有数据。例如,下述数据给出 10 年间提出的索赔情况。

索赔数额/美元	索赔次数	索赔数额/美元	索赔次数
0 ~ 4999	13	20000 ~ 24999	5
5000 ~ 9999	31	25000 ~ 29999	2
10000 ~ 14999	14	30000 ~ 34999	0
15000 ~ 19999	11	35000 ~ 39999	1

上述数据的每个间隔已经排好,以保证不出现任何重叠。接下来需要判断这些间隔是否整体完备。由于不能有负的索赔,索赔数额应当从 0 开始。从 0 到 40000 美元,所有的可能性都要考虑在内。即使过去从未有过这样的记录,索赔数额能不能超过 40000 美元? 这是有可能的,未来的索赔也许会非常大。因此,必须再设置一个间隔。可以用标记 40000 + 来囊括所有可能超过 40000 美元的索赔。即使目前的样本显示索赔超过 40000 + 美元的观测值为 0,但当采用一个更大的样本时,可能会出现某个小的正值。用每个间隔内的索赔次数除以总的索赔次数,就可计算出每个间隔的观测概率,列表如下:

索赔数额/美元	索赔次数	观测概率/%	累积概率/%
0 ~ 4999	13	16.9	16.9
5000 ~ 9999	31	40.2	57.1
10000 ~ 14999	14	18.2	75.3
15000 ~ 19999	11	14.3	89.6
20000 ~ 24999	5	6.5	96.1
25000 ~ 29999	2	2.6	98.7
30000 ~ 34999	0	0	98.7
35000 ~ 39999	1	1.3	100.0
40000 +	0	0	100.0
总计	77	100.0	

图 2.1 用直方图描述观测概率(以更小的间隔示出)。更为有用的是累积概率图,如图 2.2 所示。

累积概率分布图可以用来一目了然地看出各种风险。例如,下一个索赔量低于 22000 美元的机会(或概率)是多少? 只要简单地从 22000 美元处画一条垂线,直到与图中曲线相交,读出交点的纵坐标 y 值,就可得到答案。本例中的观测概率为 93%。

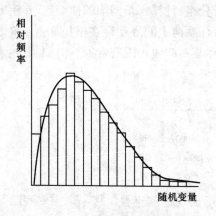

图 2.1　概率分布结构

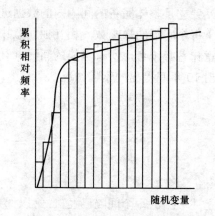

图 2.2　累积概率分布函数结构

注意:有些统计学家建议采用贝叶斯方法来估计概率。该方法将过去的经验和新的数据结合起来产生一个新的分布。具有一定统计学知识的读者可以考虑这种方法。

对于一个全新的产品或一个没有任何以往数据的系统,故障模式可首先由逻辑模型确定,如在故障树分析之中,各个失效的概率可通过采用专家经验来分配。事故的概率可以采用第 5 章介绍的方法来计算。

2.2.2　可靠性计算

产品的可靠性可由下面的关系式导出:

$$产品工作概率 + 产品失效概率 = 1$$

因此,

$$产品工作概率 = 1 - 产品失效概率$$

或

$$可靠性 = 1 - 产品失效概率$$

一般需要计算两种可靠性(图 2.3):

（1）到时间 t 的可靠性为

$$R(t) = 1 - 到时间 t 的失效概率 = 1 - \int_0^t f(t)\,\mathrm{d}t = 1 - F(t)$$

式中,$F(t)$ 为到时间 t 的累积概率,也称为累积分布函数(cdf)。

（2）在时间间隔 $(t_2 - t_1)$ 内的可靠性定义为

$$R(t_2 - t_1) = 1 - \int_{t_1}^{t_2} f(t)\,\mathrm{d}t$$

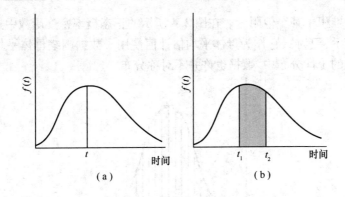

图 2.3

(a) 在时间 t 的可靠性；(b) 某个时间间隔内的可靠性。

有时在一个间隔期内的失效概率可以根据可靠性来定义。例如：

$$P(t_1, t_2) = F(t_2) - F(t_1)$$
$$= [1 - R(t_2)] - [1 - R(t_1)]$$
$$= R(t_1) - R(t_2)$$

2.2.3　故障率和危险函数

在时间段 (t_2, t_1) 的间隔故障率可定义为单位时间（距离或周期）的失效单元分数（或百分比）。即，在间隔内，假设这些单元在时间 t_1 之前还没有失效：

$$平均间隔故障率 = \frac{N_1 - N_2}{N_1(t_1 - t_2)} \tag{2.1}$$

式中，N_1 为在时间 t_1 没有失效的数量，N_2 为在时间 t_2 没有失效的数量，$N_1 - N_2$ 为在时间间隔 (t_2, t_1) 内的失效数。

危险函数定义为当 $(t_2 - t_1)$ 趋于零时故障率的极限，也称为瞬时故障率。即，当时间间隔 $(t_2 - t_1)$ 非常小，故障率将用危险率表示，这时可写成[1] $h(t) = f(t)/[1 - f(t)]$ 或 $f(t)/R(t)$。

如果想得到在一个从 t 到 $(t + \Delta t)$ 的小间隔内的失效概率，则乘积 $h(t) \Delta t$ 就是概率。对于大多数分布，危险率是随时间变化的。对于指数分布（见 2.5 节），危险率是常数。

2.3　正 态 分 布

正态分布模型体现了变化这一概念。它充分描述了机械部件的很多质量控制测量结果、试验数据和耗损失效。正态分布也充分描述了一些电子产品的特性。理想地讲，同一个过程的产品将有完全相同的测量结果，但实际上这是不可能的。

13

测量结果会堆积于某个值附近。在图 2.4 所示的正态概率密度函数中这个值用算术平均值表示，记为 $\overline{X}$，它作为母体平均估计值使用。数据围绕母体平均值对称分布。在其他的统计分布中，数据也许并不对称分布。

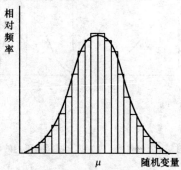

图 2.4　正态概率密度函数

例如一个零件的尺寸，所有零件的测量结果不可能完全相同，它们偏离平均值的程度称为偏差。

偏差给出了数据发散程度的度量，可以记为$(X_i - \overline{X})$，其中 X_i 为个体测量值，$\overline{X}$ 为所有测量的平均值。在这种情况下，平均偏差不能用算术的方法计算出来；因为正偏差和负偏差相加为零。因此，平均偏差不是一个合适的发散程度的度量。不过，统计学家有一个方法计算发散度，即对每个偏差进行平方，使其总是成为一个正数。如果从一个母体中随机提取 n 个单元作为样本，它的平均方差就是$(\Sigma(X_i - \overline{X})^2)/n$，其中$\overline{X}$是样本中所有测量结果的算术平均值。由于是正值，可以通过取平均方差的平方根来计算平均偏差。用这种方法计算出来的平均偏差称为标准差。对于一个样本，它可写成

$$s = \sqrt{\frac{\sum(X_i - \overline{X})^2}{n}} \qquad (2.2)$$

当样本大小少于 30 时，对母体的无偏估计（见参考文献[2]）可写成

$$s = \sqrt{\frac{\sum(X_i - \overline{X})^2}{n - 1}}$$

正态概率密度函数的一个特性是，母体中 67% 都落在 μ 的 ±1 倍标准差以内，95% 都落在 μ 的 ±2 倍标准差以内，99.7% 都落在 μ 的 ±3 倍标准差以内（图 2.5）。$\overline{X}$和 s 通常称为通过样本数据计算出来的统计量。从母体计算出来的这两个值（称为参数）用希腊字母 μ 和 σ 表示。

正态分布的概率密度函数 pdf 为

$$f(t) = \frac{1}{\sigma\sqrt{2\pi}}\exp\left(-\frac{(t-\mu)^2}{2\sigma}\right)$$

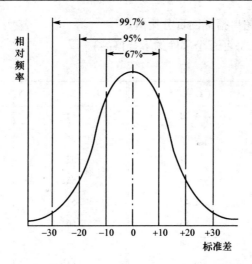

图 2.5　在正态概率密度曲线下的百分比区域

式中，t 是待测参数，称为随机变量。

　　附录 A 表 A 提供了对应于一个给定的 Z 值的正态密度曲线下的累积面积的数值。它可用于计算大于或小于一个所选变量值的母体百分比。一般来说，工程师需要估计产品期望在某个指标以内或在某个指标以外的百分比。这里所需要的唯一信息是 Z，从样本 $\overline{X}$ 以及 $\overline{X}$ 与指标之间的标准差值得到：

$$Z = \frac{|\text{指标} - \overline{X}|}{\text{标准差}} \tag{2.3}$$

　　用这个刻度，可以从表中查找得到超出指标部分的百分比。如果两边都有指标，对每边的指标要分别进行计算。这个过程用下面的例子来说明。例中假设数据是正态分布的。分析员应当通过解析或图形方式来检验这一假设。检验过程见参考文献[4]。

　　例 2.1　下面的数据是从一批产品中一个随机样本收集到的。洛氏硬度值的指标范围是 54 ~ 58。

洛 氏 硬 度 值

54	58	57	56
56	55	54	55
57	56	57	55
56	56	55	56
57	54	57	55

计算：

（1）过程能力定义为 ±3 倍标准差的散度（注：最近趋势是使用 ±6 倍标准差）。

（2）产品预期超出指标的百分比值。

（3）ppm 水平（每百万个部件的不合格品）。

解：

X_i	$(X_i - \overline{X})^2$	X_i	$(X_i - \overline{X})^2$
54	3.24	57	1.44
56	0.04	54	3.24
57	1.44	57	1.44
56	0.04	55	0.64
57	1.44	57	1.44
58	4.84	56	0.04
55	0.64	55	0.64
56	0.04	55	0.64
56	0.04	56	0.04
54	3.24	55	0.64
$\Sigma X_i = 1116$		$\Sigma (X_i - \overline{X})^2 = 25.20$	

$$\overline{X} = \frac{1116}{20} = 55.8$$

母体标准差估计值 s 为

$$\sqrt{\frac{\sum (X_i - \overline{X})^2}{n - 1}} = \sqrt{\frac{25.2}{20 - 1}} = \sqrt{1.33} = 1.15$$

则

$$过程能力 = 55.8 \pm 3 \times 标准差$$
$$= 55.8 \pm 3 \times 1.15$$
$$= 55.8 \pm 3.45$$

这表明离散程度为 99.7% 的产品预期落在 52.35 到 59.25 之间（见图 2.5）。只有千分之三的产品预期落在这个范围之外。

要估计产品预期超出指标之外的百分比，必须计算超出指标每一边的百分数。对于指标的上边，根据式（2.3）有

$$Z = \frac{|58 - 55.8|}{1.15} = 1.91$$

从附录 A 表 A 查出，$Z = 1.91$ 时指标外边的面积是 0.0281 或 2.81%。

对于指标的下边，有

$$Z = \frac{|54 - 55.8|}{1.15} = 1.57$$

从附录 A 表 A 查出, $Z = 1.57$ 时指标外边的面积是 0.0582 或 5.82% 。因此, 过程本身预期生产出的产品有 2.81% + 5.82% = 8.63% 或大约 9% 超标。

每百万件产品超出指标的数量为

$$\frac{8.63}{100} \times 1000000 = 86300\text{ppm}$$

例 2.2　假设起搏器生产厂商告诉医生电池的平均寿命为 4 年, 医生告诉病人电池将工作 4 年。假设服从正态分布, 估计:

(1) 电池在 4 年内失效的病人数量。

(2) 如果电池寿命的标准差是 5.8 个月, 电池在头 3 年内失效的比例预期是多少?

解:对于正态分布, 平均值的两边各占 50% 的分布, 如图 2.6 所示。因此, 50% 的病人预期可以看到电池在 4 年内就会失效。医生向病人给出了电池可以使用 4 年的错误信息。实际上, 预期仅有半数病人会发现医生的这个说法是对的。

注意, 平均值这个词语可能产生误导。很多用户认为其意是最低保证值。当从商店买来的一个灯泡注明具有 2000h 平均寿命的

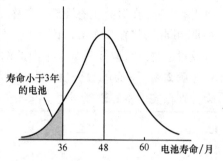

图 2.6　例 2.2 的失效分布

时候, 很多人就期望每个灯泡的寿命都能达到 2000h 或以上。他们没有认识到, 有一半的灯泡将在 2000h 以内失效。

电池预期在头 3 年内失效的比例可从式(2.3)得出:

$$Z = \frac{|36 - 48|}{5.8} = 2.07$$

从附录 A 表 A 中查得, 对于 $Z = 2.07$, 电池在头 3 年内失效的比例为 0.0192, 或近似为 2% 。

例 2.3　某设备的指标要求, 当施加的压力达到或超过 7lb/in² 时它就启动。下面是从一批 300 台设备中选出 34 台进行测试得出的启动压力数据, 单位是磅/平方英寸。数据显示, 所有的设备都在指标之内启动了。但这个设计是安全的吗?

22.5	7.5	17.5	17.5	22.5
32.6	40.0	35.0	42.6	17.6
27.5	32.5	47.5	16.0	15.0
10.0	15.0	12.5	32.5	15.0
15.0	25.0	22.5	22.5	12.6
27.5	30.0	20.0	15.0	27.5
25.0	17.5	22.5	10.0	

解:这个设备可能不安全。即使所有测量值都在指标范围内,但仍未测量的设备(300 − 34 = 266)中预期有一些存在缺陷的设备。从样本得到的估计是$\overline{X}$ = 22.65 和 s = 9.71。对应指标7.0lb/in^2 的 Z 值为(22.65 − 7.0)/9.71 或 1.61。由附录 A 表 A 中查得,不合格率为 0.0537 或 5.37%。因此,有 266 × 0.0537 = 14 台设备可能不安全。

2.4 对数正态分布

在很多应用中,特别是在可靠性和维修性方面,数据可能不符合正态分布。可是,随机变量的对数可能符合正态分布,对此情况称为对数正态分布。如果应用对数正态分布,在对数正态图纸上数据的图形将是一条直线。绘图的过程与其他分布是相同的,将在 2.7 节讨论。其分析的过程包括计算对数值的平均值和标准差,以及对最终结果取反对数。下面的例子将清楚地说明这一步骤。

例 2.4 下面的数据是 7075.T6 型号镀铝在 12000 lb/in^2 下试验得到的。试验分别在实验室和现场进行。

	现场结果			实验室结果	
i	概率/%	寿命循环	i	概率/%	寿命循环
1	2.08	277000	1	2.0	212500
2	6.25	303600	2	6.0	234800
3	10.42	311800	3	10.0	249500
4	14.68	321500	4	14.0	253300
5	18.75	322800	5	18.0	256900
6	22.92	332200	6	22.0	259400
7	27.08	337500	7	26.0	260400
8	31.25	339400	8	30.0	260900
9	35.42	355000	9	34.0	265500
10	39.58	364000	10	38.0	265500
11	43.76	372200	11	42.0	266400
12	47.92	384600	12	46.0	268200
13	52.08	396300	13	50.0	269800
14	56.25	405800	14	54.0	272600
15	60.42	430900	15	58.0	279700
16	64.58	431000	16	62.0	279900
17	68.75	439600	17	66.0	286300
18	72.92	505500	18	70.0	292000
19	77.08	518700	19	74.0	299500
20	81.25	519900	20	78.0	319900
21	85.42	547200	21	82.0	324600
22	89.58	579200	22	86.0	327800
23	93.75	643100	23	90.0	329100
24	97.92	887400	24	94.0	364800
			25	98.0	367300

（1）假设符合对数正态分布,计算失效概率小于 5.0% 时的循环数（这个信息将用于规划预防性维修）。

（2）将数据绘制在对数正态图纸上,以确定模型是否有效。如果实验室结果将要用于预测实际结果,则要计算出寿命乘积因子。实验室的故障模式与现场的故障模式是一致的。对数正态模型是否有效？预计是否有效？

解:将现场寿命循环数据转换为对数（以 10 为底）,则

$$\overline{X} = 5.4477$$

$$s = 0.0566$$

对于失效概率小于 5.0% ,在附录 A 表 A 中的 Z 值是 1.65（对应面积 0.0495）。在失效概率为 5% 时的失效前循环数（本例中的指标）能从 Z 值中计算出来:

$$Z = 1.65 = \frac{\overline{X} - \text{失效概率为 5\% 时的失效前循环数}}{\text{标准差}}$$

因此,

失效概率为 5% 时的失效前循环数

$$= \overline{X} - 1.65 \times (\text{标准差})$$

$$= 5.4477 - 1.65 \times 0.0566$$

$$= 5.3543 (\text{对数坐标})$$

取反对数,将这个值转换为 5% 概率下实际的失效前循环数:

$$\text{antilog } 5.3543 = 226100 \text{ 循环}$$

通过将累积失效概率画在垂直轴,失效前循环画在水平轴,可画出现场及实验室的累积概率,如图 2.7 所示。也可采用将在 2.7 节解释的步骤。如果两条线是平行的（或重合的）,则两个试验之间的相关性被认为很好。在本例情况下,它们不完全平行,则表示现场环境与实验室试验不完全相关（还有些差异）。但是,由于故障模式是相同的,其相关性被认为是可以接受的（见第 3 章关于这个问题的讨论）。如果需要,其相关性可以通过使用在统计学书籍中介绍的最小二乘法进行量化。

为确定两个图形的乘积因子,可以比较两个平均值:

$$\text{乘积因子} = \frac{\text{现场图形平均值}}{\text{实验室图形平均值}} = \frac{413383 \text{ 循环}}{280340 \text{ 循环}} = 1.475$$

由于大多数点都在一条直线上,因此,这个对数正态模型看来是有效的。

注:如果两个图形不平行,则乘积因子的有效性值得怀疑。见第 3 章有关加速试验的讨论。

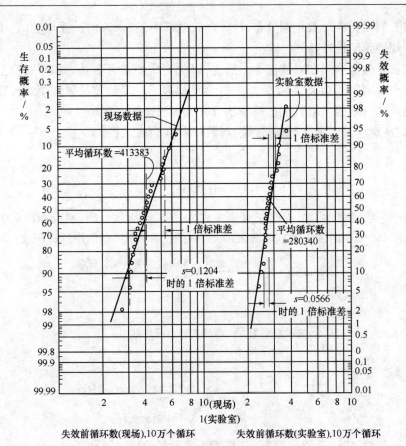

图 2.7　例 2.4 的对数正态图

2.5　指　数　分　布

指数分布是最广泛地用于(或误用于)可靠性分析的分布。它适用于故障率为常数的情况。图 2.8 给出了指数分布的一些特性。故障率是每单位时间的失效数,如每 1000 小时、每百万小时或每十亿工作小时的百分比。其他的单位,如英里或循环,也可以用来替代小时。当故障率定义为每十亿工作小时的失效数时,记为 FITS(失效单位);15 FITS 的意思是每十亿工作小时出现 15 个失效。Stewart Peck 在 AT&T 公司工作时首先提出了 FITS 概念。像 Matsumura[5] 和其他公司一样,该公司现在广泛使用这个概念,因为这些公司很多元器件的故障率非常低。

故障率 λ 是指数分布的一个参数。这个分布的 pdf 由下式给出

$$f(t) = \lambda e^{-\lambda t}$$

式中,t 为失效前时间。指数分布的故障率常用下式估计

20

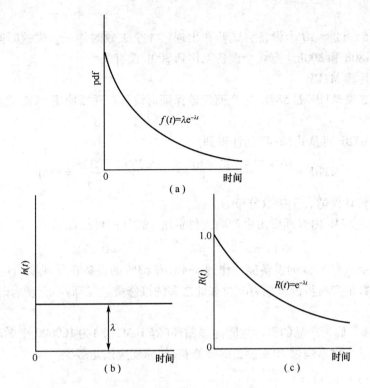

图 2.8　指数分布的一些特性

(a)概率密度函数；(b)故障率；(c)可靠性函数。

$$\hat{\lambda} = \frac{失效的设备数}{全部工作小时}$$

由于到时间 t 的失效概率为

$$F(t) = \int_0^t \lambda e^{-\lambda t} \mathrm{d}t = 1 - e^{-\lambda t}$$

故到时间 t 的可靠性为

$$R(t) = 1 - \int_0^t \lambda e^{-\lambda t} \mathrm{d}t = e^{-\lambda t}$$

式中，λt 是预期在时间 t 前失效的平均数。指数分布的唯一参数是故障率 λ。

由于 λ 是常数，大多数合同采用故障率的倒数，即平均故障间隔时间（MTBF）作为可靠性的量度。MTBF 的估计为

$$MTBF = \hat{\theta} = \frac{全部工作小时}{失效的设备数} = \frac{1}{\hat{\lambda}} \tag{2.4}$$

用 MTBF 可以将可靠性公式写为

$$R(t) = e^{-t/MTBF} \tag{2.5}$$

注：术语 MTBF 用于可修系统。对于其他系统，采用平均或最低寿命也许是合

21

适的。

例 2.5 试验 10 个设备。试验在出现第 4 个失效时停止。失效时间分别是 16h、40h、180h 和 300h。有 6 个设备工作到 300h 没有失效。

(1) 计算 MTBF。

(2) 如果 MTBF 是 584h,生产商应该保证对设备在现场使用 584h 之前的失效进行修理吗?

解 MTBF 可从式(2.4)估计得到

$$\text{MTBF} = \frac{16 + 40 + 180 + 300 + (6 \times 300)}{4} = \frac{2336}{4} = 584\text{h}$$

(注:这个估计仅适合于指数分布。)

假设在 584h 内修理要由生产商支付费用。估计的可靠性是

$$R(t) = \text{e}^{-t/\text{MTBF}} = \text{e}^{-584/584} = \text{e}^{-1} = 0.37$$

这表示只有 37% 的设备能工作到 584h,有 63% 的设备在保证期内可能失效。由于大多数生产商将没有能力支付如此之多的维修费,生产商不应该承诺 584h 的保修期。

例 2.6 假设产品的平均故障间隔循环(等于 MTBF)为 100000 个循环。如果生产商愿意支付不超过 10% 设备的维修费,保修期应该是多少?

解 由于 $R(t) = \text{e}^{-t/\text{MTBF}}$

$$t = \text{MTBF} \times \ln\left(\frac{1}{R}\right)$$

式中,ln 为自然对数。本例中,$R = 1 - 0.10 = 0.90$。因此,

$$t = 100000\ln\left(\frac{1}{0.90}\right) = 100000 \times 0.1054 = 10540 \text{ 循环}$$

例 2.7 如果顾客需要 100000 循环期间的保证,供货商应该选择什么样的 MTBF 目标? 供货商愿意支付其 5% 产品的修理费用。

解:可靠性目标 R 为 $1 - 0.05 = 0.95$。由于 $\hat{R} = \text{e}^{-t/\text{MTBF}}$,则

$$\hat{\theta} = \frac{t}{\ln(1/R)} = \frac{100000}{0.0513} = 1949317 \text{ 循环}$$

指数参数的统计估计

上面的计算得到的是点估计。如果希望得到极限值,可以采用下面的计算。

对于失效截尾试验,即在出现预定数量的失效时终止试验:

(1) MTBF 的双边极限为

$$\frac{2T}{\chi^2_{\alpha/2,2r}} \leqslant \theta \leqslant \frac{2T}{\chi^2_{(1-\alpha/2),2r}} \tag{2.6}$$

式中,θ 为 MTBF 的真值;α 为 MTBF 真值在置信限外的概率($\alpha = 1 -$ 置信度);T 为全部工作小时、循环或英里;r 为失效数;χ^2 为从附录 A 表 C 获得的对于自由度为

$2r$ 的 χ^2 统计量(细节见参考文献[2])。

(2) MTBF 的单边下限为

$$\frac{2T}{\chi^2_{\alpha/2,2r}} \leqslant \hat{\theta} \tag{2.7}$$

对于时间截尾试验,即在达到预定时间时终止试验[注:在下限中,自由度为 $2(r+1)$]:

(1) MTBF 的双边极限为

$$\frac{2T}{\chi^2_{\alpha/2,2(r+1)}} \leqslant \hat{\theta} \leqslant \frac{2T}{\chi^2_{(1-\alpha/2),2r}} \tag{2.8}$$

(2) MTBF 的单边下限为

$$\frac{2T}{\chi^2_{\alpha,2(r+1)}} \leqslant \hat{\theta} \tag{2.9}$$

例 2.8　在例 2.5 中,试验是失效截尾的。当出现第 4 次失效时试验终止,MTBF 估计为 584h。实际 MTBF 的 90% 置信限是多少?

解:应用式(2.6),$\hat{\theta}$的下限是

$$\frac{2T}{\chi^2_{0.05,8}} = \frac{2 \times 2336}{15.507} = 301.28h$$

$\hat{\theta}$的上限是

$$\frac{2T}{\chi^2_{0.95,8}} = \frac{2 \times 2336}{2.733} = 1709.48h$$

例 2.9　有 50 个出租车驾驶员在汽车上使用一个新的部件以评估其 MTBF。他们一起累计行驶 2686442 英里。至少有 10 个驾驶员超过 80000 英里。没有出现任何故障。整个试验在 93000 英里停止。若以 95% 的置信度,其最小 MTBF 预期是多少?

解:试验是时间(英里)截尾的,应用式(2.9)。因此,MTBF 的单边下限是

$$\frac{2 \times 2686442}{\chi^2_{0.05,2(0+1)}} = \frac{5372884}{5.991} = 896825 \text{ 英里}$$

注:关于 10 个驾驶员驾驶了 80000 英里的信息在计算中没有使用。这个信息对于那些想要估计部件寿命的人是重要的。MTBF 与寿命的概念不同。寿命估计见第 3 章。

例 2.10　在例 2.9 中,如果顾客满足于 70% 的置信度,部件的 100000 英里可靠性是多少?

解:对于 70% 的置信度,$\hat{\theta}$的下限是

$$\frac{2 \times 2686442}{\chi^2_{0.30,2(0+1)}} = \frac{2 \times 2686442}{2.408} = 2231264 \text{ 英里}$$

在70%置信度的下限,由式(2.5),其可靠性是

$$R(100000) = e^{-100000/2231264} = e^{-0.0448} = 0.956$$

2.6 威布尔分布

目前使用威布尔分布成为新趋势。这个分布并不是新的,其理论最先于1951年提出,但主要用于航空航天和汽车行业中。这个分布越来越广泛地被接受的原因是它能很好地拟合很多数据。此外,指数分布是威布尔分布的特殊情况。图2.9给出威布尔模型的一些曲线。通常使用的威布尔模型有两个参数:

β 为形状参数。β 的值决定威布尔曲线的形状。

α 为尺度参数,也称为特征寿命。它是分布的63.2%处的寿命。当曲线以累积分布画出时,所有形状的曲线在一个共同的值 α 处相交,如图2.9(b)所示。

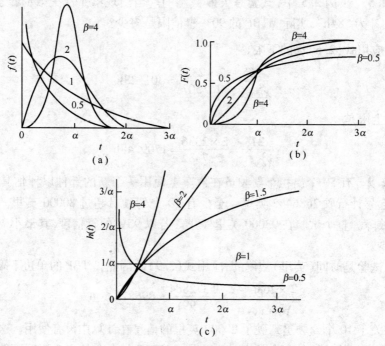

图2.9 威布尔曲线族

(a)概率密度;(b)累积分布;(c)危险函数。

(摘自 Wayne Nelson,How to Analyze Reliability Data,American

Society for Quality Control,Milwaukee,WI,1983)。

有关威布尔分布的重要特性是:

(1)当形状参数 β 的值大于1时,故障率随时间增加。

(2)当 β 小于1时,故障率随时间减少。

(3) 当 β 等于 1 时,故障率是常数,这时威布尔分布是指数分布。

大多数威布尔分布拟合的数据,其 β 值在 0.5 和 4 之间。值在 4 以上则表示快速耗损,或数据可能出错了。

概率密度函数为

$$f(t) = \frac{\beta t^{\beta-1}}{\alpha^\beta} \exp\left[-\left(\frac{t}{\alpha}\right)^\beta\right] \quad \text{当 } t > 0 \text{ 时} \tag{2.10}$$

$$= 0 \qquad \text{其他}$$

式中,t 为失效前时间。

式(2.10)过于复杂,不过,幸运的是,有一个更简单的公式,即累积分布函数(cdf),经常用于计算可靠性。cdf 是

$$F(t) = 1 - \exp\left[-\left(\frac{t}{\alpha}\right)^\beta\right]$$

则可靠性是

$$R(t) = \exp\left[-\left(\frac{t}{\alpha}\right)^\beta\right] \tag{2.11}$$

上式有启发作用。前面已经说过,指数分布是威布尔分布的特殊情况。在式(2.11)中用 $\beta = 1$ 取代,就将其演化成传统的指数分布表达式

$$R(t) = \exp\left[-\left(\frac{t}{\alpha}\right)\right]$$

注意,用 α 替代了原来的 θ。

由于危险率是 $f(t)$ 与 $R(t)$ 的比值,由式(2.10)和式(2.11),威布尔危险率可写为

$$h(t) = \frac{\beta}{\alpha^\beta}(t)^{\beta-1} \tag{2.12}$$

例 2.11 一个部件的失效数据显示 $\beta = 1.5$ 和特征寿命 $\alpha = 2000\mathrm{h}$(两参数威布尔分布)。求:

(1) 当 $t = 2000\mathrm{h}$ 的可靠性。

(2) $t = 500\mathrm{h}$ 的危险率。

(3) $t = 2000\mathrm{h}$ 的危险率。

解:由式(2.11),可靠性是

$$R(2000) = \mathrm{e}^{-(2000/2000)^{1.5}} = \mathrm{e}^{-1} = 0.37$$

由式(2.12),500h 的危险率是

$$h(500) = \frac{1.5}{2000^{1.5}}(500)^{1.5-1} = \frac{1.5}{89442.72} \times 22.361$$

$$= 0.000375 \text{ 失效/h}$$

2000h 的危险率是

$$h(2000) = \frac{1.5}{2000^{1.5}}(2000)^{1.5-1} = \frac{1.5}{89442.72} \times 44.721$$

$$= 0.00075 \text{ 失效/h}$$

例 2.12 如果例 2.11 中的失效密度分布是指数分布,各值应该是多少?

解:对于指数分布,$\beta = 1$。则可靠性为

$$R(2000) = e^{-(2000/2000)^1} = e^{-1} = 0.37$$

同样,

$$h(500) = \frac{1.0}{2000^{1.0}}(500)^{1.0-1.0} = \frac{1}{2000} \times 1 = 0.0005 \text{ 失效/h}$$

$$h(2000) = \frac{1}{2000^{1.0}}(2000)^0 = \frac{1}{2000} = 0.0005 \text{ 失效/h}$$

由于在指数分布中危险率是常数,$h(500)$ 和 $h(2000)$ 的值相同。

2.7 威布尔分布的数据分析

威布尔参数 α 和 β 的数学估计是繁琐的。幸好,已经有了一种简单绘图方法,在此描述。对于数学估计和危险绘图法等其他绘图方法感兴趣的读者,可以从参考文献[3]和[6]中得到更多的信息。

威布尔分析主要用于从疲劳试验得到的寿命试验数据,尽管也可用其他模型,如对数正态分布和伽玛分布[6-9]。当对单个故障模式进行分析时,威布尔分布可用于各种可靠性数据。业内存在一些错误应用,将在后面指出注意事项。

图形分析使用一种基于威布尔数学模型的专用威布尔概率绘图纸[3,6]。图 2.10 的绘图纸来自一家汽车公司,但类似的绘图纸可以购买到①。纵轴是对应

---

① 一个来源是 Technical and Engineering Aids for Management (TEAM), P. O. Box 25, Tamworth, New Hampshire 03886. 样图也可见 J. R. King, Probability Charts for Decision Making, Industrial Press, New York, 1971.

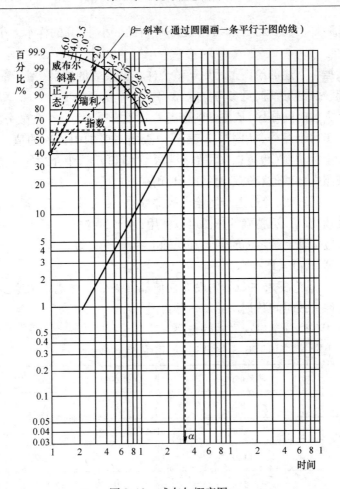

图 2.10　威布尔概率图

$F(i)$ 位置的累积概率。有几个 $F(i)$ 模型,但最常用的是中位秩模型 $F(i)=$ $(i-0.3)/(n+0.4)$,式中 i 是当失效时间按照从最低到最高排列时的序号,n 是样本大小[7]。附录 A 中的表 D 有各种样本大小的中位秩计算值。

x 轴是失效时间(或失效时的循环数或失效时的英里数)的对数刻度。图 2.9 中的每个 cdf 在威布尔概率绘图纸上以直线画出,直线的斜率等于威布尔参数 β 值。对应累积失效概率为 63.2% 的寿命就是 α 值。

用图形法估计一个部件或一个故障模式的可靠性,并不需要获得 α 值和 β 值。在任意时间 t 的 $F(t)$ 可以直接从图中获得。因此,可靠性可以通过直接计算 $R=1-F(t)$ 得到。

威布尔分析的优点之一是很多时候它不需要大的样本大小。如果直线是当样本大小为 10 时获得的,则 20 个点时绘出的图将非常接近这条直线。当然,用更大的样本大小绘制图形总是更加精确。可是,对于一些工程样机,比如一个发电站大

27

型涡轮的试验件,要获取大样本通常是不可行的。小于 10 的样本大小足以用于分析样件。

绘制数据 下述的绘图过程用于整个样本都失效的情况(对于部分失效的样本,将采用截尾数据过程,见参考文献[3])。一个例子如下:

(1) 将失效时间排序,从最低到最高。分别按顺序为每个失效分配序号。

(2) 对于每个序号,从附录 A 表 D 中查出对应的中位秩的值。中位秩对应 $F(i)$ 在 y 轴上的位置(也可以采用如参考文献[3]和[8]中介绍的其他模型)。

(3) 按照中位秩值和失效时间绘出所有的点。

(4) 画一条直线,穿过上步所绘出的那些点,使直线最好地拟合它们,线两边的点数应大致相同。更精确的作图可以使用最小二乘法。

(5) 对应 x 轴上给定的时间 t,在 y 轴上找出 $F(t)$ 值。

(6) 计算 $R(t) = 1 - F(t)$。

例 2.13 规范要求在 26h 内没有任何部件失效。在威布尔绘图纸上绘出下表列出的部件失效时间数据。用图估计:

(1) 在 25h 时预期出现失效的概率。

(2) 如果顾客需要 25h 无失效运行,可靠性是多少?

样本号	失效时间/h	样本号	失效时间/h
1	90	6	35
2	128	7	168
3	180	8	65
4	112	9	220
5	254	10	108

解: 将数据排序,并用附录 A 表 D 按照样本大小为 10 的情况分配中位秩,如下:

失效时间/h	序号	中位秩	失效时间/h	序号	中位秩
35	1	6.7	128	6	54.8
65	2	16.2	168	7	64.5
90	3	25.9	180	8	74.1
108	4	35.5	220	9	83.8
112	5	45.2	254	10	93.3

绘图,x 轴为失效前时间(h),y 轴为中位秩。图 2.11 给出威布尔绘图结果。

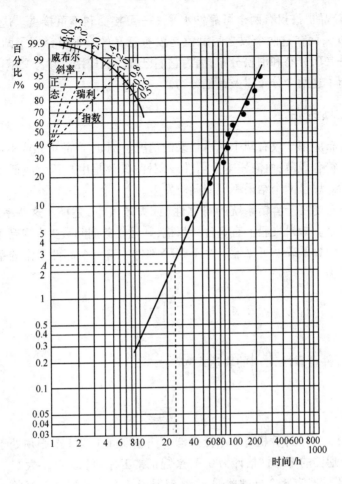

图 2.11　例 2.13 的威布尔图

从图可见,在 25h 时预期出现失效的几率为 2.3%(在 y 轴的 A 点)。25h 无失效的可靠性是 $1 - 0.023 = 0.977$。

注意:威布尔分析最适合于疲劳试验。因此,它最适合于部件试验。从系统层面讲,也许失效不是来自疲劳,而是来自焊接和熔接接点的早期失效问题(第 3 章)。威布尔模型可能也适用于系统失效数据,但是,分析员需要谨慎地判断。

此外,在系统层面上,失效的性质随时间变化。因此,该模型作为对以往性能的反映也许可以接受,但将它用于对未来寿命的预测,其有效性存在问题。

2.8　离 散 分 布

大多数可靠性工作基于连续分布。可是,有时变量是离散值,在离散值之间没有数值。例如,系统的失效次数不可能是一个分数。一些定性特征也取离散值。

例如,一个产品也许仅有两个可靠性水平——可接受和不可接受。这两个状态可赋值为 1 和 0,而在这两个数之间赋值是没有意义的。本节介绍了两个这样的离散分布——二项分布和泊松分布,因为它们已被广泛应用。参考文献[1]和[3]更详细地介绍了这两个分布以及其他分布。

2.8.1 二项分布

二项分布应用于仅有两个互斥结果的情况。例如,产品可靠或不可靠;产品符合规范或不符合规范;血液样本呈阴性或阳性;失效是由高压力或低压力引起等。术语互斥的意思是两个结果不可能同时发生。

二项分布能用于容错系统的可靠性(或失效概率)建模。这些系统通常有硬件或软件冗余。如果飞船上有 5 台计算机,并且任务期间最少有 3 台工作,二项分布可以用来计算系统的可靠性。对于 N 个部件中有 x 个部件工作的系统可靠性,一般表达式为

$$R(s) = \sum \binom{N}{x} R^x (1 - R)^{N-x} \tag{2.13}$$

式中,R 为部件可靠性,$\binom{N}{x}$ 的表达式为

$$\frac{N!}{x! \ (N-x)!}$$

例 2.14 一个计算机有 5 个处理器。任务期间至少 3 个必须处于工作状态。如果每个处理器的可靠性估计为 0.9,系统正常工作的几率有多大?

解:如果同时有 3 个处理器、4 个处理器或 5 个处理器都是好的,系统都将正常工作。这样,由式(2.13),有

$$R(s) = \binom{5}{3}(0.9)^3(0.1)^{5-3} + \binom{5}{4}(0.9)^4(0.1)^{5-4} + \binom{5}{5}(0.9)^5(0.1)^{5-5}$$

$$= \frac{5!}{3!\,2!}(0.9)^3(0.1)^2 + \frac{5!}{4!\,1!}(0.9)^4(0.1)^1 + \frac{5!}{5!\,0!}(0.9)^5(0.1)^0$$

$$= (10)(0.729)(0.01) + (5)(0.6561)(0.1) + (1)(0.5905)(1)$$

$$= 0.9915$$

例 2.15 宇宙飞船有 3 个好的处理器。如果至少 2 个处理器的输出必须匹配才能正常工作,且每个处理器的可靠性是 0.99,系统的可靠性是多少?

解:$N = 3$,即只有 3 个处理器可用。但由于只需要使用 2 个处理器的输出,我

们仅考虑 $N=3$ 和 $x=2$ 的情况,根据式(2.13)计算系统可靠性:

$$R(s) = \binom{3}{2}(0.99)^2(0.01)^{3-2} + \binom{3}{3}(0.99)^3(0.01)^{3-3}$$

$$= \frac{3!}{2!\,1!}(0.99)^2(0.01) + \frac{3!}{3!\,0!}(0.99)^3(0.01)^0$$

$$= (3)(0.9801)(0.01) + (1)(0.9703)(1)$$

$$= 0.9997$$

2.8.2　泊松分布

泊松分布用于估计当发生概率很小时随机失效或事件在给定时间内发生的次数。它不能用于预测与疲劳相关的失效,或由制造缺陷造成的早期失效。应用泊松分布时其样本大小至少应为 20,事件发生的概率小于 0.05。样本母体可能很大,甚至无限大。在一定条件下,它近似二项分布。

泊松分布假设事件发生概率是指数的,但是,指数分布是连续的,而泊松分布是一个离散分布。在给定时间,事件发生 x 次的一般表达式为

$$f(x) = \frac{a^x \mathrm{e}^{-a}}{x!} \tag{2.14}$$

式中,a 是基于历史数据的期望发生次数;x 是一个失效发生的次数。

例 2.16　历史记录给出一个发电厂意外断电的下述信息:

一个星期内断电次数	频度
0	2
1	9
2	4
3	2
4	1

(1) 一个星期内没有断电的几率有多大?

(2) 断电 2 次或 2 次以下的概率有多大?

解:先求 a,每个星期内期望断电次数:

$$\hat{a} = \frac{总的断电次数}{总的星期数} = \frac{2 \times 0 + 9 \times 1 + 4 \times 2 + 2 \times 3 + 1 \times 4}{2 + 9 + 4 + 2 + 1} = 1.5$$

由式(2.14)计算 2 次或 2 次以下的概率,即出现 0,1 和 2 次失效概率的和:

$$f(2\ 或小于\ 2) = \frac{(1.5)^0 \mathrm{e}^{-1.5}}{0!} + \frac{(1.5)^1 \mathrm{e}^{-1.5}}{1!} + \frac{(1.5)^2 \mathrm{e}^{-1.5}}{2!}$$

$$= e^{-1.5}(1 + 1.5 + 1.125)$$

$$= 0.223 \times 3.625 = 0.8084$$

一个星期内不发生任何断电的几率是上式的第 1 项：

$$f(0) = \frac{(1.5)^0 e^{-1.5}}{0!} = 0.2231$$

2.9　学生项目和论文选题

1. 为什么教科书中在可靠性模型方面强调采用指数分布？这是正确的方法吗？（请阅读第 3 章，可获得更多信息）

2. 请描述本章没有讲到的至少 4 种统计模型。

3. 所有质量控制工作都基于一个假设，即变量分布是正态的（或偏正态的）。为什么不考虑指数分布、对数正态分布和威布尔分布？（见第 6 章）

4. 研发针对早期设计工作的泊松分布的应用。

参 考 文 献

［1］G. J. Hahn and S. S. Shapiro, Statistical Models in Engineering, John Wiley & Sons, Hoboken, NJ, 1967.

［2］H. M. Wadsworth, Handbook of Statistical Methods for Scientists and Engineers, McGraw-Hill, New York, 1990.

［3］W. Nelson, Applied Life Data Analysis, John Wiley & Sons, Hoboken. NJ, 1982.

［4］S. S. Shapiro, How to Test Normality and Other Distributional Assumptions, American Society for Quality Control, Milwaukee, 1980.

［5］H. Matsumura, N. Maki, and I. Matsumoto, Strategic Performance of Reliability Evaluation for New Sophisticated VLSI Product. In: Proceedings of International Conference On Quality Control, Union of Japanese Scientists and Engineers, Tokyo, 1987, pp. 649 – 650.

［6］W. Weibull, A Statistical Distribution Function of Wide Applicability, Journal of Applied Mechanics, September 1951, pp. 293 – 297.

［7］C. Lipson and N. Sheth, Statistical Design and Analysis of Engineering Experiments, McGraw-Hill, New York, 1973.

［8］L. G. Johnson, The Statistical Treatment of Fatigue Experiment, Elsevier, New York, 1964.

［9］M. O. Locks, Reliability, Maintainability, and Availability Assessment, Hayden, Rochelle Park, NJ, 1973.

补 充 读 物

Dixon, W. J., and F. J. Massey, Jr., Introduction to Statistical Analysis, 4th ed., McGraw-Hill, New York, 1983.

Gross, A. J. , and V. A. Clark, Survival Distributions: Reliability Applications in the Biomedical Sciences, John Wiley & Sons, Hoboken, NJ, 1976.

Kapur, K. C. , and L. R. Lamberson, Reliability in Engineering Design, John Wiley & Sons, Hoboken, NJ, 1977.

Lewis, E. E. , Introduction to Reliability Engineering, John Wiley & Sons, Hoboken, NJ, 1987.

Nelson, W. , Accelerated Life Testing, John Wiley & Sons, Hoboken, NJ, 1990.

O' Connor, P. D. T. , Practical Reliability Engineering, 2nd ed. , John Wiley & Sons, Hoboken, NJ, 1985.

第3章 可靠性工程及与安全性相关的应用

3.1 可靠性原理

Kelvin 爵士曾经说过："我常说，当你可以对谈论的东西进行测量，并用数字表达出来时，你对它才算有所了解。"对于产品设计，确实如此。工程师可以使产品在实验室里正常工作，而实际的标准却是在现场使用中有多少个产品可以工作。如果制造的产品，像 Adam 计算机[①]那样，只有不到一半可以工作，那么工程部门就不要指望得到赞扬。

在考虑问题时一个典型的缺陷是我们设计的是平均值。当汽车设计师说 100000 英里的寿命，意味着平均寿命为 100000 英里。没有意识到的是，大约 50% 的汽车可能在行驶 100000 英里之前出现故障。而顾客的理解正好相反。顾客以为汽车在行驶 100000 英里之前不会出现故障。一个称职的设计师应明确定义寿命为最低寿命或首次故障前时间。因此，一个产品必须设计得比广告宣传的寿命高很多。

尽管有些样品可以在实验室里工作得很好，而其他的可能有些看起来小的问题。这些问题经常被忽视，认为是人为差错。在制造车间也会出现类似的错误以及一些新的错误。它们一起导致产品的可靠性很低，最终导致市场的丧失。

因此，应在设计过程、生产过程和现场使用过程中记录产品的可靠性。记录数据可以揭示出可靠性的大幅下降是由哪个寿命阶段造成的。

在各种文献中，可靠性工程更多地看作一种统计工具。实际上，统计学大部分用于测量、分析和估计各种参数。真正的可靠性工作大部分在设计开发期间就已完成，远在对获得的试验数据进行统计分析之前。真正的可靠性是在设计中实现的，称为固有可靠性。固有可靠性是一个产品未来具有的最高可靠性。精心的制造，预防性维修，都无法提高固有可靠性。

产品到了生产阶段，可靠性就有降低的趋向，虽然良好的筛选和过程控制程序可以减少或阻止可靠性降低。在现场使用中，由于意想不到的应力或环境、不合适的程序、维修不良等原因，可靠性会进一步降低。如果产品的固有可靠性非常高，

---

① 1986 年美国 Coleco 工业公司推出的计算机。

有时允许现场使用可靠性降低,但仍然满足顾客的期望。

可靠性定义为产品在规定条件下在规定时间内完成预定功能的概率。该定义假定产品从一开始就处于工作条件下。定义中的"时间"是指一段持续时间,如任务时间、保证期、预先确定的循环数,甚至整个寿命周期等。一个产品可能有几项任务,在这种情况下,必须对每项任务提出单独的要求。

为了理解可靠性,必须理解所谓的"浴盆曲线"这一概念。这是一个关于危险率与寿命的曲线图,如图 3.1 所示。它包括 3 个区域,每个区域具有不同的危险率,合起来就形成了一根平滑的类似浴盆剖面的曲线。在每个区域,可靠性是危险率的函数。

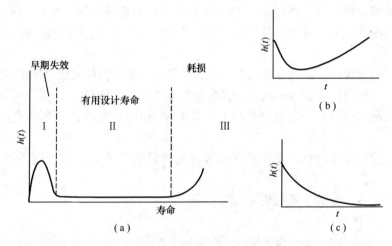

图 3.1　典型的故障率－寿命关系:浴盆剖面
(a)电子设备;(b)机械设备;(c)软件。

如图 3.1(a)所示,区域 I 中的故障是产品不成熟造成的,在现场使用中经常出现,除非在产品生产过程中采取了充分的措施。它们通常是由于制造设备低劣、工人素质太差以及材料偏差太大造成的,可以通过设计改进和筛选过程来加以减轻。该区域的故障称为早期故障。

区域 II 称为有用设计寿命期,代表了顾客可以期望的实际故障率。业界关于这个区域常常有一个误解。对于一个好的设计,这个区域有一个非常低的故障率,曲线大约是平的,表示一个恒定故障率。误解在于,很多业界人士认为,该区域总有一个恒定故障率,而很多情况下并非如此,如图 3.1(b)和(c)所示。更糟的是,有些人甚至认为在区域 I 也是恒定故障率,而这种情况是非常少见的。难怪业内的故障预计很少与现场使用结果一致。可靠性分析员必须考虑(通常由于生产原因造成)早期故障的影响,才能进行有实际意义的预计。因为生产问题在各个时期是不一样的,早期故障的分布也不稳定。如果允许区域 I 的故障到顾客那里出现,可靠性预计显然过于乐观了。

35

为了简化计算,业内使用平均故障间隔时间(MTBF),即故障率的倒数,作为可靠性的一种量度。很多人(包括很多政府文件的起草人)误解这个术语,将其等效为寿命。实际上,MTBF 与寿命绝对没有关系。MTBF 仅是 x 轴和浴盆底部之间的间隔的一个函数,这个间隔与寿命(或浴盆的长度)是相互独立的。这个间隔(故障率)通常是设计的一个函数。

区域Ⅲ是耗损阶段。其形状是设计的一个函数。在系统级,如果薄弱元器件在故障前就替换掉,则耗损的起点可以向右推移。通常,通过预防性维修可以延长一个系统的使用寿命。

有很多可靠性设计改进技术。下面给出广泛使用的一些技术。

(1)零故障设计。通过设计,完全消除危害性故障的原因(当然,产品也可能由于非预期的原因而发生故障)。在飞机工业界有一个相似的概念,称为安全寿命设计。

(2)容错设计。通过使用冗余的元件转换到一个备份模式或替换模式。

(3)降额设计。元件在远低于其额定性能的条件下使用。

(4)耐久性设计。元件设计得有更长的使用寿命,或设计得容许损伤(如飞机结构)。

(5)安全余量设计。使产品在所有可能的最恶劣的应力和环境条件下均能使用。

实现这些目标的主要分析工具是:

- 设计评审;
- 可靠性分配、预计和建模;
- 故障模式影响及危害性分析;
- 故障树分析(参见第 5 章);
- 潜在电路分析;
- 最坏情况分析;
- 故障分布的统计分析;
- 质量功能展开(参见第 6 章);
- 使用试验设计的健壮设计方法(参见第 6 章)。

这些技术大部分在本章阐述,其他的在上面括号中列出的章节阐述。本章结尾给出了参考文献和补充读物,可以提供更多信息。

3.2　设计阶段的可靠性

经验表明,大约60%的故障能通过设计改进而消除。在所有设计改进中,设计师可根据下述先后顺序,选择一种消除故障的策略:

(1)通过设计改进消除故障模式;

（2）容错设计；

（3）故障－安全设计；

（4）故障预警设计。

如果这些策略无效，设计师可以选择以可靠性为中心的预防性维修（参见第 7 章），向用户提供专门维护指南。这些指南应浅显易懂，确保用户能够读懂、理解并据此操作。

设计阶段的任务首先是规范可靠性要求。这些规范在设计中通过可靠性分析来实现，通过试验进行验证。

3.2.1　编写可靠性规范

可靠性要求应是工程规范的一个不可分割的组成部分。按照可靠性定义，可靠性要求至少应明确 4 个部分：

（1）产品完成任务的概率；

（2）完成的功能（任务）；

（3）预期时间（如任务时间）；

（4）工作条件。

这些要求构成了一份可靠性规范的框架，但设计师必须有满足规范要求的思路。

考虑一个焊接汽车底盘的机器人的可靠性规范。完成任务概率可用几种方法来规定。可以规定为可用度，即机器人只在预定的时间内处于工作状态的概率。可以规定为对应不同任务的不同概率，因为有些功能可能不如其他功能重要。可以规定使用时的一些限制，例如，机器人可能无法焊接某些钢材。

任务时间可规定为实际工作小时、循环载荷次数或日历时间。应规定工作环境，以便开展鉴定试验。这里，环境包括尘土、化学品、火花、湿度、振动、冲击，甚至一个不熟练的机器操作员。规范中也应包括软件可靠性。第 9 章有一节阐述这方面的内容。

例 3.1　汽车启动系统包括发动机、启动马达和电池。在一个工程标准中给出的启动系统可靠性要求是这样描述的：“应该有 90% 的概率（完成任务概率）——在 10 年内或 100000 英里内（时间），在 -20℉（环境）条件下，启动之后 10s 时的速度超过 85r/min（任务）。可靠性应以 95% 的置信度验证。”

3.2.2　进行设计评审

设计评审是产品研制最重要的部分，包括对各种分析结果的讨论，非正式自由讨论，以及对检查清单和工程控制的评审。

设计评审应该集中团队智慧，这个团队由没有偏见的人领导。在正确的领导下，设计的工作效率将显著提高。设计评审的目的是从不同的观点对设计提出质疑。只有在鼓励设计师和非设计师进行创造性思维并提出新的观念时,这种情况才会出现。设计评审的最大好处是可以尽早进行工程改进,这样对降低寿命周期费用具有最大作用。Darch 提出了针对设计评审的几个著名观点:

(1)设计评审提供一个讨论接口问题及其解决方案的场所;

(2)设计评审提供一个未来工作的共同基础;

(3)随着设计的逐步完成,设计评审能继续减少寿命周期费用;

(4)设计评审过程的本质是:在一个阶段完成之后,该阶段的结果作为最终结果被接受,下一阶段在此基础上接着进行。

最高管理层应认真对待在任一阶段由设计评审做出的决定。一次设计评审,不只是对产品性能的一个评审,也是对未来费用产生重大影响的一个风险评估过程。这些决定将确定备件需求量,使用维护人员的技能水平,现场测试设备和很多保障要求。因此,在批准设计评审的决定之前,应评估由此导致的寿命周期费用。

1. 初步设计评审

为了选择开展设计改进的策略,应先进行初步设计评审。可采用以下策略:

(1)模块化设计;

(2)容错性设计;

(3)故障隔离;

(4)故障屏蔽;

(5)机内测试;

(6)自检测;

(7)自监测;

(8)降额;

(9)自恢复;

(10)易维修设计;

(11)易检查设计;

(12)报废代替修理设计(如灯泡);

(13)测试性设计;

(14)免维修设计;

(15)零故障设计;

(16)内置重试(软件);

(17)损伤检测设计;

(18)自顶向下结构设计(软件)。

2. 经验教训与检查单

开始设计评审时最好进行两件重要工作:①上次评审中汲取的经验教训;②针对正在进行的研制工作列出检查单。

　　关于经验教训的讨论,包括以往故障检查,竞争性分析,与类似产品的经销商及用户的面谈等。重要的是,应通过讨论,尽可能消除那些在所有竞争对手的设计中相同的故障模式。同时,应讨论竞争对手的优点。这样就有可能在产品中引入新的优点,诸如免维修、容错或模块化设计。

　　检查单是加快评审的强有力工具,但是,不能覆盖所有设计事项。因此,还需要自由讨论。将下述通用的检查单作为开始很有用:

　　(1) 规范中包括可靠性、维修性、可用度和安全性吗?

　　(2) 早期设计有没有将故障模式影响及危害性分析(FMECA)列入计划?

　　(3) 可以使用故障树分析来改进设计吗?

　　(4) 对组件互换性进行分析了吗?

　　(5) 有足够的安全余量吗?

　　(6) 规定了软件可靠性吗?

　　(7) 需要测试性分析吗?

　　(8) 需要故障隔离能力吗?

　　(9) 电路之间有足够的间隙吗?

　　(10) 有关的软件逻辑问题独立评审了吗?

　　(11) 软件编码经过充分评审吗?

　　(12) 鉴定试验计划提前做好了吗?

　　(13) 生产测试列入了计划并进行评审了吗?

　　(14) 对软件考虑了冗余吗?

　　(15) 对硬件考虑了冗余吗?

　　(16) 设计有没有考虑人为差错?

　　(17) 设计师熟悉 MIL – HDBK – 1472 的人因工程指南吗?

　　(18) 设计中考虑了以可靠性为中心的维修吗?

　　(19) 进行了可靠性竞争性分析吗?

　　(20) 设计中有没有长期性问题,如集成电路的树枝状增长?

　　(21) 对产品进行了腐蚀故障分析吗?

　　(22) 有一个分析试验数据的统计模型吗?

　　(23) 备份设备的切换开关可靠吗? 它们需要维护吗?

　　(24) 诸如保险丝、喷水消防装置和电路断路器之类的保护设备可靠吗? 需要以可靠性为中心的维修吗?

　　(25) 对产品抗辐射和意外伤害的性能进行评估了吗?

　　(26) 产品需要抗地震和异常载荷吗?

　　(27) 为达到期望的可靠性,对元件容差最优化了吗?

　　(28) 在进口国的环境条件下对产品进行过试验吗?

　　(29) 制造人员会造成缺陷吗? 可通过设计来避免吗?

（30）维护人员会造成缺陷吗？可通过设计来避免吗？

（31）操作人员会造成错误输入吗？如果这样,产品能设计成自动转入到故障－安全模式吗？

（32）单个元件会引起某个关键功能的失效吗？

（33）需要进行裂纹扩展和损伤容限分析吗？

（34）元器件需要腐蚀防护吗？

（35）未来的使用载荷会更大吗(如一座大桥上的卡车会更重一些)？

（36）有异常环境还没有考虑吗？

（37）（为飞机)提供了检测裂纹、损伤、气孔的条件吗？

（38）设计需要裂纹延迟的预防措施吗？

3.2.3 可靠性分配

分配过程建立了设计要求的层次,目的是将使用可靠性目标分配到子系统、子组件,一直往下分配到元器件。不进行可靠性分配的公司很少能达到所期望的整体可靠性。例如,一家制造电子战设备的公司经过努力使 MTBF 达到了 360h,但很难达到400h。因此,总是抱怨供货商提供的产品性能不好。但据调查发现,公司从未向供货商提出 MTBF 目标的要求。

可靠性分配从系统目标开始。例如,如图 3.2 所示,要求发动机在 10 年内的可靠度达到70% 时,设计师必须分配给子系统更高的可靠性,因为子系统可靠性的乘积等于系统可靠性。同样,每个子系统的可靠性应在其子组件之间进行分配(图中只给出了一个细目分解)。分配继续下去,直到所有的零部件。值得注意的是,为了使发动机可靠度达到70% ,要求零部件的可靠度高达99.999% 。

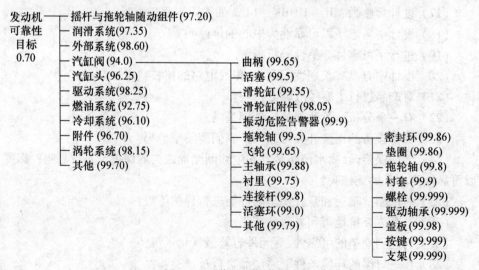

图 3.2 可靠性目标分配方法

当子系统和零部件有恒定故障率时,可根据故障率分配可靠性。这比用可靠度更方便,因为子系统的故障率可以进行相加,而不是相乘。对一个串联系统而言,MTBF 首先转换为一个故障率,在子系统和零部件之间进行分配。在分析结束时,再将故障率转换到 MTBF。图 3.3 给出了这种串联系统的分配方法。

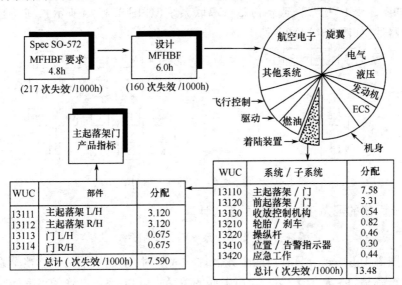

图 3.3　故障率分配方法

3.2.4　可靠性建模

在早期设计中,要进行可靠性建模以评估产品可靠性的各种方法。有两种通用模型:①基本可靠性模型,通常称为串联模型,②容错模型,通常称为并联模型,其中有些部分或所有部分可能是冗余的。

1. 串联模型

如果产品的任意一个部分故障,则整个产品故障,就称为一个串联模型。例如,如果自行车的任何部分故障,那么,自行车就故障。这样一个模型可用一根链条表示。链条的任何链环故障,整根链条就故障了。图 3.4 给出了串联模型,也给出了几种并联模型。

在串联模型中,因为所有零部件必须工作,系统可靠性是所有可靠性的函数。系统可靠性由下面的等式表示

$$R(s) = R_a \cdot R_b \cdot R_c \cdot \cdots \cdot R_n \qquad (3.1)$$

如果有 4 个部分,可靠性分别是 0.90、0.80、0.90、0.70,得到系统可靠性为

$$R(s) = 0.9 \times 0.8 \times 0.9 \times 0.7 = 0.4536$$

上面的计算显示,元器件越多,系统可靠性越差。因此,对串联系统而言,一个

设计目标是减少元器件的数量。对并联系统,情况不一样。

2. 并联模型

在串联系统中,可靠性随着元器件数量的增加而迅速降低,因为每个分数乘以另一个分数得到一个更小的分数。为了提高可靠性,可备份串联系统中的一个元器件(如图3.4(b)所示),或备份整个串联系统(如图3.4(c)所示),或单独备份每个元器件(如图3.4(d)所示)。

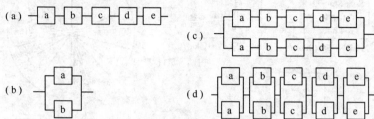

图3.4 串联系统(a)和并联系统(b,c,d)

并联系统的可靠性由下面的关系式计算:

$$系统工作的概率 + 系统不工作的概率 = 1$$

对图3.4(b)来说,只有当两个元器件均故障时,系统才不工作。整个系统不工作的概率是$(1 - R_a)(1 - R_b)$。由上面的关系式可知,系统工作的概率为

$$R(s) = 1 - (1 - R_a)(1 - R_b)$$

推而广之,有

$$R(s) = 1 - (1 - R_a)(1 - R_b)(1 - R_c)\cdots(1 - R_n) \tag{3.2}$$

由式(3.2)可知,并联模型的计算结果是

$$R(s) = 1 - (1 - 0.9)(1 - 0.9) = 0.99 \quad (对图3.4(b))$$

$$R(s) = 1 - (1 - R_a \cdot R_b \cdot R_c \cdot R_d)(1 - R_a \cdot R_b \cdot R_c \cdot R_d)$$

$$= 1 - (1 - 0.9 \times 0.8 \times 0.9 \times 0.7)(1 - 0.9 \times 0.8 \times 0.9 \times 0.7)$$

$$= 0.7015 \quad (对图3.4(c))$$

和

$$R(s) = [1 - (1 - R_a)(1 - R_a)][1 - (1 - R_b)(1 - R_b)] \times$$

$$[1 - (1 - R_c)(1 - R_c)][1 - (1 - R_d)(1 - R_d)]$$

$$= [1 - (1 - 0.9)(1 - 0.9)][1 - (1 - 0.8)(1 - 0.8)] \times$$

$$[1 - (1 - 0.9)(1 - 0.9)][1 - (1 - 0.7)(1 - 0.7)]$$

$$= 0.99 \times 0.96 \times 0.99 \times 0.91$$

$$= 0.8562 \quad (对图3.4(d))$$

3.2.5　可靠性预计

可靠性建模确立了一个系统的结构配置,可靠性预计则评估该配置的可靠性,以确保满足分配的工作目标。大多数参与电子设备设计的设计师使用 MIL – HD-BK – 217[3] 或类似的数据库来预计可靠性。他们假定系统是一个串联系统,通常忽略冗余的零部件。让人费解的是,不只是刚开始参与设计的人,有经验的设计师也常常这样做。因为这样得到的是最差的可靠性估计结果,可能不会造成什么害处。

这种处理方法被广泛接受,甚至当串联假设是错误的时候也是这样,一个原因是这样可使可靠性计算变得非常简单。如式(3.1)所示,用各部分可靠性简单相乘来评估系统可靠性。如果各部件都服从指数故障分布,那么,模型变得极其简单:

$$R(s) = R_a \cdot R_b \cdot R_c \cdot \cdots \cdot R_n$$

$$= e^{-\lambda_a t} \cdot e^{-\lambda_b t} \cdot e^{-\lambda_c t} \cdot \cdots \cdot e^{-\lambda_n t}$$

$$= e^{-(\lambda_a + \lambda_b + \lambda_c + \cdots + \lambda_n)t}$$

这个模型表明,通过将各故障率的简单相加,可以得到整个产品的故障率。最后的模型是

$$R(s) = e^{-(\Sigma\lambda)t}$$

实际上,一个好的产品应该有一个非常低的恒定的(或不断降低的)故障率,因此,这个模型应该是可靠性模型的目标。在下述条件下,可以使用这个模型:

(1)早期故障被完全筛除;

(2)耗损过程没有加速,直到使用寿命终结。

这个模型甚至适用于机械零部件。大部分设计者不对模型的有效性进行验证。他们认为,如果在使用寿命期间几乎没有任何故障,故障率可以看成一个非常低的恒定值。

注意:通过上述程序来评估可靠性的方法只适用于硬件。现场可靠性也会由于制造错误、维修错误、使用不当以及由软件导致的错误而降低。

根据 MIL – HDBK – 217 评估故障率时,要很小心。故障率数据可能是 8 ~ 10 年之前的,数据是在不同的条件下收集的,而且瞬时线电压和电磁干扰等因素也没有考虑。评估故障率的最好方法是使用与 MIL – STD – 217 类似的模型建立自己的数据库。同时,在评估之前,应考虑一些电子元器件的危险率并不是恒定的这一实际情况。关于电容器的一个军用规范[4]认为,这种器件的故障率从来就不是恒定的,总是随着时间而降低。考虑到这些因素,根据 MIL – HDBK – 217 进行的预计是不可靠的。读者也应该认识到,现场可靠性受人为差错、软件、预防性维修和操作程序的影响。这些因素影响非常大,使得预计现场可靠性是不切实际的。

故障率模型的一个突出优点是让设计者了解一些影响故障的因素及其对产品的影响。图 3.5 给出了一个电子元器件和机械零部件的故障率模型。电子元器件模型来自 MIL - STD - 217。机械零部件模型来自一本机械零部件手册[5]，这部手册是为美国海军和美国陆军编写的。

部件工作失效率模型（λ_p）：

$$\lambda_p = \pi_Q (C_1 \pi_T \pi_V + C_2 \pi_E) \pi_L \quad 失效/10^6 h$$

式中

λ_p——器件失效率，失效/10^6 h；

π_Q——质量系数；

π_T——温度加速系数，其值取决于工艺；

π_V——电压应力降额系数；

π_E——应用环境系数；

C_1——电路复杂度系数，基于晶体管计数：

　　1 个 ~ 100 个晶体管，$C_1 = 0.01$

　　100 个 ~ 300 个晶体管，$C_1 = 0.02$

　　300 个 ~ 1000 个晶体管，$C_1 = 0.04$

C_2——封装复杂度失效率；

π_L——器件学习系数。

（a）

$$\lambda_{BE} = \lambda_{BE,B} \left(\frac{L_A}{L_S} \right)^{\gamma} \left(\frac{A_E}{0.006} \right)^{2.36} \left(\frac{v_o}{v_L} \right)^{0.54}$$
$$\left(\frac{C_{AL}}{60} \right)^{2/3} \left(\frac{M_O}{M_F} \right) \cdot C_{CW}$$

式中　λ_{BE}——轴承的预计失效率，实际条件，每百万工作小时；

γ——滚柱轴承为 3.33；滚珠轴承为 3.0；

L_A——实际径向载荷，lb；

L_S——标准径向载荷，lb；

A_E——调整误差，rad；

v_o——标准润滑剂黏度，lb - min/in^2；

v_L——工作润滑剂黏度，lb - min/in^2；

M_O——材料系数，基材，lb/in^2，屈服强度；

M_F——材料系数，工作材料，lb/in^2，屈服强度；

C_{AL}——实际污染水平，μg/m^3；

C_{CW}——水污染系数。

（b）

图 3.5　故障率模型
（a）电子元器件；（b）机械部件。

例 3.2　美国空军的一个系统包括 10 块电路板，分别独立监控着 10 个设施（如图 3.6（a）所示）。每块电路板的电源区域大约有 160 个元器件，输入输出区域大约有 100 个元器件，通信部分有 70 个元器件。

因为每个设施配有独立的电路板，很容易解决存在的问题。哪一块电路板有故障，维修人员立即就能知道。这个系统的可靠性模型是一个串联模型。根据 MIL - STD - 217 预计，电路板在 6 年周期内的可靠性是 0.83。由此得到系统可靠性 $R = 0.155$。后来断定系统可靠性低（故障的机会是 15.5%）的原因是串联了太多的元器件。一个设计工程师建议，既然所有电路板需要的电源是一样的，为什么不使用一个共用的终端电源供电。但是，如果这个唯一的电源故障，所有电路板将无法工作。为了解决这个问题，增加了一个冗余电源。新的结构图如图 3.6（b）所

44

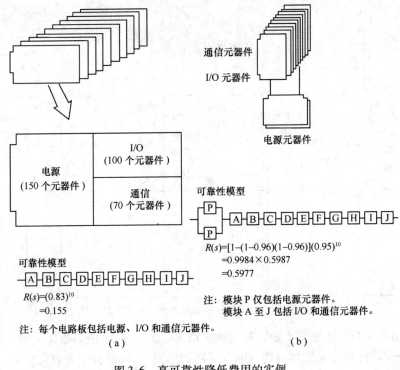

图 3.6　高可靠性降低费用的实例

（a）现有设计；（b）改进设计。

示。改进后的可靠性是 0.68（原文如此），而以前是 0.155。对那些不相信可靠性可以减少经费的人来说，这是一个很有说服力的实例：方案改进前系统需要 3200个元器件，而改进后只需 2000 个元器件。而且，在系统可靠性方面获益 339%。（注：为了保证冗余电源一直处于工作状态，维修费用可能会稍有增加。）

3.2.6　故障模式影响及危害性分析

当所有设计重点明确以后，就该进行详细分析了（如图 3.7 所示）。故障模式影响及危害性分析（FMECA）是一门对设计进行宏观和微观级分析的技术。它从系统级或从元器件级开始，确定每个功能可能出什么错，及其对系统的影响。不幸的是，大多数公司在 FMECA 模型方面花费了大量经费，但却不知道怎样使用这些信息（大量地误用这些技术）。一位工程师给我们看了有 4000 多种故障模式的一块电路板的 FMECA。当问他使用这些信息做什么时，这位工程师回答："没人让我用这些信息做什么事情。"这又是一份经过 3 个月辛苦努力才写出来的看起来不错的报告，却从来没有见过天日。这样的反应相当普遍。有些人只是用 FMECA来预计可靠性。正确使用 FMECA 的方法是，通过这些知识，改进产品设计。预计应作为一个副产品对待。

系统_____　　　　　　　　　　　　　　　　　　日期_____
约定层次_____　　　　　　　　　　　　　　　　　第_____页
参考图_____　　　　　**危害性分析**　　　　　　共_____页
任务_____　　　　　　　　　　　　　　　　　　编写_____
　　　　　　　　　　　　　　　　　　　　　　　　　　批准_____

识别码	产品或功能标识	功能	故障模式和故障原因	任务阶段/工作方式	严重度类别	故障概率/故障率数据源	故障影响概率(β)	故障模式频数比率(α)	故障率(λ_P)	工作时间(t)	故障模式危害度(C_m)	产品危害度(C_r)	备注

图 3.7　MIL – STD – 1629 中的 FMECA 格式

MIL – STD – 1629[6] 中最先提出的 FMECA 技术,是使用如图 3.8 所示的格式对每个元器件进行系统的分析。随着应用的不同,表格的数字和表头会不一样。

① 产品零件编号	② 参考框图	③ 功能	④ 故障模式	⑤ 故障机理	⑥ 故障影响			⑦ 接口影响	⑧ 危害度			⑨ 纠正措施		⑩ 产品闭环归零情况
					局部影响	高一层次影响	最终影响		严重度	频度	检测度	可用时间	建议	

图 3.8　FMECA 矩阵

这里提出对 FMECA 方法的进一步改进。例如,MIL – STD – 1629 建议只识别与硬件故障有关的故障模式,而本书作者推荐将人的因素和工艺问题(如焊接接头不良)作为 FMECA 的一部分。可将 FMECA 分成两个部分实现:对于产品设计,称为设计 FMECA;对于生产制造,称为过程 FMECA。本章阐述设计 FMECA,第 6 章阐述过程 FMECA。

图 3.8 所示的表格文件很重要,可以用来进行安全性、维修性、质量和后勤保

障等其他几个方面的分析。下面介绍表格的填写过程。

第1栏　产品编号

记下系统组成或部件识别号。确保已列出所有零部件,包括螺钉、螺母、垫圈、电线和螺丝钉;目的是帮助工程师系统地进行分析。像螺母这样的一个零件可能看起来微不足道,但如果与螺钉间隙不恰当,可能导致灾难性的后果。(因为间隙不恰当,导致几架美军喷气式飞机的发动机脱落。事实上,在 1987 年,发现有 60% 的空军发动机可能存在类似问题)。大部分国防承包商只对他们认为在功能上重要的那些元器件进行分析,而忽略一些关键零部件的风险。在 MIL – STD – 1629 中,后面这种方法也是可接受的,尤其是对于那些由数千个元器件组成的系统。

第2栏　参考框图

这一栏是用来识别元器件在结构图、逻辑图或组件图中的位置。这一栏是可选的。

第3栏　功能

描述功能,用于向分析员提示故障模式的线索。凡是妨碍功能实现的缺陷都是故障模式。例如,如果一个晶体管的功能是作为开关,那么除了"开"或"关"以外,电流不足就是一种故障模式。

第4栏　故障模式

一个零件有几种妨碍功能的故障模式。举个最简单的例子,一个螺钉与螺母组合,用来固定一个振动环境中的盖板。由于螺径错误造成接口松弛,螺钉与螺母之间的余隙太大,以及喷镀不当,诸如此类的故障模式都会妨碍其功能。健壮性设计不仅考虑部件如何故障,或部件会出现什么问题,而且要考虑操作人员的影响,如一个组装人员忘记将螺钉装配起来。

描述故障模式通常是困难和复杂的。在不同的任务阶段,故障模式可能不一样。例如,航天飞船在发射台有一种故障模式,在同步静止轨道有另一种故障模式,在再入阶段又有另一种故障模式。有这样一个案例,为太空实验室开发了一种坚韧而又轻便的 Kapton 绝缘导线,这种导线有极好的耐疲劳性能,但据 NASA 内部记录,在太空失重状况下,一遇到水汽或液体,它就会像焰火一样燃烧。

即使对一个只有单任务阶段的产品,故障模式预计可能也很困难。图3.9 给出了一个固体助推火箭上的非承压连接件。它有两个密封装置。假如第1套密封装置故障,第2套密封装置可以保护系统。非承压时,第2套密封装置确实按预定要求工作。当承压时,连接件受到旋转力,打开了第2套密封装置。连接件不再有密封装置冗余。图中也给出了在火箭点火330ms 后,第2套密封装置的故障概率较高。设计改进是通过一个加热装置,保持第1套密封装置的温度。

第5栏　故障机理(原因)

故障原因信息有两个用途。一是识别根原因,以帮助工程师通过重新设计产

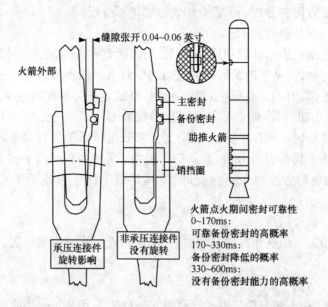

缝隙张开 0.04~0.06 英寸

火箭外部

主密封
备份密封
助推火箭

销挡圈

火箭点火期间密封可靠性
0~170ms:
可靠备份密封的高概率
170~330ms:
备份密封降低的概率
330~600ms:
没有备份密封能力的高概率

承压连接件旋转影响

非承压连接件没有旋转

图 3.9　固体助推火箭显示在起飞阶段丧失备份密封装置

品消除故障原因。二是识别引起故障的应力(如热应力、剪切力、张力、压缩力),这样就可制定一个验证试验大纲,确保元器件在这种应力下的健壮性。在有些情况,可能无法识别应力。

第6栏　故障影响

应该考虑产品功能性故障的影响,自始至终直到用户级。为此,故障影响必须追踪到更高一级的组件。例如,汽车发动机连接杆故障对活塞工作会有一些影响,由此又可导致汽车故障。在 FMECA 中,这一栏的目的是获得一些有关风险的想法。

第7栏　接口影响

在标准的 FMECA 中不需要这些信息,但对 FMECA 分析员来说,接口影响是重要的附加信息。它给出了最终产品与软件如何接口,或与其他产品如何接口。如果故障影响引起了软件或其他产品的功能故障,那么应该评估风险。可能需要考虑进行重新设计。

第8栏　危害度

汽车行业和很多商业机构遵循风险优先数系统。按照这种方法,每个故障按照3种类别评估,3类评分一起相乘,得到一个称为风险优先数(RPN)的指标。这3种类别是严重度、频度和检测度。每一种类别的评分范围是从1到10,其中10是最差的。检测度类别的评分有特殊的意义。如果一个故障可以在出现之前检测到,那么,检测度的评分就低。最坏的评分10意味着在灾难性故障之前,绝对没有任何预先告警。例如,一辆汽车没有预警地突然加速,评分为10。这一特性让设计师意识到需要一个安全装置或警告装置。

在这个系统中,RPN 可以为 1 到 1000 之间的任何一个值。值得注意的是,在频度和检测度方面的低分可能掩盖一个潜在的灾难性故障。例如,评分为 $10 \times 2 \times 2$ 的一个故障,其总的评分只有 40,显得并不重要。无论总的评分如何,必须确定,严重度评分为 9 或 10 的每个故障,都要进行安全性评估。

另一个通用的危害度排序系统仅仅按照故障率大小。这种方法没有反映安全性风险。

美国政府使用的系统与 RPN 系统稍有不同。危害度与风险分析有关。风险的两个主要参数是故障的严重度和频度。一个设计团队是否采取措施取决于这些信息。有几种如何使用这些信息的方法。国防部分配了严重度和频度的定性评分。严重度评分如下:

Ⅰ类——灾难的故障或系统损失;

Ⅱ类——严重的故障或系统大部分损失;

Ⅲ类——轻度的故障或轻度的损伤;

Ⅳ类——轻微的故障。

同样,频度评分从 A 到 E:

A 级——频繁故障;

B 级——很可能故障;

C 级——偶然故障;

D 级——很少故障;

E 级——几乎不可能故障。

这个系统的内在缺点是,如果有 800 个Ⅰ类故障模式,很难按照优先级给它们排序。

第 9 栏　纠正措施

这一栏经常被误用。目的是通过设计消除Ⅰ类和Ⅱ类故障。很多分析员却改为建议进行检查和试验(对Ⅲ类、Ⅳ类故障模式来说可以接受)。很多时候,通过故障树分析将有助于提出适当的设计改进。如果故障未能通过设计消除,那么,这一栏应指出处理这个故障的任何其他方法的基本原理。为了确保进行了至少一次实实在在改进设计的努力,一些公司按照图 3.10 所示的表格对严重度、频度和检测度进行重新评估。

第 10 栏　产品闭环归零情况

通常是进行了分析,但不采取任何措施。这一栏作为可选择的栏目,用来确保重要的故障模式已经得到了关注。在有些国家,可能针对工程师和管理者忽视安全问题采取刑事措施。

FMECA 经常进行改进。前面已经说过,它们可以用于不同的目的。实际上,FMECA 应随着产品研发进展不断更新。

部件名称/部件编号	潜在故障模式	原因(故障机理)	故障影响	风险优先数排序				建议的改进	改进后的排序			
				严重度*	频度	检测度	RPN		严重度*	频度	检测度	RPN
管子	管子泄漏	1. 腐蚀	氟利昂漏失	4	3	8	96	使用不锈钢管子	4	1	8	32
		2. 温度循环	氟利昂漏失	4	3	8	96	通过热电偶监控温度	4	2	2	16
	接口泄漏	1. 累积疲劳	氟利昂漏失	4	4	8	128	通过加速度监控振动	4	2	2	16
		2. 焊接不良	氟利昂漏失	4	4	5	80	升级过程FMECA	待定	待定	待定	待定
阀门	间歇粘连	尘垢或外来物	温度失控	7	3	8	168	采用电子冗余阀门措施与故障识别	7	1	1	7
	粘连常开	零件疲劳	温度失控	7	2	8	112	采用电子冗余阀门措施与故障识别	7	1	1	7
	粘连常闭	1. 零件失效	温度失控	9	2	8	144	采用电子冗余阀门措施与故障识别	7	1	1	7
		2. 零件扩展与收缩	温度失控	9	2	8	144	采用电子冗余阀门措施与故障识别	7	1	1	7

* 严重度分值为8至10时,不管RPN值多大,都要求在设计改进方面开展专门工作

图3.10 对风险进行重估的FMECA

FMECA 注意事项：造成危害度混乱的特征之一是容错。如果有一个冗余备份，系统可以容忍一个故障。通常，可靠性工程师将一个有冗余的元器件故障视为不具有危害性的。另一方面，一个安全工程师可能认为这个故障具有危害性，因为一旦第一个元器件故障，系统就不再具有备份。NASA 系统在危害度评分中通过在有冗余元件的地方为冗余增加一个 R 来克服这个问题，例如ⅠR、ⅡR。对设计师来说，这是一个提示，应考虑对主要元器件故障提供故障告警。这个警告要求恢复冗余。

一个更大的问题是，绝大多数公司都违背了 FMECA 的第一个原则——由设计师和非设计师一起共同进行设计[7]。这样可以对设计进行更全面的评论。通常，可靠性工程师独自进行分析。除个别情况外，这样做浪费了很有价值的一些资源，因为一个可靠性工程师单独没有资格评判设计细节。只有由设计工程师和可靠性工程师组成的团队，才能真正开发出高可靠性的产品。

FMECA 将在未来发挥比今天更大的作用。存在大量的不断接受 FMECA 的迹象。亚特兰大的公共交通系统使用 FMECA 编写维护程序。有一家人造偏光板工厂，使用 FMECA 来培训修理人员。在一个大规模生产糖果的工厂，维护技师使用这种工具来解决工程问题。它的作用将扩展到维修性分析、过程控制、测试性分析和软件可靠性分析。一些商业公司已经在实施过程 FMECA。然而，大部分航空航天和防务承包商仍然没有意识到将 FMECA 应用到生产过程的好处。

FMECA 是一个通用工具。对于软件，它可以识别规范中缺少的要求，并指出编码中的潜在通路。对于维修性分析，FMECA 可以识别必须进行测试的关键的微处理器通路（不过这通常不可测试）。

作者已经在各个层次并用不同的形式进行了 FMECA。结果发现，图 3.11 所示的 FMECA 层次对高技术产品很有效。

图 3.11　FMECA 层次

3.2.7　最坏情况分析

最坏情况分析可以通过多种方法完成，当然，其目标总是为了确定一个产品在可能的最恶劣条件下是否仍能工作。对于电子电路，要评估在最小容差和最大容差的元器件值对整个电路的影响。这样也就可以对工程参数的漂移进行预计。对于机械零部件，可进行类似的评估，来确定互换性和整个组件性能的影响。在所有情况下，也可以评估所有可能环境中的最坏影响。

最坏情况分析也可以用来快速确定工程改进的影响。例如，如果一位工程师对一个元器件的新容差是否合适没有把握，可测试部分最小值元器件和部分最大值元器件。如果最小值和最大值元器件的测试性能都令人满意，那么，可以不测试那些分布在中间的元器件。这种测试形式可通过测试很少的元器件给出高得多的可信度。图 3.12 给出了这样一种方法。然而,最坏情况分析应远远超出容差分析。故障可由电噪声、紊乱情况、仓库贮存、静电放电、电磁干扰以及人为差错引起,既应进行静态条件下的分析,也应进行动态条件下的分析。

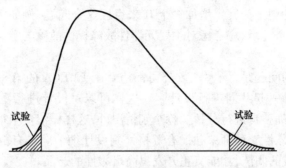

图 3.12　最坏情况试验

3.2.8　其他分析技术

故障树分析和潜在电路分析在第 5 章介绍。健壮性设计方法和质量功能展开技术在第 6 章介绍。故障分布的统计分析在第 2 章已介绍。

3.2.9　设计改进方法

降额设计和容错设计是使用最频繁和最有效的设计改进技术。零故障设计在第 5 章介绍,模块化设计在第 4 章介绍。

1. 降额

这种技术在电子产品设计中已经流行,但在其他领域,它也用于提供设计安全容限。它的原理能用一个 S－N 图来说明,这是一个应力(x 轴)对应故障循环数(y 轴)的图。对一个给定的应力,S－N 图给出对应的故障循环数。x 轴可以用来表示故障里程或故障时间,如图 3.13(a)所示,或用循环数这个传统单位。在对数坐标纸上,如图所示,常常是一条直线,在某个低应力值处带有一个拐点。S－N 图显示,如果元器件上的应力低一些,则元器件的寿命长一些。如果应力低于拐点,元器件几乎可以永远正常工作(实际应用时,将 1 亿个循环看作寿命无限)。应力减少可作为一个降额因子,可以大致相当于可靠性水平:

30% 额度通常相当于拐点以下的应力水平。在这种应力水平下,图 3.13(a)中的元器件,一种高压电缆,寿命在 30 年以上。

降额因子	可靠性水平
元器件最大额度的 50%	高可靠性
元器件最大额度的 30%	非常高的可靠性

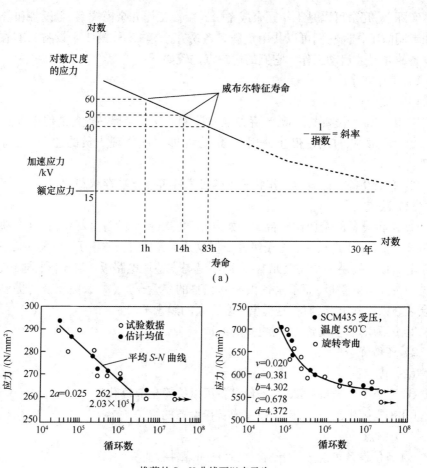

推荐的 S－N 曲线可以表示为

$$y = a\left(\sqrt{(x-d)^2 + c^2} - x \right) + b$$

式中, $y = \lg S$, $x = \lg N$, 而 a, b, c 和 d 是待优化的常量。当 $c = 0$ 时, 等式变成由一条斜线和一条水平直线组成的最简单的双线性关系;斜率等于 $-2a$,拐点位置为 d,疲劳极限为 $b - ad$。

(b)

图 3.13

(a)基于作者试验的一个高压元器件的 S－N 图;(b)由 Nishijima 报告的 S－N 图

(来自 T. Tanaka, S. Nishijima 和 M. Ichikawa. 疲劳和断裂统计研究. Elsevier 应用科学,纽约,1987 年)。

注意:对于上述理论,有一些例外情况。例如,如果应力下降到一定门限以下,随着应力的下降,铝电解电容器的可靠性更低。冰冻的电池根本不能工作。

2. 容错

容错通常意味着有两个设备(其中一个作为备份,以确保功能实现)。不过,在飞机仪表或软件控制等应用中的测量或计算,可能使用奇数个设备,以大数表决方式作出决定。这种奇数冗余通常称为表决冗余。究竟是需要 2 个、3 个还是更多,取决于每种选择所对应的寿命周期费用评估的节余。

实际上,冗余可以是工作冗余或备份冗余。工作冗余模式下,主设备和备份设备两者同时工作。它们可以共用负载。备份冗余模式下,第 2 个设备只有在第 1 个设备故障时才启动工作。它们的优缺点比较如下:

1) 工作冗余

(1) 优点:

① 因为每个设备共用负载,系统自动降额。这样会提高设备的使用寿命。

② 因为故障的设备停止使用负载,会立即引起修理人员的注意,提高了可用度。

③ 单个设备在低应力工作状态下的可靠性可能比贮存状态时高。

(2) 缺点:

① 两台设备的费用比一台高。如果并不要求整个设备全部备份,这个缺点不太明显。多数时间,只有一个子组件或仅仅几个元器件要求有冗余。例如,一家公司在电路板上提供一个冗余元器件,而不是提供整块电路板。基于同样理由,可以提供一块冗余电路板,而不是提供两套完整的黑盒子。(一家医药公司提供一个冗余风扇来冷却电路,而不是提供一套冗余的黑盒子。)

② 因为增加了设备,需要更多的维护。

2) 备份冗余

(1) 优点:

① 当第 1 个设备故障时,备份设备可以接管全部负载。

② 不需要中断系统,就可以完成备份设备的维护。

(2) 缺点:

① 备份设备可能无法开启。切换的可靠性很重要。

② 备份设备可能故障,而维护人员却不知道。因此,备份系统需要经常监测,或进行自动诊断检测。

③ 贮存和非工作备份状态可能引入其他的故障模式。

前面已述及,当包含数值数据时,只使用一个备份设备可能不令人满意。例如,如果一台计算机因为故障给出一个错误输出,而备份计算机给出了正确的输出,用户将无法判断哪一个输出是正确的。如果有 3 台计算机,因为 2 台正确的计算机输出一致,就可以投票决定。这称为 2/3 表决冗余。在 1986 年发生爆炸的 NASA 航天飞机上,有 5 台计算机,如果其中 1 台或 2 台完全故障时,仍可以进行有效的投票。这种方法通常用来检查由噪声或瞬时线电压引起的错误。一般,如果要求 n 台设备中必须有 k 台工作,则这个模型称为 $k - of - n$ 冗余。其可靠性计算可参考第 2 章。

注意:如果冗余设备有一个串行因素(如一个共用电源)限制了可靠性,那么冗余并不总是一个好的解决方法。此时,电源的可靠性变得关键了。系统可能要求每个设备有一台独立的电源。对这样的问题进行分析称为共因分析。通常需要进行故障树分析和最小割集分析。看一看系统可靠性框图,就可以很容易获得这方面的信息。这种方法在第 5 章阐述。

3.3　制造阶段的可靠性

浴盆曲线的高早期故障率大部分来自制造问题,当然有些制造问题也可能在浴盆曲线的使用寿命期和耗损期提高故障率。图 3.14 给出了制造过程中的筛选对现场故障率的影响。

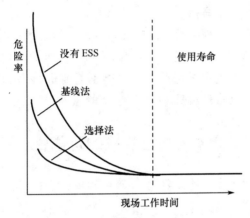

图 3.14　对现场故障的筛选效果

制造过程中的可靠性设计目标是控制与制造相关的故障原因。为了识别这些因素,应当在正式制造之前进行制造过程的 FMECA,在第 6 章将对此进行详细阐述。过程 FMECA 可给出在过程设计期间过程误差的原因。在试运行过程中,也会发现很多其他的故障原因。正是在这个时候,过程控制最需要,以免有缺陷的产品出厂。举个例子,一个操作工在焊接一个连接件时花费时间太长,生产了一个质量差的连接器。解决这个问题的一个方法是,研究焊枪应该在产品上保持多长(短)的一段时间,才能生产一个可靠的连接件。为此,应该确定焊接时间的容差。如果按照焊接时间容差,还是不能一直生产可靠的连接件,那么可能需要改变焊接过程,或同时采用不同的过程。

保证可靠性所需要的措施不必与传统的质量控制措施相同。不是所有的误差或缺陷都一定会造成可靠性低。例如,下面的缺陷可能降低产品质量,但是,不会降低产品可靠性:

(1) 色差错误;

(2) 铸件表面的轻微压痕;

(3) 漆面上的擦痕;

(4) 表面抛光不好;

（5）螺钉电镀错误。

但是，下面的缺陷或瑕疵通常会降低产品可靠性：

（1）焊接不良；

（2）冷钎焊接合点；

（3）漏用弹簧垫圈；

（4）使用错误的焊剂；

（5）焊接时没有清理焊接面；

（6）弹簧上一个大凹痕；

（7）导线接点弯曲不合适。

应评估试验过程中出现的每个故障和每一次不符合规范对可靠性的影响。在这方面很少引起注意，但它对产品费用的影响最大。如果控制了制造缺陷，那么，老练和筛选试验的花费就可显著减少。可能不需要进行 100% 的零部件筛选，而只需要进行一次审查，就可以保证不会发生新的错误。

3.4　试验阶段的可靠性

可靠性试验开始于产品研制阶段，生产阶段继续进行，但不再那么严格。至少需要进行下面的可靠性试验：

1. 设计阶段

（1）可靠性增长试验；

（2）耐久性试验；

（3）可靠性鉴定试验（与制造阶段鉴定试验相同）。

2. 制造阶段

（1）老练和筛选；

（2）故障率试验，也称 MTBF 试验。

3.4.1　可靠性增长试验

在设计复杂设备时，优秀的设计师很少出现失误，而草率的设计师可能遗留很多未解决的问题。为了发现这些问题，需要制定可靠性增长方案。可靠性增长方案要求识别问题，并随着设计的进展逐步解决这些问题。为了实现这一目标，使用一个称为 TAAF（试验、分析和改进）的闭环纠正措施程序。其思路是，如果在早期设计中进行环境试验，产品应该更快地成熟，达到更高的可靠性，James T. Duane 称之为学习曲线方法。1964 年，Duane 提出了一个简单模型，表明在对数坐标纸上的累积故障率与累积工作时间成线性关系[8]。在此之后，出现了一些其他模型（见 MIL – HDBK – 189[9]），但 Duane 模型因其简便而普及开来。

1. Duane 模型

Duane 模型用公式描述为

$$累积\ \lambda_c = kt^{-b}$$

也可以写成

$$累积\ \text{MTBF} = \frac{1}{k}t^b$$

式中，b 为斜率；k 为初始故障率；t 为累积试验时间。

对等式两边同时取对数，就变为如下的线性表达式：

$$\lg\lambda_c = \lg k - b\lg t$$

3 组飞机发动机的数据给出了下面的关系：

$$A\ 组：\lambda_c = 5.47t^{-0.6632}$$

$$B\ 组：\lambda_c = 0.719t^{-0.3595}$$

$$C\ 组：\lambda_c = 0.562t^{-0.3189}$$

因为用整数比用分数更容易沟通（假定为恒定故障率），现在大多数公司使用 MTBF 而不用 λ。Duane 模型表明，设计改进是有效的，应在下一次试验之前实施。如果进行了很多的工程改进，应对其进行验证评估，可通过计算瞬时 MTBF，从下面的累积故障率等式求得。λ_c 可表示为在时间 $t(t>0)$ 内的故障次数 $N(t)$ 除以 t，即

$$\lambda_c = \frac{N(t)}{t}$$

因此，有

$$N(t) = \lambda_c t = kt^{1-b}$$

$N(t)$ 在单位时间的变化是瞬时故障率 λ_i，当 $t\to 0$ 时有

$$\lambda_i = \frac{\mathrm{d}\big[N(t)\big]}{\mathrm{d}t} = k(1-b)t^{-b} = (1-b)\lambda_c$$

因为瞬时 MTBF 是瞬时故障率的倒数，瞬时 $\text{MTBF}(M_i)$ 为

$$M_i = \frac{1}{\lambda_i} = \frac{1}{(1-b)\lambda_c} = \frac{M_c}{1-b}$$

式中，M_c 为累积 MTBF。

图 3.15 给出了累积 MTBF 和瞬时 MTBF 曲线。

2. AMSAA 模型

Duane 模型假设恒定的可靠性增长。实际上，增长可能加速或减速，取决于设计团队的能力和每次试验后进行工程改进的数量。通过考虑各种不同的可靠性增

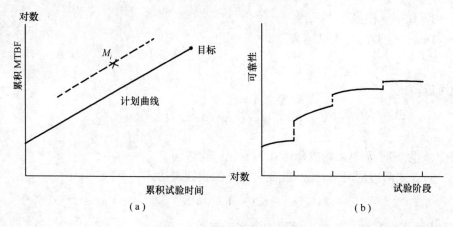

图 3.15　可靠性增长模型

(a) Duane 模型；(b) AMSAA 模型。

长，美国陆军发现了一条新的途径。陆军装备系统分析机构(AMSAA)的模型假设，从一个试验阶段到另一个试验阶段，可靠性增长是一个步进函数，如图 3.15 (b)所示。1988 年 3 月，在环境科学研究所的一次研讨会上，陆军和空军罗姆航空发展中心提出了 AMSAA 模型。AMSAA 模型应用更加广泛，空军步进模型[2]的差别也不大。这种方法体现了更好的适应性。关于 AMSAA 模型的细节，读者可参考 MIL – HDBK – 189[9]。

　　不管使用哪种可靠性增长模型，在一个增长大纲中，必须回答两个相关的基本问题：初始 MTBF 应当是多少？增长率应当是多少？

　　根据惯例，工程上使用一个介于目标值的 10% 到 30% 之间的初始 MTBF 值。支持这一观点的人说，根据经验，这是实际的。然而，一位空军主管赞成使用一个更高的初始 MTBF 值，理由是以一个低百分比作为初始值意味着需要的设计工作多得多。他宁愿在一个良好的工程设计条件下开始进行可靠性增长试验。作者同意他的观点。可靠性现在是一门成熟的科学。如果产品可靠性提高这样缓慢，民用制造商将失去生意。在具有挑战性的民用行业，大多数工程师尝试在一开始就达到100% 以上的 MTBF 目标值。一些人成功了，一些人没有成功。一个 Winchester 磁盘驱动器制造厂的 MTBF 是 4000h，而在同一时间，竞争对手的 MTBF 是 5000h，而价格只有一半。为了在竞争中处于领先地位，这个制造商制定了一个可靠性增长大纲，初始 MTBF 值定为 6000h，在 3 年内达到目标值 10000h。可是，他的竞争对手在 1 年内开发出了 MTBF 为 20000h 的产品，而且价格也更低。

　　关于可靠性应该以多快的速度增长的答案，取决于很多因素，下面讨论其中的部分因素。

3. TAAF 与 ATAF 比较

　　事实上，如果使用事前分析代替事后试验进行了大部分设计改进，复杂产品的可靠性增长可以更快。可靠性增长大纲的目的是鼓励在试验前进行全面分析,但顺序通常弄反了。在试验后进行微观分析,而不是在试验前进行宏观分析。如果完全使用 FMECA 和 FTA,通常使用得太迟。优秀的设计原则要求首先进行详细设计,以便当设计仍在图纸上进行时,就对大部分设计进行改进。在这一阶段进行改进,比在硬件和工具已经制作好后进行改进,要便宜得多。需要的是 ATAF(先进行分析,然后进行试验和改进),而不是 TAAF。也就是说,在进行可靠性增长试验之前,一定要先进行 FMECA。

4. 通过加速试验进行可靠性增长

民用行业鼓励进行可靠性增长很多年了,但没有使用这个名称。本书作者之一在民用行业工作时,被迫接受挑战(当然是出于需要),要求在 1 年内将产品系列的 MTBF 提高到 10 倍。成功的唯一途径是采用高加速的且有效的试验,本章后面将阐述这一方法。

没有设计工程的支持,这个产品系列可能已从该公司消失。该公司成功实现了一个重大突破,重新赢回了失去的所有市场份额。公司甚至免费向顾客提供 15 年产品质量保证。改进的结果是,那项投资的利润从 17% 增长到 71%。

Cray Research、苹果、IBM、Polaroid、惠普、摩托罗拉和英特尔等公司多次因可靠性增长而震惊业界。大家都同意在试验中需要进行更高的加速,但这方面的文献发表较少。

5. 控制关于故障原因的冲突

大部分项目因为故障原因的分歧而苦恼。软件工程师通常忽视硬件故障。IBM 联邦系统公司的 Bob Cruickshank 以嘲讽的语气清晰地表达了这一观点:"有多少程序员需要改进一个灯泡? 没有! 因为这是一个硬件问题!"硬件工程师也经常这样做,他们与软件工程师各自独立地工作。这样,系统不可避免地存在接口问题,潜藏到很晚的阶段。至少可以说,此时的可靠性预计是不可靠的。只要主要的工程错误和单点故障在系统中依然存在,可靠性增长就很难控制。另外,系统不能设计成缓慢地失效。

可靠性增长试验是必要的,否则,在设计和管理中可能忽略可靠性问题。在研发期间,合同上的增长管理条款将最先引起注意。然后将出现更多的模型,诸如软件增长模型、维修性增长模型和可用度增长模型。作为一个可靠性讲师,Allan S. Golant 是这样描述 Duane 增长模型的:"如果与管理层的沟通是首要问题,那么,它特有的简朴使其成为首选方法。"

3.4.2　耐久性试验

耐久寿命可定义为在耗损开始加速时那个点的寿命,即在浴盆曲线上第 3 个区域开始的位置。要确定这个点,只要考虑疲劳试验数据(如果存在早期故障,会破坏这些数据)。根据故障的严重度,来选择这个点,使得累计故障概率低于 1%、

5% 或 10% 。寿命通常据此称为 B_{01} 寿命、B_{05} 寿命、B_{10} 寿命。

很多人认为 MTBF 是耐久寿命的量度,但是,在这两者之间绝对没有关系。前面已经提到,严格地说,MTBF 是故障率的一个函数,而耐久寿命是浴盆曲线长度的一个函数。两个浴盆曲线可以有相同的故障率(因此,有相同的 MTBF),而长度可以不同。

有人将耐久寿命当成平均寿命。这种观念在可靠性文献上几乎没有任何价值,因为当时间达到平均寿命时,按照概率分布,大约有37% ~ 68% 的产品预期会故障。谁想要一种有 63% 的可能故障的产品?让人惊奇不解的是,基于平均寿命的广告宣传进行了这么多,却没有制造商和顾客认识到它的真正含义。一位心脏起搏器制造商告诉医生,产品中电池的平均寿命是 4 年。医生认为每块电池可以使用 4 年,因此,就这样告诉病人。难怪很多病人投诉医生,医生投诉制造商。可以预料,有非常高比例的病人发现电池使用不到 4 年就已经故障,有的甚至用了不到 6 个月。因为电池故障之前没有预先警告,一些病人因此丧生。这样的情况大量存在。再以灯为例,当你购买一台平均寿命 2000h 的灯时,你是不是期望每台灯均可使用 2000h?有多少人知道,每两台灯里只有一台可以超过 2000h?小至镉电池,大到人造卫星,很多产品莫不如此。一颗平均寿命为 5 年的气象卫星使用不到 2 年就故障了,一点也不让人感到惊奇。

耐久性可以通过多种方法进行评估。通常使用一些经验模型。本章介绍了几个常用模型。不过首先讨论一下加速寿命试验。正常条件下的寿命试验需要数月乃至数年的时间,因此,必须进行加速试验。

1. 加速寿命试验

加速寿命试验的目的是通过提供一个更苛刻的但有代表性的环境来复现现场故障。希望产品在实验室里出现与现场使用中相同的故障,只不过出现的时间要早得多。那么,可以使用一个经验关系式,根据实验室寿命来预计现场寿命。试验不应该产生顾客不可能遇到的故障模式。根据作者长期的工作经验,得出如下 4 个基本要求:

(1)在现场应力和加速应力作用下的主要故障模式应该相同。这表明了加速试验剖面的有效性。造成这种故障的应力(诸如电压和温度)称为主要应力。

(2)除故障点以外,材料在加速应力下的工程性能,在试验前后应该是相同的。例如,冶金专家通常定义的网状结构或树枝结构性能。这就意味着使用的应力范围在材料的弹性极限内。

(3)在额定应力和更高应力水平下,故障概率密度函数的形状应该是相同的。这可通过在威布尔图上具有相同斜率的曲线来验证。参见第 2 章。

(4)威布尔特征寿命在生产批中是可重复的,在 5% 以内。

只要满足上面 4 个条件,就可以选择更高的应力以减少试验时间。最著名的方法是构建一个 S - N 图作为试验模型。图 3.13(a)给出了一种高压连接器的

S - N 图,制造这种高压连接器的材料与高压电缆相同。顾客在 15kV 条件下使用连接器,但实际上不可能在这种电压下进行试验(需要 15 ~ 30 年时间才会故障)。因此,试验电压提高到 40kV,同时,由于一个元器件不具有代表性,随机抽样在该电压进行试验。通常,对应 63.2% 故障的威布尔特征寿命是 S - N 图上的一个具有代表性的点。同样,在 50kV 和 60kV 电压下,画出威布尔特征寿命。在对数坐标纸上,这 3 个威布尔特征寿命落在一条直线上。而 70kV 的特征寿命不在这条直线上,表明对这种材料来说,70kV 的应力太高。在这种应力水平下,故障模式也改变了,所以,很明显,这已经违反了前面阐述的 4 个条件中的一个。一旦构建了 S - N 图,就可以进行推测,给出一个 15kV 下的寿命估计。

2. 耐久性预计的加速试验模型

正在使用的两个最著名的模型是逆幂律模型和阿伦尼斯模型。逆幂律模型是一个通用模型,适用于很多种不同的机械和电子应力。它表明,寿命反比于应力的 N 次方,这里 N 是加速因子,由 S - N 图的斜率(图中的斜率是负数)得到。N 由下面的公式计算

$$斜率 = -\frac{1}{N}$$

这个模型可以写成

$$\frac{额定应力寿命}{加速应力寿命} = \left(\frac{加速应力}{正常应力}\right)^N$$

对于图 3.13(a) 所示的产品,从 S - N 图的斜率得知 N 的值为 8.2。

试验应该持续多长时间?这个问题也可以从逆幂律模型中找到答案。对于图 3.13(a) 所示的产品,有

$$\frac{30\ 年 \times 365\ 天 \times 24\ 小时}{加速应力下的试验时间} = \left(\frac{60}{15}\right)^{8.2}$$

因此,加速应力下的试验时间是 4.01h。

注意:要确保在每个加速应力下均满足加速试验的 4 个基本要求。

阿伦尼斯模型已被广泛地误用了。模型的目的是通过加速试验数据预计常温下的寿命。可是,它仅适用于由温度加速引起的化学反应或金属扩散方面的故障,不适用于由老练和筛选产生的早期故障。

阿伦尼斯模型可以用于绝缘液体、润滑油、电池、塑料,以及电子元器件的某些故障机理。但当将这一模型应用于电子产品时应谨慎,因为所谓的电子故障实际上大部分是机械故障。阿伦尼斯模型由以下公式得出:

$$寿命 = Ae^{E/(kT)}$$

式中,A 为经验常数;T 为开尔文温度(对电子产品,为结点温度;对液体和其他产品,为热点温度);k 为玻耳兹曼常数,$k = 8.62 \times 10^{-5} \text{eV/K}$;E = 激活能量。

阿伦尼斯图纸(图3.16)上有特殊网格,将阿伦尼斯方程图示为对应摄氏温度的寿命(故障时间)。

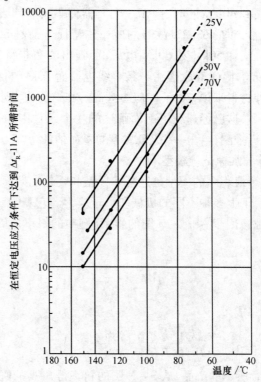

图 3.16　一个离散半导体设备的阿伦尼斯坐标图

(引用 Erwin A. Herr, Reliability Evaluation and Prediction for
Discrete Semiconductors, *IEEE Transactions on Reliability*, 1980 年 8 月)

E 的值由以下关系式得出

$$E = -k \times \text{slope}$$

通过选择图上的任一点,找出它对应的 x 坐标(温度)、y 坐标(寿命)和斜率,根据式(3.3)可以计算出经验常数 A 的值。

一旦知道了这些值,就可以使用这个模型,通过进行高温条件下的试验来预计较低温度条件下的寿命。可以往更低温度进行外推预测,但不能低于拐点温度,更不能低于凝点温度。

从图上比较两个温度下的寿命,可以得出下述方程(已被有些机构使用)

$$\frac{L_1}{L_2} = e^{[(E/k)(1/T_1 - 1/T_2)]}$$

电子行业的很多人认为,寿命与故障率成反比(作者不同意这个观点。参见3.1 节关于寿命与 MTBF 的论点)。如果这种观点正确,则有

$$\frac{\lambda_1}{\lambda_2} = e^{\left[(E/k)(1/T_2 - 1/T_1)\right]}$$

注意：

（1）阿伦尼斯模型是一个经验模型。它应该用于已经有一定了解的故障率。电子设备的化学反应率和机械故障率是没有关系的。故障可以由非化学原因引起，如瞬时电压。可以肯定，早期故障不适用这个模型。

（2）一些专业人员只测定一次 E 的值，就将这个值推广应用到其他的元器件上。我们不赞成这样操作。即使一种元器件可能与另一种元器件的设计相似，它们的故障率也是不同的。具有相同零部件号但在两个不同地点制造的单元，可能有两种不同的激活能量。

3. 具体应用模型

元器件可能会受到循环的或变化的载荷，上面描述的模型可能不适用。不过，在文献中包含了几种适用于这些元器件的模型。其中有 Goodman 图[10] 和 Miner 规则[11,12]。第 5 章包含了安全容限方面的论述。下面阐述 Miner 规则。

Miner 是西屋公司的一名设计师。他假设，一个遭受不同循环载荷的元器件累计损伤，当由于每个载荷导致增加的损伤之和等于 1 时，预期将会出现故障。即当满足下面条件时，可能出现故障

$$\frac{C_1}{N_1} + \frac{C_2}{N_2} + \frac{C_3}{N_3} + \cdots + \frac{C_i}{N_i} = 1$$

式中，C_i 为在应力 S 条件下进行的循环次数；N_i 为在应力 S 条件下材料的能力，用循环次数表示，由 S－N 图确定。

该公式表明，需要进行试验以建立一个 S－N 图，才能使用这个方法。

例 3.3　一个元器件在寿命周期中预期会承受下述应力：

在 2600 lb/in² 应力作用下 150000 个循环；

在 2900 lb/in² 应力作用下 100000 个循环；

在 3200 lb/in² 应力作用下 25000 个循环。

在这些应力水平下，由 S－N 图确定的能力如下：

在 2600 lb/in² 应力作用下 400000 个循环；

在 2900 lb/in² 应力作用下 250000 个循环；

在 3200 lb/in² 应力作用下 190000 个循环。

使用 Miner 规则，可以得到累计损伤为

$$\frac{150000}{400000} + \frac{100000}{250000} + \frac{25000}{190000} = 0.907$$

因为累计损伤小于 1，预计不会出现故障。

注意：研究表明，故障发生的范围在 0.7～2.3 累计损伤值。

3.4.3 低故障率试验

尽管 MTBF 基于故障率为常数的假设,但是,为简单起见,它已用来作为故障率的一个量度。实际上,故障率很少是常数。在现场使用中,任何产品都可能出现早期故障;而对于机械产品,故障率几乎总是时间的一个增函数。但是,行业的发展还是假设故障率是恒定的。它应该接受真实的故障率:故障率可以随着时间逐渐增长、保持恒定或逐渐降低。在这种情况下,威布尔分析可能是故障试验的正确选择。MTBF 应当仅限于在故障率是真正恒定的时候使用。在新研产品的可靠性鉴定和产品生产期间的可靠性验证中,都要进行故障率试验。

如果故障率随着时间增长或降低,那么,必须规定所报告故障率的时间。可以使用第 2 章阐述的威布尔故障率模型。目标是在使用寿命期内将故障率降低到一个小的常数。

1. 可靠性鉴定试验

应该对产品进行可靠性鉴定,也应该对样品进行可靠性鉴定。如果要验证整个预期寿命期内的故障率,则应进行加速试验。很多公司不太确定如何对试验加速(参考指南见 3.4.2 节)。其他公司害怕产品过应力超过公布的额定值。大部分公司只对浴盆曲线的一部分进行验证。

鉴定试验包括按照所有预期的故障机理对产品施加应力。如果在预期的寿命期间没有任何故障,可停止试验。鉴定试验条件通常是严格的。在产品验证试验中,有些试验条件不能进行,比如热冲击、冲击和匀加速。为了复现现场条件,可能需要施加一些特殊应力。例如,为了在集成电路中形成最坏情况的电子迁移,可能需要施加一个偏压。同样,给一台机械设备的弹簧加压,可能需要拉力和压力。对于飞机结构,可能需要冲击载荷。

例 3.4 在下述加速试验条件下验证了一个高压保险丝的寿命为 30 年。

(1) 环境可靠性:

① 闪电冲击和连续的非传导性应力;

② 潮湿、油污、灰尘和霉菌环境;

③ 太阳光的紫外线辐射;

④ 顾客系统中的电流,它在载荷状态或故障中断过程中可以是连续的或瞬变的。

(2) 机械可靠性:

① 振动;

② 机械切换;

③ 磁力。

(3) 热可靠性:

① 工作温度;

② 温度循环；

③ 温变率。

（4）操作可靠性：

① 对元器件的物理操作；

② 安装方法。

（5）接口可靠性：

① 与顾客系统的接口；

② 元器件之间的接口，如焊点、机械连接点和电连接器；

③ 子组件之间的接口；

④ 子组件和最终组件之间的接口；

⑤ 与软件的接口。

（6）使用可靠性：

① 使用指南；

② 修理实践；

③ 维护实践；

④ 后勤保障实践；

⑤ 装卸和贮存；

⑥ 工具。

　　另一方面，可靠性验证试验通常只需要在一部分使用寿命过程中施加应力，不要重复在产品鉴定过程中所做的所有试验。因为可靠性验证试验不十分严格，应根据预定的间隔进行鉴定试验。例如，对于继电器，MIL – STD – 454[13]要求每两年鉴定一次。

　　注意：鉴定试验的间隔应该仔细选择。例如，作者之一曾经不得不调查研究一个至少吞噬了 11 条生命的继电器故障事件。这种继电器每两年进行一次盐水泄漏鉴定。在生产过程中，泄漏试验不十分严格，致使有缺陷的继电器流入现场使用。如果对一些产品进行更频繁的鉴定试验，大部分有缺陷的产品就可早一些检测出来。

　　同时，应该分析鉴定试验的数据，以判断产品是否满足鉴定标准。基本的标准是：

　　（1）没有任何早期故障在顾客使用中出现；

　　（2）在整个使用寿命期，故障率应低于一个目标百分比（如在 10 年内，或对一辆汽车在 100000 英里内，少于一次故障）。

　　例 3.5　下表记录的是计算机主机 Winchester 磁盘驱动器的加速寿命试验数据。16 个驱动器的样本是从一个成品库中抽取的。加速试验的每个小时大约相当于现场使用的 0.4 个月。质量标准是顾客不会碰到早期故障，而且在预期的 7 年寿命期内，故障率应当小于每 100 个磁盘驱动器出现 0.5 个故障。假设试验环境非常接近现场环境，那么，这个产品能通过鉴定吗？

故障序号	故障模式	故障时间/h	故障序号	故障模式	故障时间/h
1	伺服系统	7	9	磁头损坏	380
2	读/写	12	10	磁头损坏	388
3	电源	49	11	人因	437
4	读/写	140	12	微型探头	472
5	磁头损坏	235	13	磁头损坏	493
6	磁头损坏	260	14	读/写	524
7	伺服系统	320	15	磁头损坏	529
8	磁头损坏	320	16	磁头损坏	592

解:因为威布尔分布适合90%以上的寿命试验数据,可以像图3.17一样在威布尔图上画出表中的数据。图上显示有一部分数据在一条斜线上,其他数据在另一条斜线上。这是一个产品因制造原因引起"薄弱环节"故障的典型实例。第1条斜线反映了早期故障,这应该使用故障分析工具进行验证。"薄弱环节"故障通

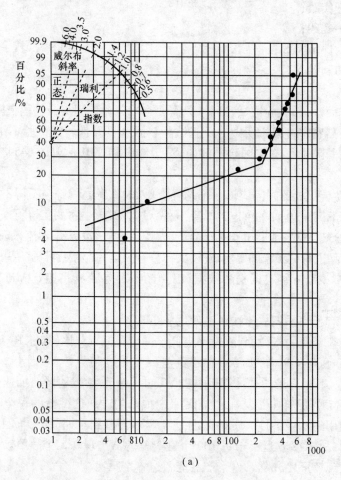

(a)

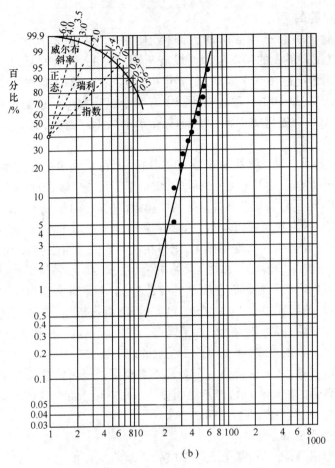

图 3.17　磁盘驱动数据的威布尔坐标图

(a)包括早期失效；(b)不包括早期失效。

常是在质量上超出了误差范围的结果；故障机理通常是显而易见的:冷焊点、锁紧垫圈松弛、空隙和材料不纯。第 2 条斜线显示产品直接进入了耗损现象。对于机械产品,在实验室里几乎没有任何随机故障。当然,对于电子产品,可能出现 3 条斜线,对应浴盆曲线的每个区域均有一条斜线。

图上显示这种产品未通过鉴定,不能进入市场。因为这些样本是从成品库中抽取的,不应该出现早期故障。显然,筛选是不充分的。图上显示在 200h 时,斜率变化。在初始 200h 内的故障可能来自生产问题,应当对此进行验证。因此,斜线弯曲表示,在每个单元再经过至少 200h 筛选后,产品就能出厂。另一个办法是解决制造问题,消除引起早期故障的原因。

第 2 个标准,即故障率在某个目标值以下,无法根据这些数据确定。在这些数据中,"柠檬"(早期故障)和"菠萝"(固有的设计故障)混在一起。当两种故障混合在一起时,进行预计是有风险的。事实上,因为早期故障每天都在变化,进行预计几乎是不可能的。

假设消除了引起早期故障的原因(或使用一个代价高昂的筛选程序),那么,数据中就没有最先的 4 个故障。没有早期故障的数据图(图 3.17(b)中,样本大小是 12 而不是 16 个)显示,在 7 年中(84 个月 =210 个加速小时)期望的故障是 5%,或在每 100 个磁盘驱动器中有 5 个出现故障。这是不可接受的,因为目标是每 100 个磁盘驱动器中只能有 0.5 个故障。因此,这个产品没有通过合格鉴定。

注意:很多用户在系统级使用威布尔分析,而在系统级中存在混合的故障模式。威布尔分析本来是用于疲劳试验的,仅可用于元器件级,或用于同一个故障模式(如焊接接合处、两个配套部件组成的简单组件的故障)反复出现的组件。

在系统级,很容易在威布尔图上得到一条直线。但对于不同的生产批次,直线的斜率会改变(除非生产高度机械化,使得相同的缺陷一直发生)。接下来的问题是:怎样预计系统级的现场可靠性? 答案是:无法预测。在系统级,人们只能假设,因为很多故障机理既不是可靠性模型的一部分,也不是每次都一样。这些可变因素的实例有:坏的导线接头、接线错误、电源瞬变、静电放电、电磁干扰、维护不良、未按操作指南使用、人为差错和软件错误等。使用威布尔软件程序也应非常小心。它们大部分符合一条直线,通过浴盆曲线上的两个或多个分布。从统计上讲,一个模型适用于混合总体(部分符合一个对数正态模型),但可能违反解决问题的基本工程原理。致命的故障机理可能不再明显。一个适用于混合总体的单个模型可以很好地表示过去,但是,却无法揭示未来。

2. 可靠性验证试验

在不太严格的条件下,基于故障率试验来验收生产批次。大部分试验在故障率恒定的假设条件下进行。因此,MTBF 是一个通用的量度。美国国防部 MIL - HDBK - H108[14] 包含了 3 种类型的采样方案:

(1) 故障截尾:在达到预定故障次数时终止试验。

(2) 时间截尾:在达到预定时间时终止试验。

(3) 序贯试验:见 MIL - STD - 781[15]。

在这些方案中,由顾客和供货商决定以下 4 个因素:生产方风险(拒收一个好产品的可能性),使用方风险(接受一个应拒收产品的可能性),最小 MTBF 和平均 MTBF。

在故障截尾方案中,在达到预定故障次数时计算 MTBF。如果 MTBF(工作时间除以故障数)高于手册中提出的数值,则可以接受这个生产批次。

在时间截尾方案中,手册给出了在预定时间内进行试验的产品数量,同时给出了允许的故障次数。

序贯试验方案在一段时间内只需要少量试验。如果产品不可接受或不应拒收,那么可继续进行试验。这种方案最受欢迎,其主要优点是,如果产品很好或很差,就可很快地做出决定。

在进行序贯试验前,由顾客规定生产方的风险、使用方的风险和鉴别比。根据这些值,选择如图 3.18 所示的一个图。顾客也可以规定最短试验时间,最小试验样本数量。如果没有规定这些条件,那么,厂商可以试验任意数量的样本(最少可少到一个)。对每个故障,标出其累计试验时间(以 MTBF 最低可接受值的倍数表示)对应的累计故障次数。如果交点向下越过了接收线,则整批接收。如果交点向上越过了拒收线,则整批拒收。如果这个点在继续试验区域内,则继续进行试验。

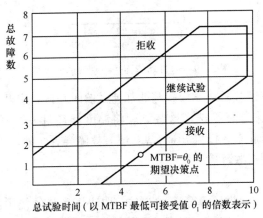

图 3.18　MIL – STD – 781 的可靠性验证方案

3.4.4　老练和筛选

老练和筛选试验是 100% 的生产试验,用来发现早期故障。如果元器件制造没问题,就不需要这些试验,所以目标应当是通过消除问题的原因,减少所需试验。但是,因为新的原因可能突然冒出,总是需要进行审查。在老练试验中,将设备置于一个恒定高温环境。进行筛选试验时,使用一个工作环境剖面,如温度循环、振动和湿度。筛选除进行环境试验外,可能还需要其他的特殊试验。例如,在图 3.19 描述的试验中监控泄漏电流,以识别其他试验没有注意到的薄弱元器件。

因供货商不做,很多公司被迫进行这些试验。这些试验也在电路板级和组件级进行,以找出工艺缺陷(例如有缺陷的焊接点)或松散的连接件。这些试验也给出设计能否经受住振动和温度循环。

应力类型和试验长度通常由相应的军用标准给出,这些标准基于经验编制。不幸的是,很多专业人员将这些建议当作定论,结果是,筛选时间可能不够长,薄弱产品可能流到顾客中。制造商首先应该找到可以筛选出所有薄弱元器件的应力,然后保证试验时间一直扩展到故障率恒定的那个点。

为了减少试验时间,可以使用加速试验条件,以便更快地找出薄弱环节故障。

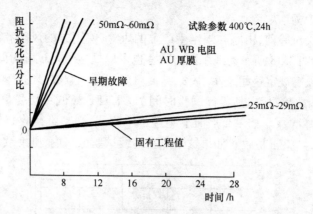

图 3.19　通过功能筛选识别薄弱元器件

唯一要求是在加速试验时故障模式与非加速试验时相同。有些人使用综合环境可靠性试验(CERT)来进行筛选。这些试验将温度循环、振动、湿度、沙尘和其他环境与设备供电组合起来。已经知道,薄弱环节故障会更快地出现。例如,汽车在使用中就会同时遇到这些环境。

1. 试验原则

筛选试验(通常称为环境筛选)的本质,取决于系统的使用剖面。试验可能包括振动、温度循环、老练、磨损、湿度和系统使用中独有的应力。大部分电子产品制造商对100%的产品进行筛选。在着手进行一个试验大纲之前,明智的策略是根据使用剖面决定需要进行哪些试验,必须对哪些元器件进行试验。如果有很好的制造流程,不必进行100%的试验,抽样试验就足够了。

还应该进行合理的分析,以判断试验是在元器件级、电路板级、还是系统级进行。下面的费用信息,根据电子工业部门的经验方法获取,可以帮助做出正确的选择。

试验级别	找到并替换一个有缺陷的元器件的大约费用
元器件级	5.00 美元
电路板级	50.00 美元
黑盒子级	500.00 美元
系统级	2500.00 美元以上

这些数据显示,如果系统可靠性低,试验应该在黑盒子级进行。如果黑盒子可靠性低,试验应该在电路板级进行。不是所有的电路板都需要100%进行试验,只需要对有问题的进行试验。

同样,只需要对有问题的元器件进行100%的试验。相反,如果系统级可靠性非常高,可不必进行系统级试验。相同的试验原则适用于黑盒子级及以下级别。

尽管有些制造商充分相信他们的供货商而忽视电路板级的筛选,进行电路板级的试验通常是值得的。但是,如果电路板上有100个元器件,每个元器件的可靠性为 99%，在焊接前（假设元器件正确地安装）电路板的可靠性是 36.6%。这意味着只有三分之一的电路板预期可以令人满意地工作，而这种情况不是个别现象。由于插入了错误的元器件、极性插反和焊接不良等原因，可靠性将进一步降低。如果四分之一的电路板存在装配缺陷，电路板产量又被一个 25% 削弱。对于这样的状况，进行电路板级的筛选是合算的。

2. 自动测试的作用

如果在焊接前，找出一块可靠的电路板的机会大约是三分之一，那么，在元器件级进行筛选是合算的，因为，正如前面的费用表所显示的，在这个级别替换一个坏的元器件要便宜得多，为 1/10（元器件级为 5 美元，电路板级为 50 美元）。然而，在元器件级进行功能试验一般是不合适的，除非由自动测试设备（ATE）来完成。无论测试自动与否，谨慎的方法是先要弄清供货商是否已经进行过筛选。有些元器件对放静电之类的环境很敏感，尽管供货商已经进行过筛选，仍然会发生故障。如果这些"货一到就死"（DOA）的元器件数量很多，最好是进行重新筛选。

当出现以下情况时，在智能化的可编程自动测试设备上进行投资是正确的：

（1）元器件数量大。

（2）需要对元器件和电路板进行大量试验。设备的并行试验能力可以显著缩短试验时间。

（3）通过诊断试验可以提高可靠性。

（4）元器件定位和故障原因必须快速识别。

自动测试可以在元器件级进行有效筛选，因为测试时间足够短，可满足生产计划。如果筛选不在这一级进行，就必须在电路板级花多得多的时间。而且，在电路板级，修理过程可能引起其他元器件的故障。

无论试验是在电路板级还是在元器件级进行，检查、排故、测试和修理的总费用应尽可能少。如果一块电路板包括大约 200 个元器件，以每年大约 100000 块的速度生产，我们的经验显示，自动测试设备可以在 2 年内收回成本。节省回报主要来自于测试和修理时间的减少。

ATE 还有很多其他的优点。它可以测试一个单独的元器件或电路板上的元器件。当对一块有 200 个左右元器件的完整电路板进行测试时，ATE 可以隔离有缺陷的元器件。对设计师和质量控制工程师来说，最主要的好处是，ATE 汇总了有关设计参数的大量数据，如泄漏电流和各种电压，这些有价值的信息可用来决定所售产品的统计分布。

3. 动态老练

动态老练需要在老练过程中进行功能试验。内嵌在自动测试设备中的软件可以控制功能试验。动态老练大大提高了电路板的现场可靠性，因为它们在效果上相当于已经通过了系统试验。出厂时，通过这种方法测试的电路板的缺陷通常少于 2% ~ 10%。一个由 5 块印制电路板组成的简单系统，在经过标准老练和动态老练后的可靠性如下：

测试可靠性	电路板可靠性/%	系统可靠性/%
标准老练	91.41	63.82
动态老练	98.55	92.96

4. 通过合理选择试验达到经济性

大部分制造商没有使用正确的试验。没有发现故障时，他们觉得很高兴。但是，没有故障并不说明电路板是好的。低温老练有助于消除非常薄弱的故障模式，但产品出厂时可能仍然是不可靠的。对统计意义上挑选的一个样本进行恰当的试验是一种好的策略。好的试验迫使不可靠的元器件发生故障。最初可能需要100%的试验，一开始可能会降低产量，但提高了顾客的收益。之后，产量可能增长，而且通过好的故障分析和管理程序，试验可以减少，不再需要100%进行。通过这种方式可以节省巨额费用，而且顾客满意度可望大幅提升。

注意：正确的试验是一个基于使用剖面的加速试验。如果试验不加速，进行有效的筛选可能需要几个月的时间。

例3.6 计算机显示器只在潮湿的夏季环境中经常振颤，表明湿度试验是正确的试验之一。

5. 通过权衡达到经济性

有些制造商不进行环境筛选，只进行电路板的功能试验。薄弱元器件通过了质量控制试验，但后来在现场出现故障。这些制造商不明白可以在筛选费用和可靠性增长两者之间进行折中。可靠性的增长意味着，制造商的保证费用更低，顾客的修理和维护费用更低。

对一项折中的评估方法是分别计算寿命周期费用（LCC）。下面是这种模型的一个简化例子：

$$LCC = 初始费用 + 筛选费用 + 保证费用 +$$
$$顾客修理维护费用 +$$
$$由于可靠性低导致的潜在生意损失$$

对一家中等规模的企业来说，使用年限为5年的一块印制电路板的各项费用计算如下：

市场价格：2500美元；

筛选费用：15美元；

不进行筛选的保证费用：45.95美元；

进行筛选后的保证费用：27.57美元；

修理维护费用（支付顾客）：95.40美元；

修理维护费用（进行筛选）：66.78美元；

潜在生意损失（由于可靠性低）：56.25美元；

电路板进行了筛选但在设计上仍不具竞争力而造成的潜在生意损失:33.75美元。

不筛选的 LCC 费用 = \$ 2500 + \$ 0 + \$ 45.95 + \$ 95.40 + \$ 56.25

= \$ 2697.60

筛选后的 LCC 费用 = \$ 2500 + \$ 15.00 + \$ 27.57 + \$ 66.78 + \$ 33.75

= \$ 2643.1

每块电路板的节余(\$ 2697.60 - \$ 2643.10 = \$ 54.50)可能不太明显,但对于 200000 块电路板,总的节余高达 \$ 54.50 × 200000 = \$ 10900000! 其中,47.5%归制造商,其余的归顾客。制造商和顾客双方节余的这样一种情况,是保证质量获得的主要好处。

3.5　使用阶段的可靠性

通常的试验不能发现所有的故障模式,很多故障模式是在现场使用中发现的。这些故障大多表明在早期阶段的可靠性工作存在缺点。一个闭环故障管理系统不仅应当永久地解决问题,还应当改进设计评审过程并改进试验的设计。

优秀的厂商面对的最大挑战是更长保证期的竞争。一涉及到保证期,产品可靠性低可轻易地摧毁一个企业。在编写本书时,实行的是下列保证:

汽车:所有零部件 3 年保证期;传动系统和腐蚀是 7 年或 70000 英里保证期;

水表:25 年保证期,对任何故障或失效;

电源变压器:15 年保证期;

射频标牌:100 年,正在考虑延长到 150 年。

这些保证期是产品的标准特性。为了获得更多的生意,制造商不会向顾客额外收费。因此,在使用阶段的可靠性工作目标应当是尽早发现趋势,迅速地改进设计。一个可以尽早确定趋势的优秀工具是威布尔分析。一家日本公司通过通信卫星即时获得全世界范围内的故障信息,每周都进行威布尔分析。使用威布尔分析工具,可以很容易地预计保证费用。

这种趋势正在全球扩展。最好的方法是跟踪现场故障的分布。如果发现这种故障分布开始于保证期,那么,应当彻底分析,并且永久消除这种故障模式。

3.6　可靠性和安全性的共同点

复杂系统已经发展为非常先进的自动化多面系统,具有很多交互和接口关系。这些系统由大量的子系统组成,包括硬件、固件、软件、电子、航电、液压、气动、生物力学、人类工程和人。当考虑到这些复杂的技术风险时,可靠性和安全性的一些传统观念已经不合时宜了。可靠性和安全性学科已经发展——显然,过去的观念已经发生改变①。

3.6.1 共同的系统目标

对外行来说,乍看之下,在可靠性和安全性专业人员之间,或像维修性、质量、后勤、人的因素、软件性能和系统效能等其他系统工程人员之间,看起来差别很小。但是,从系统工程专业人员的观点来看,要考虑很多不同的专业目标,且这些专业目标必须与总的系统目标一致,才能设计出一个具有可接受风险的高效可靠的复杂系统。

可靠性和安全性之间的相同点在于系统的潜在不可靠以及与此相关的不利事件。不利事件可能导致潜在的系统事故。一个功能良好的系统意味着,系统应该是故障-安全的,故障后不会导致危险,不会发生像事故这样的不利事件。安全性目标提出"安全性最佳程度",因为没有什么是完全安全的,因此,安全性目标是将已知的风险消减或控制在一个可接受的水平。

3.6.2 不可靠性和危险

危险是具有潜在导致损害的不安全行为和不安全状态。不安全行为是人为差错,在系统寿命周期内的任何时候均可能发生。

人的可靠性涉及到人为差错或人的故障。不安全状态可以是诱发危险或贡献危险的失效、功能失常、故障和异常。一个不可靠的系统不是自动地危险的——系统可以设计成故障-安全的,否则它们的故障不可能得到一个安全的结果。可以制定程序和管理控制措施来调节人为差错或不可靠的人。理想的方法是通过设计来排除如第8章讨论的对人为差错的敏感度。

3.6.3 复杂风险

无论复杂程度高低,都要将系统作为一个复合体考虑。复合体中的各个单元一起用于在一个预定的环境中完成一个具体目标。任何系统都存在风险。在当今现代工业社会,复杂技术系统无处不在,已成为日常生活的组成部分,如在交通、医疗、公共事业、一般工业、军事和航空航天工业领域。这些系统可能有大量的人机交互,复杂的机械,以及环境接触。人们必须监控系统、驾驶飞机、操作医疗设备,以及开展设计、维修、组装和安装工作。自动装置由大量的硬件、软件和固件组成,

---

① 这个观点由下面的论文最先提出:M. Allocco, Appropriate Applications Within System Reliability Which Are in Concert with System Safety:The Consideration of Complex Reliability and Safety-Related Risks Within Risk Assessment, In:Proceedings of the 17th International System Safety Conference, System Safety Society, August 1999.

有监控器、仪器和控制器。环境可能是极其恶劣的,如恶劣气候、外层空间、环境辐射。如果自动化装置在设计时没有适当地从可靠性和安全性角度考虑其潜在风险,就可能导致系统事故。总的系统目标应该是设计一个风险可接受的复杂系统。既然可靠性是系统良好地完成预定功能的概率,也应该提出与安全性相关的风险,它直接相当于故障或系统不可靠度。这种考虑包括硬件、固件、软件、人的因素和环境条件。

3.6.4　潜在系统事故

为便于讨论,下面考虑由于发动机故障导致单发飞机的潜在损失①。简单的线性逻辑表明,飞行过程中飞机发动机故障将导致出现不可控飞行撞地的可能。进一步的多事件逻辑——可以定义一个潜在的系统事故——将揭示出其他的复杂因素,例如,由于人的反应不恰当、紧急着陆程序的偏差、高度不够、和/或滑翔率不够等其他复合因素,导致飞机失去控制。在这种情况下,与可靠性相关的工程控制措施,用于系统安全性正好合适。应考虑飞机的发动机、燃油子系统和空气动力学可靠性的整体可靠性。对于与系统安全性相关的控制措施,将进一步考虑其他贡献危险:人的不恰当反应和紧急程序的偏差。实际上,其他控制措施是管理方面的——紧急程序的设计、培训、人的反应、通信程序和恢复程序。

在这个例子中,上面的控制措施将降低事件发生的可能性,同时也可能降低严重度。紧急着陆程序一旦成功,则严重度降低,这时飞行员平安离开,对飞机的损害降到最小。

这是对一个比较复杂的潜在系统事故进行的研究,对其中的硬件、人和环境进行了评估。在这个例子中如果包含软件,将会增加复杂度。飞机可能已装备一个电传飞行控制系统,或一个自动化的燃油系统。

3.6.5　软件可靠性与安全性

软件不会失效,但是,其中的错误可以使重要的功能失去作用,或在不该运行的时间运行从而导致灾难。硬件和固件可能发生故障。人可能犯与软件相关的错误。设计要求可能不合适。人在编码时可能出错。软件复杂度或大规模的软件设计可能增加潜在的错误。可能还有其他的设计异常、潜在通路、不合适的运行环。软件错误的原因多种多样[16. p. 269]:"研究显示大约 60% 的软件错误是逻辑和设计错误;其余的是编码错误和与服务相关的错误。"有专用的软件分析和控制方法可以成功地应用于与软件相关的危险。

---

① Perrow 博士论述由于整个系统的很多故障导致正常事故的概念。想了解更多的信息参考以下内容:C. Perrow, *Normal Accidents - living With High - Risk Technologies*, Basic Books (A Division of HarperCollins Publishers) ,New York ,1984 ,p. 70.

3.6.6 可靠性与安全性权衡

从可靠性角度来看明显是一次设计改进,并不一定都会理所当然地改进安全性。在有些情况下,风险可能还会增加。在提出这种假设的情况下,可以得到通过应用可靠性控制措施(例如,在设计中增加冗余件),安全性将得以提高的结论。毕竟,它成了一个冗余系统,所以一定安全。要小心做这样的假设。下面的讨论支持这样的论点:从可靠性角度看来是很明显的一种改进措施,却不是提高安全性所需要的。后面讨论的有关设计和管理改进的风险控制措施以及与此相关的权衡,支持这种假设。

3.6.7 有关可靠性和安全性的错误认识

Hammer[17,p.21]讨论了多年来在系统安全性领域存在的一个普遍的错误概念,即消除故障,产品不会自动就安全了。产品也许有高可靠性,但也可能受一个危险特征的影响。

另一个错误概念是,符合法规、标准和要求是可接受风险的保证。正如前面指出的,需要进行适当的危险分析以识别危险,相关的风险应该消除或控制在可接受的水平之内。法规、标准和要求通常是不够充分的,或对一个具体设计可能是不合适的。因此,风险控制可能不适当。在所有设计领域均需要良好的工程实践经验。可以利用一些基本的实践经验,但是,必须进行仔细的分析,以保证设计满足预期使用目的。

还要考虑其他不恰当的假设:系统是冗余系统,而且受到监控,因此,必定是安全的。不幸的是,实际上并不如此。要证明每个冗余子系统,要么串联要么迟滞,是真正冗余的,也许不是完全可能的。要证明系统会像预期一样地工作,也是问题。

定义什么是可接受的风险,取决于进行分析的具体对象——项目、过程、程序、子系统或系统。必须进行判断,以决定在发生损失时,什么样的损失可以忍受。可接受的灾难事件是什么样的? 如果在一百万次机会中发生一次致命事件,那么,单个致命事件可接受吗? 这种风险评估活动可以在系统安全性工作组进行安全评审的过程中实施。这里要说明的是,一个以单个危险或风险控制(冗余和监控)为基础进行简化的假设,也许过于简单。

1. 冗余

要证明真正的冗余在复杂系统中不是可以信手拈来的。设计一个硬件子系统并看出冗余也许是可能的,如冗余的飞行控制电缆、冗余的液压管路和冗余的管路。当存在复杂的载荷路径、复杂的微处理器和软件时,真正的独立性值得质疑。载荷路径、微处理器和软件也必须是独立的。理想情况是,应当对每个冗余支路进行不同的独立设计。

应该恰当地应用冗余管理的概念①。应独立开发分离的微处理器和软件。波音 777 的飞行控制系统有 3 套硬件冗余,而且也有 3 套不同版本的软件与之对应。如果冗余支路之间有公共连接点,那么,应消除单点故障。对完成冗余转移的切换控制器也应该是有冗余的。应注意由于单个公共事件引起切换能力潜在损失的系统安全性。公共事件可以导致冗余丧失。使用相似的硬件和软件,将产生附加风险,可以导致冗余的损失。处理过程不充分、材料选择不当、装配中的公共错误、材料退化、质量控制不严、试验应力不合适、计算假设不对——所有这些都可以产生潜在风险,引起公共事件。系统安全性的一般规律表明,除非清楚冗余备份的状况,而且转移真正独立,一旦需要就可使用并且可靠,否则系统就不是冗余的。

当评估独立性和冗余时,物理位置是另一个重要的要素。恰当的分离、保护和隔离技术很重要。在进行共因分析(在《系统安全性分析手册》②里描述的一种技术)时,不仅要评估故障状态,而且要分析可能的公共事件。分析员要识别事故顺序,其中由于物理关系引起公共贡献事件也是可能的。

其他的分析技术也提到了位置关系,例如,邻近分析技术和分区分析技术。分析员要确定万一发生公共事件,可能的结果是什么,是怎样同时影响所有的冗余支路的? 例如,一个特定火区的一个主要火源、引起公共危害的一次地震、飞机设备舱里的燃油泄漏,或飞机在一个危险场所坠毁。

"泰坦尼克"号游轮的设计师在结构上考虑了分隔以防漏水。但是,他们没有考虑到潜在的公共设计缺陷,如钢板电镀中的缺陷、钢板制造过程的知识掌握水平,或冷水对钢板的影响等。

2. 监控

在设计中可以引入监控设备,以确保系统状况不会达到危险水平。监控器用来指示以下状况[16,p.262]:

(1) 是否存在特定条件。如果指示出错,可能导致贡献危险。

(2) 系统是否已经准备好开始工作,或正在按照程序令人满意地工作。从安全角度来看,不正确的"准备指示"或不正确的"满意指示"就是一个问题。

(3) 是否提供了所需的输入。一个错误的输入指示可以引起错误或贡献危险。

(4) 是否正在产生输出。

3. 概率概念

概率是在给定的试验次数当中,某个事件发生一定次数的期望。概率为大量学科、科学方法和风险评估提供了基础。概率适用于可靠性、统计分析、维修性、质量和系统效能等领域。

---

① Redundancy management requirements were developed for initial space station designs.

② System Safety Analysis Handbook,2nd edition,System Safety Society,1997,pp. 3 – 37 and 3 – 38.

很长时间以来,对安全性进行数值评估的需求扩大了概率的使用范围。1972年,Hammer[16,pp.91-92]对使用定量分析确定一次事故的概率表示了担忧和异议。这些担忧和异议基于下述的很多理由:

(1)像可靠性那样的一个概率不是一个100%的保证。实际上,概率表示可能发生一次故障、一个错误或一起事故,尽管在一段时间或经过相当多的使用次数,可能极少发生。不幸的是,一个概率不能精确地指出事故将发生在什么时候,或在什么地方,在哪一次使用中,或发生在哪一个人身上。

(2)无论安全水平在概率上有多高,如果允许危险存在,在伦理上是不道德的,除非已尽最大努力去消除、控制或限制可能产生的任何损害。在当时被认为是世界上最安全的"泰坦尼克"号游轮,其沉没应受到谴责,因为设计者认为它是安全的而忽视了危险的存在。

(3)概率是由统计确定的估计,而统计来自过去的经验和未来的预计。尽管使用的自动工作设备也许与获取统计资料时完全一样,但其工作环境可能会有所不同。此外,在生产、维修、装卸和类似过程方面的变化,通常会使两件或多件设备不完全一致。存在大量这样的实例,生产元器件的方法进行了微小改变,设计性能与以前的产品相同或有所改进,却引起了故障和事故。如果发生了一次事故,通过改变设计、材料、法规、程序或生产过程来对事故原因进行纠正,可能立即使某些数据无效。

(4)可靠性是在规定的时间内,在规定的条件下,成功完成规定任务的概率。在紧急情况下,也许需要在这些规定的条件和时间限制以外使用系统。一次灾难事件可能在无意之间消除了冗余、监视或警报——所有这些都是可靠性计算的考虑因素。

(5)即使在设备或系统的可靠性没有降低的情况下,人为差错也可能对设备或系统产生破坏作用。众所周知的实例是武器系统,它非常可靠,但在维护或试验时却造成人员伤亡。

(6)概率是在无数或大量试验基础上预计的。像可靠性那样的概率,对于复杂系统,可能基于非常少的样本,导致置信度非常低。我们相信自己的寿命属于什么分布?

4. 熟悉自动装置

幸运的是,人们在使用前通常努力去熟悉自动装置。根据系统的复杂程度,熟悉的过程需要资源、时间、经验、培训和知识。自动装置变得如此复杂,系统设计和使用的知识已发展到只可能由一个系统委员会进行综合集成①。在操作使用、系

---

① 在下述文章中讨论有关系统安全性由于自动装置导致的复杂性:M. Allocco, Automation, System Risks and System Accidents. In:Proceedings of the 17th international System Safety Conference, System Safety Society, August 1999.

统工程、人的因素、系统设计、培训、维修性、可靠性、质量、后勤保障、自动化、电子、软件、网络通信、航空电子系统和硬件等各方面都需要专业人员。需要详细使用指南,用合适的语言编写,常常带着"注意"和"警告"。也许还需要模拟训练。

人和机器的交互如果不合适,也可能引入附加风险。由于显示数据不合适、控制输入不合适,或类似的错误接口,人可能会变得疲惫不堪和过度紧张。由于系统太复杂,操作人员可能不完全掌握自动装置,也不可能掌握一个具体的系统状态。人也许不可能确定系统是在正常运行,还是已经发生了故障。

想象一下,依靠一个自动系统,由于故障或功能不合适,显示出虚假的指示,而系统不适当地传递下去。在这种情况下,人可能产生一种错误的反应。在紧急情况下,这些情况可能组合在一起,最终的结果可能是灾难性的。考虑一个提供虚拟世界的自动装置,以及人们对这样一个环境的反应。在所有情况下,我们都应当相信机器告诉我们的信息吗?

对一个系统相信不足和过分相信的概念,是人的因素领域的话题[18,pp.148-149]。充分相信一个自动系统,有效地利用其提供的建议,同时充分怀疑这个自动系统以保持警觉,知道什么时候应该忽略其提供的建议,人们必须在这两者之间保持平衡。

这个平衡方程有部分涉及到人和意外事件,可调节系统风险。一旦由于失效、故障或人为差错等原因使系统变得不平衡,人和系统必须快速和适当地做出反应。操作员也许没有时间打电话给系统设计委员会,来判断在一个人工环境中究竟发生了什么问题。这些风险也可以被设计或控制在一个可接受的水平。意外事件的设计、计划、仿真和培训必须是工作的一部分——这就是适当的损失、风险和损害控制。

5. 可靠的软件和安全性考虑

软件可靠性是软件在规定条件下①、在给定的时间里完成所分配任务的概率[16,p.262]。要开发可靠的或更安全的软件,应当涉及很多需要关心和注意的事情:

(1) 软件不会随时间退化。

(2) 因为软件是一条条写下的命令,不会在形式上失效,但可能在功能上失效。

(3) 软件测试不是一个无所不包的解决所有与软件相关的潜在风险的答案。应用在一个气囊系统中的软件有数百万种组合,因此,几乎不可能全部测试。

(4) 软件不会随时间变得更好。它通常会因为实施不适当的工程改进,而变得更糟。

---

　　① 列出的条件在下列文章中第 1 次讨论:M. Allocco,Computer and Software Safety Considerations in Support of System Hazard Analysis. In:Proceedings of the 21st international System Safety Conference,System Safety Society,August 2003.

（5）软件会过于复杂。

（6）系统会过于复杂。

（7）应该关注人怎样设计这样巨大的复杂系统。

（8）人是复杂系统中的薄弱环节，因为人可能犯很多意料不到的错误。

（9）人可能是不可靠的，并且经常是不可靠的。

（10）如果设计师没有考虑系统风险，将会发生事故。

（11）当考虑系统事故和系统风险时，详细说明书和普通方法不起作用。

（12）在系统中，完全隔离软件、硬件、人和环境是不可能的。

（13）要确定什么出错了、什么故障了、什么损坏了，也许是不可能的。

（14）当一个系统发生事故时，系统不必中断工作。

（15）在一定情况下，规划的功能会是危险。

（16）软件功能可能不充分或不合适。

（17）只改变软件的一部分而不影响系统风险，这是不太可能的。

（18）哪怕只改变很小一点点应用，也会改变风险。

（19）软件不是在所有情况下都通用的。

（20）系统可能被欺骗或干扰。

（21）一个错误可能传播到整个复杂系统。

（22）任何软件，不管看起来如何无关紧要，都可能引起危险。要考虑一个过程工具，自动计算、自动设计工具和安全系统。

（23）在开放、松散耦合的系统中合理地隔离安全性关键的软件非常困难。

（24）辅助事件（危险）组合在一起可能引起灾难结果。

有时看来，专业工程师有不同的目标（对特定的学科或工程实践领域）。设计师不应该失去主见，应该明白什么是主要目标——运用科学为人类造福。目标应该在没有危害或不必要风险的情况下实现。

6. 可靠性分析与安全性应用

当评价由硬件、自动装置和软件等组成的复杂系统时，重要的是，要掌握故障是如何从一个潜在设计错误传播引起的。这个可以导致故障的潜在设计错误被当作诱发危险。故障模式、影响和危害性分析（FMECA）是一种功能强大的得到普遍应用的可靠性技术。它描述了错误和故障的传播。这些方法实际上是归纳性的，用于系统和子系统的故障分析。使用 FMECA 可预测导致子系统和系统故障的各个事件的可能顺序，确定它们的因果关系，设计各种方法以减少它们的发生或再次发生。

1）通用的 FMECA 方法

FMECA 程序包括一系列步骤，首先在一个定义的子系统或系统抽象概念（如功能、工作原理或体系结构描述）级别上或一个级别组合上进行分析。分析可以在系统、子系统、元器件、单元或设备级别进行。

描述抽象概念的方式,应使得分析可以在逻辑上实现。也就是说,分析应该与描述内容在同一个级别进行。功能方块图、原理方块图或体系结构方块图能够代表对系统的描述。

FMECA 也可以从构建的可靠性框图(RBD)进行。RBD 用于构建产品故障对系统性能的影响模型。它们通常对应于产品在系统中的物理排列。可靠性框图给出了系统结构:串联、并联、复杂串联/并联,以及备份冗余系统。分析员系统地按照可靠性框图的逻辑流程来识别故障模式和故障原因。识别故障是功能故障、子系统故障、元器件故障还是部件故障。

2) FMECA 和危险分析(HA)之间的综合考虑

应该在危险分析中识别出引起系统危险的系统故障——所有不安全状态、诱发因素或贡献因素。有时,系统安全性工作与可靠性工作同时进行,两者的分析都会识别这些危险。应进行 FMECA 交叉检查分析,以保证可靠性工作和安全性工作的一致性,证实危险识别与控制。

考虑对一个具体子系统的分析,例如,一辆汽车或一列火车的自动刹车系统。确定与硬件相关的故障非常重要,一旦故障,在需要刹车时不起作用。显然,这种故障是一种危险,因此,必须对这个子系统进行 FMECA。危险分析进一步扩展到考虑人为差错、软件故障、逻辑错误、决策错误和设计错误。

记住,安全性工程师通常关注危险,而可靠性工程师重视故障。故障并不自动导致不安全状态。系统可以设计为故障 – 安全的,不会出现事故。在危险分析中,应该引用相关的分析,例如 FMECA。在危险情景严重度和可靠性危害度之间也应该保持一致。一个潜在的灾难情景应相当于灾难的危害性。各种分析之间没有一致将产生问题。

3) 关键项目清单

FMECA 发现的安全性关键的故障可以在关键项目清单(CIL)中列出(参考图 3.20)。当关键项目发生故障时,会导致与安全性相关的结果。从系统安全性角度来看,某些元器件、零部件和组件是关键的,必须特别小心和注意。

关键项目清单					
系统: 日期: 分析员:					
项目	项目描述	故障模式	故障概率	系统影响	在子系统中的 危害度分级(0~10)

图 3.20　CIL 的例子

关键项目的标准应该考虑：

(1) 单点故障项目，其损失或故障可能对一个事故有贡献。

(2) 危险控制手段、安全装置、防护装置、联锁机构和自动安全控制措施。

(3) 放射性材料、有毒材料和爆炸物等危险材料和器件。

(4) 被认为是危险的项目、特殊材料和关键零部件。

4) 危害性分级

可以使用危害性分级来确定：

(1) 那些应该进行更深入的研究或分析以消除可能引起损害的危险项目。

(2) 那些在寿命周期中需要特殊关注的项目、需要严格质量控制的项目，以及需要保护处置的项目。

(3) 规范中包含的有关设计、子系统危险分析、性能、可靠性、安全性或质量等特殊要求。

(4) 工厂从子承包商接收到的为元器件规定的接收标准，以及为那些需要进行最细致测试的参数规定的接收标准。

(5) 那些应提供特殊的程序、任务、安全装置、保护设备、监视设备或告警系统的地方。

(6) 特殊装卸、运输、包装、标志或标识。

(7) 那些可以最有效地应用安全性工作和资源的地方。

5) CIL 和危险分析之间的综合考虑

在危险分析过程中，可以识别安全性关键的项目。研究危险情景，说明那些作为诱发因素或贡献因素的单点故障。分析将识别那些被认为是安全性关键的危险控制、安全装置、防护装置、联锁机构和自动安全控制。此外，应考虑危险的项目、特殊材料，危害性部件、极端危险的材料和零部件，放射性材料、有毒材料和爆炸物。

如果已经从 FMEA/FMECA 得到了 CIL，那么，可在已识别的危险情景和安全性关键项目之间进行交叉检查。必须识别与安全性关键项目有关的所有风险。

6) 能量分析(EA)

系统安全性的概念之一基于这样一种理念，即非期望的能量流(或不受控的能量)代表不安全状态，在系统事故中可能是诱发因素和贡献因素。此时，能量以一种无法控制和非期望的方式转移或消失。因此，系统安全性可以用图 3.21 所示表格，通过分析以下因素进行评价和改进：

(1) 存在于一个系统或子系统，或存在于环境中的可用能量的来源。

(2) 减少和控制能量等级的方法。

(3) 控制能量流的方法。

(4) 当能量失去控制时吸收剩余能量以防止或减少损害的方法。

系统： 子系统： 系统状态： 日期： 分析员：		能量追踪和障碍分析		方块图	
能量资源； 数量； 位置	诱发因素 和贡献因 素	危险情景（能量接触 目标，导致伤害）	初始风险	控制，预防 措施和建议	残余 风险

图 3.21　能量追踪和障碍分析工作表举例

7）流分析方法

分析一个具体系统的不想要的能量转移或液体流的方法可以像下面一样完成：

（1）审查系统中的所有流体和能量，作为诱发因素或贡献因素考虑。

（2）专题研究与潜在逆向流动力学和化学反应相关的危险情景。

（3）确定逆向流是否可以危害周围环境或它可能接触到的其他设备。

（4）确定是否出现任何不相容的问题。

（5）审查线路、容器、电缆和盛有不相容流体/能量的设备之间的距离和关系。

（6）建立可能造成问题的泄漏或渗漏程度，可承受的程度。

（7）提供工程和管理控制，消除和减少由于泄漏、不相容、易燃、易爆和材料降级导致的事故风险。

（8）将危险控制细化到项目的安全性要求中去。

（9）验证和核实危险控制。

8）浴盆曲线

能量将影响系统，它们将不断降级直到发生故障。评估一个系统的寿命时，可在坐标图上画出对应时间的危险率函数。（不要混淆危险率函数与危险；不是所有的故障都危险，也不是所有的危险都相当于故障。）因为危险率函数坐标图的形状像个浴盆，通常称为浴盆曲线。具有这种危险率函数的系统，在寿命周期的早期，故障率降低（早期故障），之后，故障率基本恒定（使用寿命），再往后，故障率上升（耗损期），如图 3.1 所示。

9）能量导致的故障机理和诱发危险

非受控能量导致的故障机理[1]具体例子有：

---

① 涉及失效物理学的其他信息，参考下文：C. E. Ebrling，An Introduction to Reliability and Maintainability Engineering，McGraw‐Hill，New York，1997，pp. 124–141.

83

（1）机械应力。过度振动或连续振动可能引起集成电路、金属支撑件和复合材料的裂纹。

（2）不合格或有缺陷的零部件。由于装卸不当、设计不良或材料选择不当,零部件可能物理损伤。

（3）疲劳。材料的物理变化可能导致金属或复合材料的破裂。

（4）摩擦。材料之间的移动可能引起过热和变形。

（5）污染。外来材料可能引入一个安全性关键的结构、子系统、系统、元器件或零部件。

（6）蒸发。灯丝因为灯丝分子蒸发、燃烧散发气体和蒸汽而老化。

（7）老化和耗损。因为长期暴露在外或使用导致材料降级。

（8）温度循环。反复的热胀冷缩将弱化材料。

（9）操作或维护引起的错误。人操作维护不当引起不受控能量退化、破裂、处理不良、焊接不良、温度损伤、物理损伤和不协调应用。

（10）腐蚀。化学变化导致材料弱化。

（11）异常应力。外部应力或环境应力施加过度,如电源冲击或水击作用。

10）材料特性与危险

不受控的能量可能对材料有不利影响,可能造成材料性能降级,导致危险。有关材料特性和系统面临的外部应力方面的知识是非常重要的。

疲劳寿命是一个零部件在一段时间内在重复应力作用下直到故障的循环次数。疲劳强度通常低于在一个静态载荷条件下观测到的水平。

张力强度是抗伸缩载荷的能力。材料首先将出现弹性变形,然后出现塑性变形。如果载荷移开后,材料恢复到原始形状,则变形是弹性的。当材料受到的应力超过弹性极限时,就出现永久的或塑性的变形。

冲击值是材料在遭遇突然冲击下的韧性量度。韧性是指在破裂前吸收能量的数量。

硬度是材料对穿透一个凹痕的抵抗力。硬度测量在分析材料的维修磨损方面非常有用。

塑性变形是材料在一个恒定应力作用下的渐进变形。当元器件在一个中温或高温环境下工作时,设计时需要考虑塑性变形。

11）能量分析和危险分析之间的综合考虑

故障机理引起故障,然后导致不安全状态——危险、诱发因素或贡献因素。如果已经提出了能量追踪和障碍分析方面的危险情景,应该将它们综合到系统级的危险分析中。但是,如果已经识别了单个危险,则必须将它们综合到具体的危险情景中。

3.7 学生项目和论文选题

1. 探究为什么在实际上没有任何系统证实指数概率的情况下,工业部门和大学主要使用指数可靠性模型。请使用多种分布来描述故障概率。(注:这代表了与作者从多年工作经验中得出的观点相反的看法。应当承认还有补充的观点,读者应该得出自己的结论)。

2. 可靠性最通用的标准取样方案是基于指数分布的(如 MIL – STD – 781,MIL – HDBK – H108)。如果现场使用的真实分布不是指数的(见参考文献[19]),工业部门应该仍然使用标准方案吗?说明理由支持你的论点。

3. 浴盆曲线似乎可以应用于每个产品、过程或系统?有不适用浴盆曲线的产品、过程或系统吗?你希望在第 I 个区域——早期故障期是什么类型的分布?

4. 你可以将浴盆曲线的三个区域组合进一个模型吗?如果可以,你建议什么模型?

5. 威布尔图上的每个分布具有一个斜率。同一条线可代表具有相同均值但不同标准偏差的两个正态分布吗?如果这样,怎样区分同一个图上的两个分布?

6. 为什么工业部门在已知机械产品故障率不恒定时仍然将 MTBF 用于机械产品?如果故障率不恒定时,你可以使用 MTBF 吗?

7. 解释可靠性工程和安全性工程之间的异同。

8. 选择一个复杂系统样本,然后进行系统描述,阐述这个系统的功能、工作原理和体系结构。开发一个可靠性框图。使用该材料进行系统级 FMECA。描述如何使用 FMECA 进行危险分析。

9. 阐述什么时候合适、什么时候不合适使用概率计算方法进行系统分析。

10. 选择一个复杂系统样本,对系统进行描述,包括系统功能、工作原理和体系结构。对一个子系统进行 FMECA 并制定一个 CIL。讨论 CIL 里的项目如何用来作为输入以进行危险分析。

参 考 文 献

[1] M. B. Darch, Chapter 3, in Reliability and Maintainability of Electronic Systems, J. E. Arsenault, and J. A. Roberts (Eds.), Computer Science Press, Potomac, MD, 1980.

[2] USAF R&M 2000 Process, Handbook SAF/AQ, U. S. Air Force, Washington, DC, 1987.

[3] Reliability Prediction of Electronic Equipment, MIL – HDBK – 217.

[4] Specification for Capacitor, fixed, Tentalum, Mil – C – 39003.

[5] Handbook of Reliability Prediction Procedures for Mechanical Equipment, Eagle Technology for Logistics Division, David Taylor Research Center, Carderock, MD, and Product Assurance and Engineering Directorate, Belvoir Research Development and Engineering Center, Fort Belvoir, VA, 1995.

[6] Procedures for Performing a Failure Mode, Effects, and Criticality Analysis, MIL – STD – 1629.

[7] D. Raheja, Failure Mode and Effects Analysis-Uses and Misuses, ASQC Quality Congress Transactions, 1981.

[8] J. T. Duane, Learning Curve Approach to Reliability Monitoring. IEEE Transactions on Aerospace, April 1964.

[9] Reliability Growth Management, MIL – HDBK – 189, 1988.

[10] C. R. Lipson, and N. Sheth, Statistical Design and Analysis of Engineering Experiments, McGraw-Hill, New York, 1979.

[11] P. D. T. O, Connor, Practical Reliability Engineering, John Wiley & Sons, Hoboken, NJ, 1986.

[12] Low Cycle Fatigue, Special Technical Publication 942, ASTM, Philadelphia, 1988.

[13] Standard General Requirements for Electronics Equipment, MIL – STD – 454, Naval Publications and Forms Center, Philadelpia, 1984.

[14] Sampling Procedures and Tables for Life and Reliability Testing, MIL – HDBK – H108, Naval Publications and Forms Center, Philadelphia, 1960.

[15] Reliability Testing for Engineering Development, Qualification, and Production, MIL – STD – 781D, 1996.

[16] Dev G. Raheja, Assurance Technologies-Principle and Practices, McGraw-Hill, new York, 1991.

[17] Willie Hammer, Handbook of System and Product Safety, Prentice-Hall, Englewood Cliffs, NJ, 1972.

[18] T. B. Sheridan, Humans and Automation: System Design and Research Issues, John Wiley & Sons, Hoboken, NJ, 2002.

[19] K. Wong, The Roller-Coaster Curve Is In, Quality and Reliability International, January-March 1989.

补 充 读 物

Arsenault, J. E., and J. A. Roberts, Reliability and Maintainability of Electronic Systems, Computer Science Press, Potomac, MD, 1980.

Automated Electronics Reliability Handbook, Publication AE – 9, SAE, Warrandale, PA, 1987.

Bazovsky, I., Reliability Theory and Practice, Prentice-Hall, Englewood Cliffs, NJ, 1961.

Carter, A. D. S., Mechanical Reliability, Macmillan, New York, 1986.

Definition of Terms for Reliability and Maintainability, MIL – STD – 721.

Reliability Design Qualification and Production Acceptance Tests, MIL – STD – 781.

Reliability Program for Systems and Equipment Development and Production, MIL – STD – 785.

Fuqua, N. B., Reliability Engineering for Electronic Design, Marcel Dekker, New York, 1987.

Ireson, G. W., and C. F. Coombs, Handbook of Reliability Engineering and Management, McGraw-Hill, New York, 1988.

Jensen, Finn, and N. E. Petersen, Burn-In, John Wiley & Sons, Hoboken, NJ, 1982.

Johnson, L. G., Theory and Technique of Variation Research, Elsevier, Amsterdam, 1964.

Kapur, K. C., and L. R. Lamberson, Reliability in Engineering Design, John Wiley & Sons, Hoboken, NJ, 1977.

Lewis, E. E., Introduction to Reliability Engineering, John Wiley & Sons, Hoboken, NJ, 1987.

Lipson, C., and N. J. Sheth, Statistical Design and Analysis of Engineering Experiments, McGraw-Hill,

New York,1979.

Murphy,R. W. ,Endurance Testing of Heavy Duty Vehicles,Reliability Assurance Program, MIL – STD – 790,Publication SP – 506,SAE,Warrandale,PA,1982.

Nelson,W. ,Applied Life Data Analysis,Wiley-Interscience,New York,1982.

Shooman,M. ,Probabilistic Reliability:An Engineering Approach,McGraw-Hill,New York,1968.

Singpurwalla,N. D. ,Inference from Accelerated Life Tests and When Observations Are Obtained from Censored Samples,Technometrics,February 1971,pp. 161 – 170.

第4章 维修性工程及与安全性相关的应用

4.1 维修性工程原理

可靠性研究降低故障发生的频度,而维修性研究故障的持续时间。很多从业人员以及学者都认为,维修性指的就是容易修理和维护。但是,维修性的目标是预防发生停机和避免需要维修两个方面。只有在这做不到时(由于有有寿件),其目标才变成尽量减少停机。维修性包括预测诊断设计,即在部件发生故障之前,利用传感器和软件来预测它的剩余寿命并警示使用者进行状态检查。

美国政府问责办公室1989年发表的一份关于维修费用的报告给出了令人担忧的统计结果。政府为维修支付了大笔费用,而这些费用本应由保修负责的。海军的反导系统在12个月的保修期内报告了251次故障,但承包商却没支付任何修理费用,因为保修条款规定,只有当海军遇到了超过5238次故障以后,承包商才负责修理。1987年,陆军统计为M-1坦克上用的发动机支付了990万美元的保修费,但索赔时只得到了10453美元的补偿。很多索赔承包商都拒绝支付,因为没有在要求的90天内提出索赔。这样的事例不仅在政府而且在私营行业也大量存在。最大的一个原因是缺少对保修协议进行跟踪的组织。这些事例表明,顾客经常为修复性维修而两次付钱,至少在保修期内是这样。停机的代价是巨大的,不幸的是,甚至还没有量化。早晚这些费用会变成很大的负担。解决办法就是要增加在维修性方面的投入,而不是投资维修。

维修性主要是个设计功能,因此,大部分的工作要在设计阶段开展。应将它作为每次设计评审的组成部分。维修性对维修和其他保障费用有巨大的影响,而这些维修保障费用通常占寿命周期费用最大的部分,因此,无论怎么强调维修性也不过分。

按照MIL-HDBK-472[1]的定义,维修性是指,在每个规定的维护和修理级别,由具备规定的技术水平的人员使用规定的程序和资源进行维修时,将一个产品保持或恢复到规定状态的能力。

这个定义对设计强调不够。这样一来,很多设计工程师就不注意减少维修需求,通常到了使维修变得极其困难的程度才提出。例如,有一部大型制造设备,需要对其中的一个传动齿轮进行定期检查。该项预防性维修工作要花8h~16h,因为技术人员需要打开近 30 个螺栓,再请一个电工(工会的规定要求这样)来拆除电气连接,再拆下几个部件后,才能看清齿轮的状况。通过维修性分析,对设计进行改进,取消了所有这些额外的工作。新设备内部装了一部相机,在电视屏幕上可以更加清晰地看到齿轮。因例行检查造成的停机时间为零小时!

有了这个例子,就该重新定义维修性了。本书作者使用多年的定义是:维修性是关于尽量减少维修需求并在需要进行维修工作时尽量减少停机时间的科学。这个定义强调了设计师在减少各种使用和保障费用方面的积极作用。到底用哪个定义,由读者决定。不管用哪个,都可以实现维修性的目标。

维修性本身是不可量化的,因为它取决于定性参数"使用规定的程序和资源"。理由是,规定的程序很少有完善的,而且诸如备件和经过训练的人员等资源并不是总有的。维修性的三个基本指标是:

(1) 设备修理时间;

(2) 固有可用度;

(3) 平均维修停机时间。

设备修理时间(ERT)是指一般的技术人员修理一个设备所需的时间,是从为修理做准备到进行测试以确保设备工作正常的时间。MIL – HDBK – 472 列出了详细的修理工作项目。设备修理时间不包括等待时间和后勤延误。

ERT 是概率性的。有些技术人员修得快,有些修得慢。如果大多数技术人员的训练水平都很高或训练不够,那么,分布就不均衡。我们可以用中位值或下列规则[2]:如果修理时间的分布是对称的,喇叭型的,则典型的 ERT 就等于算术平均值:

$$ERT = 平均修理时间 = MTTR$$

如果修理时间的分布为指数分布,则

$$ERT = 0.69MTTR$$

如果修理时间符合对数正态分布,通常是这样的,则

$$ERT = 0.45MTTR$$

维修性的第 2 个量度是固有可用度,它实际上是维修性和可靠性的综合量度。它等于系统设计的能工作时间的比率,可定义为

$$A_i = \frac{能工作时间}{总的计划时间} = \frac{能工作时间}{能工作时间 + 实际停机时间}$$

大多数军工合同都假定能工作时间与 MTBF 成正比,实际停机时间与 MTTR 成正比。于是,固有可用度就变成了

$$A_i = \frac{MTBF}{MTBF + MTTR}$$

这个定义虽然在整个行业都使用,但它有几个缺陷。MTBF(平均故障间隔时间)可能包括停机时间和后勤延误时间。通常情况下,用于计算 MTBF 的数据记录是不全的。第 3 章指出了使用 MTBF 的一些问题。

固有可用度的定义是针对理想情况的。它假定总是有备件可用,能立刻进行修理。它不包括等待或后勤延误时间,因为设计工程师没有办法预计这些,除非进行某种复杂的数学建模。设计工程师可以在假定有备件和经过训练的人员可用的基础上预计 MTTR。然而,事情还有另外一面。顾客关心的是实际的可用度,称为使用可用度,其中要包括等待时间和延误时间。设计工程师还必须尽可能使使用可用度达到最大。使用可用度可以定义为

$$A_o = \frac{能工作时间}{能工作时间 + 实际修理时间 + 平均后勤停机时间}$$

$$= \frac{MTBF}{MTBF + MTTR + MLDT}$$

要将该公式中的各项量化,需要开展有计划的数据收集工作,但很少有人愿意这么做。如果想知道实际的可用度,就需要保留能工作时间或停机时间的准确记录。一些公司在其生产的设备中设置了连续的时间记录装置,这样就能计算出使用可用度。可以将它重新定义为

$$A_o = \frac{能工作时间}{总的计划时间} = \frac{计划的时间 - 停机时间}{计划的时间}$$

维修性的第 3 个量度是平均维修停机时间(MDT),它是指用于预防性维修和修复性维修的平均停机时间:

$$MDT = \frac{F_c M_{ct} + F_p M_{pt}}{F_c + F_p}$$

式中,F_c 为修复性维修的频度;F_p 为预防性维修的频度;M_{ct} 为修复性维修的平均时间;M_{pt} 为预防性维修的平均时间。

4.2　设计阶段的维修性

4.2.1　制定维修性规范

诸如设备修理时间、固有可用度和平均停机时间等典型的维修性要求对于规范复杂设备的维修性是不够的,因为现在的复杂设备中含有复杂的软件和微处理器。有很多的故障虚警,有时会高达 50%。要是没有非常昂贵的自动测试设备,技术人员就无法隔离故障。因此,产品设计中必须考虑故障诊断和故障隔离能力,这样才能进行快速维修。

如果设备的设计具有备份特征,那么,就可以在不工作时进行维修,而不会给使用者带来不便。这样的设备允许发生故障,但需要对备份的部件进行更多的维修。

MIL – HDBK – 338[2] 提出,将根据对数正态分布(如果适用)计算出来的 MT-TR 作为维修性的基本量度。另外,还可以用下面的这些指标:

- 规定百分位如第 90 或第 95 百分位的最大修复性维修时间。
- 可以隔离到单个可换件的故障的百分比。
- 每次修理的平均维修工时。
- MTBM(平均维修间隔时间)。
- MTBM(C)(平均修复性维修间隔时间,修复性维修不一定与某个部件故障有关)。
- MTBM(P)(平均预防性维修间隔时间)。
- MTBA(P)(平均调整间隔时间)。
- % NFF(未发现故障的百分比,如一块电路板因一个暂时故障而在系统中不能工作,但后来发现是好的。由于振动、冲击等原因,它可能在系统级不一定响应)。有时,这些故障占到全部故障的 50%。
- % CND(在修理厂不能再现的故障的百分比)。
- % BCS(台架检查完好的故障的百分比)。这些故障可以在后方工厂进行检测。
- 测试性指标:①微处理器数可测的 0 或 1 数位卡滞故障的百分比;②使任何设备更容易测试的能力的一种质量评定等级。4.2.9 节给出了测试性评级系统的一个全面的检查单。
- 软件错误造成的平均停机时间。
- % DTS(由软件错误造成的停机时间的百分比)。
- % DTH(由硬件故障造成的停机时间的百分比)。
- % DTS(由系统失效造成的停机时间的百分比。硬件和软件故障都算为失效)。
- 安全关键的部件更换的安全寿命。
- 安全装置校验的安全寿命。
- 损伤容限的安全寿命(裂纹扩展)。

最好能尽早将这些项目的目标纳入规范中。根据这些目标,制定维修性工作计划,它是在整个寿命周期中要监控的工作项目和里程碑的主清单。

4.2.2 维修性设计评审

维修性评审开始于初步设计。在批准一个设计方案之前,应确立各种维修性特征。特别要考虑以下几点:

- 可接受的停机时间是多少？（要规定可用度）
- 将在哪个级别进行修理？部件级？电路板级？黑盒子级？
- 由谁来修？承包商？顾客？技术人员？工程师？故障件是否应扔掉？（这些问题的答案会影响所需的技能水平）
- 设备是否需要进行便于检查的设计？
- 设备是否应进行可达性设计？
- 是否能加入 BIT 特征来减少停机时间？
- 模块化设计有帮助吗？对硬件？对软件？
- 故障诊断软件是否有帮助？
- 需要隔离故障吗？
- 修理人员需要什么样的技能？
- (飞机、核电厂)裂纹检测需要什么检查和测试方法？
- 更换与安全性相关的部件的条件是什么？
- 允许的裂纹大小是多少？
- 预防腐蚀的措施有哪些？
- 要求进行什么样的维修性试验？
- 部件容易拆卸或更换吗？

这些问题的答案决定了维修性的设计思想。所有问题都是旨在减少或消除停机时间。

在这个阶段,很重要的是要研究竞争各方的长处和弱点。有个生动的例子可以说明为什么要这么做。在北美,有一家非常著名的商业机器制造商失去了 90% 的桌面复印机市场份额给日本佳能公司。佳能复印机不需要预防性维修,而北美那家的复印机每年需要 1200 美元的维修费用。另外,1981 年,佳能复印机只卖 1100 美元而北美那家要 3000 美元。

本书的一位作者买了佳能的复印机,用了 20 多年没有发生任何停机和进行预防性维修,除了更换墨盒(这用不了一分钟时间)。在写这本书时,该复印机仍状况良好。这就是维修性,实际上是一种免维修设计！这只是一个例子,佳能将市场份额从 9% 增加到 90% 的事实表明,其他顾客也有相似的经历。

如果竞争各方的设备都需要大量的维修工作和很多备件,那么,维修性设计就为新的供货商提供了实现价值的机遇。靠卖备件赚钱的制造商短期内将获利,但长期来说注定要退出市场,就像前面所说的原来占统治地位的那家复印机制造商那样。

4.2.3 维修性分析

随着设计的进展,对诸如人的因素、修理级别、诊断、故障隔离和测试性等要求进行分析就变得重要了。就拿修理级别来说,至少有 7 个选择可以考虑:

- 部件级修理；
- 分组件级修理(如电路板级)；
- 组件或黑盒子级修理；
- 分组件级更换,以后再修理；
- 分组件级报废；
- 组件级报废；
- 整个产品报废。

维修性分析可以包括如每运行小时所需的预防性维修小时和停机费用等决策。有一种正确的设计方法。首先,决定怎样才能比竞争对手做得更好,将维修性作为市场营销的一个特征。其次,评估每种选择方案的寿命周期费用。如果寿命周期费用的估算太复杂,可以选择某个有意义的衡量指标对该方案进行比较,如电力公司用单位供电线路的费用,计算机网络用每百万指令的费用等。最终的决定应对供货商和顾客都有利才行。

4.2.4　维修性的 FMECA

维修性分析用的一种最有名的工具是故障模式影响及危害度分析(FMECA)。尽管 FMECA 最初是用于可靠性分析的,但经过剪裁,可以很容易地用于维修性,即根据停机时间的费用来评估故障的危害度。其目标是尽量减少不可用的风险。因此,最好的纠正措施是修改设计,使需要的停机时间最少。

图 4.1 给出了某一大型机电系统的维修性 FMECA 的一部分。以该图中管子的故障模式为例。故障的两种可能的原因是接头焊接处的腐蚀和裂纹。防止由于这些原因而引起停机的最好方法是消除它们。如果这样不可行,那就可以进行便于维修的设计。将管子的用料从铜变成不锈钢,可以消除因腐蚀造成的故障。将刚性接头换为柔性接头,可以消除焊接处的故障,因为柔性接头能经受住大得多的结构载荷。

不幸的是,大多数设计工程师都不做维修性的 FMECA。即使做了,其纠正措施通常都是做更多的预防性维修而不是改进设计。这对用户来说通常是很花钱的。如果用户必须支付停机时间的高额费用,可以找更好的供货商购买产品。

维修性没有得到应有的重视的一个原因是,项目经理只看到它所增加的设计费用而没有看到它的好处。很少有人会将顾客满意度和市场份额的增加当作寿命周期费用模型中的主要成分。还有另外一个障碍。如果增加了产品的设计费用,设计工程师会受到严厉批评,但对于维修性带来的保障费用降低到十分之一,却很少算作他的功劳。

要记住,任何标榜能减少停机时间的产品都是很受期待的产品。对于大多数顾客来说,只要相信能减少维修工作,他们是愿意支付额外费用的。索尼电视机、本田雅阁汽车以及 IBM3061 计算机就是证明。

部件名称/件号	潜在的故障模式	原因（故障机理）	影响	预期的停机时间	每年频度	建议的改进措施	维修要求
管子	管子渗漏	1. 腐蚀 2. 温度循环	氟里昂损失 氟里昂损失	8h 8h	2 5	用不锈钢管 用热偶监控温度	无 每120天换一次探头
	接头处泄漏	1. 累积疲劳 2. 焊接不好	氟里昂损失 氟里昂损失	14h 2h	4 2	用加速计监控振动 接头处用软石膏接合	半年校准加速器一次 无
阀门	断续发黏	赃东西或外来物	温度失控	5h	2	电子冗余阀门措施和故障识别	每15天清洁一次
	合不上	部件耗损	温度失控	4h	1	电子冗余阀门措施和故障识别	每3个月检查一次
	打不开	1. 部件失效 2. 部件膨胀收缩	温度失控 温度失控	4h 5h	2 3	电子冗余阀门措施和故障识别 电子冗余阀门措施和故障识别	每3个月检查一次 无

图 4.1　维修性 FMECA 的一个例子

4.2.5　维修性预计

要对规范中选用的指标进行维修性预计。以固有可用度的预计为例，有

$$A_i = \frac{\text{MTBF}}{\text{MTBF} + \text{MTTR}}$$

它要求对 MTBF 和 MTTR 这两个参数进行预计。设备的 MTBF 和 MTTR 预计取决于哪些部件可能会发生故障。它们的值主要基于来自 FMECA 的信息。MTBF 等于总的故障率的倒数，MTTR 等于各种故障的预期修复时间的平均值。行业工程师可以粗略地估计修理所需的小时数，MIL – HDBK – 472 给出了修理电子设备的 26 个常规步骤（图 4.2）。对于新技术，FMECA 可以帮助指出另外的故障模式。

4.2.1 节中提出的其他相关指标可以通过历史数据进行预计。通过预计可以发现改进设计的时机。

类别	基 本 工 作	工作编号
准备	系统通电,预热,根据需要设置表盘和计数器。	1
	第 1 项工作加等待特定部件稳定的时间。	2
	打开并关闭雷达天线罩。	3
	接近并重新装上盖子(雷达天线罩除外)。	4
	得到测试设备和/或技术指令。	5
	检查维修记录。	6
	采购需要的部件。	7
	准备好测试设备。	8
故障确认	只观察指示。	1
	用测试设备核实本身不能在地面再现的故障。	2
	做标准的测试题或检查。	3
	进行压力渗漏试验。	4
	尝试观察难以捉摸或根本不存在的症状。	5
	用专门为该设备设计的专用检测设备。	6
	进行目视的完整性检查。	7
故障定位	根据症状观察不言而喻的故障。	1
	仅通过思维分析(根据经验知识)判读症状。	2
	判读不同控制器设置的显示。	3
	判读表的读数。	4
	拆卸单元和子单元,在车间进行检查。	5
	切换和/或替换单元和子单元。	6
	切换和/或替换器件。	7
	拆卸和检查器件。	8
	进行目视的完整性检查。	9
	检测电压、连续性、波形和/或信号追踪。	10
	参考技术指令。	11
	与技术代表或其他维修人员进行讨论。	12
	做标准的测试题。	13
	隔离压力渗漏部位。	14
	用专门为该设备设计的专用检测设备。	15
采购器件	从飞机备件或工具箱里得到替换件。	1
	从实验台、车间或库存中得到替换件。	2
	通过串件得到替换件。	3
	试图得到替换件,但没有。	4

(续)

类别	基 本 工 作	工作编号
修理	更换单元和子单元。 更换器件。 纠正不正确的安装或有问题的插件连接。 在飞机上进行调整。 在车间里进行调整。 烘烤磁电管。 预防性的修理工作(包括所谓的故障定位、器件采购,以及当症状没有得到验证时花费的修理时间)。 修理电线或接头。	1 2 3 4 5 6 7 8
最后的故障测试	完成修理后进行功能检查。	1

图 4.2 维修性的 FMECA

4.2.6 寿命周期费用分析

在进行维修性分析时,经常要用寿命周期费用(LCC)来评估不同选择方案的保障费用的节省情况。维修性通常对停机费用的影响最大,因此,对 LCC 的影响也最大。一般来说,寿命周期费用是对社会而言的。具体来说,是对供货商的,对用户的,也是对可能在诸如飞行事故等灾难中伤亡或遭受财产损失的无辜者的。就维修来说,其中也包括操作人员和维修人员。可以将 LCC 模型写成

$$LCC = 非重复发生的费用 + 重复发生的费用$$

非重复发生的费用有:

- 基础性工程;
- 试验与评价;
- 项目管理与控制;
- 制造及质量工程;
- 非重复发生的生产费用;
- 试验工装。

重复发生的费用有:

- 备件;
- 修理劳动费用;
- 存货入库和供给管理;
- 保障设备;
- 技术资料及文档;

- 训练及训练设备；
- 后勤管理；
- 操作人员；
- 水、电等。

LCC 模型的其他版本有

$$LCC = (初始价格 + 公司的保修费用) + (客户的修理、维护和使用费用)$$

以及

$$LCC = 采购费用 + 使用、维护、修理费用 + 停机费用 +$$

$$责任费用 + 损失销量的费用$$

最后这个模型是最适合的，但很多公司觉得很难量化停机费用和损失销量的费用。他们乐于使用其他两个模型，尽管其只反映了部分事实。

在现实中有很多隐含的费用。这些费用通常都不考虑但却数额巨大。其中包括备件存货过多、人员闲置、进度延误、没有兑现给顾客的承诺、花在会议和解决问题的时间、工程更改、善意的损失以及处罚等各种费用。

这些费用不容易估算。同时，如果将它们忽略，将导致模型与实际很不符合。因此，应包括一个根据普查得出的合理估计。如果还有其他相关且重要的费用因素，也应包括在内。例如，利率的增加、燃料费、动力费以及劳力费。

寿命周期费用模型最好的一个用处是能够评价多个方案选择的优缺点。假定一种桌面复印机有两个设计方案。方案 A 采用传统设计，需要定期更换墨盒（黑色墨粉的费用是每年 50 美元）。必须要有一名维修技术人员来清理零件，更换发生故障的有寿件，由技术人员进行维修。保修期之后的维修合同为每年 1200 美元。售价是 2500 美元，制造商出的保修费用是 750 美元。

方案 B 采用密封的墨盒，墨盒里装有墨和复印部件。墨盒要一年换两次来保证新墨的补给，用户只需不到一分钟就能轻易更换。墨盒本身可靠耐用，费用是75 美元。由于大部分技术都在墨盒里，所以就没什么其他重要的部件了，这些部件在复印机的 5 年预期寿命内不会坏。即使外面的某个部件坏了，重量很轻的复印机也可手提送到经销商那里，几分钟就可以修好。

利用一个简单的 LCC 模型，就可以比较这两种方案。假定设计方案 B 由于采用新技术而比方案 A 的费用高一些，要 2800 美元。再假定方案 A 与方案 B 一样都是 5 年的寿命。

方案 A：

$$LCC = (制造商的费用) + (顾客的维修费用和停机费用)$$

$$= (销售价格 + 第 1 年的保修费用) +$$

$$(4 年维修费用 + 墨盒费用 + 停机费用)$$

$$= (2500 美元 + 750 美元) +$$

$$（1200 \text{ 美元} \times 4 \text{ 年} + 200 \text{ 美元} + 1100 \text{ 美元}）$$
$$= 9350 \text{ 美元}$$

方案 B：

$$\text{LCC} = （\text{销售价格} + \text{销售价格 5\% 的保修费用}）+$$
$$（\text{预计 4 年的维修费用} + \text{墨盒费用}）$$
$$= （2800 \text{ 美元} + 140 \text{ 美元}）+（600 \text{ 美元} + 75 \text{ 美元} \times 10）$$
$$= 4290 \text{ 美元}$$

结论是方案 B 更胜一筹,尽管它的初始费用较高。费用的分布情况使得方案 B 对顾客更有吸引力：

方案	供货商费用/美元	购买者费用/美元
方案 A	3250	6100
方案 B	2940	1350

采用方案 B 的设计,供货商每台复印机节省 310 美元(3250 美元 – 2940 美元)。但是,购买者却得益更多,可节省 4750 美元(6100 美元 – 1350 美元)。如果将市场份额的增加也算在内,则方案 B 的单台费用会更低。

4.2.7 可达性设计

可达性是指在一个部件的周围有足够的空间进行诊断、排故,并安全、有效地完成维修工作。必须考虑身体处于不同位置的情况下,为必需的工具和设备的移动创造条件[3]。

在评估可达性时可以用具体的塑料比例模型。如果不行,就必须根据图纸来估计设备周围的活动空间。前一种办法要有效得多,因为它为进行可达性和维修方便性试验提供了机会。

4.2.8 维修方便性设计

维修方便性是指使在人与设备的接口处进行的活动变得更加容易。这能通过很多方式来实现。

(1)首先是尽量减少维修。汽车上采用的燃油喷射点火法就不要检查配油器了。

(2)能以最少的拆卸进行修理。不应要求给汽车更换部件的人拆卸一个大的组件。

(3)对相连部件的接口进行可靠性设计。如果电路板上的某个集成电路(芯片)要拆换几次,就不应将它焊在电路板上。应将它装在金制的套上(铝制的套在换 3 次后就接触不好了)。

(4)离线修理设计。对一家自动化加工厂的一根大型轴承进行一次修理预计要造成 2 天的停机时间。不过,设备的设计使轴承能够拆下进行离线修理。将一根备用轴承装上,使加工设备的停机时间缩短到 1h 以内。

(5) 故障容忍。这种方法利用已经安装好的另外一种手段,使停机时间实际上为零。用另一个单元替换,同时可以将发生故障的主单元修复。故障容忍设备通常允许进行预防性维修时继续工作。例如,IBM3081 主计算机可以在顾客没有意识到的情况下进行自维护。

(6) 提前规划工具和设备。Pillar[3] 提出了以下有用的经验法则:"如果制造一台设备时需要某个装置或工具,那么,以后修理时也将需要它……在考虑便于维修的特征时,应将主要的重点放在必须移动的部件的重量上。"这就是说,可能需要叉车或起重机等附加设备。

(7) 设计时考虑拆换而不是修理。更换整个电路板可能比让技术人员隔离出故障件更便宜。

(8) 使用自动检测设备。自动检测设备(ATE)可以是轻便的智能系统,能生成数千种测试模式来隔离故障路径。

(9) 测试性设计。这种设计方法对于降低故障检修的费用已变得非常重要。可以让微处理器承担大部分工作,将设备设计成自检,不需要高水平的技术人员进行复杂电子设备的故障检测。技能不高的技术人员可以几分钟完成修理而不是几天。对置入产品内的微处理器进行编程,对产品进行检测并隔离故障。有些产品的设计可以自行修复,切换到替换方式或备用装置上。

可测试的设计具有两个特征。首先,微处理器本身必须能够测试以确保其性能。其次,产品(微处理器所在的)还应便于测试,其中要涉及很多除了微处理器以外的特征。

具有多达 24 万个门和数百万种路径组合的微处理器,测试时需要数百万的测试模式。由于输入输出插针数量的实际限制,要完成所有测试几乎是不可能的。一些路径根本无法测试,除非对相应的测试点进行监控。在图 4.3 的电路中有两个输入插针 x_1 和 x_2,一个输出插针 z。图中的 x_1 和 x_2 列给出所有可能的输入。z

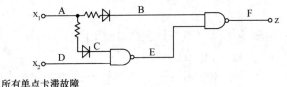

所有单点卡滞故障

x_1	x_2	z	A/0	B/0	C/0	D/0	E/0	F/0	A/1	B/1	C/1	D/1	E/1	F/1
0	0	1	1	1	1	1	1	0	0	0	1	1	1	1
0	1	1	1	1	1	1	1	0	1	0	1	1	1	1
1	0	0	1	1	0	0	1	0	0	0	0	1	0	1
1	1	1	1	1	0	0	1	0	1	1	1	1	0	1

图 4.3 一个只有 2 门的简单电路

列给出每个输入组合的输出。A/0、B/0、C/0、D/0、E/0 和 F/0 列给出当 A 至 F 的任何一点发生故障被卡在 0 时的输出。其他列给出当任何一点发生故障被卡在数位 1 时的输出。

要隔离故障并不容易。如果 x_1 和 x_2 的所有输入都产生 z 列的输出,可能会认为电路工作正常。然而,这个结论不一定正确,因为对于完全相同的输入,故障状态 C/1 也给出同样的输出。在这种情况下,测试会指示电路是好的。

A/0、B/0、E/0、D/1、F/1 列产生完全相同的输出。这就意味着,如果只监控 x_1、x_2 和 z,那么,在电路测试时就无法隔离这些故障。但是,从维修性的角度来说,应为技术人员提供方法来分辨和隔离重要故障。如果在设计阶段就知道这些路径是安全关键的,设计工程师就通常能进行测试性设计。最近已经出了几本这方面的书,如参考文献[4,5]。

(10)模块化设计。这种方法要求将设计分成若干个不同的物理和功能单元,以方便拆卸和更换。这样可以将组件和分组件设计成可拆卸和更换的单元,从而改进设计,减少停机时间。这些称为模块的单元可以是黑盒子、电路板或大的组件。模块化的主要优点[6]有:

- 可通过采用标准的、以前研制的"积木块",简化新的设计,缩短设计时间。
- 只需要低水平的技术人员。
- 训练更简单。
- 加快进行工程更改,减少副作用。

(11)故障后报废设计。这种方法也是模块化的,只不过发生故障的单元不修理。这样做有时是很费钱的,因为很多电子设备因暂时故障就被扔掉。在一家汽车公司,发现有 40% 被退回的电路板根本没有故障。另一方面,这样做也有一些优点:

- 节省修理时间、工具、设施和人员。
- 因为降低了维修引起的错误,提高了可靠性。
- 因为标准化,提高了互换性。

其他的缺点有:

- 因为不能修理,必须储存更多的替换件,增加了库存费用。
- 由于库存增加,所以工程更改的费用更高。

(12)工作环境设计。可能的情况下,应考虑影响人的工作能力的各种环境因素。温度、辐射、湿度、化学品、灰尘和光线不足等环境条件会增加维修引起的错误的可能。例如,图 4.4 给出了温度对发生错误的平均数的影响。

(13)标准化。螺母、螺钉、锁紧垫圈以及保险丝等器件比较容易实现标准化。这样可以更加容易和便宜地得到所要的器件。库存费用显著降低,也提高了可靠性。在一个组织,通过标准化将 360 多个件号减少了到只有 45 个。

(14)互换性设计。可以将产品设计为功能互换或物理互换的。功能互换,是

100

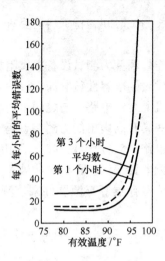

图 4.4　温度对发生错误的平均数的影响(引自参考文献[6])

指两个或更多的产品执行同一功能。物理互换,是指同一紧固、连接和安装办法可以用在不止一个产品上。

注意:要留心安全性问题。互换性会导致事故,见第 5 章。

(15) 技术人员透明性设计。美国空军 R&M2000 计划[7]要求采用一种革命性的方法:在各个相似的分系统之间采用标准的操作、维修和测试特征。这样,同一个技术人员就能在所有分系统上工作。这种技术人员的"透明性"将减少人员需求,因为不需要某些分系统的专业人员了。任何技术人员都能将故障隔离到最低的外场可更换模块。它还降低了技术人员所需的技能水平。

4.2.9　测试的 MM 设计

有很多办法可以使测试变得更简单、更高效,从而增强测试性。MIL – STD – 2165[8]列出大量的方法和评分指南来评估测试性的设计效能。这些方法在下面列出:

1. 机械设计

- 电路板上采用了标准的栅格布局以便于元器件的识别吗?
- 元器件之间有足够的空间放芯片和探针吗?
- 所有元器件都朝同一方向(插针 1 始终在同一位置)吗?
- 电源、接地、时钟、测试和其他信号都采用标准的连接插针位置吗?
- 边缘接头或电缆接头的输入和输出(I/O)插针数与所选测试设备的 I/O 能力匹配吗?
- 每块板上都采用可消除的键控来减少所需的专用接口适配器数量吗?
- 可能的情况下,I/O 连接器或测试连接器中包括电源和接地吗?
- 测试和修理要求影响了有关保形涂层的决策吗?

- 设计方案中有会延长测试时间的特殊启动要求(如特殊的冷却)吗?

2. 测试访问

- 要利用尚未使用的连接插针为测试设备提供附加的内部节点数据吗?
- 为驱动测试设备所代表的电容性负载而设计信号线路和测试点了吗?
- 有供测试设备监控机上时钟电路并与之同步的测试点吗?
- 测试访问点放在那些具有高扇出能力的节点吗?
- 当测试点是个闩锁电路,容易产生反射时,采用缓冲器吗?
- 使用了缓冲器或分配电路来保护那些可能被意外短路损伤的测试点吗?
- 使用了多路器和移位寄存器等有源器件来使测试人员获得必要的内部节点测试数据吗?
- 在产品内部,在测试访问点之前的所有高电压是否都已降下来以便与测试设备的能力相一致吗?
- 测试设备的测量精度与被测产品所确定的容差适应吗?

3. 器件选用

- 不同类型的器件数量是尽可能少吗?
- 选用的器件根据故障模式充分表征了吗?
- 器件是否与刷新要求无关? 如果不是,在测试过程中有足够的时钟计时来保障动态装置吗?
- 采用单一的逻辑族吗? 如果没有,互连采用的是共同的信号电平吗?

4. 模拟设计

- 每个不连续的工作级有一个测试点被带到连接器上吗?
- 每个测试点与主信号路径之间有充分的缓冲或隔离吗?
- 生产的产品禁止采用多重交互调节了吗?
- 功能电路(放大器、调整器等)有小的复杂度吗?
- 电路是功能完整的吗? 没有放在其他单元上的偏置网络或载荷吗?
- 需要最少数量的多重相位相关或时间相关的激励吗?
- 需要最少数量的相位或时间度量吗?
- 需要最少数量的复杂调制或专用定时模式吗?
- 激励频率与测试设备的能力相适应吗?
- 激励的上升时间或脉冲宽度要求与测试设备的能力相适应吗?
- 响应度量涉及与测试设备能力相适应的频率吗?
- 响应的上升时间或脉冲宽度测量与测试设备的能力相适应吗?
- 激励的幅度要求在测试设备的能力之内吗?
- 响应的幅度测量在测试设备的能力之内吗?
- 设计避免外部的反馈回路了吗?
- 设计避免或补偿温度敏感器件了吗?

- 设计允许在没有散热片的情况下进行测试吗？
- 采用了标准的连接器型号吗？

5. 数字设计

- 设计只包含同步逻辑吗？
- 所有不同相位和频率的时钟都是从一个主时钟得到的吗？
- 所有存储单元都由主时钟的一个衍生品来计时吗？（要避免由其他单元的数据给这些单元计时。）
- 设计避免了一次性的阻容电路以及依靠逻辑延时来产生定时脉冲吗？
- 设计支持对"比特片段"的测试吗？
- 设计包括在主要接口处的数据包围电路吗？
- 当未选择时，所有总线都有一个默认值吗？
- 对于多层电路板，每个主要总线的敷设是否都能利用当前的探针或其他装置来进行超越节点的故障隔离？
- 只读存储器（ROM）中的每个字都定义了已知的输出吗？不正确地选择一个不用的地址会导致某个明确的错误状态吗？
- 每个内部电路的扇出数量都限制在一个预先确定的范围内吗？
- 在测试设备的输入失真可能成为问题的情况下，在电路板输入端提供闩锁吗？
- 设计中没有接线的 OR 吗？
- 设计中有电流限制器来避免多米诺效应的故障吗？
- 如果设计采用了结构化的测试性设计技术（如扫描路径、痕迹分析），所有的设计规则都能满足吗？
- 为微处理器和其他复杂元器件提供套管了吗？

6. 机内自检

- 每个产品中的机内自检（BIT）都能够在测试设备的控制下实施吗？
- 测试程序集的设计能利用 BIT 能力吗？
- 板上的 BIT 指示器用于重要功能吗？BIT 指示器的设计能使 BIT 发生故障时给出故障指示吗？
- BIT 采用积木法吗？（如在测试某一功能之前对其所有的输入进行验证）？
- 积木式 BIT 最大限度地利用任务电路吗？BIT 在硬件、软件和固件中是优化分配的吗？板上的只读存储器含有自测程序吗？
- BIT 有为分析在维修环境中不能再现的间歇性故障和使用故障而保存在线测试数据的方法吗？
- BIT 电路的故障率在规定的约束范围之内吗？

- BIT 增加的重量在规定的约束范围之内吗？
- BIT 增加的体积在规定的约束范围之内吗？
- BIT 增加的电源消耗在规定的约束范围之内吗？
- 每个产品分配的 BIT 能力反映其相对故障率和功能的重要度吗？
- BIT 门限值纳入软件或容易更改的固件吗？根据使用情况,门限值可能需要修改。
- 为尽量减少 BIT 的虚警,对其传感器的数据进行处理或过滤吗？
- 根据系统操作人员和系统维修人员的不同需求,对 BIT 提供的数据进行剪裁了吗？
- 为置信测试和诊断软件分配了足够的存储容量吗？
- 任务软件包括足够的硬件错误检测能力吗？
- 与一个具体 BIT 相关的故障潜伏期与被监控功能的重要度相一致吗？
- 每个参数的 BIT 门限值是考虑了每个参数的分布统计、BIT 测量误差以及最佳的故障检测与虚警特性而确定的吗？

7. 测试要求

- 进行修理级别分析了吗？应在元器件级、电路板级还是组件级进行更换？
- 对于每个修理级别,对于每个产品,已经决定 BIT、自动测试设备和通用电子测试设备将如何支持故障检测和隔离了吗？
- 计划的测试自动化程度与维修技术人员的能力相适应吗？
- 对每个产品,计划的测试性设计程度支持有关修理级别、测试的搭配和自动化程度等决策吗？
- 为 BIT 确定的测试容差与为更高一级维修测试确定的容差相适应吗？

8. 测试数据

- 序贯电路的状态图能识别无效的顺序和不确定的输出吗？
- 如果设计时采用计算机辅助设计系统,CAD 数据库能有效地支持测试生成过程和测试评价过程吗？
- 对于设计中使用的大规模集成电路,有数据来准确地建立电路模型并生成高置信度的测试吗？
- 对于计算机辅助的测试生成,可用的软件在程序容量、故障建模、元器件库和测试响应数据的后处理方面是足够的吗？
- 系统设计师采用的测试性特征根据对测试设计师有利的目的和依据进行记录了吗？
- 有及时地与测试人员协调技术状态更改的机制吗？
- 每项重大测试都有测试图吗？测试图只限于少量几页吗？页与页之间的连接标注清楚吗？
- 产品上每个信号的容差带都是已知的吗？

4.3　制造阶段的维修性

本节论述如何减少制造设备的停机时间。像 M&M Mars、凡斯通、通用汽车、因特尔、Caterpillar 和柯达等公司都运用了维修性技术来节省数百万美元。一家公司曾估计,以每年 8 亿美元的销售量计算,停机时间减少 2%,在 5 年内可节省 3600 万美元。

4.3.1　现有设备的维修性

当设备已经采购来,要进行重大的设计更改通常是难以办到的。不过,还是可以进行很多改进的。有时候,通过寿命周期费用分析,可以看出,将该设备报废后买新的会更便宜。

第一步是要找出造成 80% 停机时间的那 20% 的问题(这是一条著名的原则)。下一步是通过系统分析,如故障树分析,来分析造成停机的各种原因。作者采用过程分析图(PAM),它是简化的故障树,详细内容见第 6 章。任何维修技术人员经过培训都可以构建 PAM。事实上,公司应训练所有维修技术人员使用这样的工具。技术人员可以有效地运用分析工具,并产生很多有用的想法,当然,管理层必须倾听,以便从中受益。

例 4.1　有一种制造工艺,用两根包有 1 英寸厚橡胶套(图 4.5)的滚轴高速地从湿的薄钢板中压出化学物质。差不多每过一个星期,橡胶套就要炸碎,就像汽车轮胎一样炸开。它会将钢板撕裂,不仅造成质量难以控制,而且导致严重的安全问题。一名工人的脖子曾被划破。因故障而造成的总的停机费用约为每星期 25 万美元。

工程师们试图改进设计,用更好的材料来代替橡胶套,但进展不大。他们又尝试在钢板与橡胶套之间采用更好的粘接物,也没有什么进展。他们还试图在钢板上做出粗糙的表面和凹槽,使橡胶固定得更紧。两年过去了,因停机损失了 2400 万美元。

解决办法:通过进行系统分析,在几个小时内就解决了这个问题。在维修技术人员的帮助下,构建了图 4.5 所示的过程分析图,找出了 5 个主要原因。技术人员对每种原因的贡献百分比进行评估。从图中可以看出,造成故障的最主要原因是滚轴中的热量积累(占 70%),因为它除了通过橡胶套外无法将热量传递出去。由于技术人员经过了消除停机根本原因的培训,其中一人马上就拿出了解决方案。通过下面的问答,形成了解决方案。

问:停机最可能的原因是什么?

答:钢制滚轴中的热量积累过多。

问:如果停机的原因是热量过多,那么能消除过多的热量吗?

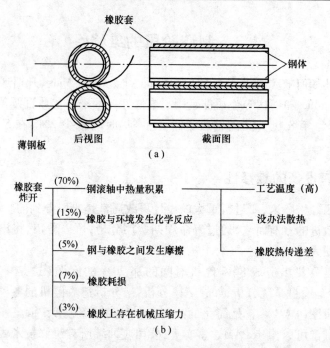

图 4.5　化学清洗工艺

(a)滚轴的后视图和侧视图；(b)部分的过程分析图。

答:能。可以将经过制冷的饮用水在钢制滚轴内部进行循环,这样应能排出大量的热量。我可以从库房拿一个泵来,从饮水池里抽水。

问:好主意。为什么没有试试?

答:我跟管理层说了 5 年了,但没人理。

维修性是个金矿,只要有人愿意挖掘。这个技术人员得到允许去试试他的想法,果真可行。经过这一改进,在 2 年内没有发生一次停机,每年为公司节省 1200 万美元。

4.3.2　新设备的维修性

对于新的制造设备而言,其维修性与一个新产品的维修性是一样的,只不过如果是定制的设计,供货商可能会与顾客一起来分析维修性。如果是现成的设备,顾客可能得不到维修性信息。我们曾与几家提供价值数百万美元的大型固定资产设备的供货商进行过合作,发现两种最有效的工具是故障模式影响及危害性分析(FMECA)(见第 3 章)和故障树分析(FTA)(见第 5 章)。其他有价值的方法有质量功能展开、设计评审和维修工程安全性分析(见第 5 章)。

例 4.2　一家大型的半导体制造厂要采购一套用于制造大规模集成电路的模式识别光学系统。一个工程师小组构建了一个故障树(图 4.6),由另一个独立的小组进行 FMECA 分析。(如果由同一个小组来进行 FTA 和 FMECA,结果很可能

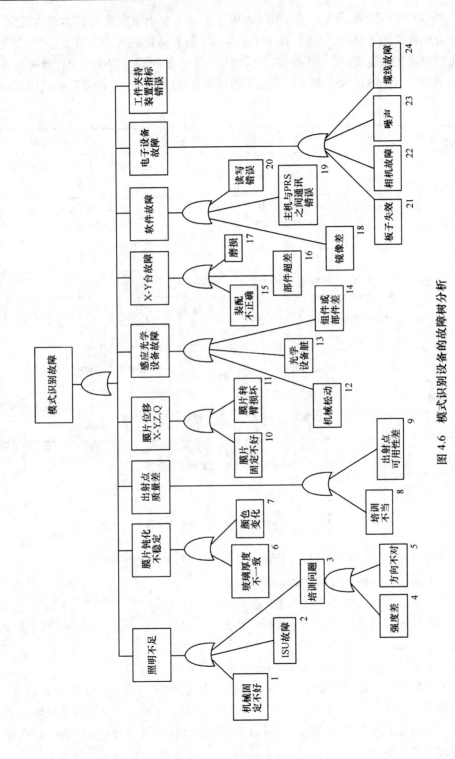

图 4.6 模式识别设备的故障树分析

是一样的。)图 4.7 给出了一个 FMECA 的样表。两个小组都发现了不同的问题，很少有例外。等到分析结束时，找出了 100 多个设计方面的问题。至少有 50 项设计更改被确定是重要的。大约 8 名工程师用了 3 天的时间，与 60 项设计改进的价值相比是一笔小的投入。由于系统还在图纸设计阶段，因此，工程更改的费用算不了什么。

故障模式	原因	影响	危害度	设计措施	故障验证	维修措施
光学设备失常	周围热量	永久变形	ⅡA	提供风扇	风扇故障告警	每 2 个月检查一次风扇容差
	脏东西	输出错误	ⅡB	增加过滤器	不需要	每月更换过滤器
电路参数漂移	泄漏电流大	参数失控	ⅡD	对关键件进行鉴定	不需要	安装软件对参数进行监控
	电路脏	性能脉动	ⅡB	保形膜	不需要	不需要
	接点温度高	性能下降	ⅡB	将器件降额到 50% 以下	不需要	用红外检查
X–Y 台不准确	供货商设计	假输出	ⅡA	与供货商进行 FMEA	待定	待定
	水平位置漂移	假输出	ⅡA	软件控制	不需要	在日常维护中检查偏心性

图 4.7 模式识别设备的 FMECA 分析

4.4 试验阶段的维修性

维修性试验通常称为维修性验证试验。至少可以进行 4 类试验：
（1）设备固有停机时间试验；
（2）人在进行维修工作时的差异试验；
（3）修理级别试验，其目的是为了验证基层级、中继级和后方基地级的修理能力；
（4）应急情况下进行维修的试验。

维修性试验开始于产品研制期间，可以借助部分系统、样机和模型进行试验。有些情况下，进行详细分析可能是唯一的选择。例如，分析结果可能表明需要一台叉车。如果接触区域太小，那么，这时就是重新设计接触区域的最佳时机。以后更改的代价太大了。

4.4.1　维修性试验的前提条件

在进行费用昂贵的试验之前,需要制定策略。试验不应仅凭猜想。对于复杂设备来说,没有 FMECA 分析就不要做什么维修性试验。这种分析可以揭示出很多重要的故障模式,这些故障模式很可能导致停机。如果忽视这一分析,将造成在后来要进行很多设计更改,且代价很大。

其他需要的相关信息包括:维修性规范,其中规定了所有需要的参数(如果规范中没有包括维修性信息,那么就应该制定);类似设备的历史情况,以便在设计中将存在的问题予以消除;以及与维修人员的交谈记录等。

4.4.2　设备固有的停机时间试验

固有停机时间的试验可以由测试性试验、故障诊断、故障隔离、互换性、仿真以及自动修复(如切换到备用装置)等组成。可以进行两类验证:①验证每个故障模式的停机时间是否在规定的范围之内;②确保维修性目标的分配是适当的。

4.4.3　人的差异试验

人的差异试验是统计性的。要构建一个概率分布来确定停机时间的分布情况。要对诸如平均修复时间(MTTR)、平均停机时间(MDT)、每工作小时的平均工时(MWH/OH)和某一百分位的最大修复时间等参数进行试验。

每项工作应由若干个人进行试验,以构建停机时间的分布。机械系统修复时间的差异是很大的。另外,该信息还有助于进行人力规划。如果对所有的工作项目都进行试验的费用太大,那么可以进行选择。我们采取的策略是选择那些与安全性相关的以及会导致长时间停机的工作项目。修复时间通常是按对数正态分布的。第 2 章中有一个构建这种分布的例子。

4.4.4　修理级别试验

进行这些试验是为了验证按照设计要在使用级(基层级)进行的维修工作是否确实能由该级别的人员来完成。对于中继级(有时也称为分队级)和后方工厂级(在汽车行业,后方工厂相当于再制造中心)进行维护和修理工作的能力,也可以进行类似的验证。

4.5　使用阶段的维修性

维修性分析是个持续改进的过程。造成停机的很多原因要到系统投入使用后才知道。至少有 3 个主要方面可以通过设计改进来降低费用:

（1）预计和减少有寿件。

（2）监控和预计使用可用度。

（3）通过维修性工程来尽量减少维修和保障费用。

4.5.1 预计和减少有寿件

有寿件是指在系统的使用寿命期内需要修理或更换的那些机件。很多教科书中都有基于有寿件的故障剖面为正态分布或指数分布这一假设的模型。如果这种假设没有得到证明——通常都是这种情况——那么，可以采用威布尔分析这种更好的工具。利用这种可靠性分析方法，可以掌握系统需要的备件数量。它不仅包括正态分布的情况，也包括指数分布的情况。这种分布适用于多种数据族。它利用实际收集的数据（即使数据不全也没关系）来对分布情况进行评估。第2章和第3章给出了这种分析的几个例子。这里给出一个例子来说明这种方法在备件预测方面的应用。

例4.3 从一家啤酒厂的一批轴承（400个）中抽取25个作为样本，跟踪其故障前时间。这些轴承用于系统中的类似设备上。到进行分析的时候，只有8个轴承坏了。将它们的故障前时间（设备工作时间）换算成周数，见下表。那么，在第30周和第40周之间需要多少个备件呢？

轴承序号	故障前时间（周数）	轴承序号	故障前时间（周数）
1	6.0	5	12.2
2	11.0	6	4.3
3	2.2	7	6.2
4	7.8	8	8.4

解：将数据排列如下，画出中位秩图（见第2章）。坐标点如下：

故障前时间（周数）	中位秩值	故障前时间（周数）	中位秩值
2.2	2.73	7.8	18.44
4.3	6.62	8.4	22.38
6.0	10.55	11.0	26.32
6.2	14.49	12.2	30.27

数据的增长情况如图4.8所示。基于样本大小为26，根据前8个点的行迹可以预测出威布尔线。

从图中得出：

预期在30周内发生故障的比例为89.5%；

预期在40周内发生故障的比例为97.0%；

110

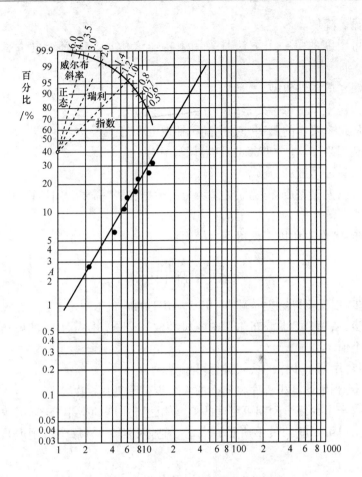

图 4.8　轴承故障时间(周数)的威布尔图

预期第 30 周到第 40 周之间发生故障的比例为:97.0% −89.5% =7.5% 。

因此,可以得出结论:所购买的 400 个轴承中,预期有 7.5% 将在第 30 周到第 40 周之间发生故障,即有 400 ×0.075 =30 个轴承预期在这段时间内发生故障。

4.5.2　监控和预计使用可用度

可用度是维修性的最终目标。跟踪数据是进行设计改进的重要信息。获得这些数据的一个办法就是记录停机时间。

那么,可用度就是

$$A = \frac{能工作时间}{总的时间} = \frac{总的时间 - 停机时间}{总的时间}$$

如果停机时间很长,可以分析其中的原因。小的设计更改通常就可以获得费

111

用方面的显著降低。

评估可用度的另一个方法是采用蒙特卡洛仿真。下面给出仿真的步骤和示例。

（1）建立可用度模型。

（2）构建模型中每个要素的统计分布。

（3）从每个要素的概率分布中随机抽取一个值。

（4）利用第（3）步中获得的数据计算出可用度。

（5）构建可用度的分布。

仿真可以人工完成，但为了处理大量的数据，通常需要利用计算机。

例4.4

第1步：考虑采用以下的可用度模型：

$$A = \frac{\text{MTBF}}{\text{MTBF} + \text{MDT}}$$

第2步：根据实际数据构建 MTBF 和 MDT 的威布尔图。

第3步：从 MTBF 的威布尔图中随机抽取一个值，并从 MDT 的威布尔图中随机抽取一个值。

第4步：用第1步中的公式计算可用度。

第5步：利用计算机程序将前面的4个步骤重复几百次。

这样将产生数百个预期可用度的值。构建可用度的概率分布（见第2章），这个分布将给出可用度的最小值和最大值。它还将给出与每个可用度目标相关的概率。

4.5.3　降低保障费用

尽量降低保障费用是一个重要目标，但顾客满意也同样重要。两者缺一不可。

保障费用由持续进行的维修性工作的费用、预防性维修与修复性维修费用，以及很多其他的后勤费用等组成。为了降低预防性维修和修复性维修的费用，需要在维修性方面进行投资。

只要维修性方面的投资与保障费用的总和在下降，就应继续这种投资。初始总费用与任意一年的总费用之差就是直接节省的费用。图4.9(a)给出了每年的总费用情况。从中可以看出，在第6年达到了费用最低。那么，应终止在维修性方面的投资吗？答案是否定的，因为顾客的使用目标（停机时间）还没有实现，如图4.9(b)所示。有人会说，为实现顾客的使用目标而进行额外投资是没有道理的，因为那样的话，总费用就不再是最低的了。事实上，如果顾客满意了，费用将会更低。一个满意的顾客会带来更多的顾客和更多的生意。这样可以降低产品的单位成本，增加利润。

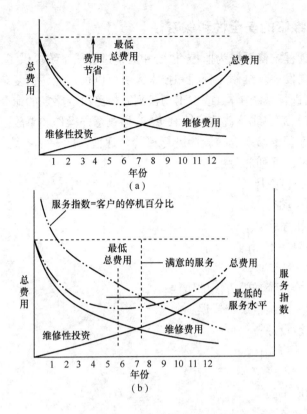

图 4.9　维修性投资与使用之间的权衡
(a)逐年的费用情况,在第 6 年实现最低的费用目标;
(b)实现了最低的费用目标,但没有实现使用目标。

4.6　维修性与系统安全性

虽然维修性的目标是尽量减少维修,但复杂系统还是需要一些维修、重构、远程控制、保养、修正、现场更改或监控的。不幸的是,很多事故就是在这些时候发生的,而且还可能给系统带来潜在的危险。不久前,由于在维修过程中下载了错误的软件版本,混合动力汽车曾发生过停车的情况。有一款日本产的小汽车,由于存储器资源不够,无法下载最新版本的软件。由于维护措施不当,无意地造成过程或系统的关闭。操作人员已经发生过一些错误,他们以为各种维修过程、工作或功能一定是安全的,因为遵守了相关的规定、法规和标准。这可能不是一个谨慎的假设。在考虑系统安全性时,重要的是,与安全性相关的风险已经识别并消除,或控制在可接受的水平内。为了实现这一点,需要进行危险分析和风险评估,必须对与维修有关的各种活动进行评价。

4.6.1 远程维修的安全性和保密性

自动化的远程维修系统为监控、校验和调整过程或系统提供了手段。如今,维修正朝无线方向发展。维修工程师和技术人员可以远程地评估复杂系统的健康状况并进行调整,进行系统重构,或发出切换到冗余路段或路径的命令。可能会发生功能失灵或错误,对在线系统造成不利影响,导致意外操作和事故。必须从系统安全性的角度对远程维修系统的设计进行评价。远程访问一个系统时,可能存在有关的危险。应考虑下列危险:

- 意外的系统关闭;
- 意外的自动行为;
- 意外的工序作业;
- 告警参数的不当的重构;
- BIT 功能的改变;
- 自动化分系统教学方面的错误;
- 与人有关的维修设计错误;
- 暴露的能量源;
- 非受控的势能;
- 维修指示不完整、不准确;
- 系统响应不当;
- 警示和警告不完整、不准确;
- 维修工作项目费力、混乱;
- 传达危险的误导信息;
- 有害气体或物质的意外排放;
- 软件错误、失常或逻辑错误;
- 远程维修系统在需要时失效;
- 串改、欺骗或干扰;
- 丢失重要数据或信息;
- 意外改变数据或信息;
- 绕过连锁、防护或保护装置;
- 维修指示方面的传递不当;
- 语言障碍;
- 资料、手册的内容相矛盾;
- 信息显示过度;
- 显示不透明。

当一个人通过远程访问维修端口闯进来,故意改变与安全性相关的数据或信息时,信息安全威胁也是一个令人关切的问题。要考虑黑客从后门进入控制系统并对某个安全关键的功能进行重新编程、更改安全系统内的参数、关掉监控装置或改变告警触发器的情况。这些情况都会造成损害。黑客们经常盗取信用卡号和社会保险号。

4.6.2　系统健康监控与维修

重要的是,从系统安全性的角度对复杂系统的健康状态进行监控。在某些情况下,当这些系统实现了自动化,就要在系统的设计中采用 BIT。当一个自动化系统首次通电时,可以采用初始机内自检(IBIT)。在系统运行过程中,可以采用连续的背景式机内自检(CBBIT)。在系统关机时,可以用另一种 BIT 来监控和测试系统断电的重构。当一个复杂系统的失灵、故障和异常会带来危险时,显然就需要自动的健康状态监控。当系统没有按照设计的参数工作时,BIT 功能就会发出提示、警示或警告。如果 BIT 没有设计完善,或当需要时 BIT 失效,就会发生事故。

对于高可靠的实物硬件设计,如建筑、桥梁、舰船或飞机,可以通过目视检查和无损检测来监控和确定其健康状况。不过,在有些情况下,并不完全能够确定耗损、品质劣化或损伤的情况。考虑到选用的材料是金属、复合材料、化学品或混合材料,即使已经有严重的耗损、品质劣化或损伤,也不会是明显的。因此,在材料科学、断裂力学、物理学以及化工、土木、核、航空航天和机械工程等领域,硬件结构的维修是一个不断需要研究的课题。

4.6.3　利用模型来开发维修诊断和监控

模型可以是随机的和确定的。可以从以往的统计结果如损失或故障的信息或数据中得出模型,也可以通过试验如老练试验来建立模型。在运用 Bayesian 分析时[①],既可以从过去的统计结果中得出模型,也可以从估计的未来分布中得出模型。从系统安全性的角度,分析员应对信息和数据进行细致的评价。在使用模型时,准确性和所作的假设条件会影响系统的诊断、监控和维修状态的确定。下面是一些随机法和确定法的例子。

1. 应力－强度分析

为了理解安全因子(SF)和安全裕度(SM)的概念,应讨论一下应力与强度之间的关系。应力是由电、热、机械、化学和辐射的相互作用而引起的异常能量效应的结果。应力可以是环境应力,也可以是工作应力,包括电负荷、温度、振动和湿度[9,p.161]。为了控制应力引起的危险,有两种设计方法。一是选用有足够强度的元器件和材料,可以承受最大可能的负荷;二是对元器件进行保护,避免受到过度的应力。

---

① 有很多教材讨论 Bayes 理论,详细的信息可以参考 T. B. Sheridan. Humans and Automation: System Design and Research Issues. John Wiley & Sons, Hoboken, NJ, 2002, pp. 190－191.

用来应对与应力有关的危险的两种危险控制方法都考虑采用设计安全裕度或安全因子。安全因子定义为系统的承载能力与加在该系统上的负载之比,或是最小强度与最大应力之比。安全裕度为系统的承载能力与负载之差。如果安全因子小于 1 或安全裕度为负,就要发生失效。

2. 安全因子和安全裕度的多变性

使用安全因子和安全裕度的概念时,必须小心。要进行试验,测出屈服强度、拉伸强度和疲劳寿命,这些通常表示"平均"或"最佳拟合"曲线。从这些试验中得出具体统计分布的随机变量。要考虑可能出现的所有变化情况,如材料质量的差异、污染、制造工艺偏差、计算用的假设条件以及试验中的误差等。为了应对变化,应将安全因子和安全裕度设计到系统中。安全因子的范围可以从 1 到 4。计算安全因子和安全裕度时,设 X 和 Y 为随机变量,分别代表加在系统上的应力和系统的强度,则

$$SF = Y/X \quad 且 \quad SM = Y - X$$

3. 安全裕度作为一种危险控制措施

有很多运用安全裕度的方法[10, pp. 166-167]。安全分析员和设计师应进行合作,为特定的系统选择最适当的方法。

过度设计法是安全裕度的早期应用。布鲁克林大桥就是过度设计的一个经典例子。它给出的结构强度很大,能至少承受预期负载的 10 倍。格鲁门公司在制造飞机机体时就采用了这种过度设计法。它生产的飞机在遭到战斗损伤时生存性很高。

统计法考虑建立随机变量的分布,例如随机应力和随机强度的分布[9],其中可靠性为应力小于强度(或强度大于应力)的概率。

对于正态分布的强度,其最坏情况的安全裕度定义为[10, p. 167]:

$$SM = \frac{最大应力 - 平均强度}{强度的标准偏差}$$

经验法用于很多建筑项目,如水坝、桥梁和公路。由于要考虑应用负载和撞击负载,所以需要增加强度。分析员在评价这种方法时应小心,要对其中的所有假设条件进行评价。

损伤容限法考虑对系统进行监控,以确定性能下降的程度,即腐蚀、侵蚀、裂纹扩展和耗损的范围。运用判断来估计系统的故障。为了掌握性能下降情况,要通过数学方法得出故障物理模型[9, pp. 137-141],这些模型是基于对故障机理的认识的确定性模型。故障不是作为随机事件来看待。根据应力、材料特性、几何形状、环境条件和使用条件,确定每个故障模式和故障场合的故障前时间。

建立故障物理模型涉及下列内容:

● 识别故障场合和故障机理;

- 构建数学模型;
- 估算某一给定工作和环境剖面以及具体部件特性的可靠性;
- 确定使用寿命;
- 重新设计系统,增加设计寿命;
- 考虑系统的整个寿命周期;
- 考虑实际的应用。

4. 与安全性相关的模型和危险分析之间的综合考虑

在使用与安全性相关的模型时,一个重要的考虑是要充分理解在建立图形或数学模型时所给出的所有假设条件。应考虑下列问题:

- 模型是参照已有的模型或通过试验而建立的吗?
- 采取了哪些步骤?
- 数据是如何收集的?
- 计算准确吗?
- 采用了哪些物理模型?
- 采用了哪些经验模型?
- 采用了什么统计方法?
- 由谁进行试验?
- 试验能反映实际应用吗?
- 在什么地方进行的试验?
- 试验可以复制吗?

如上所述,要考虑可能出现的所有变化情况,如材料质量的差异、污染、制造和工艺或试验偏差、计算用的假设条件以及试验中的误差等。这些情况会带来潜在危险,可能成为诱发因素或贡献因素。如果有问题,就应建立相应的危险场景并采取控制措施,消除或减少这些风险。

5. 实际验证

如果根据建模和试验的假设条件,确认了一项危险控制措施的有效性,那么对其进行验证时就要回答以下问题:实际的现场数据与估计的试验结果进行比较了吗? 利用实际获得的数据和观测结果来验证所有的假设,这仍然是很重要的。很显然,这项工作应尽早进行。由于设计中给定的假设条件,可能存在与维修诊断和监控有关的实际风险。如果实际数据不能与所作的假设充分吻合,系统就可能要被召回,或必须在现场进行改进。设计中的危险控制措施越早得到确认和验证,与安全性相关的风险和费用就越低。

4.6.4　支持维修的危险分析

可以估计到,有数百种与安全性相关的方法和技术可以在保证技术中加以运用。只要有经验的安全性专业人员落实得当,几乎任何一种系统分析技术都可用于系统安全性。这一推断对于维修性和安全性同样适用。下面简要介绍一些可用于维修方面的方法,但并不包括全部。

(1)事故分析。任何事故或事故征候都应进行正式调查,以确定造成这种意外事件的诱发危险和贡献危险。事故是指造成伤害的一系列意外事件,是由形成不利事件流的不安全行为或状态造成的。事故征候是指造成很小或轻微伤害的一系列意外事件。要是造成了伤害,事故征候就成事故了。可以采用很多方法和技术进行调查。应对与维修活动有关的事故或事故征候进行调查。可以向维修人员说明安全的操作程序、安全性工作要求和专门的减少事故的措施。通常可以将过去所发生的事故或事故征候作为有关安全性的座谈、简报和交流会的议题。事故分析是一种事后活动,而危险分析是一种主动工作。在进行情景驱动危险分析时,要假设可能发生的事故。这种分析实质上可以认为是主动的。

(2)动作错误分析。分析员对人与机器之间的交互关系进行评价。通过它来研究在与引导自动功能有关的工作中人为差错的后果。任何一个人与自动过程之间的自动接口都可以评价,如维修人员与设备之间的交互关系。在一项维修工作的寿命周期当中,任何时候都会发生错误。设计错误会带来潜在危险,如与某个护板或连锁有关的设计错误。在一个特定的操作步骤或工作项目内也会发生错误。

(3)障碍分析。运用这种方法时,先要找出可能是危险的非受控的能量流,然后找出或设置能防止这种不需要的能量流损伤设备和/或造成系统损失和/或人员伤亡的障碍。任何系统都是由能量组成的,如果这些能量变得不受控,就会造成事故。对于系统分析、安全性评审和事故分析来说,障碍分析都是一种适当的工具。

进行障碍分析时,还可以对整个系统中的故障或危险扩展情况进行评估,找出能阻止或妨碍不利的事件流的减少事故或控制危险的措施。在示意图、流程图或顺序图中,每一个减少事故或控制危险的措施都可以作为一个障碍而显示出来。

(4)插针弯曲分析。利用这种分析方法可以对因插针弯曲和插头对接不当或对接不上而造成插头短路的后果进行评价。任何插头都有可能发生插针弯曲的情况。插头短路会造成系统故障、工作异常和其他风险。利用插头脚印的示意图,在每个插针上作出输入或输出电功能的标记。假设发生插针与插针之间的短路,对潜在电路进行评估。如果插头的插针分配不当,如果有一个插针意外弯曲,就可能发生单点故障。这种情况会造成灾难性后果。

(5)电缆故障矩阵分析。运用这种方法,对与电缆的设计、敷设、保护和固定有关的任何故障状态的风险进行评价。要是摩擦、蠕动、腐蚀或害虫造成电缆的损伤,就会造成系统故障。电缆设计不正确会造成故障、失效和其他异常,这些都会是危险。分析员要对具体电缆槽中的电缆布局、电缆盘、电缆管道、弯曲、穿越、通道、消防区和危险部位等进行评估。可能需要将特定的与安全性相关的信号、电力输送和高压电源等隔离出来。应保护电缆,避免受到物理损伤。可能还需要考虑系统的冗余要求。需要对电缆槽路的总体布置进行评价。还应考虑其他多重影响,在分析中,应包括火灾、爆炸、战斗、水灾、地震和其他物理损伤的影响。

（6）更改分析。分析员要研究对基线改动的影响。要从系统安全性的角度来评价对系统的任何改动,如新的设备程序、软件升级、小的调整、新的操作、新的工作、新的说明以及手册的修订等。更改会无意地带来潜在的危险。系统中的任何变化几乎都应进行评价。进行更改分析时,可以搭配采用其他的技术,如互查要求、目视检查、建立模型、制作实物样机以及绘制流程图等。

（7）检查单分析。可以用这种方法来与标准进行对照,或以检查单来唤起记忆。分析员利用一个清单来识别各种项目,如要求、危险或使用缺陷等。检查单分析可以用于任何类型的安全性分析、安全性评审、检查、调研或观测。利用检查单,可以形成一个按部就班的系统的过程,可以提供正规的文档、指令和指南。

与标准进行对照的目的是为识别安全性要求提供一个正规的格式。标准对照表列出了与任何系统都可能有关的安全性准则。可以在进行要求互查分析时考虑利用这种方法。对照一个现有的系统,对与安全性相关的要求进行审查。

（8）狭窄空间的安全性评价。运用这种分析技术的目的是对狭窄空间的风险进行系统的研究。任何可能存在危险气体、有毒烟气、煤气或缺氧情况的狭窄部位都有风险。油罐场、储油区、进人孔、变压器室、有限的电气空间和输水管道等,凡是人可以进入从事维护、检查、建设或故障诊断的地方,都应考虑安全性。要采用具体的手段和方法来测试和评价一个狭窄的有毒环境或危险的大气环境。可能需要采取监控装置、报警装置、双人结对制、驱除设备和通风装置等降低危险的措施。

（9）紧急情况分析。这是一种降低紧急情况下的风险的办法。判明可能发生的事故,对应急程序和控制措施的完善程度进行评价。凡是有可能发生伤害的系统、程序、工作或作业,都要进行紧急情况分析。通过分析,列出可能的事故场景以及为减少这种情况而采取的步骤。它是一种很好的正规培训和参考工具。进行紧急情况分析时,可以采用其他的辅助方法,如装扮、仿真、演练、值班、准备状态审查、扮演角色、试运行等。

（10）关键事件法。这项技术依靠从有经验的人那里收集有关危险、几乎要发生的事故以及不安全的状态和做法的信息。它可以用来研究未来的设计方案或现有系统的人机接口,或用于系统的改装和改进。它通过分层随机抽样,从一个给定的总数中,选出参与观测的人员,找出造成潜在或实际发生的事故的不安全行为或不安全状态。要从具体的部门或作业区域挑选观测人员,以便获得有代表性的不同类型的系统的样本。

（11）损伤模式与影响分析。该方法与故障模式影响分析类似,它可以对事故造成的损伤潜力(不是故障潜力)进行评价。通过评价损伤的发展情况和严重度可以消除或控制风险。可以通过设计来减少伤害事件中的损伤,从而降低风险的严重度。可以减少损伤的工程控制措施涉及对异常能量释放的控制。这样的设计实例包括排放压力或爆炸,将动力分流到地面,减少特定设计中的能量要求。

(12)能量分析。从系统安全性的角度评价能量的方法有很多。凡是以任何形式(如机械势能、动能、电能、电离或非电离辐射、化学能和热能)含有、利用或贮存能量的系统,都可以运用这些方法。这些方法可以与障碍分析结合使用。能量跟踪与障碍分析组合了能量分析与障碍分析。通过分析,可以详细了解可能造成或已经造成意外伤害的能量流的来源和性质(见第3章)。

(13)事件原因制图。这种方法利用框图、示意图或模型来描述因果关系。它对于解决复杂情况很有效,因为它提供了一种办法,可以对信息进行整理,概括出有关事件的已知和未知方面,并按顺序详细列出各种功能、事实和活动。可以将很多不同类型的图表、模型和示意图等合在一起使用,如流程图、事件树、鱼骨图或网络图。

(14)事件树。事件树用来模仿由某一触发事件引起的各种事件的顺序。可以用这种工具来对潜在事故顺序进行整理,明确其特征并加以量化。进行分析时,先选定触发事件,其中既有想要的,也有不想要的,然后通过考虑系统或部件的成败可能来确定事件的后果。事件树中的节点可以用概率来表示,这些概率已经根据故障树的输入而确定。

(15)流向分析。这种分析可以对流体或能量有意或无意地从一个部件/单元/分系统/系统向另一个部件/单元/分系统/系统受限或非受限的流动进行评价。该方法适用于所有输送或控制流体或能量流动的系统。

(16)健康危险评估。这种方法用来识别任何系统、分系统、作业、任务或程序中的健康风险。它要考虑各种危险材料或物理介质的例行的、按计划的或非计划的使用和排放。该方法适用于所有运输、装卸、传递、使用或处置危险材料或物理介质的系统。

(17)高空下落危险分析。这种方法用来评价在高空进行作业的风险,这种情况下存在着人或物体从高空坠下的风险。要与可能存在人从高空坠落情况的所有作业和任务一起,对与防止坠落有关的各种控制措施进行评价。

(18)人为差错分析。这种方法可以用来评价人与系统的交互过程中的人机接口和发生错误的可能性,并确定与人为差错有关的危险。在进行这种人的因素评价时,可以运用很多方法。诱发危险和贡献危险都是诸如设计、程序和工作中的差错等不安全行为的结果。人为差错分析适用于对任何与维修活动有关的人机接口的评价。

(19)人的因素分析。有很多技术,它们构成了考虑设计中人的工程问题的整个学科专业。有很多方法和技术来正式和非正式地考虑系统的人机接口问题。人的因素分析适用于所有存在人与系统的接口和与人有关的危险和风险的情况。人被当作一个主要的分系统来考虑。有专门的学科考虑,如人类工程学、生物机械学和人类测量学。

（20）人的可靠性分析。进行人的可靠性分析的目的是对系统使用过程中可能影响人的可靠性的各个方面进行评估。这种分析适用于人机系统的成功需要人的可靠表现的情况。在各种高风险作业中,如武器系统的制造和退役处理、危险材料的装卸和处置、武器投放、核动力和运输等,人的可靠性是很重要的。"双人制"是诸如武器发射、作战行动、医疗程序和处理高能设备等高风险作业中采用的一种管理措施。

（21）工作岗位安全性分析。这是在第二次世界大战前采用的第一种正式的安全性分析技术,用来评价完成一项工作的不同方法,从中选出效率最高、最合适的方法。将每个岗位分解成多个工作项目或步骤,判明每个工作项目或步骤的危险,然后确定控制措施以降低与具体危险相关的风险。工作岗位安全性分析可以用来评价任何工作岗位、工作项目、人的功能或作业。分析结果可以张贴在某个具体的工作站附近,作为一个参考。通过适当的协调和培训,从事具体维修工作的人员可以进行工作岗位安全性分析。不过,由于具体维修工作的多样性,这种分析有点复杂。重要的是,必须让从事这种复杂任务相关活动的人参与分析。

（22）管理失察与风险树（MORT）。运用 MORT 技术对事故进行系统的分析,以便研究和确定有关过程和事故贡献因素的详细信息。这是一种事故调查技术,可以用来分析任何事故。在有些情况下,可以开发一个类似 MORT 的方法,将它作为进行危险分析的检查单或指南。MORT 法要考虑 3 个主要方面:安全性工作的各个要素、对风险的理解以及与被评价系统有关的能量源的控制。评价时,要采用一个具有明确准则的故障树结构。

（23）使用与保障危险分析。进行这种分析是为了识别和评价在系统整个使用过程中涉及的环境、人员、程序和设备等方面的风险。它适用于所有的使用和保障工作。对于一个有经验的分析员来说,这种分析会是相当广泛的,包括考虑任何系统中人的因素。可以从系统的角度,对整个寿命周期内涉及人的因素、人类工程学、毒物学、环境健康和物理应力等方面的风险进行评价。

（24）作业点分析。这种分析评价的是作业点的机械风险,对机器的防护、联锁、断开装置、安全装置、双手控制装置和自动保护设备的完善程度进行评估。在维修过程中,可能会绕过这些安全装置。在一些特定情况下,必须对这些风险进行分析,并需要采取另外的工程控制措施,为维修、机器人教学、编程、调整或重新校准等提供适当的途径。如果机器需要进行维修,就必须在设计时采取工程化的安全措施。例如,应将贮存的能量分流到地面,物理势能源必须处于零能量状态,必须对人员进行适当隔离保护,防止受到无法控制的能量的伤害。

（25）程序分析。这是对具体的程序进行逐步的分析,以识别与程序有关的风险。这种方法是普遍适用的。任何程序都必须从系统安全性的角度进行评价。进行程序分析时，可以运用很多其他相关的辅助性方法，如工作项目分析、链路分析、假设结果分析、情景驱动危险分析、绘制流程图、制作样机、仿真和建模等。

（26）制作样机。这种方法为在系统、项目或产品的早期预生产时进行建模仿真分析提供手段，使开发人员能够对早期的版本进行检查和试验。这种技术适用于预生产和试验的早期阶段。制作系统的样机可以节省费用，并能对潜在的分系统设计方案、交互关系和接口进行评价。这样，就可以及早识别一个复杂系统中的分系统、交互关系和接口方面的风险。

（27）根原因分析。这种方法可以识别造成事故或事故征候的各种原因。它不仅要找出直接原因，而且要找出造成不利结果的根原因。任何事故或事故征候都应进行正式的调查，以确定造成这种意外发生的不利事件的诱发因素和贡献因素。根原因是指启动该不利事件流的那个初始危险。进行根原因分析时，要综合运用各种方法，如事件树、故障树、检查单、能量分析和流分析等。故障树分析被认为是识别根原因的最好工具。卡迪拉克的修理和诊断程序就采用了这种工具，详见第 5 章。

（28）正式和非正式的安全性评审。根据系统复杂度、系统风险以及评估范围的不同，评审可以是由一名经验丰富的分析员进行的非正式评审，也可以是采用专家判断①的委员会正式评审。评审的类型取决于系统的覆盖范围、可用的资源、法规要求和现行的做法[12]。评审结果要有记录并形成文档。对系统、作业、程序或过程进行定期检查，这是确定其安全完整性的重要途径。在发生了某一重大或灾难性事件后或在某一具体的里程碑之前，可以进行安全性评审。

（29）按时间顺序的事件图调查系统（STEP）。这种方法用来定义系统和系统流，分析系统的运行，发现、评估并找到危险，找到并评估能消除或控制风险的方法，监控未来的表现，并对事故进行系统的调查。在事故调查中，通过按时间顺序的事件，可以掌握并确定事故原因的先后顺序。这种方法是普遍适用的。

（30）工作项目分析。这种技术可以用来从系统安全性的角度对人完成的某项工作进行评价，以便识别危险，提出纳入程序的提示、警示和警告，并接受来自使用人员的反馈意见。工作项目分析可以用来评价任何有合理的起点、终点或中间部分的过程或系统。该方法普遍适用于开展具体工作的任何作业。工作项目分析还可以作为制定维修和与安全性相关的培训的学习目标的输入。

（31）试验安全性分析。有很多方法可以用来进行试验安全性分析。如果一个系统存在造成伤害或损伤的风险，就需要进行试验安全性分析和风险评估。与初始系统（危险的）接触的风险应得到识别或控制在可接受的水平。要考虑涉及

---

① 专家判断法可以用来加强定性评估。在情景逻辑、风险参数、模型等方面达成一致。一个真正达成共识的评审是合适的，通过应用组织理论，有一些正式的达成共识的方法。

首次通电、飞行、发动机点火、武器试验、发射、试航或深潜的初始危险接触。试验过程中,可能会发现更多的系统危险,必须将其消除或进行控制,并将获得的安全性方面的经验教训落实到设计当中。可以将试验中获得的经验总结用于改进设计。这种方法适用于新系统的研制,特别是在工程研制阶段。要是试验中会无意带来实时的危险,就还必须进行紧急情况分析和策划。

(32) 现场巡视分析。开展安全巡视分析有很多方法。通常是进行实际的检查或调研,指出不安全行为或不安全状态并加以纠正。任何异常情况、噪声、振动、泄漏、温度升高或物理损伤等,都要注意到并进行调查。还可以采用带性能标准的检查单。对一个安全专业人员来说,这可以称为实时的危险分析。需要注意的是,从事现场巡视分析的人员可能要遇到特定的风险,应对他们进行适当的训练和保护。这种技术是一种系统的分析,应用它来确定与维修有关的意外事件的根原因(或诱发危险)并予以纠正。

(33) 因果分析。这种方法可以等同于情景驱动危险分析,即对潜在的事故进行假设,找出诱发危险、贡献危险和主要危险,这些危险都被认为是不安全行为或状态。分析员对系统发生任何偏差、故障、失灵、失效、错误或异常时可能出现的场景进行假设。一般情况下,要识别与人、硬件、软件和环境有关的危险,另外还要考虑异常的能量事件、交互作用、流动或接口。

4.7　学生项目和论文选题

1. 从你关心的角度提出最好的维修性定义。提出度量或模型。
2. 为某个产品编写维修性规范。
3. 为某个产品编写维修性验证计划。
4. 阐述你采用的设计免维修产品的途径。
5. 开展一项评估维修性对产品寿命周期费用的影响的研究。
6. 阐述如何将故障树分析用于维修性分析。
7. 制定一个维修性设计评审的通用程序。
8. 写出你的维修性试验方法。
9. 论述复杂系统远程维修的优点和缺点。
10. 指出一个具有远程维修能力的具体系统,选择进行危险分析的三种方法并比较分析结果。
11. 选择一个复杂的自动化组装线,识别并评价与维修有关的风险。
12. 假定你要对一个现有的维修设施的安全性进行评价,该设施符合所有有关的法规要求。说明你的情况,为什么还需要进行另外的危险分析。
13. 选择一个包括人、硬件、软件和环境条件的复杂系统,对维修作业进行相应的危险分析和风险评估。

参 考 文 献

[1] Maintainability Prediction, MIL – HDBK – 472, Naval Publications and Forms Center, Philadelphia, 1984.

[2] Electronic Reliability Design Handbook, MIL – HDBK – 338, Naval Publications and Forms Center, Philadelphia, 1988.

[3] C. S. Pillar, Maintainability in Power Plant Design. In: Proceedings of the Sixth Reliability Engineering Conference for Electric Power Industry, American Society for Quality Control, Milwaukee, 1979.

[4] H. Fujiwara, Logic Testing and Design for Testability, MIT Press, Cambridge, MA, 1985.

[5] P. K. Lala, Fault Tolerance and Fault Testable Designs, Prentice – Hall, Englewood Cliffs, NJ, 1985.

[6] Engineering Design Handbook, Pamphlet AMCP 706 – 134, Headquarters, U. S. Army Materiel Command, 1970.

[7] USAF R&M 2000 Process Handbook, SAF/AQ, U. S. Air Foree, Washington, DC, 1987.

[8] MIL – STD – 2165, Testability Program for Electronic Systems and Equipments, 1985.

[9] O. E. Ebeling, Reliability and Maintainability Engineering, McGraw – Hill, New York, 1997.

[10] D. G. Raheja, Assurance Technologies – Principles and Practices, McGraw – Hill, New York, 1991.

[11] W. E. Tarrents, The Measurement of Safety Performance, Garland STPM Press, 1980.

[12] M. Allocco, Consideration of the Psychology of a System Accident and the Use of Fuzzy Logic in the Determination of System Risk Ranking. In: Proceedings of the 19th International System Safety Conference, System Safety Society, September 2001.

补 充 读 物

Arsenault, J. E. , and J. A. Roberts, Reliability and Maintainability of Electronic Systems, Computer Science Press, Potomac, MD, 1980.

Blanchard. B. S. , and E. E. Lowery, Maintainability Engineering, Principles and Practices, McGraw – Hill, New York, 1969.

Patton, J. D. , Maintainability and Maintenance Management, 4th edn. , ISA: Instrumentation Systems and Automation Society, Research Triangle Park, North Carolina.

Goldman, A. S. , and T. B. Slattery, Maintainability, A Major Element of System Effectiveness, John Wiley & Sons, Inc. , Hopoken, NJ, 1967.

MIL – STD – 471A, Maintainability Verification/Demonstration/Evaluation, 27 March 1973. Supreseding MIL – STD – 471.

MIL – STD – 470B, Maintainability Program for Systems and Equipment(current version).

第5章　系统安全性工程

5.1　系统安全性原理

系统安全性定义为利用工程和管理的原理、标准和技术，在使用效能、时间和成本的约束条件下，在系统整个寿命周期内各个阶段，对安全性进行优化[1]。该定义要求不能仅以好的设计为目标，而要以成功的设计为目标。成功的设计能够提前预计未知的问题，及时进行处理，使寿命周期费用减至最少。

通常，试验不是在与现场完全相同的环境条件下进行的，很多人为差错，如飞机上接错导线等，很容易发生。安全专业是预防人身伤亡的，不能等事故报告出来了以后再处理，到那时可能有太多的人死亡！安全专家可以接受的概率是每年每百万人死亡率低于1。因为没有任何科学家或工程师能够利用数据预估出如此低的概率，所以只能共同努力去消除产品存在的危险。在没有大量数据的情况下要预防事故，必须将产品安全性的概念扩展到系统安全性。要理解系统安全性，必须了解系统的定义——"由人员、程序、材料、工具、设备、工厂、环境和软件组成的复合体，无论其复杂程度如何。在完成某一给定的任务或实现某一具体的使命时，在使用或保障环境中，组成复合体的这些元素都会一起用到。"[1]

这一定义在系统安全性中具有特殊的含义，它意味着最重要的是任务安全。它也意味着系统中的所有硬件都应该是兼容的，包括硬件接口，因为硬件接口也有可能引起事故。同样，影响任务安全的所有内部和外部软件也应该是兼容的。人们必须跳出自己产品的范围去保证任务安全。这一概念甚至适用于玩具这样的简单产品。如果某个玩具上有些小零件可能会松动，那么，这个玩具在设计上就是不安全的，制造商不能靠父母来防止小孩吞下零件。因为要预测父母的行为是很不容易的，目标应该是设计出即使父母完全粗心大意，零件都不会被小孩吞下去的玩具。系统安全性就是利用这样的一个方法。

为了保证任务目标的实现，必须定义系统的约束条件。系统安全性的约束是主观的，包括硬件、软件、环境及人这些因素之间的接口。这些因素对任务安全的影响程度，就确定了系统的约束条件。以汽车上的一个电子系统为例，如果机械零件会引起电子系统性能降级，那么，该电子系统的约束条件就应该包括机械系统。例如飞机上被称为发动机状态监控仪（ECM）的预警系统，其任务是在喷气发动机失灵之前报告发动机的状况。系统安全性的任务就是预计尽可能多

的寿命期危险,并通过可靠的设计来控制危险。下列内容可能被考虑作为 ECM 的约束:

1. 与任务配套的硬件

- 可能会测出错误的排气温度、压气机压力、发动机转速、燃油消耗量及运转噪声的传感器;
- 在数据分析时可能失效的计算机;
- 给维护人员打印出错误报告的打印机;
- 可能会显示误导信息的座舱显示装置。

2. 与任务配套的软件

- ECM 计算机中可能存在逻辑错误的分析软件;
- 可能存在编码错误的座舱显示软件;
- 可能给出错误指示的故障隔离软件。

3. 系统中的人员

- 有可能错误理解警告的飞行员;
- 可能没按规程执行的技术人员;
- 在改进软件时可能引入错误的软件工程师;
- 其动作可能导致错误警告的维护人员;
- 可能将传感器装错、将导线接错或将零件装反的制造人员。

4. 系统中的程序

- 可能模棱两可的预防性维修程序;
- 可能没有得到执行的技术状态控制程序;
- 可能不严谨的软件更改程序。

5. 系统中的材料

- 发动机燃油;
- 润滑剂;
- 除冰剂;
- 清洗、维护和修理时用的化学品;
- 客舱里用的除味剂。

6. 系统的环境

- 可能导致某些测量出现错误读数的高海拔高度;
- 可能导致某些仪器准确度和精度下降的冷 – 热交变环境;
- 频繁的着陆,可能导致裂纹产生;
- 振动,可能导致连接松动。

以上只列出了一部分,很容易看出有很多障碍影响系统的性能,因此,也影响安全性。外围辅助设备也不能忽略,它可能引起附加的危险。除非上述各方面的危险都通过设计得到了有效的控制,否则不可能对安全有信心。

例 5.1　以一个有心脏病的小孩为例。父母想监控孩子的呼吸状况,以便他们在必要时能立即采取正确的处置措施。这里的目标就是每天 24h 监控孩子的呼吸状况。通常,父母会将一种能够发出告警声音的医疗设备作为约束条件。如果这种设备真的是约束条件,那它就应当足以安全地完成任务,安全性的分析就仅限于此。但事实上,即使该设备能可靠地工作,任务也是不安全的。系统的约束还应包括一些附加的因素:父母有可能听不到告警声,也可能由于录像机产生的电磁干扰造成告警器没有发声,或电视遥控器可能干扰该设备中软件的运行。这样,约束就延伸到要分析父母的行为方式、房子里用的电子设备以及周围环境,这些都有可能中断设备的工作。甚至小孩也有可能突然拔掉设备的电源。如果父母要到房子外边去,系统的约束中还应包括一个远程告警系统。

5.1.1　系统安全性过程

系统安全性过程是发展到最高层次的风险管理过程。该过程包括以下步骤:

(1)尽可能早地利用危险分析技术识别系统寿命周期内的风险;

(2)研究消除、控制或避免危险的方案;

(3)提供及时的危险解决方案;

(4)执行最好的策略;

(5)通过一个闭环系统来控制危险。

系统安全性不仅是工程设计的一项职责,也是高层管理活动的组成部分。通过管理的参与,可以保证及时地识别和解决危险。因此,系统安全性的一个重要的要求就是必须制度化。MIL – STD – 882B 至 882E 明确定义了管理任务和工程任务,见表 5.1。

表 5.1　MIL – STD – 882 中的管理及工程任务

任务	工作项目	类型	适用度			
			概念阶段	确认阶段	全尺寸工程研发	生产阶段
100	系统安全性大纲	管理	G	G	G	G
101	系统安全性工作计划	管理	G	G	G	G
102	对相关的承包商、转承包商和建筑公司的综合管理	管理	S	S	S	S
103	系统安全性大纲评审	管理	S	S	S	S
104	系统安全性工作组/系统安全性工作组的保障	管理	G	G	G	G
105	危险追踪及风险解决	管理	S	S	S	S
106	试验和评估安全性	管理	G	G	G	G
107	系统安全性进展报告	管理	G	G	G	G
108	系统安全性主管负责人的资格	管理	S	S	S	S
201	初步危险表	工程	G	S	S	N/A
202	初步危险分析	工程	G	G	G	GC

（续）

任务	工作项目	类型	适用度			
			概念阶段	确认阶段	全尺寸工程研发	生产阶段
203	分系统危险分析	工程	N/A	G	G	GC
204	系统危险分析	工程	N/A	G	G	GC
205	使用与保障危险分析	工程	S	G	G	GC
206	职业健康危险评估	工程	G	G	G	GC
207	安全性验证	工程	S	G	G	S
208	培训	管理	N/A	S	S	S
209	安全性评价	管理	S	S	S	S
210	安全性符合有关规定的评价	管理	S	S	S	S
211	技术更改程序及豁免的安全性评审	管理	N/A	G	G	G
212	软件危险分析	工程	S	G	G	GC
213	政府提供的设备/设施的系统安全性分析	工程	S	G	G	G

适用性代码：S—选用；G—普遍适用；GC—只对设计更改适用；N/A—不适用。

任务类型：工程—系统安全性工程；管理—安全性管理

5.1.2 风险评价

风险是事故的严重度及其发生概率的函数。一般来讲，对于复杂设备，采用各种分析方法将会得出几百种危险。没有哪家机构能对所有危险做出反应。危险按等级分类，以便至少能够对灾难性的和严重的事故进行预防。MIL－STD－882 对危险严重度的分类示例为：（Ⅰ）灾难性的——造成死亡或灾难性系统损失；（Ⅱ）严重的——造成严重伤害、严重职业病或主要系统损伤；（Ⅲ）轻度的——造成轻度伤害、轻度职业病或次要系统损伤；（Ⅳ）轻微的——更轻的伤害、职业病或次要系统损伤。概率（可能性）等级的例子见表 5.2。

要决定哪些风险应该列入优先级，应该建立一个决策系统。MIL－STD－882 根据危险严重度和发生概率的不同组合给出了建议指南，见表 5.3。该方法提供了一个好的风险控制结构，但实际上很难执行。在不可接受危险的解决方案中管理的参与非常少。第 12 章将对系统风险进行更详细的讨论。

表 5.2 MIL－STD－882 中的概率等级

说明	等级	发生的频度	
		个体	机队或总量
频繁	A	频繁发生	常常遇到
很可能	B	在寿命周期内会发生若干次	频繁发生
有时	C	在寿命周期内可能有时发生	发生若干次
极少	D	在寿命周期内不易、但有可能发生	不易发生，但有理由预期可能会发生
不可能	E	很不容易发生，以至于可以认为从来没有发生过	不易发生，但存在可能性

表 5.3　MIL – STD – 882 中的危险等级指南

危险与概率的组合	建议的原则
ⅠA、ⅠB、ⅠC、ⅡA、ⅡB、ⅢA	不可接受的危险
ⅠD、ⅡC、ⅡD、ⅢB、ⅢC	不合理的危险(需要高层的管理决策)
ⅠE、ⅡE、ⅢD、ⅢE、ⅣA、ⅣB	可接受,需要管理者审查
ⅣC、ⅣD、ⅣE	可接受,不需要审查

5.1.3　技术风险分析

Ⅰ类、Ⅱ类危险为灾难性的和重要的风险,通常占风险的 80% 以上。但这并不意味着Ⅲ类、Ⅳ类危险可以忽略,而是对其关注程度可以少得多。在决定是否接受由未解决的危险带来的风险时,应该建立一个评估其影响程度的模型。最实用的模型,可以转换为美元表示如下:

$$风险 = F \times S \quad 所有Ⅰ类、Ⅱ类风险相加$$

式中,F 为风险发生的频度;S 为用美元表示的危险严重度。用美元表示的危险严重度可以通过预估风险可能造成的人身伤害和财产损失的价值来计算。常见的错误是,工程师没定义所给出风险频度是一年的还是系统全寿命的。

如果想估计所有的技术风险,那么风险模型就不能只包括危险,还应包括与安全无关的失效。可表示为

$$技术风险 = F \times S$$

对所有严重的和重要的失效或危险求和,无论该失效或危险是否导致事故。

很多文献将风险量化为危险严重度与概率或频度的乘积,但没有说明概率或频度的周期。是 1 年、2 年还是全寿命的? 也没说明什么情况下用概率,什么情况下用频度。概率一词指一次事故,但在全寿命周期内可能会发生多起事故。因此,在考虑全寿命周期的风险时,应该用频度。频度与概率的关系为

$$F = PNn$$

式中,P 为一个周期内的事故概率;N 为部件的数量;n 为预期寿命内的周期数。

5.1.4　残余风险

如果某些风险是无法控制的,并且通过管理不能或不想控制它们,那就必须接受这些风险。至少可以有下列选择:

(1) 不让产品上市以避免风险;

(2) 将风险转嫁给承包商或保险公司,并事先支付所需费用;

(3) 接受风险并顺其自然,这是最不理想的办法,但也是最常见的办法;

(4) 通过采用其他技术或不同的程序来预防风险;

(5) 通过减少高优先级的危险来控制风险。

关于风险管理的进一步讨论参见第 1 章和第 12 章。

5.1.5　应急预案

管理必须确保产品固有的安全特性,并且没有使用风险。可以通过进行演练来验证,见第 8 章,也可以通过对所有风险的闭环报告和纠正系统制度化来验证。应急预案的一个主要任务是制定一个完善计划:邻近医院,医生自动反应,快速出动消防队。使用人员必须报告所有尚未引起、但有可能引起事故的"事故征候"。这被称为事故征候分析,详见第 4 章。

5.2　设计阶段的系统安全性

系统安全性工程是应用科学和工程原理、准则和方法的过程,其目的是研制出对部件失效和人为差错不敏感的产品。要实现健壮的设计,了解潜在的事故原因(诱发因素和贡献因素)很重要。

危险要导致灾难,必须有其他的事件发生,这称为诱发事件或诱发因素。如果防止了危险或诱发事件,就防止了事故,如图 5.1 所示。危险和诱发事件的例子如下:

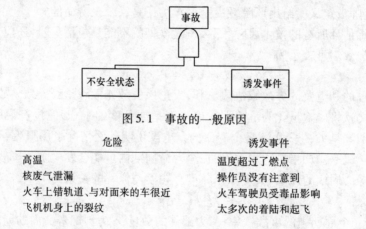

图 5.1　事故的一般原因

危险	诱发事件
高温	温度超过了燃点
核废气泄漏	操作员没有注意到
火车上错轨道、与对面来的车很近	火车驾驶员受毒品影响
飞机机身上的裂纹	太多次的着陆和起飞

5.2.1　安全设计准则

至少达到如下四个目标才算安全的设计:

(1)使正常使用中的危险最小化。有一些含糊的区域,例如,一辆汽车被在红绿灯处没能停住的另一辆车撞击,突然爆炸起火,那么这辆车本身就是危险的。有些人可能争论说这起事故是由于人为差错引起的、产品对事故无贡献。但陪审团可能不会同意,也许会裁决说这样的撞车事故是正常的事件,在正常使用中汽车不应该起火。

(2)使危险的可能性最小化。换句话说,就是使事故发生的频度最小化。这可以通过设计高可靠性的产品来实现。

（3）采用最新技术尽可能地减小风险。在第 1 个目标的例子中，在油箱和驾驶员之间装一块钢板就能防止爆炸发生。

（4）使寿命周期费用最低。假设每辆车上的一块钢板为 11 美元，如果生产几百万辆车，总的费用将达到几千万美元。如果成本是限制死的，就应该估计一下增加一块像"莱克桑"那样的硬塑料板或在油箱里增加塑料衬里的成本。寿命周期费用分析（第 4 章）表明，对二选一的方案来说，昂贵的设计更改通常会带来较低的全寿命费用。对挽救了几百万个生命的 X 射线机或核磁共振机那样的社会所需产品，应该进行费效分析。对像汽车这样的特殊用途产品，无论成本大小，都必须是安全的。没有不安全的汽车，社会照样发展。

注意： 安全性决策不仅仅基于寿命周期费用最低这一项，应该基于以上所有四个目标。

例 5.2　以下每个设计方案的效费比是多少？防止汽车发生爆炸事故的数据如上所述。

方案 1：安装一块钢板：成本为 14 美元，将防止所有的爆炸事故。

方案 2：安装一块"莱克桑"塑料板：成本 4 美元，将防止 95% 的爆炸事故。

方案 3：在油箱里安装一个塑料衬里：成本 2 美元，将防止 85% 的爆炸事故。

下列数据适用于目前的设计：

已经出厂的汽车可能造成的死亡人数：180

每死一人的预计费用：500000 美元

预计发生人员受伤（非致命的）的次数：200

每次人员受伤的费用：70000 美元

预计发生车辆损坏（没有人员受伤）的次数：3000

修理一辆车的费用：1200 美元

已经出厂的车辆：6000000

解： 每个方案的费用为执行更改所需的成本。效益则根据所挽救的生命以及所避免的人员受伤和车辆损坏来计算。

方案 1：

费用 $= \$14 \times 6000000 = \$84000000$

效益 =（挽救 180 条生命）×（$\$500000$）+（防止 200 次人员受伤）×

　　　（$\$70000$）+（防止 3000 次车辆损伤）×（$\$1200$）

　　= $\$107600000$

效益/费用比 $= \dfrac{\$107600000}{\$84000000} = 1.2809$

方案 2：

费用 $= \$4 \times 6000000 = \$24000000$

效益 =（防止了 95% 的事故）×[（挽救 180 条生命）×（$\$500000$）+

$$（防止 200 次人员受伤）×（\$70000）+（防止 3000 次车辆损伤）×$$

$$（\$1200）]$$

$$= 0.95 × \$107600000 = \$102220000$$

$$效益/费用比 = \frac{\$102220000}{\$24000000} = 4.2592$$

方案 3：

$$费用 = \$2 × 6000000 = \$12000000$$

$$效益 =（防止了 85\% 的事故）×[（挽救 180 条生命）×（\$500000）+$$

$$（防止 200 次人员受伤）×（\$70000）+（防止 3000 次车辆损伤）×$$

$$（\$1200）]$$

$$= 0.85 × \$107600000 = \$91460000$$

$$效益/费用比 = \frac{\$91460000}{\$12000000} = 7.6217$$

方案 3 的效费比最高。但正如前面提到的,决策不能仅基于寿命周期费用这一项。从道德的观点出发,方案 1 最好。实际上方案 3 有隐含的费用,这里没有考虑到,如失去未来的顾客等。但这一方案总比不采取任何措施要好。

5.2.2 安全性工程任务

随着设计不断深入,可以采用几项分析方法。典型的任务如图 5.2 所示。重要的是要认识到,应尽可能多地根据并行工程的原理完成各项任务,这就保证了系统安全性与减小费用和确保进度相一致。安全性必须始终有经济意识。因此,危险分析技术形成了系统安全性方法论的核心。这些技术允许设计师在所需费用最低的时候很早就进行工程更改。

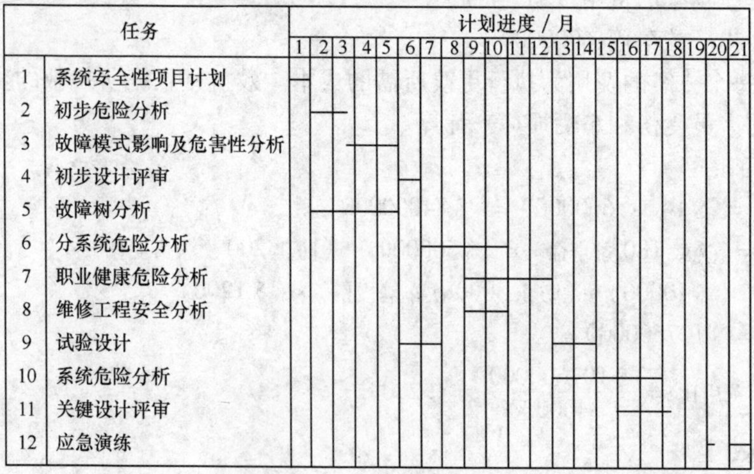

图 5.2 安全工程任务图

5.2.3　初步危险分析

初步危险分析(PHA)在方案阶段完成,以便在设计初期进行权衡时就考虑安全性。其目的是对方案进行初步的风险评估,以保证方案的框架是可靠的。如果到后来必须修改方案,就浪费了时间和金钱。而且,有可能太晚了,无法修改方案。很多分析员发现很难将危险概念化,而系统化的过程可以使之变得更加容易。分析的深度通常取决于目标和事故的严重度。初步危险分析的目标是识别危险和初步的风险。最少必须将妨碍任务目标的危险识别出来。这些危险不仅仅限于硬件和系统级,包括:

- 硬件危险;
- 软件危险;
- 程序危险;
- 人的因素;
- 环境危险(包括健康危险);
- 接口危险。

初步危险分析的过程可以以一个化工厂为例进行说明(图5.3)。例子中的化工厂将一种化学品贮存在地下贮存罐里,从地下贮存罐向另外一个单元贮存罐输送每天所需的化学品。人如果接触到这种化学品则会致死。另外,此化学品还会自动发生反应而导致爆炸;如果与湿气或水接触,也会发生强烈反应。化工厂包含有安全性因素。温度传感器和库存量传感器分别监控化学品的热量和数量。压力传感器是一种预防手段,当压力过高时,压力释放装置就会排出少量气体,气体被送到一个净化器里进行中和。另外还有一个燃烧装置,可以将泄漏出来的气体的大部分燃烧掉。

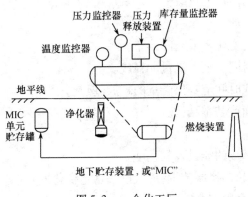

图 5.3　一个化工厂

初步危险分析基本上是一种头脑风暴技术,但是,一些有组织的方法能帮助这一过程的开始。一些系统级的问题包括：

方法 A：系统工程法

- 有没有任何硬件危险？
- 有没有任何软件危险？
- 有没有人的因素诱发的危险？
- 有没有与程序相关的危险？
- 有没有诸如噪声、辐射或污染这样对公共环境的危险？
- 有没有来自已有环境的危险？
- 有没有明显的来自已有的软件、硬件和人的接口危险？
- 有没有由于激光、推进剂和燃料等材料造成的危险？

方法 B：控制能量

根据方法 B，如果系统内的某些能量被控制住了，就不会发生事故。在图 5.3 所示的化工厂里，可能有以下能量：

- 化学能：化学反应太多，贮存罐的材料、罐内的潮湿、管子的腐蚀和泄漏的气体之间的化学反应；
- 热能：罐子里的高温，罐子外的高温；
- 压能：罐子里的高压，管子里的高压；
- 机械力：管子的振动，罐子的振动；
- 电能：控制板上的电缆里的高电压。

一旦识别出这些能量，可以采用下面的清单。这个清单是由 William Haddon 博士[2]提出的 10 点顺序试验法：

（1）防止在关键部位出现能量的堆积。

（2）减少堆积的能量的量级。

（3）防止能量释放。

（4）改变能量的变化率或空间分布。

（5）在空间或时间上隔离能量的释放。

（6）不在空间或时间上隔离能量的释放，但是，中间放置一种隔离材料。

（7）改变接触面或基本结构。

（8）加强结构。

（9）迅速探测释放的能量及其强度。

（10）如果能量超出控制范围，那就设法稳定变化的状态。

方法 C：探究寿命周期各阶段

该方法对产品寿命周期内可能的危险进行系统的预测。在寿命周期内的每个阶段，尽可能对每个危险进行评估和控制。

- 设计:目前的设计中有无危险? 有没有设计错误需要考虑?
- 制造:如果产品按设计的制造,是否会有危险? 会不会有制造错误而导致危险的产生?
- 试验:在对产品进行试验时是否存在任何危险? 在试验阶段是否会产生新的危险?
- 贮存:计划的产品贮存方法是否有危险? 在贮存时是否会有人犯错误而导致不安全的情况?
- 装卸和运输:如果产品按计划的方式装卸和运输,会有什么危险? 如果有人不按规定程序办,会引入什么危险?
- 操作和使用:如果按规定使用,会有什么危险? 如果有人错误地使用或以与规定不同的方式使用,会引入什么危险?
- 修理和维护:在正常的修理和维护时,会有什么危险? 是否会因为有人为差错而引入危险?
- 紧急情况:在紧急关断一个正在运行的系统的情况下,会不会有危险? 是否有人会因为异常的工作压力而犯错误?
- 废弃处置:如果按规定对产品进行处置,会不会有危险? 是否会有人采取其他的处置程序而引入危险?

图 5.4 给出了初步危险分析样式的一个例子。应该注意的是,在初步危险分析阶段,主要的设计改进是可以完成和应该完成的。这些改进列在了所有危险分析的最后一列。在图 5.4 所示的初步危险分析中,设计更改是整个设计思想必须改变。原来的设计是一个串型结构(见第 3 章),而改进后的设计是一个有冗余的容错结构。

初步危险分析					
危险	原因	影响	危险等级	建议	最终措施
1. 温度太高	测量装置失灵	气体泄漏	I	给贮存罐设置冷却套或为测量装置提供冗余	设置冷却套
2. 库存太多	传感器失灵	爆炸	I	安装备份传感器	安装自动控制的备份传感器
3. 通过管接头发生泄漏	振动,腐蚀	气体泄漏	I	安装不锈钢管	安装带柔性接头的不锈钢管

图 5.4　图 5.3 所示化工厂的初步危险分析矩阵

对系统级失效的故障树分析(在本章后面解释)也能帮助识别潜在的危险。其他的方法还有因果图(第 6 章)、设计评审和仿真。

危险控制准则:图 5.5 给出了控制潜在危险的设计准则,适合于所有的危险分

析。以先后顺序给出,并概括如下:

(1) 通过设计消除危险(或风险)。如果有的危险无法消除,就将它的残余风险最小化。

(2) 通过采用安全装置或容错特性来设计一个故障安全缺省模式。

(3) 通过测量装置、软件或其他方式来提供提前告警。告警应该是清晰的,能吸引有责任的操作员的注意力。

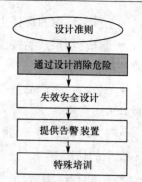

图 5.5　系统安全性设计准则

(4) 如果上述方法仍然无法消除危险,则执行特殊程序,并进行培训。

5.2.4　分系统危险分析

在分系统危险分析(SSHA)这一重要领域,文献很少,重点强调的是 SSHA 的重要性,但很少阐述如何实施。SSHA 是 PHA 向细节的延伸。对于不太复杂的设备,没有必要将系统分解为分系统,可以简单地称为危险分析。SSHA 是基于"一个事故是由很多事件(危险和诱发事件)导致的结果,只要这些事件可以预防,事故就可以预防"这一前提的。如果这些事件可以预防,就可通过故障树分析来减少造成事故的诱发因素和贡献因素的数量。

为完成分系统危险分析,将整个系统分解为若干分系统。通常分系统本身也足够复杂,必须当作系统对待。以一个公交地铁系统为例,系统的任务是在地下安全地运送公众。分系统可定义如下:

- 列车;
- 车站建筑,包括升降梯和电梯;
- 通道和地下系统;
- 中央控制间;
- 轨道和控制系统;
- 老年人和残疾人专用设施;
- 通信系统;
- 收费系统。

对于每个分系统,必须单独进行分析,必须分析分系统的每个部件或单元。图 5.6 给出了一辆汽车的燃油控制分系统的各个单元。这个分系统的分系统危险分析见图 5.7。首先应该看一下材料清单,以决定分析什么。很容易遗漏像粘结剂、润滑剂和电缆等重要部件;高压电缆会导致动物和农作物畸形,而粘结剂是有毒的。每个单元的分析步骤如下:

(1) 识别危险和风险;

(2) 识别诱发因素和贡献因素;

（3）划分严重度；

（4）识别潜在的事故顺序。

根据风险的严重度来确定纠正措施。对于Ⅰ类和Ⅱ类风险,通过改进设计来减轻风险。检查、试验、告警和特殊程序等办法是不能接受的,除非你愿意承担此风险。如果设计改进效果不明显,就必须进行故障树分析(见 5.2.5 节)或与之等效的工作,以判断为什么不能改进设计。在很多情况下,故障树分析能减小风险出现的可能性,或提供一个彻底的解决方案。

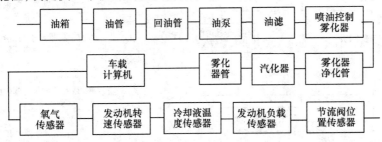

图 5.6　燃油控制系统的单元

分系统:燃油控制 系统:"×"车辆		分系统危险分析			日期:_____　第__页共__页 分析人:_____	
件名/件号	危险说明	事故(诱发事件)	危害性等级	建议控制措施		改进后的危害性等级
油箱	油箱开裂	油箱内外的压差	Ⅰ B	证明油箱在 20 年内能承受开裂力,采用延伸性材料		Ⅰ
	油箱密封失效	各种火焰或火星	Ⅰ B	提供双倍密封		Ⅰ C
油泵	起火	附近有火星	Ⅱ A	将油泵装在油箱内		Ⅱ E
油管	开裂	腐蚀将管子穿透	Ⅱ C	采用不锈钢管或防腐材料		Ⅱ E
油滤	产生高压	油滤脏了或阻塞	Ⅰ C	设计压力释放装置,另外,设计两倍寿命的油滤		Ⅰ C
汽化器	油箱泄漏	车辆翻转	Ⅱ D	采用电子燃油注入		Ⅲ D

图 5.7　分系统危险分析

5.2.5　故障树分析

故障树分析(FTA)是一个推理过程,在风险尚未解决时,特别适用于Ⅰ类和Ⅱ类风险的分析。如果风险能通过设计解决,故障树分析就可能没有必要了。目的是识别诱发因素和贡献因素,以便努力去尽可能多地消除这些诱因。

FTA 也可以用于分析各种问题：技术方面的、管理方面的或行政方面的，可以用于制造过程控制、人的因素和软件故障。通过系统级的 FTA 能识别很多风险。

FTA 是一个因果图，所用的标准符号是"民兵导弹"项目研发的。也称为根因分析。图 5.8 是一个故障树分析的样本，常用符号的定义见图 5.9。

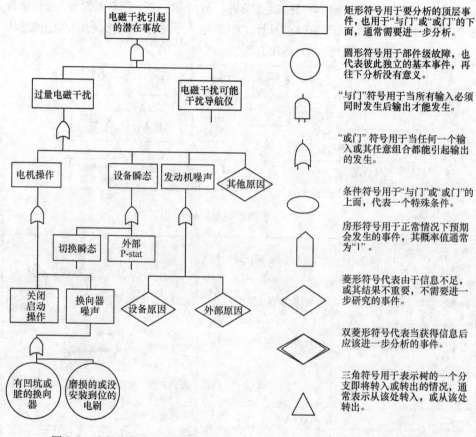

矩形符号用于要分析的顶层事件，也用于"与门"或"或门"的下面，通常需要进一步分析。

圆形符号用于部件级故障，也代表彼此独立的基本事件，再往下分析没有意义。

"与门"符号用于当所有输入必须同时发生后输出才能发生。

"或门"符号用于当任何一个输入或其任意组合都能引起输出的发生。

条件符号用于"与门"或"或门"的上面，代表一个特殊条件。

房形符号用于正常情况下预期会发生的事件，其概率值通常为"1"。

菱形符号代表由于信息不足，或其结果不重要，不需要进一步研究的事件。

双菱形符号代表当获得信息后应该进一步分析的事件。

三角符号用于表示树的一个分支即将转入或转出的情况，通常表示从该处转入，或从该处转出。

图 5.8 飞机上的电磁干扰故障树   图 5.9   通用的故障树符号

构建图 5.8 的故障树从一个逻辑问题开始：电磁干扰（EMI）是如何引起事故的？有一名工程师记得，一个事故通常是很多诱发事件和贡献因素共同作用的结果，于是他构建了 FTA 的第 2 级。这里危险是"过量电磁干扰"，而诱发事件是"电磁干扰可能干扰导航仪"。"与门"表示这两个事件必须同时发生才能发生事故。

"过量电磁干扰"分支在"或门"下有四个因素。这四个因素中的任意一个（电机操作、设备不稳定、发电机噪声、其他原因（从属故障）），或其任意组合，都会产生"过量电磁干扰"。对每个事件的原因分析过程一直进行下去，直至再往下分析没有任何意义了。在硬件故障树中，当失效（或危险）的原因被追溯到元器件失效时，分析就可以停止了，并用圆形表示。与之相似，当根因被认定是人的因素或软件细节时，也可以用圆形表示。

一个故障树一般在一页纸上放不下。三角符号用于表示树的一部分在别的地方,那一部分的位置在三角符号里示出。三角符号也用于在几个地方重复出现的分支。

1. 识别故障树里的原因(不利事件)

从概念上讲,必须掌握构造故障树的系统方法。下面所列的 8 个基本因素可以为找到原因提供线索:

(1)任何设备故障是否会对结果有贡献?

(2)任何材料缺陷是否会对结果有贡献?

(3)人为差错是否会对结果有贡献?

(4)方法和程序是否会对结果有贡献?

(5)软件性能有问题吗?

(6)维护差错或缺乏维护是否会对结果有贡献?

(7)测量装置不准确或失灵是否会对结果有贡献?

(8)化学品、粉尘、振动、冲击和温度之类的环境因素是否会对结果有贡献?

2. 计算事故的概率或可能性

如果故障树包含对元件或事件的概率估计,那么,从故障树的底层开始,利用"与门"和"或门"的两个基本规则,就可以计算事故的概率。

(1)乘法规则:在"与门"(图 5.9)中,两个事件或多个事件同时发生才能引起输出结果发生,将输入事件的概率相乘就可计算出输出结果的概率:

$$P(输出) = P(1) \times P(2) \times P(3) \times \cdots \times P(N)$$

本规则假设输入的概率是彼此独立的。例如,汽车的汽化器和散热器的失效是彼此独立的,因为一个失效不会影响另一个。如果一个元件的失效是由另一个元件的失效引起的,它的失效概率就不是独立的,那就必须根据它们的关系重新写一个公式。参考文献[3]中包括这方面内容。但大多数故障树在统计方面是独立的。这类公式很少用。

(2)加法规则:对于"或门"来讲,任何一个输入都能引起输出结果的发生,概率计算要看这些事件是彼此不包含,还是彼此包含。如果彼此不包含(如果一个事件发生,另一个事件不会同时发生),例如高气压和低气压,概率就是简单的相加:

$$P(输出) = P(1) + P(2) + P(3) + \cdots + P(N)$$

如果这些事件可以同时发生(彼此之间相互包含,例如高温和高气压),那么

$$P(输出) = 1 - \{[1 - P(1)][1 - P(2)][1 - P(3)]\cdots[1 - P(N)]\}$$

如果概率值很小(小于 0.001),就可以像彼此不包含的情况那样将它们相加,结果非常接近。因为故障树中的概率很低,大多数专业人员就不区分它们是彼此包含还是不包含了。

故障树是用来证明设计安全的理想工具。如果一个事故场景的故障树的顶部是"或门",那就拒绝该设计,要么分析有问题,要么设计受制于单点失效。

5.2.6 割集分析

故障树有很多用途,用途之一就是识别设计的薄弱环节及其强度。某单一事件或元件如果能引起系统失效,那它就是系统里潜在的薄弱环节。割集分析这一工具可以帮助识别所有的单点失效以及导致失效的其他路径。

割集是能引起系统失效的基本事件的一个集合。对硬件系统,就是指能引起系统失效的元件失效的一个集合。割集如果不能再减少了,但仍能引起系统失效,就称为最小割集。Barlow 和 Proschan[4] 提出了一个将割集减到最小割集的算法,在几个商用计算机程序里能找到。

该算法在图 5.10 中给出。G0,G1,G2,…,GN 是门,数字 1,2,…,N 代表其他基本事件。算法从顶事件 G0 开始,该门的元素(G1,G2)由"或门"连接,并分别放入图中矩阵的两行中(如果两个元素通过"与门"连接,那就放入同一行中)。以此方式将所有的门放入矩阵中,一个不能剩下,这样就完成了分析,分析结果给出了所有可能的割集。一步一步地进行。

图 5.10 中的矩阵有 8 步。第 1 步将门 G0 用 G1 和 G2 代替,并放入不同行中,如前所述,因为它们由"或门"连接。第 2 步,G1 用 G3,G4,G5 和 4 代替(门 G2 还没被代替)。第 3 步,G3 用 G6,G7 代替(其他元素不动)。第 4 步,G6 用放入同一行的元素 11 和 12 代替,因为它们通过"与门"连接(其他元素不动)。这样一直分析下去,直到第 8 步就没有门剩下了。每一行就是一个割集。在本例中,因为每个基本事件在其他割集里都没有重复出现,所以每一行都是最小割集。事件(或元素)3、7、8、9、10 和 4 是单点失效,能独立引起系统失效。设计者应该考虑采取冗余设计或故障安全设计。

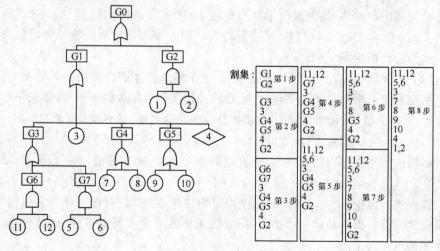

图 5.10 割集分析

一个类似的方法称为最小路径分析,是本分析的延伸。路径集是一组元件(或事件)集,它正常工作时能保证系统正常工作。当路径不能进一步减少时,路径就成为最小路径。该过程是将故障树中的"或门"改为"与门","与门"改为"或门",并使用割集算法。最后一步的每一行就是一个路径。这些路径中的任何一个正常工作,系统就会正常工作。这种分析的例子见文献[4]。

5.2.7 故障模式、影响及危害性分析

故障模式、影响及危害性分析(FMECA)评估元件失效的影响,通常由可靠性工程师完成(详见第 3 章),但这是不够的。对于系统安全性来讲,FMECA 首先应该分析系统功能的失效,这可导致系统规范的很多修改,结果是,要对很多元件的设计进行修改。对于安全性关键的元件,安全余度至少应该是 3[①]。只有完成了这些修改之后,进行元件级的 FMECA 才有意义。但是,安全性工程师、可靠性工程师和设计工程师一起工作效率才更高。可靠性工程师可能不会密切关注安全性关键的故障模式,当出现冗余设计时,他们通常不认为某个失效是关键的,而安全性工程师可能仍然将这一失效看作一种危险的情况。例如,如果飞机上的某个设备电路板有一套余度,那么,其中一个电路板失效就不是关键的。但如果失效的电路板没有检测出来并立即替换,另一个电路板的失效可能是灾难性的。在这种情况下,安全性工程师必须确保立即进行修理工作。评估失效的后果需要进行专门的训练。很多可靠性工程师并不进行更深层次的研究。例如,如果火车站传送带的电机坏了,可靠性工程师可能不会将传送带的停止与风险联系起来,但安全性工程师就知道这可能引起事故。如果传送带突然停止,人们可能会一起摔倒。好的设计应该让传送带滑行后停止。安全性工程师至少应该让可靠性工程师完成 FME-CA,然后独立评审失效的影响。

5.2.8 维修工程安全性分析

维修工程安全性分析(MESA)首先应该在设计阶段进行,虽然有些人可能会说,在系统造好之前,维修程序尚不清楚。如果等到系统安装好了,那就晚了。要想防止维修危险,在系统设计时就应该考虑。

可以采用下面的方法来克服没有维修程序所带来的困难。在维修过类似系统的有经验的维修人员帮助下,起草一个可能的维修程序。通常,至少 80% 的任务应该相似。人为差错率预估技术(THERP)[5]补充提供了这方面的知识。它根据操作过和维修过类似系统的人员的观点进行维修安全性分析。当完成详细设计后,应该对分析进行更新。开始分析的最佳时机是在初步设计通过后,但必须在详

---

① 进一步的讨论见 D. Raheja. There Is a Lot More to Reliability than Reliability,SAEWorld Congress paper,2005.

细设计评审之前完成,这是进行设计更改的最后机会。

MESA 包括按照逻辑任务编写维修程序,然后将每个任务当作危险分析的元素。举例说明,一个高压变压器的预防性维修程序按顺序包括三个任务。

任务 1:关掉电源。

任务 2:用测量杆(一个金属棒)检查油位。

任务 3:取油样进行化学分析。

在任务 1 中,可能有以下危险:

- 技术员可能认为电源已经关掉了,但实际上由于反馈环路,它还开着。
- 电源可能是关掉了,但还有残余的高压。
- 有人可能在总闸处将电源打开了。

任务 2 的危险包括:

- 如果电源突然打开,技术员可能通过金属棒而触电死亡。
- 与变压器油液接触可能导致中毒。

分析见图 5.11。有趣的是任务 2 的设计改进,为防止接触到高电压,建议使用一种可视的测量表(代替测量杆),这样油位可以在远处观察。这一措施也防止了任务 1 的事故,因为不需要关掉电源了。油样可以通过一个绝缘的管子取,不需要关掉电源。图 5.12 是美国海军提出的一个表格[3]。

规程名称:变压器预防性维修系 统:电源分配		维修工程安全分析		日期:89.03.16 第1 页共25 页分析人:John Doe		
任务号	任务描述	危险	危险的原因	等级	建议控制措施	改进后的等级
001	关掉电源	电源可能没有关掉	有人可能突然打开开关或电路失灵	ⅠC	在设备内部设置主动断开开关	危险不再存在了
002	用测量杆检查油位	通过金属棒传导的高压电击	同任务 001	ⅠC	提供一种可视测量表,就不需要此任务了(注意:任务 001 也不需要了)	危险不再存在了
003	取油样进行化学分析	由于电源突然打开而触电死亡	油导电	ⅠC	提供一种可显示污染的可视测量表;或提供一个绝缘的管子,取样时不需要关掉电源	危险不再存在了

图 5.11　简单的维修工程安全性分析

系统:地面导弹 分系统:_____			维修危险分析 （LIHA）		分析人:_____　第__页共__页 维修等级:_____　日期:_____	
设备	维修 类别	维修的 作用	危险	危险 等级	安全特性或建议	评价/建议
1	2	3	4	5	6	7
连续波发射机	改进维修	拆除并替换高压电源	接触高压电源将激活安全锁、释放高压。 维修中出现的短路通过旁路激活了安全锁,产生一严重的人身危险	IV	舱内安全互锁装置设计不够,在保险短路器模式工作时能够被旁路。需要时,应当有主动方法确保没有电压	在舱内设置断开开关,防止维修时包括短路器在内的所有电能。也可考虑采用保持继电器电路
发射器	预防性维修和改进维修	在发射器上和其附近完成的所有维修工作	在发射器内或其附近工作的人员容易受到远程遥控训练和竖起时发射器尾烟的伤害	III IV	不在警戒状态时应有足够的锁销。 在发射器上安装警报装置以提醒人们离开。 通过电话发出有力的声响以提醒注意安全	应当提供发射器训练范围,给出危险区域。 参见舰船安装规范

图 5.12　美国海军的维修危险分析实例

5.2.9　事件树

事件树是故障树的补充,它追溯意外事故的影响,导出各种可能的结果,进行应急训练需要这些信息。在大系统中,必须定期模拟演练事故,以检查人们是否知道应急情况下和发生灾难时应该怎么处置,这是检查疏散计划是否真的有效的最好机会。这样的训练能暴露出系统中很多可能导致伤亡的薄弱环节。

构建事件树的程序是分别从正反两个方面来看一件事件。例如,图 5.13 的树说明,报警器也可能工作正常,也可能工作不正常。如果工作正常,就不会造成损害。如果工作不正常,那么还有一次人工检测的机会;人可能检测到泄漏,也可能检测不到。分析过程一直进行下去,直到所有的结果都考虑到了。事件树也可用于估计每种结果的概率,因为事件的顺序是已知的。

5.2.10　使用与保障危险分析

使用与保障危险分析(O&SHA)用于操作程序和保障功能(使用与保障危险分析的更多资料见第 4 章),诸如:

- 产品;

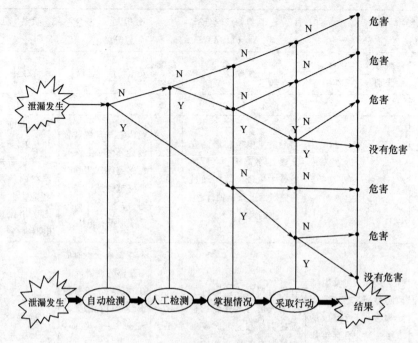

图 5.13　一个气体泄漏的事件树

- 试验；
- 部署；
- 装卸；
- 保养；
- 贮存；
- 改进；
- 去军用化；
- 处置；
- 应急行动。

该方法需要通过类似维修工程安全性分析(MESA)的程序识别各种活动。维修活动也可包含在本分析中。由于维修活动通常太多,一般单独进行维修工程安全性分析。

本分析的输入来自前面所述的分析,其中已经识别了很多使用危险。其他有帮助的输入还包括样机试验、模拟安装、应急程序以及走访那些使用与维修人员。

分析内容应当包括[1]：

- 在危险条件下发生的活动、活动的时间周期以及使风险最小化所需的措施。
- 根据功能或设计需要,对系统硬件/软件、设施、工具或保障/检测设备进行

144

改进,以消除危险或降低相关的风险。

- 安全装置和设备,包括人员安全和生活保障设备的要求。
- 告警、提示、专用应急程序(例如出口、营救、撤销)。
- 危险物质装卸、贮存、运输、维护和处置要求。
- 安全训练和人员资格要求。

分析结果给出了可能发生危险的薄弱环节和关键任务。这些任务可以用黑体突出,在流程图中可以用黑实线框表示与安全性相关的活动,用虚线框表示与安全无关的活动。类似地,黑箭头可以用来代表必须遵守的某个顺序。使用危险分析报告的格式见图 5.14。

分系统(1)＿＿＿＿＿

使用安全矩阵　　　　　　　　　　　　　　　　活动(2)＿＿＿＿＿

系统安全性工程分析

使用、保障、维修项目编号(3)	任务描述(4)	危险因素(5)	潜在事故(6)	影响(7)	危险等级(8)	安全要求(9)	程序指南(10)

准备人＿＿＿＿＿＿＿＿＿＿＿＿

日期＿＿＿＿发布＿＿＿修订＿＿＿

图 5.14　使用与保障危险分析

5.2.11　职业健康危险评估

职业健康危险评估(OHHA)识别健康危险,以便进行工程控制,而不是采取短期措施或完全靠人员本身去防护。要考虑的内容包括:

- 有毒物质,如毒品、致癌物质和呼吸刺激物;
- 自然环境,如噪声、热和辐射;
- 爆炸危险,如细小的金属颗粒、气体混合物和可燃物的聚集;
- 足够的防护装备,如护目镜和防护服;
- 设施环境条件,如通风和可燃物质;
- 机器防护罩和保护装置。

5.2.12　潜在电路分析

一个复杂的产品通常由多名设计工程师分几部分设计完成。很容易忽略一些路径和条件,特别是电子产品和软件。潜在电路分析(SCA)技术由波音公司于 1967 年标准化,这是波音公司在"民兵"导弹项目[4]上的工作结果。这需要大量工作,应该有选择地使用。

潜在电路是系统中抑制所期望的情况发生或引起不希望的情况发生的潜在路径或条件。这种情况甚至在机械系统中也有。这不是某个元件失效的结果,也不是电磁干扰产生的问题。这主要是因为缺乏对所有细节的了解。分析方法包括从详细的制造图纸、安装图纸和工程图纸中识别和分析拓扑模型。在计算机程序的帮助下建立网络树。图 5.15 中所示的 5 个基本图形是脆弱的,其中 H 图形是最脆弱的,在其中能找到大约 50% 的潜在情况。设计工程师应避免 H 图形。分析包括询问与每个图形相关的问题。例如:

- 当需要负载时开关能打开吗?
- 当不需要负载时开关能关闭吗?
- 当需要同步时时钟会不同步吗?
- 标签是否给出了真实情况?是否有其他预期发生的情况在标签中没有给出?
- 电流是否会沿错误方向流动?
- 继电器是否会在某种情况下提前打开?
- 会不会由于接口电路的能量积蓄而导致电源在错误的时间断开?
- 会不会由于接口电路而使电路失去地线。

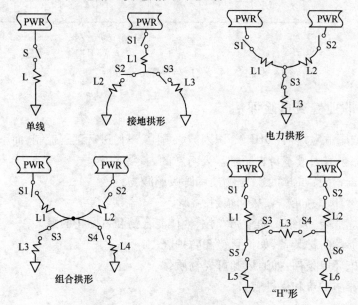

图 5.15　潜在电路分析的拓扑模型

Clardy[6] 指出,潜在情况可以分为四大类:

(1) 潜在电路:允许电流或能量沿着可疑的路径或不期望的方向流动。

(2) 潜在定时:在未预料的时刻或不期望的时刻引起功能抑制或出现。

(3) 潜在标志:在开关或控制装置上,引起操作员采取不正确的措施。

146

（4）潜在指示：引起模糊或不正确的显示。

因为波音公司的软件是有产权的，一些公司与波音签订了合同。有一些公司自己研发了软件，有些进行了不太正规的分析。有一个公司将各种电路的设计师集中在一个房间里，鼓励他们跟踪每个电路对接口电路的影响。另一个很大的公司在一个航天项目中采用故障模式影响及危害性分析（FMECA）方法来追踪所有失效的影响，以确认一个电路是否能容错，也发现了一些潜在情况。

注意：可能会有这样一个问题。如果由于过载使得继电器突然闭合，接口电路会发生什么情况？如果影响不易追踪，最好的办法是在计划的关闭时间内试验出来，或在模拟器上进行试验。不要因为没人知道答案就忽略这个问题。

5.2.13　系统危险分析

系统危险分析（SHA）是接口影响分析和接口综合分析。没有进行内部和外部接口功能的危险分析，决不能进行此项工作。某一个分系统危险分析的结果可以用于估计它对其他分系统和全系统的影响。接口有以下几种：硬件与硬件、硬件与软件、软件与软件，以及系统内某个系统的所有接口，人的接口也属于本分析。这方面没有标准的方法，分析报告的格式也因系统的需要而变化。

在项目开始阶段，初步危险分析（PHA）可作为粗略的系统危险分析（SHA），之后 PHA 就被全面的和详细的分析所替代。与分系统危险分析（SSHA）相类似的技术可以用于 SHA。来自 FMECA 和 SCA 的输入特别有用，因为它们影响整个系统。故障树分析也是 SHA 分析的有效工具。

5.3　制造阶段的系统安全性

制造过程是最不稳定的，可能将危险引入产品，也可能会对工作人员造成危险。5.3.2 节阐述了制造过程产生的职业危险分析，5.3.1 节介绍了在制造过程中引入产品中的危险。

5.3.1　确定安全关键项目

要评估制造过程中引入的危险和风险，应当像维修工程安全性分析那样，分析产品的制造方法。应该检查制造过程中的每一步，以确定哪里可能发生安全关键问题。每个风险按严重度等级分类。所有Ⅰ类、Ⅱ类风险称为安全关键项目。如果在产品装运之前没有对这些项目进行控制，估计会出现代价昂贵的产品召回。举一个例子，烟雾探测器上一个部件在制造过程中需要用化学品清洗，清洗液每隔 8 小时必须更换。某个生产操作人员错误地认为清洗液足够洁净而没有更换，结果，该部件在使用过程中生锈了，导致一些告警器没有发挥作用。在"消费者产品安全委员会"的压力下，公司召回了所有烟雾探测器，公司不再有生意了。

安全关键项目不仅限于制造过程,装卸、包装和运输过程也会导致安全关键项目。运输过程中的振动和冲击也会导致产品失效。这些过程也应该进行评审。有些机构利用 FMECA 完成此项工作,这是识别危险和风险的最好方法之一。

5.3.2 制造安全性控制

安全关键项目控制一般是工艺工程师或生产领导者的责任,但系统安全性工程师必须让他们知道自己的责任。有些机构在图纸上用"关键"或"重要"的字样来标识这些项目,有些则在工艺单上醒目突出这些项目。

下面的通用过程为危险控制提供了指南。以焊接为例,在图 5.16 中示出,过程如下。

第 1 步:识别安全关键项目(焊接强度)。

第 2 步:识别工艺的输入,哪些输入如果不正确的话会导致弱焊(允许焊接的时间;焊接用化学料;材料,特别是那些影响回火质量的含碳材料;环境控制设备;焊接棒的质量;焊机合格证;表面清洁度;电极贮存环境。注意:如果电极不是干燥的,就会吸收氧气,导致氢脆)。

第 3 步:识别在过程本身中要控制的特性(见图中"注意");其他重要特性,如冷却速度等,也应该识别。

第 4 步:确认输出特性。如果输出不是所期望的,那么,必须对输入或过程重新进行评估(焊接的输出特性是要有好的穿透性、连续性、强度足够、无残余应力和用布氏或洛氏硬度计量的韧性。)

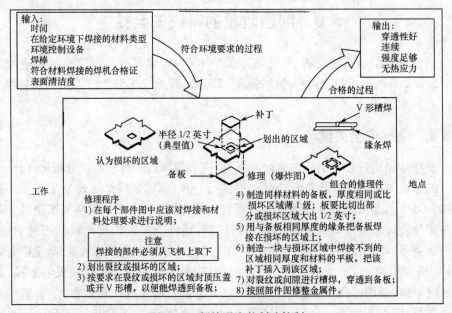

图 5.16 焊接强度的制造控制

焊接会出差错的一个例子是芝加哥机场的新机棚,当一架商用飞机从顶上飞过时发生塌陷。失效分析发现焊接是在非常冷的天气条件下完成的。过快的冷却速度导致了非常脆弱的焊接。

一般来说,一旦质量保证工程师掌握了安全关键项目,他们就能帮助制造过程中的控制。更多的方法参见第 4 章和第 6 章。

5.4　试验阶段的系统安全性

本节主要内容基于参考文献[7],这里给出了主要原理和应用。

5.4.1　试验原理

不安全状态和不安全事件可能导致事故。为了设计一个有效的安全性试验方案,分析员必须了解与产品预期的使用相关的、潜在的不安全状态和不安全事件。试验的目的是保证产品在可预见的环境下能够正常工作,不会导致财产损失或人员伤害。用来评估潜在事故的主要分析工具包括初步危险分析、故障模式影响及危害性分析和故障树分析。除了上述工具,还应该分析产品经受未来使用环境的能力,不能产生意外的产品或健康危险。在评估产品未来使用环境时,必须考虑诸如湿度、温度、化学水汽、灰尘、辐射、振动和冲击等条件。安全性试验就是用来模拟长期暴露在这些环境下的影响。例如,像汽车安全带这样的产品,暴露在这些环境下,性能就会降低,失去安全约束乘客的能力。

有些环境会产生长期的健康危险。其他环境,例如罐装食品中缺乏氧气,已经知道会引起诸如波特淋菌中毒之类的健康危险。最近在争论的一个话题就是有关视网膜与超期佩戴的隐形眼镜之间缺氧产生致盲的问题。在对人有毒性的试验中,可以用动物标本。制药公司在将药用到人身上之前,利用动物标本定期进行实验室试验来确定药物的安全性和效果。

除系统安全性分析工具外,人的因素专家们还开发了一些专门方法来预估人的行为可能性以及人为差错对安全性的影响,其中之一就是 THERP(人为差错率预估技术,见 5.2.8 节)。FMECA 也可以用于每个正确和不正确的使用情况,以确定产品部件失灵对产品安全性的影响。人的因素分析需要分析可预见的误用和错用。可以通过试验确定在这些情况下人的行为是什么和人的行为是否会造成安全危险。警示符验证试验就是这类试验方面的一个例子,例如,由"国家电气制造商协会"实施的一个项目,就是为了研发 Mr. Ouch 警示符,以警告小孩来自电气设备的电击危险。对于某些产品,可以研发另外一些分析工具,或可能需要进行专门试验。

如果一些危险无法通过设计预防,有效的安全性试验的标准是,试验应该证明,假如产品可能失效的话,其失效方式应该是安全的,在其寿命周期内不会给用户或周围的人带来危险。寿命试验可以用来证明产品在寿命周期内的安全性。确保你进行的是故障注入试验，而不仅仅是模拟故障注入。模拟试验可能无法预防由于振动或高温引起的连接松动和间歇性故障。

5.4.2　进行正确试验的先决条件

试验可以用来估计人的行为，包括使用、误用、错用和修理及维护活动对安全性的影响。根据这些活动产生的潜在危险来选择正确的试验。因此，全面的安全性分析是进行有效的安全性试验的先决条件。安全性分析突出了产品及人与产品交互中需要试验的范围。根据产品的属性，可以进行初步危险分析、故障模式影响及危害性分析和故障树分析。

很多时候，PHA（初步危险分析）揭示了设计与制造过程之间的关系。一位消费品制造商发现，如果更改了制造的工具，就可以减少某些安全性试验。制造工具的改进可以防止产品中由于超差件引起的危险。此类设计和过程改进使得后续安全性试验的必要性最小化。由于不可能通过设计更改来消除那些一般性的危险，所以必须进行安全性试验，以评估产品残余的危险特性。通过这些试验来确定产品在可预期的使用条件下失效的可能性，以及失效导致危险状态的可能性。通过这些试验也可以评估危险的严重度。安全性试验也可以用于检查安全装置、告警装置和联锁机构在规范用户行为、减小事故引起人员伤亡和财产损失的可能性方面的有效性。对消防龙头的调查表明，当真正发生火灾时，由于设计原因，3% ~ 5% 的龙头是不起作用的[8]。

在进行安全性试验之前，应当将危险产生的原因最小化。故障树分析是一个系统安全性分析方法，可以用于系统地研究可能的失效原因。对每个失效的原因进行分析，以确定是否可以消除这个原因，或更改设计以减小失效的概率。通过试验来确定产品对各种失效原因的响应。通过改进设计来减少验证产品安全性所需的试验。FMECA 可以识别出很多在初步危险分析或故障树分析中没有识别出来的危险性失效。产品安全性试验设计的有效性取决于对那些失效最可能导致危险的部件的掌握程度。

一个类似于初步危险分析的程序可以用于评估维护和修理工作的安全性。至少应该分析人机接口危险。在这里试验的是工作程序而不是产品。在产品被使用或有可预见的误用和错用时，指定的程序应该不产生任何危险。

设计评审是用于评估产品安全性的另一个工具。在进行设计评审时，要讨论安全性分析的结果。在设计评审讨论中，通常会发现还存在其他的危险。为了在设计中落实合理的建议，设计师必须努力减少这些危险。对那些无法预防的危险，应当进行耐久性试验。事件树分析方法可以用于评估失效的影响。

在确定试验的类型和数量时，成本是重要的考虑因素。复杂产品可能需要很多试验，这取决于危险的严重度、可能性、改进的成本以及是否有经济上和技术上可行的替代设计。

5.4.3　产品鉴定试验

在设计评审组同意了产品的最终设计方案后,在投入生产和卖给用户之前,一般要对产品进行试验,以确认故障的类型和频度。这些试验称为鉴定试验,用于鉴定产品是否适合生产。如果产品表现出不可接受的高故障率,就必须对设计或生产过程进行评估,以决定采取哪些必要的更改。当对已有产品进行了重大更改时,也要进行鉴定试验,以确定这些更改对产品安全使用寿命的影响。纠正产品缺陷的更改可能会导致另外一个安全关键的失效。

缺陷出现在产品寿命周期内的三个阶段,合在一起就是熟知的浴盆曲线。每位工程师都应该熟悉这一分布的细节(见第 3 章)。

为了在实验室内可控条件下模拟出产品的使用寿命,需要进行加速试验。如果不采用更高的应力,试验一个新产品可能需要几年时间。采用加速试验,就可以在短得多的时间内很经济地模拟产品使用寿命的若干年。在设计和进行加速试验时必须特别小心。除失效点之外,不能改变试验样品的工程和物理特性。应力可以在产品预计的实际使用载荷的 150% ~400% 之间变化。在进行加速试验时,有几点需要注意。正常应力下的故障模式应与加速应力下的相同。设计工程师通过分析可以预计试验时间与产品使用寿命之间的近似关系,详见第 3 章。这些试验必须周期性地进行,以保证制造方面的变化不会带来损害。

5.4.4　生产试验

生产试验用于发现制造过程中的变化因素,包括人为差错引起的变化。制造过程的偏差可能会给产品引入安全关键的缺陷。产品可能被不正确地热处理。易碎材料在使用过程中更可能破碎,可能伤害用户。工人可能忘记放垫片或垫圈。如果这些部件对产品的安全使用是关键的,就应该进行生产试验,以检查它们是否有可能发生。在解决很多共性问题时,可以对试验进行统计学设计。对于一些特殊情况,可能需要进行专项试验。

生产试验最起码应该保证产品符合工程规范、规定和标准。缺乏这些试验可能会导致对缺陷的疏忽。重要的是,合理设计这些试验,保证能够发现产品的缺陷。其他的生产试验还包括试验装卸、包装和运输是否合适。应该进行试验,以评估产品在这些活动中承受冲击、温度和振动的能力。与其他试验一样,要进行正确的试验,必须全面掌握由于不正确的装卸、包装和运输可能导致的潜在危险。

5.4.5　人为差错试验

人的行为可能引入与安全性相关的风险,在按规定使用、误用和错用期间都可能发生。试验应该用来确定产品在这些可预见的情况下会如何反应。如果不在这些情况下进行充分的试验,通常难以预计产品会如何表现。以汽车上喇叭的位置为例,大多数汽车曾经将喇叭按键放在方向盘的中间,驾驶员已经习惯了在紧急情况下按压方向盘的中间。但一些最近出的新车将喇叭按键放在方向盘的边上,或放在方向盘后边的另外一层。人们在不同城市会租用不同的车,因此,对喇叭按键的位置不熟悉,在紧急情况下就可能无法做出正确的反应。通过试验来确定这种非标准的特性在可预见的使用情况下的适用程度。通过观察受试驾驶员,人因专家可以对汽车内部的模拟布局给出评价。

试验经常用于确定可预见的错用和误用情况。玩具制造商会邀请孩子们到他的公司里使用公司的产品,然后通过单向镜子观察孩子们会如何错用或误用产品。受控的试验可能不是充分的,因此,公司还会让孩子将玩具带回家玩,要求家长记录孩子们如何用玩具,并注意可能的安全问题。以这些试验为基础,制造商就可以决定是进一步更改产品的设计,还是建议家长在孩子使用玩具时进行监护。制造商也可能决定只允许某个年龄以上的孩子用这一产品。如果没有进行充分的试验,陪审团可能会发现,这一未改进的产品在可预见的使用过程中造成的伤害,原因在于产品本身的缺陷。

对于像飞机或化工厂这样的大型复杂系统,公司利用模拟器来评估控制仪表布局的有效性和培训新操作员。试验方法之一就是给产品人为地设置一些缺陷,看使用者如何反应。当试验对实际用户太危险时,可以谨慎地设计假人来模拟人的反应。新汽车的碰撞试验推广使用了这一方法,已经建立了一系列计算机模型来仿真汽车碰撞时乘员的运动,以评价汽车设计的防撞性能。

5.4.6 设计更改的安全性试验

一个安全问题的解决通常会带来另一个问题。为了减小成本更改某个设计,如果没有对更改的影响进行试验,就有可能会影响产品的安全性。通常不需要对整个产品进行试验,必须通过安全性分析来确定需要试验的范围。分析可以采用小型设计评审的方式进行,以评估更改对产品在保存期内的耐久性、装配间隙、化学性能、物理性能和失效的影响。下面的例子并非不常见。由于供货商增加了屋顶材料中的硫磺含量,导致屋顶几乎破碎成泥块。硫磺与空气中的湿汽发生了反应,导致屋顶这一最终产品发生了不期望的变化。对生产过程的更改也应该进行评估,生产过程也可能影响产品的安全性能。

5.4.7 规程试验

一件产品不一定必须是硬件产品。包含规程的一本修理手册也是一个产品。规程也必须进行安全性试验,采用与产品试验相同的方法。就像产品是由部件组成的一样,规程是由步骤组成的。有些步骤会导致事故,比如从脚手架或梯子上掉下来的扳手会伤害下面的人。规程试验的方法包括工作采样、应急演练、更改分析和 THERP(人为差错率预估技术)。

工作采样一般用于检查过程,也可以用于规程的评估。观察几个用户,评估对正确的安全规程的符合程度。通过观察可以发现规程中未预料到的危险,也可能引起对规程的进一步改进。

应急演练用于评估复杂规程。例如,为了确定旅客能否在 90s 内从一架飞机上撤离,可以模拟应急过程,评估旅客正确反应的能力。这是一个非常有用的工具,它可以评估人是否能对未曾预料的危险安全地进行反应。

5.4.8　试验数据分析——正确的方法

未曾受到过正规统计学培训的工程师在评估试验数据时很可能会犯错误。例如,收集到的下述试验数据是一种材料的强度(磅):110,120,150,150,150, 160, 170,170,180,190,200,400。这种产品所需的最小强度为 100 磅。分析员是否应该根据这组试验数据接受这个产品? 这 12 个试验样本的强度都大于规定值。如果按照威布尔分布将数据画成图,就会发现大约 4% 的个体的强度低于 100 磅的概率为 50% 。了解这些事实后,可能会改变接受这种材料的决定。因为 12 个个体的样本数量不够多,有缺陷的个体在试验中没有出现。当有更多的产品样本试验时,有缺陷的个体就会出现。这说明制造商在处理安全性问题时不能随便使用数据。在做出决定之前,必须对概率分布进行足够的分析。第 2 章中有关于本方法的详细描述。

5.4.9　多少试验足够?

如果可能,制造商应该对 100% 的产品进行安全性试验。有些公司在生产过程中由两个不同的检验员对同一产品进行两次检验。当然,如果试验是破坏性的,就不可能进行 100% 的试验。在这样的情况下,统计员能够确定必要的样本大小。

5.5　使用阶段的系统安全性

一旦系统安装,会发现更多的危险,就需要进行工程更改。对这些更改必须进行安全性评审。下列任务必须在即时的基础上完成。

5.5.1　闭环危险管理(危险追踪和风险解决)

必须不断努力以永久地解决危险。应当报告危险,哪怕它们还没有引起事故。例如,一位护士踩在医院的一根导线上后,可能没有受到伤害,但后来另外一个人可能踩在同一根导线上并受到伤害。这些情况一般记录在事故征候报告中。闭环系统可以保证导线将再也不会出现在医院任何地方的通道里。在后边的审查中,必须有人对此加以验证。

安全性审查是确保危险已经消除的有效工具。如果可能,最好是由来自被审查区域之外的独立人员来实施审查,审查员也应该对前期审查中报告的危险进行检查。

5.5.2　规程的完整性

任何情况下任何人都不允许违犯安全规程。应该进行独立审查,对规程的有效性以及那些必须遵守的内容进行检查。工作采样(第 8 章)是实施规程审查的好办法。

5.5.3　更改控制

确保你具有一个追踪系统。当更改了硬件或软件之后,必须知道对其他分系统有什么影响,也必须知道对软件的版本有什么影响。有两种基本类型的更改:产品设计更改和制造过程更改。这两类更改会导致很多其他更改,例如试验程序、检查规程、培训材料和处置程序等。

1. 产品设计更改

为了控制产品的设计更改,必须执行技术状态控制程序。技术状态控制意味着保持产品功能的完整性,并不意味着仅仅控制文档。对每个更改都必须检查影响到下述的产品技术状态:

(1)功能技术状态。要求更改后必须保持产品的功能基线。

(2)分配技术状态。通过它将一些安全性和可靠性要求分配给系统中的某些分系统,并保证与其他系统的兼容性。更改后必须保证从系统到系统的完整性。

(3)产品技术状态。通过它对产品或某个组件提出一些特征要求,以保证其在整个系统中的外形或装配特性。

在技术状态控制系统中要完成三大步骤。第 1 步,确定上述三个技术状态控制中哪一个是适合的(技术状态识别)。第 2 步,确保对更改进行评估并且在所有受到影响的文档里得到了贯彻(技术状态控制)。第 3 步,记录和报告所有更改的状态(技术状态记实)。

2. 制造过程更改

对生产方法的更改应该进行仔细评估。一个有效的方法[9]是更改分析。在该方法中,要求撰写一个新的规程,并与老的规程一一对比,找到不同之处,评估其影响。其他可能使用的方法有故障树分析和事件树。

5.5.4　事故/事件调查

一旦事故发生了,就用失效分析实验室来建立故障模式。5.5.3 节所描述的工具,也可以用于事故分析,特别是更改分析程序。例如,一个蘑菇包装厂将人工包装线改为自动化生产线。令人吃惊的是,在两个消费者死亡之后,发现自动生产线包装的蘑菇含有波特淋菌毒。更改分析表明,新老生产过程的唯一区别是新过程将蘑菇切得更细了、更平了。调查发现,当两块蘑菇很平的表面相接合时,氧气被从接触面排出来了,就会产生波特淋菌毒。

5.6　分析系统危险和风险

产品、过程和系统正变得更加复杂、更加广泛。一个明显很小的失效或失灵可能会波及到整个系统。与大量的产品、过程和系统相关联的事故可能会由很多差错、失效和失灵构成。这些情况代表了系统风险。情景驱动危险分析①(SDHA)的研发成功,使得系统性地分析系统风险和协同风险这一完整过程成为可能。这项技术依赖于对事故的动态特性的理解。事故是非计划的事件序列,它们通常会产生损害。事故从来不是单一原因或单一危险的结果,正如前面的事故理论所述,至少必须有一个危险存在和一个触发事件。事故是很多贡献因素的结果。在重构一个事故或假定一个潜在事故时,分析员想象一个情景。SDHA 过程包括通过识别诱发因素、后续贡献因素来构建情景和定义损害。

---

①　有关情景驱动危险分析过程的文章已发表了很多,在近 15 年里,很多分析员已经将一种基于情景的方法应用于危险分析。下列文章供进一步参考:

Allocco, M. , Computer and Software Safety Considerations in Support of System Hazard Analysis, In: *Proceedings of the 21ˢᵗ International system Safety Conference*, System Safety Society, August 2003.

Allocco, M. , and R. P. Thornburgh, A Systemized Approach Toward System Safety Training with Recommended Learning Objectives. In: *Proceedings of the 20ᵗʰ International System and Safety Conference*, System Safety Society, August, 2002.

Allocco, M. , W. E. Rice, and R. P. Thornburgh, System Hazard Analysis Utilizing a Scenario – Driven Technique. In: *Proceedings of the 20ᵗʰ International System and Safety Conference*, System Safety Society, August, 2002.

Allocco, M. , Consideration of the Psychology of a System Accident and the Use of Fuzzy Logic in the Determination of System Risk Ranking. In: *Proceedings of the 19ᵗʰ International System and Safety Conference*, System Safety Society, September, 2002.

Allocco, M. , W. E. Rice, S. D. Smith, and G. McIntyre, Application of System Safety Tools, Processes, and Methodologies, *TR NEWS*, Transportation Research Board, Number 203, July – August 1999.

Allcco M. Appropriate Applications within System Reliability Which Are in Concert with System Safety; The Consideration Complex Reliability and Safety – related Risks within Risk Assessment. In: *Proceedings of the 17ᵗʰ International System and Safety Conference*, System Safety Society, August, 1999.

Allocco, M. , Automation, System Risk and System Accidents. In: *Proceedings of the 17ᵗʰ International System and Safety Conference*, System Safety Society, August, 1999.

Allocco, M. , G. McIntyre, and S. Smith, The Application of System Safety Tools, Processes, and Methodologies within the FAA to meet Future Aviation Challenges. In: *Proceedings of the 17ᵗʰ International System and Safety Conference*, System Safety Society, August, 1999.

Allocco, M. , Development and Applications of the Comprehensive Safety Analysis Technique. In: *Proceedings of the 15ᵗʰ International System and Safety Conference*, System Safety Society, August, 1997.

5.6.1 SDHA 过程的研发

SDHA 过程自 20 世纪 80 年代就开始研发并得到完善,发表了很多文章,举办了很多有关这一概念的研讨班和研究生班。学生们在学期项目里成功应用了这一技术,美国以及国外的政府和工业界也在应用 SDHA。

利用 SDHA 分析的系统:在学期项目和实际应用中,SDHA 已被用于分析很多不同类型的系统。下面举例说明,列出一些分析过的系统。

- 飞机;
- 飞机分系统;
- 飞机地面系统;
- 机场运行系统;
- 汽车;
- 自动化车道;
- 汽车分系统;
- 通信系统;
- 计算机网络;
- 压缩气体处理设施;
- 爆炸物生产厂;
- 防火系统;
- 食品加工系统;
- 危险的废品;
- 实验室;
- 医疗器械;
- 医疗方法;
- 金属加工;
- 核反应堆;
- 核废料;
- 石油输送和处理系统;
- 电力输送系统;
- 公共设施;
- 太空飞行器,导弹;
- 舰船;
- 火车;
- 雷达系统;
- 铁路系统;
- 机器人;

- 武器系统。

5.6.2　设计事故

要确定潜在事件在复杂系统内的传播，可能涉及到广泛的分析。诸如软件危险分析、人的接口分析、情景分析和建模技术等专用系统安全性方法可以用于确定系统风险及协同风险，这些风险是由于软件、人、机器和环境之间不恰当的相互作用所引起的。在进行危险分析和事故调查时，所有这些因素都应该考虑到。

危险分析是事故调查的逆向工程。分析员应该能够设计预期的事故，就是潜在的系统事故——系统风险。为了设计一个健壮的系统，必须确定所有与系统有关的潜在事故和已发生的事故。要应用这一方法，分析员必须能够识别所有与安全性相关的潜在风险。一旦识别这些风险，最终目标是消除风险或将风险降低到可接受的水平。思考不应局限于单一危险、线性原因及影响的逻辑，而应进行多因分析。分析员应该按照能够设计潜在事故的方式来思考。

1. SDHA 相关的概念

情景的概念是在研究了 Willie Hammer 有关系统安全性方面的书和资料，后来又与他讨论以后才产生的。Hammer[10] 率先在危险分析的文章中探讨了诱发因素、贡献因素和主要危险的概念。Hammer 注意到，要准确地确定哪一个危险对某个事故直接负责并不像看上去那么简单。于是，Hammer 讨论了潜在事故或实际事故里的一组危险，形成了序列。序列是由诱发因素、贡献因素和主要危险组成的。诱发危险引起不利序列的开始，它们包括潜在的设计缺陷、差错或疏忽，在一定条件下，会出现或诱发有害流程。贡献危险是在流程里做出贡献的不安全行为或条件。主要危险是指损害的潜力。Hammer 特别描述了一个事故序列，包括引起高压储气罐破裂的一系列事件。储气罐破裂所引起的伤害和/或损害被认为是主要危险；引起气罐腐蚀的湿气被认为是诱发危险；腐蚀、强度降低和压力被认为是贡献危险。

2. 不利事件模型

为进一步巩固与系统风险、系统事故或情景相关的概念，提出了不利事件模型，设计这一模型用来说明危险控制的复杂性（图 5.17）。这一模型已被用于进行危险控制分析，对控制措施进行确认和验证。

系统事故可能很复杂，或可能很简单。诱发因素可能是潜在危险的结果，例如软件设计错误、规范错误或对不恰当假设的忽视。如果对危险控制不够，它们就成为诱发危险或贡献危险。如果控制没有得到验证，它们可能在需要时不起作用。确认主要考虑控制是否足够，确定控制的充分性和控制是否被恰当地设计或应用。诱发危险和贡献危险是不安全的行为或状态，在特定条件下就会导致事故发生。

3. 系统事故的寿命周期

图 5.18 所示的模型提到并说明了一个概念即每个系统事故都具有自身的寿

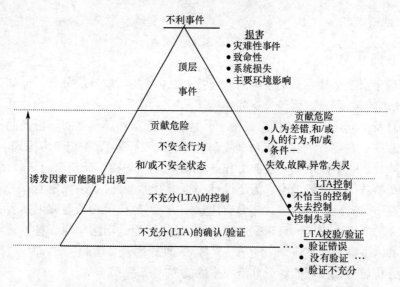

- 风险与不利事件和潜在事故有关
- 风险 =（事件的严重度）×（事件的可能性）
- 事故是多个贡献因素、不安全行为和/或状态的结果;失效、差错、失灵、不恰当的功能、功能正常但顺序错误、故障、异常。

图 5.17　不利事件模型

命周期。事故被引发之后,向前发展,就会引起损害。在进行情景驱动的系统危险分析时,分析员应该考虑这一概念。如果设计合理,一个系统应该是动态平衡的,在规范规定范围和设计参数范围内使用,在其使用包线范围内使用。但是,当某件事出了差错并且诱发因素出现时,系统就不再平衡了,不利序列就开始发展,不平衡变得更加严重,直到一个不可逆点,并导致损害。在进行分析时,要考虑事故寿命周期和这些不利序列如何发展。通过采用危险控制,可以终止不利序列流。重要的是要能监测到不平衡、系统能够稳定并回到稳定状态。而且,假如不利序列发展过了不可逆点,也可以通过危险控制将导致的损害最小化或减小。假如损害发生了,系统应该能够回到一个正常的稳定状态。要考虑到在伤亡或意外事件发生

图 5.18　系统事故的寿命周期

时会发生附加损害。在采取危险控制措施时,不仅要控制或消除所有的诱发因素、贡献因素和主要危险,还要在系统寿命周期里采用对意外事件、恢复、损伤和损失的控制。

4. 逻辑开发中的潜在缺陷

采用线性逻辑、只对单一危险(或失效)和原因(或失效模式)进行思考不是对所有情况都完全适用的。系统安全性分析员应该根据可能发生的与潜在事故有关的动态特性来思考。一旦失效发生,可能有危险,也可能没有危险;从可靠性和系统安全性的角度同时考虑不是一个好主意。在美国,这两个领域的目标是不同的。当失效是潜在事故中的不安全状态时,失效就是危险。在进行情景推演时,限制思考过程也是不好的。

一个传统的办法是根据系统功能去思考,在进行任何初步危险分析之前,必须进行功能分析。可以做一个假设,为了进行危险分析,在功能上必须失效以识别危险。分析员不应该将自己的思维完全限制在这一观点上。在所谓的正常功能下,事故仍有可能发生。功能定义可能不恰当,或者不完整。对功能的驱动逻辑应该进行验证。要考虑功能是如何实现的———一个自动过程,还是手动操作,或自动过程和人工参与的结合。人开发软件时,可能人工输入逻辑到一个编译器中。一旦软件被编译,固件与计算机中的硬件有了接口,数字信号可能被转换为模拟信号,人可能必须根据计算机显示的信息采取措施。所有这些顺序逻辑都应该评估。

为了避免各种方法相互隔离,应该从不同角度研究潜在系统事故。例如,要考虑异常能量交互作用、疏忽、遗漏、差错、异常、失灵、误用,以及与研究的系统有关的任何偏离。要在潜在事故寿命周期内研究不利逻辑。

5. 确定危险(不安全行为和不安全状态)

大多数事故是由人为差错引起的,有人提出,很多与设计有关的不安全状态是人为差错、疏忽、遗漏、假设不当、决策不妥的结果。要在确定危险时始终记住人的接口,要将不安全的物理状态从明显的人为差错中区分出来是不太容易的。要考虑到不安全行为在系统的寿命周期内任何时候都有可能出现。在初步设计阶段,可能出现决策错误,从而引入潜在危险。操作人员会犯对系统有影响的实时错误,从而引入实时危险,这被认为是不安全状态。

在危险分析过程中,诱发危险和贡献危险被识别出来,当作不安全行为或不安全状态。不安全行为是根据人的因素分析的结果确定的,而不安全状态是根据诸如异常能量分析的结果确定的。由于不安全行为和不安全状态的定义不同,因此,多重线性分析用来评估多个贡献事件组合的可能性,包括不安全行为和/或不安全状态,都是事故情景的一部分。

6. 工作表

典型的表格标题在图 5.19 中给出。第 1 列为情景编号,第 2 列为情景描述或情景主题,第 3 列为诱发因素,所有其他贡献因素在第 4 列,任务阶段或使用阶段在第 5 列,可能的影响或主要危险在第 6 列,建议、警告和控制在第 7 列。第 2 行为系统状态和所处环境描述。

情景编号	情景描述	诱发因素	后续贡献因素	阶段	可能的影响	建议、警告和控制
			系统状态			

图 5.19　情景驱动危险分析典型表格

7. 情景推演的演绎和推理方法

分析员可以采取三种方式进行情景推演——演绎、推理或从模型或序列的中间开始,这取决于他的训练、背景和思维方式。故障树分析方法被认为是典型的自顶向下的演绎方法,这里情景主题是顶层事件(什么会引起某一具体事件的发生?)。分析员从主题开始分析过程,然后进行调查以确定支持情景逻辑的贡献因素和诱发因素是什么。有些系统安全性工程师也从底部开始自下而上推理进行情景推演(当某个失效出现时,发生了什么?),这是一个更传统的方法。通过故障危险分析或故障模式和影响分析,可以提供由诱发因素和贡献因素——不安全状态组成的失效逻辑。按照事故情景进行思考,很容易从中层贡献因素开始构建逻辑,并从两个方向上形成顺序逻辑,一个向顶部事件,情景主题,另一个向诱发因素。

5.7　危险识别

识别危险有正规的和非正规的分析方法,如故障模式和影响分析、故障危险分析和能量流分析等。正规方法用于识别有可能是诱发因素、贡献因素或主要危险的失效、人为差错和失灵。富有经验的分析员可能通过更多地采用像头脑风暴法之类的非正规方法来直接识别诱发因素和贡献因素。在头脑风暴会议期间,参加者依据设计研究出初步危险表,关键词与情景主题一起列在危险表中。

5.7.1　情景主题

情景主题是一个简短的描述,根据主要危险和主要的贡献危险来描述潜在的事故。主题是负面行动的描述,是潜在事故的名称。通俗地讲,就是危险描述。情景主题可以非常具体,也可以非常广泛,这取决于分析的类型。下面是事故情景主题的一些例子:

- 由于贫油造成发动机动力丧失,结果导致飞机失控。
- 阀门密封失效导致未察觉的毒气泄漏和后续的重大伤害。
- 发动机速度控制分系统软件失灵导致超速、出轨和重大伤害。
- 气囊作动筒机械失效导致应急情况发生时气囊功能丧失,结果导致重大伤害。
- 在处理安全关键过程时,因不掌握情况而导致人为差错,从而引起储存罐过压情况和后续的爆炸及重大伤害。

- 在进行武器卸载时,人为差错导致未察觉的有毒材料泄漏和后续的重大伤害。
- 在应急状态下,潜在的软件错误导致安全系统未察觉的关闭,从而引起放射性气体泄漏和人员重大伤害的情况。
- 材料降级导致裂纹形成和扩展,从而引起有毒材料泄漏和扩散到人,导致重大伤害。
- 软件编码错误导致数据破坏并将危险的误导信息显示给操作人员,结果操作人员采取了不恰当的动作,引起过程失效、起火和爆炸。
- 过程指令错误导致不恰当的人员动作和后续伤害。
- 轮胎设计不周导致过度磨损和后来的高速行驶中的爆胎,从而引起车辆失去控制和致命性撞毁。
- 轮胎设计不周导致高速行驶中轮胎发生未察觉的松动,从而引起车辆失去控制和致命性撞毁。
- 材料选用不当导致接口处的材料不兼容,致使过度腐蚀,引起接口失效和重大伤害。
- 电磁环境影响引起单个比特翻转,导致在与安全相关的时间内发生未察觉的系统关闭。

注意,在上述情景中,诱发因素、贡献因素和主要危险在主题中是可识别的。情景描述提供了潜在事故如何发生或为什么会发生的细节。整个情景集合构成了一个分析,情景集合由各个情景主题组成,都包括有诱发因素、贡献因素、主要危险和事故会出现的阶段,以及相关的风险。

5.7.2　主要危险

还有一些词常用来描述主要危险——灾难性事件、顶层事件、末端事件、关键事件。主要危险可以直接并且立即当作最终伤害或末端影响、任何事故损害或损失的基础。下面列出了主要危险的一些例子(这些是伤害的描述,不是如地板上的油、地面故障隔离器失效之类的主要危险):

- 人员伤害或死亡;
- 系统损失;
- 损伤;
- 财产损失;
- 环境破坏。

将任何事故伤害和重要事件当作一个主要危险:

- 飞机相撞;
- 设施起火;

- 油箱爆破；
- 贵重物品被盗；
- 蓄意破坏；
- 欺骗性破坏；
- 汽车撞毁；
- 丢失有价值的数据；
- 交易中断；
- 雷击损害；
- 地震损害；
- 洪涝损害。

5.7.3 诱发因素

系统是人设计的，所以从逻辑上讲，与系统有关的所有事故（不包括自然造成的）都是人为差错、决策错误、判断错误和疏忽引起的。诱发因素要追溯到系统的起始位置———一个差错、错误、不当的假设；计算或理论错误；判断错误；不充分的设计；对风险的错误理解；粗心愚笨的错误；不正确的管理决策；资源不够；计划不周；或者不当的工程决策。当这些诱发情况实际出现时，就会导致潜在的或实时的内在危险。要考虑与系统有关的异常能量交互作用。其他诱发因素的例子有：

- 对与安全性相关的风险识别和控制不够；
- 总体设计不够充分；
- 规范不够全面；
- 指令不够充分；
- 寿命周期考虑不够充分；
- 软件错误；
- 计算错误；
- 文档不够充分；
- 逻辑错误；
- 算法错误；
- 计时错误；
- 计划错误；
- 方法不当；
- 过程错误；
- 规程不够全面；
- 制造错误；
- 不全面的质量监督；
- 未察觉的损伤；

- 选材不当；
- 分析不够全面；
- 缺乏沟通或沟通不当；
- 失察；
- 疏忽；
- 错误判断。

5.7.4　贡献因素

可能出现或已经出现在诱发危险或诱发因素之间的其他危险序列就是贡献危险或贡献因素。贡献因素总是某个诱发因素的直接结果并且最终导致伤害（主要危险）。一般来讲，这些危险是异常能量交换的结果，或人的不安全行为或反应的结果。贡献因素的例子有：

- 分系统失效；
- 部件失效；
- 连续的人为差错；
- 不合理的系统响应；
- 由于软件错误引起的未察觉的动作；
- 由于设计错误引起的材料失效；
- 腐蚀；
- 固化；
- 显示杂乱；
- 信息超负荷；
- 未察觉的毒性材料泄漏；
- 未察觉的松动；
- 失去态势感知；
- 接口失效；
- 流动受阻；
- 不利的环境影响；
- 密封破裂；
- 材料变形；
- 不正常的化学反应；
- 过压；
- 失去控制；
- 不充分的备份；
- 破裂；
- 内爆；

- 材料性能下降；
- 约束装置失效；
- 过度腐烂；
- 疾病；
- 影响人的压力；
- 吸热反应；
- 过量热损耗；
- 黏性下降；
- 过热；
- 过度摩擦；
- 燃烧不彻底；
- 短路；
- 潜在通路；
- 故障；
- 自燃；
- 反向流动；
- 不利的物理反应。

5.7.5　交叉危险

事故动态不是纯线性的：与一个事故序列相关的可能有很多诱发因素、贡献因素和主要危险。在研究情景时，要考虑到危险是会交叉的。完全隔离流程中的所有危险并不重要，重要的是要提供一个合理的逻辑来表明潜在的事故，从起始到造成损害，再到系统恢复。应注意确保安全性要求是独立的且没有多余的。

5.8　学生项目和论文选题

1. 有几个危险分析技术（FMECA、FTA、O&SHA 等），这些分析似乎总是独立地进行，有些分析从来没做过，使用者似乎未将它们整合。研发一个更好的方法，以便危险分析是完整的、有用的并能在最短时间内完成的。

2. 危险分析总是在设计阶段进行，使用人员很少应用。讨论一下如何应用危险分析改进使用安全。

3. 关于在制造方面如何应用系统安全性原理的文献几乎是空白。进行文献研究并提出建议。

4. 进行文献研究，对评估安全性冗余技术进行总结。简要提出你自己的建议。

5. 进行有关耐久性定义方面的文献研究。你建议的定义是什么？详细说明你的观点。

6. 提出你自己进行软件危险分析的方法。

7. 进行有关软件系统安全性定义方面的文献研究。提出并证明你自己的建议。

8. 研发任意一个产品的安全性试验计划,证明每项试验。

9. 完成一个产品的使用与保障危险分析(O&SHA),提出减少风险的设计更改建议。

10. 研发一个你觉得合理的风险分析方法。

11. 讨论为什么在设计阶段考虑安全性是一个好的商业做法。用量化的例子来证明你的陈述。

12. 提出一个在产品设计阶段考虑人的因素的方法。

13. 选择一个复杂的过程进行系统危险分析;应用情景驱动危险分析方法。

14. 讨论为什么线性危险分析可能不合理。

15. 定义可靠性和系统安全性分析之间的区别。

16. 说明通过应用情景驱动危险分析方法如何将人、软件、硬件和环境综合到系统危险分析中去。

17. 选择一个已有的复杂系统,进行损失分析和事故重构,并讨论系统和协同事故明显的复杂性。

18. 讨论系统危险分析和事故调查之间的区别。

19. 选择一个复杂的过程,研发一个利用合适的工作表的方法,应用情景驱动危险分析进行系统危险分析。

20. 选择一个民用系统,制定一个风险评估准则,设计严重度、可能性和暴露限值,进行危险分析和风险评估。

参 考 文 献

[1] System Safety Program Requirement, MIL – STD – 882, 1974.

[2] D, Raheja, A Different Approach to Design Review. In: Reliability Review, American Society for Quality Assurance, June 1982.

[3] System Safety Engineering Guidelines, NAVORD – OD 44942, Naval Ordnance Systems Command, 1992.

[4] R. E. Barlow, and F. Proechan, Statistical Theory of Reliability and Lifting (Gordon Pledger, 1142 Hornell Dr., Silver Spring, MD 20904), 1981.

[5] W. Hammer, Product Safety Management and Engineering, Prentice – Hall, Englewood Cliffs, NJ, 1980.

[6] R. C. Clardy, Sneak Analysis: An Integrated Approach. In: International System Safety Conference Proceedings, 1977.

[7] D. Raheja, Testing for Safety, In: Products Liability: Design and manufacturing Defeat, Lewis Bass (Ed.), McGraw – Hill, New York, 1986.

[8] Automatic Sprinkler Performance Tables, Fire Journal, National Fire Protection Association, Boston, July 1970.

[9] W. Johnson, MORT Safety Assurance Systems, Marcel Dekker, New York, 1980.

[10] W. Hammer, Handbook of System and Product Safety, Prentice – Hall, Englewood Cliffs, NJ, 1972, pp. 63 – 64.

补 充 读 物

American Society for Testing and Material (ASTM), 1916 Race Street, Philadelphia, PA 19103.

Department of the Air Force, Software Technology Support Center, Guidelines for Successful Acquisition and Management of Software – Intensive Systems: Weapon Systems, Command and Control Systems, Management Information Systems, Version 2, June 1996, Volumes 1 and 2 AFISC SSH 1 – 1, Software system Safety Handbook, September 5, 1985.

Department of Defense, AF Inspections and Safety Center (now the AF Safety Agency), Software system Safety, AFISC SSH 1 – 1, September 5, 1985.

Department of Defense, Standard Practice for System Safety, MIL – STD – 882E, Draft, March 2005.

Department of Labor, Compliance Guidelines and Enforcement Procedures, OSHA Instructions CPL 2 – 2. 45A, September 1992.

Department of Labor, OSHA regulation for Construction Industry, 29 CFR 1926, July 1992.

Department of Labor, OSHA regulation for General Industry, 29 CFR 1910, July 1992.

Department of Labor, Process Safety Management Guidelines for Compliance, OSHA 3133, 1992.

Department of Labor, Process Safety Management of Highly Hazardous Chemicals, 29 CFR 1910. 119, Federal Register, 24 February 1992.

Department of Transportation, Emergency Response Guidebook, DOT P 5800. 5, 1990.

Electronic Industries Association, System Safety Engineering in Software, EIA – 6B, G – 48.

Environmental Protection Agency, Exposure Factors Handbook, EPA/600/8 – 89/043, Office of Health and Environmental Assessment, Washington DC, 1989.

Environmental Protection Agency, Guidance for Data Usability in Risk Assessment, EPA/540/G – 90/008, Office of Emergency and Remedial Response, Washington DC, 1990.

Ericson, C. A. Ⅱ, Hazard Analysis Techniques for System Safety, Wiley – Interscience, Hoboken, NJ, 2005.

FAA Safety Risk Management, FAA Order 8040. 4.

FAA System Safety Handbook: Guidelines and Practices in Safety Engineering and Management, 2001.

Fire Risk Assessment, ASTM STP762, American Society for Testing Materials, Philadelphia, 1980.

Human Engineering Design Criteria for Military Systems, Equipment and Facilities, MIL – STD – 1472D, 14 March 1989.

Institute of Electrical and Electronics Engineers, Standard for Software Safety plans, IEEE STD 1228, 1994.

Interim Software Safety Standard, NSS 1740. 13, June 1994.

International Electrotechnical Commission, Functional Safety of Electrical/Electronic/Programmable Electronic Safety – Related Systems, IEC 61508, December 1997.

Malasky, S. W. , System Safety: Technology and Applications, Garland STPM Press, New York, 1982.

NASA, Methodology for Conduct of NSTS hazard Analyses, NSTS 22254, May 1987.

National Fire Protection Association, Properties of Flammable Liquids, Gases and Solids.

National Fire Protection Association, Flammable and combustible Liquids code.

National Fire Protection Association, Hazardous Chemical handbook.

Peters, G. A. , and B. J. Peters, Automotive Engineering and Litigation, Garland Press, New York, 1984.

Procedures for Performing a failure Mode, Effects and Criticality Analysis, MIL – STD – 1629A, November 1980.

Process Safety Management, 29 CFR 1910. 119, U. S. Government Printing Office, July 1992.

Reliability Prediction of Electronic Equipment, MIL – HDBK – 217A, 1982.

Roland, H. E. , and B. M. Moriaty, System safety Engineering and Management, John Wiley & Sons, Hoboken, NJ, 1986.

Software development and Documentation, MIL – STD 498, December 5, 1994.

System Safety Program Requirements, MIL – STD 882D, February 10, 2000.

Weinstein, A. S. , et al. , Product Liability and the Reasonably Safe Product, Wiley – Interscience, Hoboken, NJ, 1978.

Yellman, T. W. , Event – Sequence Analysis. In: Proceedings of the Reliability and Maintainability Symposium, 1975.

第6章　质量保证工程和潜在安全隐患预防

6.1　质量保证原理

寿命周期费用大多数是由产品的设计思想所决定的,质量也不例外。同可靠性一样,质量已被设计进入产品。另一方面,这并不意味着生产中的过程控制就不重要。过程控制对预防早期失效是极其重要的。早期失效可能造成灾难性的危险,如很多汽车召回事件中的紧固件松动、装配不当等。

质量就是符合一系列要求。如果满足这些要求,就可得到满足预期使用的产品[1]。通俗来讲,就是使顾客满意。它包括设计质量,过程质量,服务质量,如及时交付产品,让顾客感受到的价值。("顾客"也可能是下游部门的产品使用者或管理者)。由于目的是顾客满意(包括外部顾客和内部顾客),因此,全部焦点应该放在顾客需求上。

传统上,各个公司都将主要注意力放在减少废品和返工费用上,而不是满足顾客需要。关于这一点,W. Edward Deming 博士曾说,"如果你做的事情不对,再努力地工作对你也没有帮助"。质量专业人士所犯的错误之一是没有对产品的制造过程进行任何危险分析。这里我们所说的制造过程中的错误,是指在实际使用中会引起事故的错误。典型的危险有,紧固件的拧紧力错误、装配错误的元器件、使用有缺陷的元器件、忘记安装像垫圈之类的元器件等。当然,对在制造过程中人员遭遇的事故,我们还必须进行另外的分析,类似于第 5 章讲述的使用与保障危险分析。这个原理强调,只有当工程规范真正反映顾客期望的时候,要求才能导致符合预期使用的结果。否则,盲目坚持规范将会起到反效果。如果提供给顾客的是在合理价位上的高质量产品(所谓"对的事情"),则减少废品和返工费用就会自动考虑在内了。

一个好的质量保证系统可由图 6.1 所示的模型表示。该模型既可以用于新产品,也可以用于已有产品。这两种情况,掌握顾客需求是成功的关键。对于新产品,输入可来自潜在顾客,也可来自设计评审。对于已有产品,输入可来自实际使用中的抱怨以及与顾客的联系。模型强调如下步骤:

步骤 1:通过各种渠道获取顾客输入,包括安全事故征候报告。

步骤 2:对所有顾客关心的问题建立"责任制"(责任落实)。必须明确具体人员对这些问题负责。不应出现任何"踢皮球"的问题,如生产部门指责设计部门,

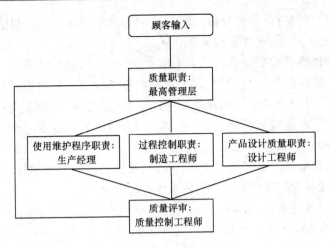

图 6.1　质量保证模型

设计部门指责生产部门。最高管理层必须是领导,不是其下属。对有效的质量保证,各种职责之间应该是协调的,以使产品和过程设计,以及维护开发能够协调一致地开展工作。这就明确要求,最高管理层不仅要承担责任,同时还要深入其中解决问题。

步骤 3:努力改变产品设计,以使产品对于制造过程中的各种变化和不可控条件具有免疫性。或者,努力改变制造过程,以永久地消除这些问题。对于与安全性相关的错误,不要依赖于检验。应尽量通过设计使这样的检验不再需要。例如,如果要焊接两个部件,就需要焊接检验。如果将这两个部件设计成一个整体,就不再需要焊接检验了。

步骤 4:如果质量问题不能由步骤 3 解决,就需要采取过程控制措施。类似措施要与供货商一起制定出来。过程控制应该能够对出现的质量问题进行早期告警。

步骤 5:过程应该是十分可靠的。因此,要评估操作程序和维护规程,确保它们有能力使过程一直处于可控状态。

步骤 6:进行质量审核,保证产品达到它的 ppm(每百万件的不合格件)目标,并且顾客对产品感到骄傲。顾客对产品的赞赏是对质量的最好评价。

步骤 7:将这些工作并行结合应用于产品设计、过程设计和操作程序中。

步骤 8:对所有与安全性相关的特征,如某些尺寸和材料硬度,必须对其内在的过程变量进行 6σ 控制。如果情况不是这样,要么改变元器件设计,要么改用新的过程。如果你关注所有的寿命周期费用,你可能得到很高的投资回报。

6.2　设计阶段的质量保证

在规范起草阶段进行非正式审查时,质量工作就开始了。在第一份规范草案发布的时候,就要进行详细的分析。第 10 章将描述质量保证工程的任务和重要里程碑。这些是全系统保证计划的必要部分。

在这个阶段需要两个分析。第 1 个通常称为"产品设计评审"。质量功能配置、设置基准、应用质量损失函数,以及采用检查单等都是产品设计评审的手段。第 2 个称为"工艺设计评审",确保将要用到的工艺方案是可靠的。这两个评审是系统保证设计评审的组成部分,其中也确定了可靠性、维修性、安全性和综合保障。

过程必须实现高的产出率,它通常根据每百万个部件的水平来定义。一个过程生产出不合格部件的水平低于 100 ppm,则被认为达到了优质标准。那些达到这个性能水平的过程,其控制质量特征最接近目标值。

当然,在某些行业,技术水平尚未得到完全发展,质量难以预测。然而,在设计阶段,即使不能准确预测出质量水平,也应该能够判断出来有些过程比其他过程更加可靠。比如,一个自动化的制造过程,比不同的车床操作员人工制造过程,可以生产出尺寸更加一致的产品。

要尽早考虑过程可靠性问题。不幸的是,正是这一点工业部门没有认识到,没有将其作为增强竞争力的主要手段。过程设计一旦完成,如果它很糟糕,很可能在制造过程中造成人力和材料几百倍的浪费。

6.2.1 产品设计质量评审

产品开发期间有几个设计评审。随着设计的深入,在每个阶段要对这些设计进行升级,并将结果用于制定使用程序、修理和维护程序以及培训上。至少在下述几个里程碑要进行评审:
- 初步设计评审;
- 详细设计评审(几次);
- 最终设计评审——批准最终设计;
- 生产前设计评审——样机试验之后;
- 生产后设计评审;
- 使用与保障设计评审。

质量保证开始于初步设计评审,并随着设计展开,介入的范围越来越广。质量保证的重点应放在初步设计评审和详细设计评审上,因为大约 95% 的寿命周期费用是在这个时候形成的。在这些方面缺少强有力的工作将明显增加寿命周期费用。通过预防损失而节省的经费至少是在设计评审上投资的 10 倍。

在初步设计评审时,质量保证的作用是确保新的设计不存在市场上类似设计所存在的质量问题,同时不存在可能在实际使用中造成事故的任何质量问题。因此,质量保证工程师必须了解相竞争产品的优点和弱点。评审应该检查产品在所有可以预见的情况下发挥其功能的能力。评审所提出的任何问题或关注可能需要在设计方案上进行改进。例如,我们参与一种机器人的设计,它要在大规模集成

（VLSI）电路的加工过程中捡拾和剪断细小的金属引线架。如果这个机器人的时序与另一台在两个引线架之间捡拾包装纸的机器人不同步，就有很大的可能使它不能正常实现自己的功能。因此，设计评审人员决定用同一个时钟，顺序地操作两个机器人。这个做法改变了原来的设计方案。

1. 质量功能配置

质量功能配置（QFD）是产品和过程开发的一个数值分析工具，可以用来提出试验策略以及将需求转化成规范。要注意，从事 QFD 的人员可能没进行过事故场景和危险想定训练。质量功能配置的概念起源于日本。对于新产品开发，它是顾客需求与设计要求相对应的一个矩阵。其输入可以来自多个渠道，包括访谈、市场分析、市场调查以及头脑风暴等。Vabboy 和 Davis[2] 建议用故障树来识别产品的负面特征，并将其转化为成功树来识别顾客需求（故障树方法见第 5 章）。例如，他们识别出顾客对汽车的如下需求：

（1）与期望相关的价格。

（2）交付时的期望：

- 性能；
- 特征；
- 吸引力；
- 过程水平；
- 顾客服务；
- 安全性；
- 适用性；
- 与规范的一致性；
- 感觉到的质量。

（3）后期的期望：

- 可靠性；
- 有效的预防性维修；
- 较少的预防性维修；
- 失效次数在期望值以下；
- 修理配件能买到；
- 较低的修理费用；
- 保证期包含的费用；
- 合理的修理时间；
- 较好的顾客服务；
- 失效时间不超出期望；
- 失效类型不超出期望；
- 耐久性；

- 性能；
- 安全性；
- 顾客支援。

质量功能配置是将这些需求转换成设计工程要求。同样,这些需求能够转换为制造控制、试验大纲和顾客服务要求。更多的信息见参考文献[3]。

2. 基准比较

所谓基准比较就是比照行业内的领先者来衡量自己的产品和过程,并为获取竞争优势而确定目标的一个过程。

基准比较的过程首先要在产品计划阶段确定进行基准比较的项目[1],并确定关键的工程特征。然后继续进行如下步骤:

(1) 决定作为对照基准的产品特征。目标可以是公司、工业或技术。

(2) 通过收集和分析来自所有重要信息源的数据,包括直接接触,确定目前已有的实力。

(3) 对于已确定的每个基准项目,确定要达到的同类最好目标。

(4) 按照基准评估自己的过程和技术,并设定改进的目标。

实际上,同类最好目标通常是一个动态目标。基准比较应该将这一点考虑进去,不能仅仅满足于当前同类最好。领先者总是首先达到市场中的全新目标并将自己产品确立为世界标准。实例有 IBM 大型计算机、Sony 便携式收音机,以及 Intel 集成电路。

注意:安全性的基准永远是零死亡率。

3. 质量损失函数

质量损失函数的概念基于这样一个工程原理,即如果所有部件生产都很接近它们的目标值,则产品的性能可望达到最好,并且预期社会费用能达到较低水平。不幸的是,多年来生产管理者一直不考虑这一原理,认为成本太高,难以执行,直到 Genichi Taguchi 博士建立了定量模型。Taguchi 博士使管理者相信,质量方面的费用上升,不仅由于产品超出了规范,而且还由于产品偏离了目标值,尽管这时产品还在规范之内。与目标值偏离越大,则期望的寿命周期费用越高。自然,生产的部件如果处于容差的上下两端,长时期内的性能将不可能相同,并且不可能有以目标值生产的好。不合适的性能将导致更高的担保成本和厂内检验成本。这将最终使顾客流失。要理解质量损失函数,必须先理解 Taguchi 的理论,对此 Kackar[4] 归纳如下:

(1) 衡量产品质量的一个重要尺度是它对社会造成的总损失。

(2) 在竞争的经济环境中要想生存下去,必须持续改进质量和降低成本。

(3) 持续质量改进计划包括不断减少产品性能与目标值的差异。

(4) 由于产品性能的差异造成的顾客损失,通常大体上正比于产品性能参数与其目标值偏差的平方。

（5）产品的最终质量和成本很大程度上取决于产品的工程设计和制造过程。

（6）通过利用产品（或过程）参数对产品性能特征的非线性影响，可以减少产品（或过程）的性能差异。这一原理在 6.2.3 节中详述。

（7）可以使用经过统计计划的试验来识别出可减少性能差异的产品（和过程）参数的设置。

损失函数概念是寿命周期费用模型在质量工程上的应用。Taguchi 用一个简单的模型来描述供货商、顾客和社会的总损失。尽管过于简单，但达到了强调下述事实的目的，即如果产品生产一直持续地接近于目标值，则产品的价格更便宜，质量更好。

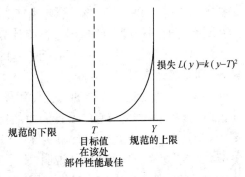

图 6.2 给出了这个模型。其中 T 是一个变量的目标值，在这个点上产品预期性能最好。变量的值，例如可能是一个尺寸，画在横轴上，与变量的每个值相关的损失画在纵轴上。损失函数为

图 6.2　损失函数模型

$$L(y) = k(y - T)^2$$

式中，k 为常数；$(y - T)$ 为与目标值的偏差。这个模型假设在目标值的损失为零，也就是说，如果某个部件按目标值生产，则顾客是满意的。模型进一步假设顾客不满意度仅正比于与目标值的偏差。k 值可通过代入一个不可接受的偏差（容差极限值）所带来的损失估计值来确定。例如，如果洛氏硬度值 56 为目标值，对于洛氏硬度值超过 59（规范极限）的顾客损失估计值为 200 美元，则 k 可以计算如下：

$$k = \frac{\text{loss}}{(59 - 56)^2} = \frac{200}{(3)^2} = 22.22$$

则模型可以写成

$$L(y) = 22.22(y - T)^2$$

6.2.2　为质量和产量的工艺设计评审

在进行初步设计评审时，应考虑顾客的所有需要。一旦初步设计通过了，就应准备建议的工艺流程图。对于有些工艺，在方案阶段就要开始进行分析。值得建议的是，质量工程师、工艺工程师和可靠性工程师组成一个团队一起工作，目标是确保工艺将可合适地工作在期望的产量水平。

在进行可靠性设计时，这个团队应该量化三个因素，并将其纳入工艺规范中。第一，工艺设备应该具备持续生产优质产品的能力（离目标值的偏差很小）。第二，工艺应尽可能处于正常运转状态。第三，应该充分发挥出工艺的全部能力。这些因素在规范中分别称为工艺产出率 Y_p、工艺可用度 A_p 和工艺利用率 U_p。这样，

工艺过程的效能可定义为工艺在规定时间内、交付出希望的产量以及以预期的速度运行的概率,或

$$E_p = Y_p \times A_p \times U_p$$

注:对工艺可靠性没有标准的定义。

工艺产出率可以定义为在一个计划的维护周期内,一个过程生产出的部件或组件在规定目标值范围内的概率,是好的产品与全部产品的比值。如果规范要求工艺产出率等于 99.99999% ,意味着工艺偏离目标范围的情况将少于 100 ppm。通过对合理时间长度上的数据进行统计分析,工艺设备应该具备这个能力。工艺可用度可定义为总的正常运行时间与总的计划时间的比值。如果每周 5 天、每天两班,则总的计划时间是 8 小时 ×2 班 ×5 天 =80 小时/每周。如果设备每周 $64h$ 处于正常运行状态,则一周的工艺可用度 $A_p = 64/80 = 0.80$。工艺利用率是在给定的时间内实际产量与它的设计能力的比值,有时称为速比。如果工业工程标准要求在 8h 内生产出 80 个组件,实际上仅生产了 70 件,则工艺利用率则 70/80 = 0.875 或 87.5% 。下面的例子说明,质量工作必须与设计工作并行开展。

例 6.1 某集成电路生产商买了一台焊线机。对一个典型的额定产量批中的部件进行分析时发现,大约 0.5%(5000 ppm)的焊点强度低。图 6.3 中 2370 个焊

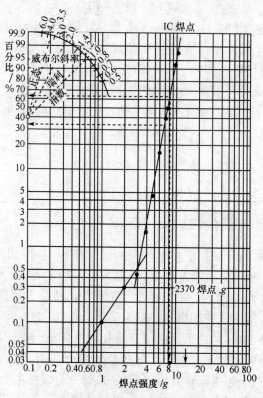

图 6.3 焊线设备分析

174

点的威布尔曲线表明,不仅 0.6% 的焊点质量差,而且从曲线中的两种斜率可见,焊线机的焊点有两种质量水平。(威布尔分布概念见第 2 章。)如果买主在供货商现场做过一些试验,就不会犯购买这样一台设备的错误。可能有人会说,因为建议采购的工艺设备有特殊要求,在设计阶段进行这类研究是不可能的。在这种情况下,应该要求在供货商现场在类似的设备上进行演示。

例 6.2　一个真空断路器的设计方案被批准了,但是,设计工程师对部件的容差要求很高。作者之一具有与供货商长期打交道的经历,知道生产这种部件的成功率低于 60%。换句话说,供货商最终需要将价格至少提高 40%,才能补偿报废和返工成本。供货商必须面对这样的抉择。我们吃惊地看到,供货商不仅大幅提高了价格,而且送来标书的很少。结果在这个产品创意变成现实之前就流产了。在这个阶段使产品流产要比浪费了几百万美元之后再流产更好一些。

1. 固定资产分析

在固定资产分析方面,要开展工作,对所采购设备进行合适的评估,以尽量减少停工期。一个众所周知的方法是设备故障模式影响及危害性分析。该方法本质上与设计 FMECA 相同,但它强调的是将生产线的停工期最小化。不要将它与本章稍后要讨论的过程 FMECA 相混淆。要明白,FMECA 或危险分析考虑的是那些在制造过程中会引入的潜在危险。

设备 FMECA 使用在第 4 章讨论过的标准设计 FMECA,估计停工期的影响。其主要目标是引入可改善工艺可用度的设计更改。如果设计改进没有效果,则要引入以可靠性为中心的维修(见第 4 章)。为便于说明,请参考图 6.4 所示的设备 FMECA 格式。它根据诊断故障和修理设备所需的时间来考虑停工期的影响。要注意的是,行动计划一栏包含改变设计或预防性维修活动,而不是检查。如果设计更改可行的话,预防性维修也应该尽量避免。检查应仅作为最后的措施。

失效模式	失效原因	影响				危害性			诊断时间/h	修理时间/h	每月期望的损失时间	行动计划
		位置	部件	机器	其他	停工时间	频度	S&F				

图 6.4　设备 FMECA 格式

很多人认为进行设备 FMECA 是可靠性工程师的责任。可是,就作者 25 年以上的经验,很少看到可靠性工程师参与工艺设备可靠性。由于工艺工程师对工艺负责,设备 FMECA 工作应该由他们承担。如果将其分派给可靠性工程师,则工艺工程师和质量工程师也应参与其中。

6.2.3　对健壮性的设计优化

随着设计工作的进展,质量保证活动应该在正式设计评审中占有重要位置。应该进行技术分析,以保证产品的设计优化,以及工艺可靠性、成功率和可用度的最大化。设计工程师、制造工程师、可靠性工程师和质量保证工程师应该联合起来进行试验,或者进行硬件试验,或者进行软件仿真,以确保每个部件的互换性、抗噪性及最合理的公差。这些参数和公差范围应该科学地建立起来,以优化性能,使得在任何使用和环境条件下它们都是健壮的。应该采用 Shainin[5], Taguchi[6] 和 Hicks[7] 提出的方法。Shainin 和 Taguchi 的方法可能是健壮性设计最常用的方法。

1. Shainin 方法

Shainin 采用变量搜索图形技术来隔离那些决定产品性能的重要变量和交互作用。该搜索图形使用多变量图和/或全因素(所有可能的组合)试验来对原因进行排除。

多变量图(图 6.5)用于分层试验,以确认变量是在一个单元内部(位置变量),从单元到单元(循环变量)还是从时间周期到时间周期(时间变量)[8]。6.3.2节给出了全因素试验设计的一个典型过程。

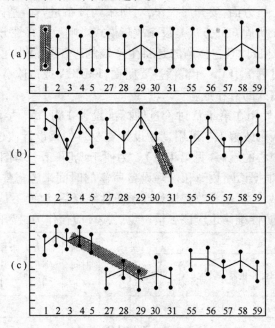

图 6.5　多变量图

(a) 位置变量(单元内);(b)循环变量(单元之间);(c)时间变量(时间到时间)。(选自参考文献[8])

Shainin 方法主要特点之一是给予交互作用的影响以同等重要的地位。Shainin 提醒我们,很多工程规律是由交互作用主导的[5],如 $PV \gg MRT$,由 3 个因素交互作用来影响压力和体积。作者在解决高压电缆神秘的电晕失效问题时使用了 2 个变量(气压和电压)交互作用。交互作用研究是采用全因素试验的主要原因。尽管可能增加成本,但这样可使分析更加彻底。同时,一个从业人员可以更加容易地理解一个简单的试验方法。

2. Taguchi 方法

工业界自 1982 年以来重新利用试验设计(DOE)方法,主要是 Taguchi 博士的研究成果。传统的 DOE 将重点放在识别影响产品或过程响应水平(或幅度)的因子上,检查响应界面,形成数学预测模型。而 Taguchi 却认为,DOE 要应用于产品和过程的开发中,以识别影响响应可变性的因子。从 DOE 识别出来的、对响应可变性有显著影响并经后面验证,其不同水平的组合很可能使产品或过程的响应对于操作背景、环境条件和材料退化方面的变化变得不敏感。这个开创性的工作不仅改善了产品或过程的质量,而且提高了可靠性,因为产品或过程的响应随时间和不同使用条件是一致的。

Taguchi 的健壮设计方法[8]采用部分因子设计技术,即在一些信息缺失的情况下用较少的试验来研究更多的因子。它利用称为正交阵列的标准矩阵来建立试验设计结构,基于变量数目和试验水平来选择合适的阵列。该方法所研究的影响因子数量比传统的更多;利用了响应和控制因子之间的非线性关系;采用工作窗口概念(在本节后面解释);选择合适的质量特征以实现 3 个目标:在生成信息进行决策时讲“效率”、在开发产品或过程时讲“经济”、在产品或过程性能随时间和使用条件变化时追求“一致性”[9]。

1) 正交阵列和线性图的作用

正交阵列是统计设计的试验方案(注:为开展健壮设计,可以使用任何试验设计方法。使用正交阵列是 Taguchi 提出的一种方法)。在健壮设计中,一个正交阵列用于实现主要因子影响的累加。换句话说,因子间的相互作用实际上不受欢迎。这个特征使得分析带有某种程度的主观性。从实验室的试验结果到后来的生产和现场使用,可复现性是需要重点关注的[9]。通过应用正交阵列试验和进行确认运行以验证附加的预计,试验人员可以以较低的费用得到高度稳定的产品性能。正交阵列的一个例子称为 $L_8(2^7)$ 阵列,意味着它可以分配给多至 7 个 2 级因子,仅仅需要 8 个试验(全因子设计需要做 128 个试验来研究 7 个变量)。

行	列	A 1	B 2	C 3	D 4	E 5	F 6	空 7
1		1	1	1	1	1	1	1
2		1	1	1	2	2	2	2
3		1	2	2	1	1	2	2
4		1	2	2	2	2	1	1
5		2	1	2	1	2	1	2
6		2	1	2	2	1	2	1
7		2	2	1	1	2	2	1
8		2	2	1	2	1	1	2

Taguchi 提出的线性图(图 6.6)可以用于方便地将因子分配到每一列。这个图也给出了 $L_8(2^7)$ 正交阵列,其中因子 A、B、C、D、E 和 F 分配到 6 个列中。每个列给出每个变量在每个试验(8 个试验中的每一个)中的级别。每一行代表一个具体的试验。例如,第 2 行表示在第 2 个试验中,因子 A、B 和 C 为低级别,因子 D、E 和 F 为高级别。本例中,由于没有任何因子分配给第 7 列,所以第 7 列是留空的。

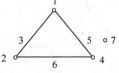

图 6.6　正交阵列和线性图示例

图 6.6 的线性图给出了每个点和每个线段可以分配一个因子,且线段也是两个连接点之间的交互。因此,列 3 是由列 1 和列 2 表示的因子之间交互的综合作用,即因子 A 和 B,因子 C(主要作用),以及一些其他交互作用。这称为混淆。在 Taguchi 健壮设计中,寻找主要作用要比识别交互作用更重要,这个特点使得 Taguchi 方法多少有点主观。不过,混淆作用使得研究最主要的作用并通过确认运行验证它们成为可能[10]。

2) 非线性应用

利用响应和控制之间非线性关系的好处在图 6.7 中做了最好的说明。假设产品响应(例如,输出电压)目标是 $Y(f)$,在所有其他因子的影响下,相应的因子(例如,电阻)设定应该是 $X(t)$。由于材料不稳定和加工过程变化,电阻值在 $X(t)$ 周围有一个分布。相应的响应电压将围绕目标值有一个大的变化。然而,如果电阻值由 $X(t)$ 变到 $X(s)$,即使电阻比以前变化更大,相应的响应电压 $Y(s)$ 反而有一个更加集中的分布。由于响应现在偏离了目标,可由 DOE 识别出调节因子——对响应水平产生强烈影响但对可变性影响有限的因子,可以用于将响应调回到想要的目标值 $Y(t)$。这个方法有时称为两步优化法[11-13]。

3) 外部阵列应用和参数设计

在没有大量投资的情况下一些变量不能控制或没法控制,例如,老旧机器的轴偏,或室内温度和湿度,但它们对产品质量的影响可能是重大的。这样的因子可看作是噪声,而用称为外部阵列的附加试验设置的方法来估计它们的影响。主正交阵列是内部阵列。图 6.8 说明一个处理外部阵列的试验设计。这个方法用于参数设计,它是 Taguchi"三步"设计开发策略的最关键步骤,即系统设计(规定系统要求),参数设计(优化因子等级,用最少费用实现因子的不敏感性),容差设计(当需要以最少的额外费用实现期望的目标时,升级元器件的公差)。

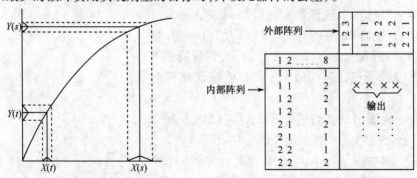

图 6.7　选择公差优化性能　　　　图 6.8　内部阵列和外部阵列的概念

4) 工作窗口概念

Taguchi 提出了工作窗口的概念,其窗口越大,则过程对于生产中的变化越免疫。这个概念可以通过对复印机送纸器的研究来举例说明[14]。主要关注两个故障模式,一个是漏送(没有纸),一个是多送(太多的纸)。纸张靠压滚和纸之间的摩擦力送进,压滚的压力由弹簧产生。弹簧弹力是关键值,因为在阈值 F_1 点,漏送故障模式消失,并填进单张纸。增加弹力到第二个阈值 F_2,则会出现多送故障模式。那么,目标就是使由两个阈值形成的工作窗口宽度最大化(图 6.9(a))。另一个例子是合金钢,热轧过程的温度控制在 25℉ 范围才能达到理想的韧性。这么小的温度范围难以保持。通过在钢中加入硅元素,可使温度范围扩展到 75℉(图 6.9(b))。

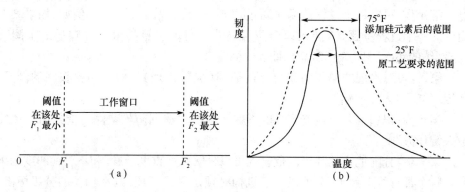

图 6.9　工作窗口示例

(a)送纸工作窗口;(b)钢的韧性工作窗口。

6.2.4　过程 FMECA

　　设计评审是质量保证工程师发表自己观点并得到实际贯彻的最好机会。这个时候,硬件还没有制造,工装也没有投资,因此,使用讨论这种方式仍很便宜,对降低寿命周期费用具有最大的影响。此时进行工程更改实际上是免费的。

　　过程故障模式影响及危害性分析应该考虑整个制造过程的性能,这比仅仅分析工艺设备内容要多得多。它包括服务保障和操作程序等。其目的是用头脑风暴法来开发尽可能最好的过程。在评审需求基础时,产品设计工程师是非常重要的团队成员。过程或制造工程师也许可以、也许不能主持评审组,但应具有技术领导地位。一个过程要正确运行,必须要将质量保证工程师在变化控制方面的专长和制造工程师在制造方法方面的专长结合起来。在项目的重要里程碑评审中,应该邀请可靠性工程师和设计工程师参加。

　　一个公司要想拥有最好的产品,必须拥有最好的团队。这就等于说,如果一个公司有最好的设计,最好的制造和最好的质量保证,那么,它的产品一定是最好的。如果这些方面有任何一项不是最好,则产品必定不会成为市场领导者。

　　一个团队在制造和质量保证之间工作失败的主要原因之一是缺少集成。过程 FMECA 让这样的集成尽早开始。这就需要质量保证工程师和制造工程师在一起工作,并将他们的技术结合起来。这是分析一个新过程的设计评审手段。

它包括对材料和工具的接收、装卸和贮存的分析。如果可能的话,供货商也应该参加。

其步骤如下:

第1步:构建一个过程流程图。其中包括过程的所有输入,如材料,材料的贮存、装卸、运输,以及工具。标准的操作和维修程序也应该准确标识。

第2步:用类似于图6.10的过程FMECA格式,进行下面的分析。

第3步:在第1列中列出每个主要的过程步骤。

第4步:写出每个过程步骤中可能出现的错误(故障模式)。例如,如果某个组件的一个过程步骤是"插入一个防松垫圈",可能出错的事有:"错误的垫圈","有裂纹的垫圈"和"操作员忘记插入垫圈"。

第5步:对出现的偏差写出可能的原因(失效机理)。对于防松垫圈的例子,原因可能是"人为差错"。

第6步:识别偏差对最终产品的影响。例如,"遗漏防松垫圈可能妨碍产品完成关键任务"。

第7步:分配危害性等级。危害性可以分解为严重度、频度和不可检测度的乘积。每个都分为1到10个等级。各机构必须定义这三项,以及相关的分级标准。下面的定义是大多数机构采用的。

严重度可以定义为对安全性和功能性能的影响。将多人致命事故或造成巨大财产损失的失效等级记为10,将那些其损害可以忽略的事件等级记为1。有时一些失效对过程的影响并不严重,但是一个缺陷对用户可能会导致不安全的状态。在这种情况下,也应该考虑对用户的影响。

频度可以用发生的可能性来判定。如果事件肯定要发生,将其等级记为10。不可能事件的等级最低。一些公司用失效概率来替代频度。

检测可以定义为过程中的缺陷多久能被捕获。如果缺陷在产品装运之前还不能发现,则检测等级为最高。

图6.11给出这些危害度测量参数与其他FMECA项的关系。可能值得注意的是,严重度是对顾客最终影响的函数。

第8步:如果工艺设备还没有制造出来,或许可以对设计进行更改,以避免第7步中暴露出的问题。对于已有的工艺设备,可以采取预防性措施。大多数情况下,如果在设计中采取了纠正措施,寿命周期费用会更低一些。

作为设计更改有效性的例子,考虑操作员在安装螺栓前忘记加入防松垫圈的故障模式。检验已经装配好的设备看是否安装了防松垫圈是非常单调的工作,检验员也许通常会认为防松垫圈已经安装上了,即使它被遗漏的时候也是这样想。设计上可以考虑使用一个自动装配设备,以确保防松垫圈总会插入。另一个设计选择是将垫圈作为螺栓的一个组成部分集成在螺栓上。第3个选择是取消垫圈在产品中的使用。按照优先级,通常纠正措施有:

过程描述 / 过程目的 ⑨	潜在失效模式 ⑩	失效的潜在影响 ⑪	严 ⑫	潜在的失效原因 ⑬⑭	频度 ⑮	目前的控制措施 ⑯	检测 ⑰	R.P.N ⑱	建议采取的措施 ⑲	责任部门完成日期 ⑳	采取的措施 ㉑	严重度	频度	检测度	R.P.N ㉒
在门里人工打蜡 以最小蜡厚度盖住里门和较低表面,延缓锈蚀	在规定的表面打蜡不够	● 降低门的寿命,导致: ● 由于时间久了以后生锈,外观令人不满意 ● 门内硬件功能受损	7	● 人工插入喷头,插得不够深	8	每小时进行目视检查——每班检查一次蜡厚(深度计)和覆盖性	5	280	● 为喷枪增加正深度止动器	制造工程 9X 10 15	● 增加止动器,在线检查喷枪	7	2	5	70
				● 喷头堵塞 ——黏滞性太高 ——温度太低 ——压力太低	5	在倒开始工作以及在休息之后,对喷射效果进行试验,并依据预防性维修大纲清洗喷头	3	105	● 自动打蜡 ● 用试验设计(DOE)确定黏滞性、温度和压力的关系	制造工程 9X 12 15 制造工程 9X 10 01	● 由于在同一条线上有不同的门,很复杂,不采纳 ● 确定温度和压力极限,安装极限控制装置——控制喷枪,示过程受控 $C_{pa}=1.85$	7	1	3	21
				● 由于喷击使得喷头变形	2	依据预防性维修大纲维修喷头	2	28	无						
				● 喷涂时间不够	8	遵循操作员指南,进行批抽检(10门/班),检查关键部位的覆盖性	7	392	● 安装打蜡定时器	维修 9X 09 15	● 安装自动打蜡定时器——操作员开始打蜡,定时控制关闭过程——控制图显示过程受控 $C_{pa}=2.05$	7	1	7	49

表头信息:

① 零件或过程名称 / 编号 Front Door LH /H8HX-0000-A

② 设计 / 制造责任部门 Body Engrg./Body & Assembly

③ 其他有关部门 QC,Production,Maintenance

④ 受影响的供货商和工厂 Dalton,Fraser,Henley Assembly Plants

⑤ 年度 / 型号 / 车种 199X/Lion 4dr/Wagon

⑥ 工程发放日期 9X 03 01

⑦ 编制 J. Ford — X6521— Ford B&A

Page 1 of 10

⑨ FMEA 日期(首次) 9X0901 (审查) 9X0901

⑥A 关键生产日期 9X0826—Job #1 ㉒

图 6.10 过程 FMECA

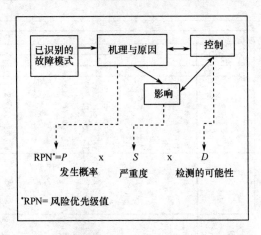

图 6.11　危害程度评定与 FMECA 项的关系

（1）改变过程以消除产生缺陷的原因。

（2）改变产品设计以避免出现有问题的过程。

（3）安装某种告警系统，以便操作人员在生产出有缺陷的零件之前知道过程出了什么问题。

（4）如果这些措施都没有效果，就要对操作人员进行专门的培训。

在 FMECA 中可能存在几百个故障模式。并不是每个故障模式都需要采取设计更改措施。为了工作的有效性和高效性，我们应该通过风险评估结果，确定出重要的失效，并优先进行处理。与安全性相关的失效必须给予最高优先级，即使它们的总的评估等级也许不是最高。在纠正措施不明确的情况下，借助故障树（第 5 章）或过程分析图（见本章）也许可以帮助识别根本的原因和相应的措施。

6.2.5　设计阶段的采购和过程控制质量保证计划

在进行生产之前需要制定一些计划。这些工作将允许从设计到生产的平稳过渡。

1. 工艺设备采购计划

采购计划应该包括与供货商一起对工艺设备性能进行验证。当然，一些大型固定资产的性能在顾客指定地点组装之前是不能够进行验证的。在这种情况下，应该验证子系统层面上的性能。其他活动可能包括试验部件互换性、统计公差分析、形成机器的能力，以及试运行等。

2. 过程控制计划

在进行制造之前，应识别所有可能引起重要缺陷的关键环节。应利用质量功能配置和过程 FMECA 来生成过程控制计划，因为这是保证对过程进行正确控制的唯一方式。每个控制都应该可以追溯到顾客满意，这在 QFD 中有所反映。计划应该包含对这些关键过程环节进行控制的方法，可接受标准的定义，以及对所有缺陷进行监视的方法。在加工单中应明显标注出关键环节。

3. 元器件采购质量计划

在批准元器件供货商之前,应该识别元器件的关键尺寸和重要的材料特性。一旦购入的部件存在缺陷,将彻底摧毁成功进行试运行的希望。由于供货商提供的元器件要与产品中其他元器件的质量要求相一致,因此,供货商和顾客必须一起工作。至少关心四个方面的保证并进行合作:

(1)在整个生产线实现过程控制。

(2)元器件的鉴定。

(3)标准的及专用的筛选试验(见第 3 章)。

(4)闭环失效管理。

6.3　在制造阶段的质量保证

制造过程中的质量保证活动的目标是确保过程总是能达到标准,以及质量保证所需的制造大纲总是有效。必须合理并清晰地定义每道工序和过程的负责人。例如,如果所使用的材料出现差异,应该是生产领班对这个问题负责,而不是质量控制工程师。生产领班的工作就是生产好的产品。即使质量控制工程师不在,质量控制功能都必须持续发挥作用。

6.3.1　对试运行的评价

如果生产效率预计很低,可通过试运行进行纠正。任何情况下,都不能因为时间紧迫就发送次品,伤害与顾客的关系。事先完成大量“家庭作业”的话,试运行的效益将会是很高的。

准备活动也应该集中在确保工艺工程师完成工艺规范的编写,建立起工艺工作标准。还应编写操作程序文件,建立起人员工作标准。生产效率依赖于这两个文件。

工艺标准通常定义得很粗糙,或根本就不定义。要求一个焊接工做出高质量的焊接点,但却很少告诉他们焊接时最好的温度范围。类似地,制造工程师很少规定什么时候更换轴承、过滤器和润滑油。它们通常是在过程开始失去控制的时候才更换。超过 95% 的情况中工艺设备操作员使用粗糙的工艺规范。常见的表述是:“将部件加热到 200℃”。这种表述很不充分。它没有告诉操作员 190℃ 是否也可接受,或温度变化应该控制在多大范围。

操作程序同样重要。在上例中,操作员应被告知,如果温度高于或低于某个值他该做什么。在操作程序中还应包括其他信息,如什么时候加入润滑油,加多少,什么时候中止,如何监控,以及如何防止生产出有缺陷的单元。

操作程序还包含预防性维修程序。预防性维修程序应是基于对过程的了解,被设计用于预防生产出有缺陷的部件。如皮带、轴承和风扇,应该在它们对质量产生负面影响之前就及时更换。换句话说,维修人员必须熟悉统计过程控制技术。举一个例子,某溶液中的化学制品浓度需要严密控制,但过程总是失去控制。原因是其中一种化学制品是用一个 5 加仑的桶装的,尽管只需要 1 加仑,操作人员却将整桶 5 加仑的化学制品全部倒入。操作人员从未被告知如何确定正确的量。没有好的操作程序,生产过程决不会是稳定的,统计控制也毫无意义。应该尽可能地通过 6.2.1 节讨论的质量功能配置制定出制造过程性能规范和操作程序(操作标准)。这样就将顾客的需要转化为可测(可控)的工程特性;然后将这些工程特性体现在不同的部件规范中,最终依据相关的部件规范来制定生产过程性能规范和操作程序。这样做可以保证将制造过程所做的工作与顾客的原始期望真正关联起来,而所做的任何改变也都能直接影响顾客所需的东西。

6.3.2 过程控制

在一个组织中,应该有专人对工艺规范和操作标准负责,这一点再怎么强调也不过分。每一次有缺陷品出现,都应该对这些文件的有效性产生怀疑。这个公理应该很好理解。

制造阶段的一些持续改进活动可能包括互换性确认,公差与产品性能关系改进试验,机器能力验证,质量保证测量装置的准确度和精度的确认,改进预防性维修,改进员工培训和进行审核等。这些活动执行得怎样将决定制造过程是否可控。

采用过程控制工具可使现有设备产生最好的效益。但是,如果需要一个新的设备,就应该进行权衡分析。无论有没有统计控制图,都必须训练操作人员去使用过程控制技术。很多控制都是在没有控制图的情况下实施的。最好的策略是消除问题产生的根源,避免费钱的控制。

很多人在某个指标超标时就去采用控制图,而没有合理的计划。他们花了几个月时间才发现不控制原因就不能控制过程;浪费了时间和经费。不幸的是很多公司都属于这种类型。合理的计划需要采用分析工具。鱼骨图、试验设计和过程分析图是过程改进方面有用的解决问题的工具和预防问题的工具。很多人相信,只要采用统计过程控制(SPC)图,设计一些鱼骨图,可能的话作一些有限的试验设计(DOE),就可以挽救他们的过程,而没有注意到他们最初的过程设计质量就很差。

1. 识别变化原因

传统的做法是构建图 6.12 所示的鱼骨图(Ishikawa 图)来识别变化的原因。这些变化可能来自"6M":人(man),材料(materials),测量(measurements),方法(methods),机器(machines)和自然力量(mother nature,即环境因素)。

故障树分析是另一个方法。作者之一曾经在最大钢厂之一与 McElrath & Associates 管理顾问一起工作时采用了一个简化的故障树方法。从 1981 年以来,这

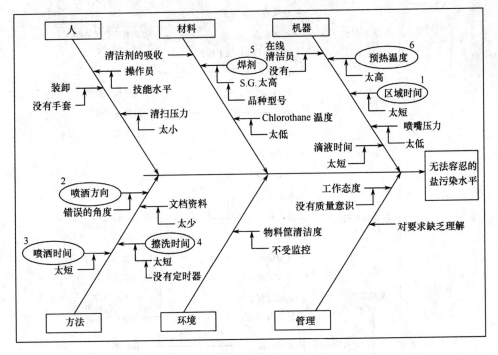

图 6.12 鱼骨图

个工具曾在几个公司用于统计过程控制培训,取得了显著的效果。有一次,将元件费用减少了大约 50% 。这个工具具有使用灵活和易于构建等特点。

故障树分析能简化成一个过程分析图(PAM),如图 6.13 所示。PAM 中的每一层识别前一层的变化原因。通常有三层就足够了。如果后期需要更多的层,可以增加一张纸来扩展图。

在每一层,要识别影响"6M"的原因。典型的原因是:

- 人:机器操作员,维护技师,检查员。
- 机器:生产设备,工具,仪器,量具。
- 测量:生产设备准确度,测量仪器的准确度和精度。
- 方法:机器控制方法,标准操作程序,维护程序,修理程序。
- 材料:供货商部件,加工的材料如环氧树脂,焊剂,焊条等。
- 自然力量:湿度,温度,粉尘,化学制品,污染物,辐射。

为了制造出价格更便宜同时质量更高的产品,应该遵循著名的 20/80 原理,即大约 20% 的原因导致 80% 的损失。应该估计每个原因对于问题的贡献所占的百分比,以便将过程控制配置在最关键的环节。图 6.13 的 PAM 对于一种材料的厚度变化识别出了 30 多个原因。

如果要控制所有的原因,费用是相当高的。有些原因从技术上讲是有害的,但是,可能对过程的影响非常小。因此,必须通过试验设计来验证关键原因的贡献。

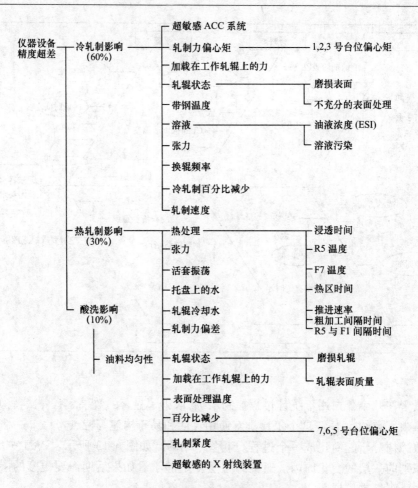

图 6.13　过程分析图(PAM)例

一个好的策略是选择 3 个或 4 个原因,通过试验来试验它们的影响,以此进行判断。然后再识别其他重要的变量,并用同样的方法对它们进行检查。

2. 验证原因的影响

下一步是通过试验对 PAM 中的关键原因进行隔离。在前面的文献以及文献[15]中提出的方法都是经常用到的。下面给出一个经济上合理,同时在大多数场合也都有效的方法(我们从 Shainin 那里学习了这种全因子技术)。如果用它还不能够识别出大多数关键原因,可从参考文献中选择更有深度、更为有效的研究成果和试验方法。确定哪 3 ~ 4 个变量是最为关键的。从图 6.13 的 PAM 中挑选出温度、离心率、转动条件 3 个变量。将它们称为变量 A、B 和 C。为研究变量的影响,对每个变量至少要进行 2 个级别(高和低)的试验。为了确保涵盖所有可能的组合,总计需要进行 $2^3 = 8$ 个试验。这里 2 为级别的数量,3 为变量的数量。

试验设计矩阵由图 6.14 所示的全因子试验原理来构造。" + "号和" - "号对应于 Taguchi 方法中的级别"1"和"2",表示原因的"高"水平和"低"水平。在这个方法中,对于第 1 个变量 A,一半的试验取高("+")水平,另一半取低("-")水平(见表中标注因子 A 的列)。将 A 下面连续四个"+"号组称为一个运行,同样连续四个"-"号组也称为一个运行。在为变量 B 配置试验水平时,对应于变量 A 的一个运行,应配置相同数量的正负号(见表中标注因子 B 的列)。同样的,对于变量 C,对应于变量 B 的每个运行,一半为正号,一半为负号。

　　在这些试验中,人们需要了解 2 个或更多个变量之间交互作用的影响。由于交互作用的影响可以从同样的数据中估计出来,所以不再需要额外的试验。列 AB、BC 和 AC 表示出它们下述交互作用的影响。为构建 AC 列,将变量 A 和变量 C 的符号相乘,以确定对应变量 AC 的符号。两个正号或两个负号相乘为"+"号,两个不同符号相乘为"-"号。如下所示,符号相乘的结果将用于确定其交互作用的影响。图 6.14 的试验设计显示,第 1 个试验中 3 个变量均处在高水平。第 2 个试验中,变量 A 和 B 均在高水平,变量 C 在低水平。总共有 8 个试验,包括了 A、B 和 C 这 3 个变量所有可能的组合。

	因子 A	因子 B	因子 C	AB	BC	AC	结果
1	+	+	+	+	+	+	75
2	+	+	-	+	-	-	29
3	+	-	+	-	-	+	25
4	+	-	-	-	+	-	7
5	-	+	+	-	+	-	48
6	-	+	-	-	-	+	56
7	-	-	+	+	-	-	39
8	-	-	-	+	+	+	4

图 6.14　试验设计矩阵

(注:ABC 的交互作用没有给出,但能估计出来)

　　最后一列显示每个试验的结果(目标范围内产品的百分比)。固有过程质量的其他度量也是可以的。从数据中看出,当 A、B、C 均为高水平时得到的结果最高。但这样的条件其代价可能太高昂,不可能始终维持。此外,一个隐藏的变量可能对结果也起到某些作用。从科学的角度考虑,更好的方法是,搞清每个变量造成的影响,始终保持对它的控制。最好的方法是消除变化的根源。本例中,变化根源是离心率,只能通过改变一个主要工艺设备来消除,或在管理上选择使用统计过程控制方法。

　　在其他因子变化的同时,为确定某个变量的影响,可以比较它在高水平和低水平的平均结果。分析方法如图 6.15 所示。对于变量 A,前 4 个试验(均在高水平)

的平均结果是 34% ,后 4 个试验(均在低水平)的结果是 36% 。由于两个结果的差只有 2% ,变量 A 的影响似乎不太显著。另一方面,变量 B 似乎有值得考虑的影响。变量 B 在高水平(试验 1,2,5,6)的平均结果是 52% ,而在低水平(试验 3,4,7,8)的平均结果是 18.8% 。可用同样的方式估计两个变量交互作用的影响。如果希望了解 AC 的影响,可以比较 AC 在高水平(试验 1,3,6,8)和低水平(试验 2,4,5,7)时的平均结果,它们分别是 40.0% 和 30.08% ,说明交互作用似乎影响了结果。如果读者对更为精确的分析感兴趣,可以使用方差分析(ANOVA)以及参考文献中介绍的其他方法。

因子	在高水平的平均结果	在低水平的平均结果	差异
A	34	36	−2
B	52	18.8	33.2
C	46.8	24	22.8
AB	36.8	34	2.8
BC	33.5	37.3	−3.8
AC	40.0	30.8	9.2

图 6.15　结果的比较

这些试验中的数据显示,变量 B 和 C 对结果有显著的影响。通常只要少数几个变量得到了控制,结果就将得到显著的改进。在本例中,仅仅对两个变量 B 和 C 进行统计过程控制,结果就产生了完全的逆转,如图 6.16 所示。

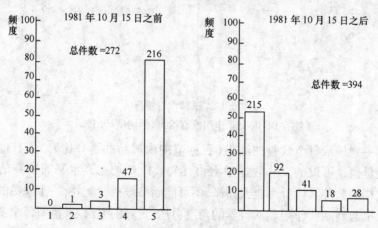

图 6.16　对两个变量进行控制时的结果逆转

总之,试验设计是一个有力的工具,像 PAM 和鱼骨图也是必不可少的工具。如果可能的话,关键是消除变化的根源。若做不到这点,就必须首先减少可变性,然后必须控制过程均值,使其尽可能接近目标值。

3. 统计过程控制

最为理想的是工艺工程师能够在工艺设备设计阶段就将过度变化的原因根除掉。很多情况下这是能够做到的,但公司通常在这方面投入不足。对于本身不可靠的过程,有必要使用控制图。控制图的目的是研究过程中的变化,并监控其稳定性。实际上,控制图并不控制变化的原因,它检测超出控制范围的信号,然后需要使用其他工具将过程带回到受控状态。而且,一旦控制图检测到超出控制范围的信号,必须确认原因是偶然性的还是系统性的。偶然性的原因(比如,操作人员没有更换机器里的冷冻液)可以很快消除。但是消除系统性原因通常需要管理决策。例如,一台机器不能保持所需的公差,因为它本身就不是按照这么高的精度设计的,因此可能会进行管理决策以更换机器。

过程控制的一般步骤为:

(1) 构建控制图以检测过程是否稳定。如果在一个合理的时间段内,过程平均值和标准差不稳定,则在过程得到控制前必须将一些失控原因消除掉。

(2) 以数据的 ±4 倍标准差来计算,确定固有的过程能力。为防止生产出不合格的部件,顾客通常规定一个所谓的能力指数 $C_p = 1.33$。C_p 为工程公差与传统的 6 倍标准差的过程发散度的比值。规范之外少于 100ppm 的区域,这个比值至少应该是 1.33(对于不同心过程的详细讨论见 6.3.3 节)。如果过程能力范围比工程规范更宽,那就会出现生产浪费,同时还要付出额外的检验费用。因此,必须努力通过使用诸如 PAM 或故障树等因果图的信息来消除或控制变化的某些原因。

(3) 不断消除或控制变化原因,在控制图上验证它们的效果,直到 C_p 和 ppm 达到目标值。ppm 的目标值将决定标准差的最大允许范围。

(4) 监控控制图,训练操作员识别过程失去控制的信号。他们应该能够在任何有缺陷的产品出现之前对生产条件进行纠正。控制图通常会给出过程失去控制的警告。很多关于统计质量控制的书籍中都有这方面内容[16]。

有两种基本控制图:①变量控制图,如 X – 条和范围图;②属性控制图,如 p 图和 c 图。改进的图用于特殊目的,如预先控制图,动态平均图,X – 条和 S 图,以及中值图。大多数图在参考文献[17]中都有介绍。

4. 变量控制图

当变量可测量时,如轴承的尺寸,可使用这些图。当所设计的元器件通过更改能够消除控制的需求时,应该避免采用变量控制图。在一个钢件中,通过控制改变钢的化学成分使其变化影响钢的强度,就可以取消控制图。控制图的概念在第 2 章已经进行了介绍。

6.3.3　对于世界级质量的 ppm 控制

像 MIL – STD – 105[18]这样传统的检验取样方法已经不再合适了。当可接受 1 个或多个不合格品时,需要数以千计的样本大小。对于 100 ppm 的质量要求(可接受质量水平 0.01%），该方法要求批量达到 1250 之前必须进行 100% 的检验，并且不允许出现缺陷。如果过程正在产生超过 100ppm 的缺陷，那么实际上每个批次都将被拒绝。即使该过程生产出世界级的质量（100ppm 或更少），正如下面的计算所示，大约 12% 的批次也是有问题的。

假设一批产品的质量水平为 100ppm，或每 10000 个产品有 1 个缺陷，则一件产品为合格的概率是 0.9999。那么，所有产品都在规范范围内的几率是 $(0.9999)^{1250} = 0.8825$。换句话说，它们中的 11.75% 可能有 1 件或多件存在缺陷。经验告诉我们，如果一个检验员检验的样本为 1250 件，并且缺陷很稀少，那么，检验员很可能不会注意这些缺陷。则不合格的批产品预期可能落入顾客手里。另一方面，如果不合格批产品被检测出来，那么整个生产都将被怀疑，结果必须进行 100% 的检验。无论结果是哪一种，检验的费用都太高了。一个更好的办法是缩小过程的变化范围，并且监测均值在规定目标下的稳定性。在检验费用和工程费用之间存在一个权衡。如果变化的根本原因能被控制（最好是消除），那么在工程上投资一般更加便宜。

要参与全球竞争，需要以更低的费用得到更高的质量，迫使国际公司必须在正确的时间做正确的事情。结果出现了低于 100ppm 不合格水平的非正式标准。正如前面指出的那样，世界级的质量水平是由世界上最好的生产商建立起来的动态目标。对于复杂的产品和新兴的技术，也许不可能达到这样的标准。这些产品的 ppm 可能高达 15000。事实是谁以低价格高质量的产品首先进入全球市场，谁就为其他人确立了标准。

可以借助图 6.17 来解释低于 100ppm 不合格品的标准。由于过程很少准确地位于工程规范指标的中心，因此可以只分析生产更多不合格品的最坏的那一边。（如果过程准确位于中间，则两边都要分析。）

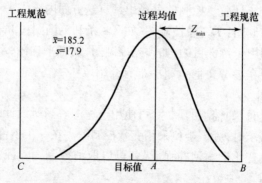

图 6.17　过程能力和 ppm 水平估计

在本例中，AB 边是最坏的一边。附录 A 中表 A 给出，对于 $Z = 4\sigma$，不合格率是 30ppm，满足最大 100ppm 的需求。因此，如果距离 AB 至少等于 4 倍标准差，并且过程是稳定的，那么，该过程生产的部件总是在 100ppm 水平范围内。这个标准

在工业界以稍微不同的方式做了解释[16]。它被写成

$$C_{pk} = \frac{Z}{3} = 1.33 \text{ 或 } Z \geq 4.0$$

式中，C_{pk} 是能力指数，Z 由下式给出：

$$Z = \frac{|\text{指标} - \text{过程均值}|}{\text{标准差}}$$

假设过程均值在工程规范之内（见第 2 章）。

例 6.3　一个过程需要保持其值在 150 lb/in^2 和 225 lb/in^2 内。（a）计算由该过程生产的不合格 ppm 水平。（b）低于 100ppm 不合格水平的标准差应该是多少？

解：图 6.17 中 AB 边的不合格水平是

$$Z_{AB} = \frac{|225 - 185.2|}{17.9} = 2.22$$

由附录 A 中表 A，不合格品的百分比是 1.32。AC 边的不合格水平是

$$Z_{AC} = \frac{|185.2 - 150|}{17.9} = 1.97$$

由表 A，不合格品的百分比为 2.44%。全部不合格水平为

$$Z_{CB} = 1.32\% + 2.44\% = 3.76\% = 37600 \text{ ppm}$$

最差的一边是 AB。标准判据是 $Z_1 \geq 4.0$。即

$$Z_{AB} = \frac{|225 - 185.2|}{\text{标准差}} \geq 4.0$$

由此，标准差应该小于 (225 - 185.2)/4 即 9.95。

已经说过，为了避免检验，过程必须是稳定的。如果均值不停地漂移，对标准差进行控制可能没用。控制均值的秘诀是保证维护和操作程序是可靠的并且已被很好地掌握。通常是那些预防性维修人员真正对工艺设备掌握透彻。

对一个过程进行完全控制需要监视 7 个参数：在大多数应用中的产品指标上限（USL），产品指标下限（LSL），产品目标值 T，过程的均值 M（趋中度），过程标准差（变化），过程的非对称性（对称度测量），以及过程的峰态（峰度测量）。可是，前面讨论的 C_{pk} 仅考虑了 7 个参数中的 4 个。因此，C_{pk} 值不是唯一的。两个具有不同分布的过程可能具有相同的 C_{pk} 值。例如，考虑两个过程其参数为 $T = 15$，USL = 20 及 LSL = 10。过程 A 有 $\mu_A = 15$，$\sigma_A = 1.25$，而过程 B 有 $\mu_B = 18$，$\sigma_B = 0.50$。两个过程的 $C_{pk} = 1.33$，但却是两个完全不同的过程。

6.3.4　与供货商一道工作

对产品进行百分之百的检验对买主和卖主来说都需要付出代价。他们必须组成一个团队以减少检验的成本和增加产量。这样做也会降低元器件的成本。买主

必须提出清晰的要求,指出哪些质量特性是关键的。仅简单地要求供货商采用统计过程控制,只能增加成本。一个很大的汽车生产公司就给它的供货商发出了这样的指示。其中的一个供货商开始将 SPC 应用于几百个零件尺寸上,尽管它们中的 80% 对于是否进行了控制没有什么不同。其结果是太多的钱浪费在毫无用处的尺寸控制上面了,而在关键的尺寸上又没有给予足够的关注。一些供货商只是注意控制尺寸而不关注它们的原因。他们无法保持过程的稳定,最后通常回到100% 的检验。最有效的工具之一是在追踪过程性能的持续改进上进行正确的沟通。增加的产量和减少检验所带来的效益应该由买主和卖主共享。

最终,卖主实现了 ppm 目标,而买主也不必去监督了。对于卖主直接将零件运送到买主生产现场的实时供货系统来说,这是最有效的工具。由于不再需要仓库,节省出大量开支。

注意:元器件的买主自己最终装配出来的产品应该具有同样高的标准。通常买主对供货商要求很高,但他自己最终的产品却是劣质的。

6.3.5 ppm 评估

质量已成为采购中的一个主要因素。买主需要了解元器件的 ppm 水平。有几个机构在编写 ppm 水平标准。标准之一是 ANSI/EIA – 555"验证规定质量 ppm 水平符合性的批量接受程序(1989)",由电子工业协会(华盛顿特区,2000 I 街,20006)制定,与美国国家标准学会(纽约,百老汇 1430,NY 10018)联合出版。它将不合格设备和元器件分为 5 类。

ppm – 1:功能不合格,无法工作。

ppm – 2:电性能不合格,电性能参数与规定不符。

ppm – 3:外观/机械不合格,外观/机械参数与规定不符。

ppm – 4:密封不合格,不符合产品密封要求。

ppm – 5:全部不合格,包括 ppm – 2,ppm – 3,ppm – 4,以及所有其他指标均不合格,不包括管理要求。

该标准有两个估计 ppm 水平的方法。方法 A 是最坏情况估计,下面将要介绍。方法 B 基于批量接受率,在标准中能够找到。最坏情况估计由下式给出:

$$\text{任务级别的 ppm} = \frac{0.7 + \text{总的不合格数}}{\text{总的检查数}} \times 10^6$$

式中数字 0.7 表示,当从一个无穷大的母体取一个包含 n 项的样本时,置信度大约为 50% 所期望的不合格设备的最小数。

例 6.4 检查完 3000 个部件后没有发现任何不合格件,估计其 ppm 水平。

解:

$$\text{ppm} = \frac{0.7 + 0}{3000} \times 10^6 = 233$$

例 6.5　制造商要制定一个抽样方法,允许少于 100ppm 不合格设备。计算所需样本大小:(a)出现任何不合格设备都不可接受。(b)出现一个不合格设备可以接受。

解:(a) 对于接受数等于 0,有

$$ppm = 100 = \frac{0.7 + 0}{N} \times 10^6$$

因此

$$N = \frac{0.7}{100} \times 10^6 = 7000$$

(b) 对于接受数等于 1,有

$$ppm = 100 = \frac{0.7 + 1}{N} \times 10^6$$

因此

$$N = \frac{1.7}{100} \times 10^6 = 17000$$

6.4　试验阶段的质量保证

对于像核电站这样的大型作业系统,试验阶段对计划的影响非常大。设计和制造时要特别小心,以便系统以最少的时间通过试验。这一概念同样适用于那些大批量生产的产品,如洗衣机、咖啡机、汽车等,它们的试验周期相对较短,但是,全部产品遭到拒绝的经济风险是非常大的。为确定试验是否充分,需要在现场失效和试验大纲之间建立一个闭环系统。

6.4.1　鉴定试验与生产试验

鉴定试验是针对样机和初始产品进行的。这些试验十分严格,以证明产品在预期的寿命内能正常工作。这类试验通常是破坏性的。而生产试验就远没有这么严格,目的通常是确保产品满足功能要求。

确保对安全关键的特征进行验证,根据风险承受能力,每年进行至少 1 次到 2 次完整的设计鉴定试验。有个公司彻底倒闭,因为一个继电器垫圈表面不如以往那样平滑。生产过程中的泄漏试验太粗糙,不足以发现轻微的泄漏。而对密封圈进行工程寿命试验则很容易发现这一问题。

质量控制部门犯的最大错误是一旦设备开始生产,他们很少进行完整的鉴定试验。作者之一曾受邀调查"水上自行车"进入海中再也没有回来的原因。在驾驶这种像摩托车的水上自行车在海里进行娱乐时,至少有 11 人死亡。这种车设计用于水上行驶,但不幸的是,一个垫圈吸入盐水致使电气系统短路。在初步设计阶段,用最精密的设备、在最严酷的环境条件下对垫圈进行了密封试验。可是,没有

对生产单元进行热冲击和加速老化等试验,以至于处于临界的单元流入到顾客手中。如果公司定期进行鉴定试验,这些有缺陷的继电器在厂内就能暴露出来。公司现在没有生意了。

保证系统良好的最好办法是在预先确定的时间间隔内对几个单元进行鉴定。其频度取决于过程控制的良好程度。这是防止出现生产错误的最好保证。

6.4.2　工业标准

注意:不要将工业标准作为唯一标准。它们通常只是给出最低水平的性能要求。每个产品通常都需要进行特有的试验,这可以通过如故障模式影响及危害性分析、故障树分析以及初步危险分析等手段来确定。

6.5　使用阶段的质量保证

对于已有产品,在使用阶段应该持续进行质量保证。然而,大多数公司将注意力集中在降低制造阶段的成本上。与此同时,很多顾客正在离开,恰恰是因为与制造没有关系的性能不达标。例如,汽车顾客可能不喜欢收音机上的很多小按钮和复杂的指示,或他们喜欢喷油系统而不是汽化器系统。因此,质量保证必须调查顾客真正关心什么。这个信息应该反馈到产品和过程工程中,以进行改进,更新质量功能配置(QFD)结果,保证类似的错误不再重犯。这就是质量控制的秘密所在。

6.6　学生项目和论文选题

1. 对制造工程师在控制制造过程中的作用提出批评。提出一个以更低的费用保证高质量的制造工程模型。

2. 由于大多数公司没有控制好使用和维护程序,他们没有能力控制质量。提出一个质量控制模型,以突出这些程序的作用。

3. 大多数专业人员抱怨,他们在质量方面的管理任务仅仅是一个形式,没有实质内容。为高层管理者提出一个参与质量保证的模型。

参 考 文 献

[1] Total Quality Management: A Guide for Implementation, DoD 6000. 51 – 6(draft), U. S. Department of Defense, Washington, DC, March 23,1989.

[2] H. E. Vannoy and J. A. Davis, Test Development Using the QFD Approach, Technical Paper 89080, SAE, Warrandale, PA, 1989.

[3] J. R. Mauser and D. Clausing, The House of Quality, Harvard Business Review, May – June 1988.

[4] R. N. Kackar, Taguchi's Quality Philosophy: Analysis and Commentary, Quality Progress, 1986.

［5］ D. Shainin, Better than Taguchi Orthogonal Tables, ASQC Quality Congress Transaction, 1986.

［6］ G. Taguchi, System of Experimental Design, Vols, 1 and 2, D. Clausing(Ed.), Unipub – Kraus International Publications, White Plains, NY, 1987.

［7］ C. R. Hicks, Fundamental Concepts in the Design of Experiments, McGraw – Hill, New York, 1973.

［8］ K. R. Bhote, World Class Quality, American Management Association, New York, 1988.

［9］ G. Taguchi, Development of Quality Engineering, ASI Journal, vol. 1, no. 1, 1988.

［10］ C. J. Wang, Taguchi's Robust Design Mcthodology in Quality Engineering, unpublished training booklet, Chrysler Corp. , 1989.

［11］ M. Phadke, Quality Engineering Using Robust Design, Prentice – Hill, Englewood Cliffs, NJ, 1989.

［12］ R. V. Leon, A. C. Shoemaker, and R. N. Kackar, Performance Measures Independent of Adjustment, Technometrics, Vol. 29, no. 3, 1987.

［13］ G. Taguchi and M. S. Phadke, Quality Engineering Through Design Optimization, Conference Record, IEEE GLOBECOM'84 Meeting, IEEE Communications Society, Atlanta, November 1984.

［14］ Y. Wu, Reliability Study Using Taguchi Methods, ASI Journal, vol. 2, . No. 1, 1989.

［15］ G. E. P. Box, W. P. Hunter, and J. S. Hunter, Statistics for Experimenters: An Introduc – tion to Design, Data Analysis, and Model Building, John Wiley & Sons, Hoboken, NJ, 1978.

［16］ Continuing Process Control and Process Capability Improvement, Ford Motor Co. , Dearborn, MI, 1985.

［17］ J. M. Juran, and F. M. Gryna(Eds.), Quality Control Handbook, McGraw – Hill, New York, 1988.

［18］ Sampling Procedures and Tables for Inspection by Attributes, MIL – STD – 105E, Naval Publications and Forms Center, Philadelphia, 1989. This standard was cancelled. The current preferred standard is MIL – STD – 1916.

补 充 读 物

Auderson, V. L. , and R. A. McLean, Design of Experiments, Marcel Dekker, New York, 1974.

Besterfield, D. H. , Quality Control: A Practical Approach, Prentice – Hill, Englewood Cliffs, NJ, 1979.

Continuing Process Control and Process Capability Improvement, Ford Motor Co. , Dearborn, MI, 1985.

Control Chart Methods of Analyzing Data, ASQC Standard B2/ANSI 21. 2, American National Standards Institute, New York, 19 × ×.

Deming, W. E. Out of the Crisis, Massachusetts Institute of Technology, Center for Advanced Engineering Study, Cambridge, MA, 1986.

Diamond, W. J. , Practical Experiment Designs, Van Nostrand Reinhold, New York, 1981.

Feigenbaum, A. V. , Total Quality Control, 3rd ed. , McGraw – Hill, New York, 1983.

Grant E. L. , and R. S. Leavenworth, Statistical Quality Control, 5th cd. , McGraw – Hill, New York, 19 × ×.

Guide for Quality Control Charts, ASQC Standard B1/ANSI 21. 2, American National Standards Institute, New York 19 × ×.

Ishikawa, K. , Guide to Quality Control rev. ed. , Asian Productivity Organization, 1976.

Juran, J. M. , Juran on Planning for Qualify, ASQC Quality Press, Milwaukee, 1988.

Juran, J. M. , and F. M. Gyrna, Jr. , Quality Planning and Analysis, McGraw – Hill, New York, 1970.

Kearns, D. T. , Chasing a Moving Target, Quality Progress, October 1989m pp. 29 – 31.

Ostle, B. , and L. C. Malone, Statistics in Research, 4th ed. , Iowa State University Press, Ames, 1988.

Ott, E. R. , An Introduction to Statical Methods and Data Analysis, Duxbury Press, North Scituate, MA, 1977.

Process Qualify Management and Improvement Guidelines, Code No. 500 – 049, AT&T, Indianapolis, 1988.

Sampling Procedures and Tables of Inspection for Variables for Percent Defective, MIL – STD – 414.

Scherkenbach, W. W. , The Deming Route to Quality and Productivity, Roadmaps and Road – blocks, Ceepress Books, Washington, DC, 1986.

Schilling, E. , Acceptance Sampling in Quality Control, Marcel Dekker, New York, 1982.

Shoenberger, R. , Japanese Manufacturing Techniques, The Free Press, New York, 1982.

Taguchi, G. , Introduction to Quality Engineering, Asian Productivity Organization, Unipub – Kraus Iuternational Publications, White Plains, NY, 1986.

第7章　后勤保障工程与系统安全性考虑

7.1　后勤保障原理

如果一个公司不能在产品的整个寿命周期内提供保障,那么这个公司就不能长久存在。这种保障包括对顾客维持产品正常使用的需要加以关注。后勤工程,满足顾客这种需要的工程分支,是设计工程和产品保障功能之间的桥梁。在方案阶段的设计工程决策有助于减少后勤费用,如分发、运输、维护、备件和文档等费用[1]。

为了减少保障费用,工程师设计具有高可靠性和维修性的系统,但是,能否成功值得怀疑。Lerner 坚持下述观点[2]:

使用最广泛的是可靠性和维修性审核。由一个独立的审查组分析工程师的设计,同时估计平均维修间隔时间和费用等参数。如果它们没有满足规范要求,就要求工程师改进设计。就在这里,过程中断了。工程师通常不知道设计的哪一部分需要改进,为此,设计过程最常见的结果是他们最终接受低可靠性和维修性。

后勤工程包括自产品出厂给顾客开始,为保持和恢复其完整性所需要的所有保障功能。因此,它是一项在像贮存、装卸、运输、备件供给、修理、预防性维修和培训等活动过程中减少费用和故障的工程活动。

从另一个角度,Coogan[3]这样解释:

简单地说,我们可以说每个系统由两大子系统组成:工作子系统和后勤子系统。工作子系统的功能是完成系统的实际任务。后勤子系统的功能是维持工作子系统的正常运转。

后勤分析是一项工程活动的事实意味着应该在工程阶段实施。当后勤工程恰当实施的时候,整个系统设计将朝着更好的方向变化。

7.2　设计阶段的后勤工程

Blanchard 建议从下述方面对后勤效能进行度量[4]:
- 可靠性因素(故障率,元器件关系);
- 维修性因素(停工时间,频度,费用);

- 供应保障因素(备件可用概率,库存考虑,任务完成考虑);
- 测试设备和保障设备因素;
- 组织因素(直接和间接作业时间,人员流失,延误);
- 设施因素(周转时间,设施利用率,能量利用率);
- 运输和装卸因素;
- 软件因素(质量,可靠性);
- 可用度因素(固有可用度,实际可用度以及使用可用度);
- 经济因素(通胀率,费用增长,预算);
- 效能因素(能力,精度,与安全性、可靠性、维修性和可信性有关的因素,以及寿命周期费用)。

这个清单表明,后勤保障分析需要来自所有保证技术的输入以评估它们对保障费用的影响。为了优化这些费用,需要进行很多权衡。保障费用可以通过对故障隔离和自动检测软件等方面进行投资来进一步降低。

7.2.1 现役产品的后勤规范

编写一套好的规范是后勤工程的关键。正是这样,不用进行改变设计的大规模投资就可以显著地降低寿命周期费用。对一个新产品,后勤工程分析必须在最终规范公布前完成。所需要的输入是 FMECA,FTA,维修性分析,MTBF,修复时间估计,预防性维修工作评估,与运输、贮存和设施相关的信息,以及培训要求。这些信息对改进设计很重要。例如,假如需要高度熟练的电子专业人员进行检测排故,那么可能需要重新设计设备。也就是说,检测排故可以通过标准模块化设计得到简化,使得低级别的技术人员可以拆下失效模块,换装一个新模块。

对一件已经存在一段时间的产品,Lerner[2] 介绍了一种 Lockheed C－130 战术运输机上使用的技术。图 7.1 给出的起落架需要巨大的非计划维修工时。数据分析显示,关键修理工作是拆换轮胎组件,维护机轮收放机构。这种技术的描述来自于参考文献[2]。

修理轮胎组件是复杂的,需要像千斤顶、扭矩扳手以及由五级专业人员使用的螺纹保护器等几种类型的设备。这种修理使得轮毂轴承暴露于灰尘和沙砾中。

轮胎经常失效的主要原因是刹车产生的热量通过机轮传到轮胎。收放机构失效的主要原因是间隙过小引起的摩擦。而且,两个系统有很多不能互换或不标准的相似部件。

从这些关键缺陷,工程师提出了 SDTR(保障性设计要求):
(1) 避免过于精确的容差,以提高可靠性,同时降低对维护人员的技能要求。
(2) 使部件能够互换,同时减少总数的 50%。
(3) 在起落架上使用自带千斤顶组件,去掉独立千斤顶。

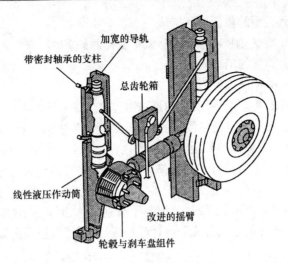

图 7.1　C－130 运输机起落架

（4）不允许拆卸轮胎以暴露轮毂或需要专用工具。

（5）设计机轮使因刹车引起的热传递达到最小。

设计工程师明白了这些具体要求后，拿出了保障能力好得多的设计。在导轨上安装一个弹性负载的滚轴，代替一个容差过于精确的 show－and－track 导引机构。千斤顶模块安置在减振摇臂的下部。3 个部件代替了起落架机轮：轮毂，刹车盘，以及轮框/轮胎组件。轮框组件不直接与刹车组件接触，以减少热流动，同时在刹车组件上打小孔以使冷却空气通过。这种模块化设计意味着每一部件可以独立修理，而不需要专用工具。同时，零部件全部标准化。

结果是辉煌的。经过改进，将平均故障间隔时间 MTBF 提高到将近 3 倍，减少了 60% 的零部件，轮胎地面更换时间缩短到 40%，修理人员减少一半，同时降低了技能水平要求。尽管模块化设计使起落架的重量增加了 600 磅，而更耐用的碳刹车节省了 400 磅，所以性能没有影响。

7.2.2　新产品的后勤规范

考虑第 5 章图 5.3 所示的化工厂。仅从这样的设计图上看，就可以识别出很多后勤问题。一些这样的问题是：

- 材料装卸设备怎么才能安置在地下？需要什么样的材料装卸装置？
- 需要起重机吗？
- 所有修理工作可以在地下进行吗？
- 所有预防性维修可以在地下实施吗？
- 在维修过程中存在任何安全性问题吗？
- 需要什么样的备件？
- 腐蚀可以引起损伤吗？

- 需要什么类型的质量保证措施？
- 在预防性维修和修理手册中需要什么样的信息？
- 需要什么类型的培训人员？
- 需要什么类型的维护人员？
- 对于设备的初始安装，所有的预防措施都考虑到了吗？
- 什么产品必须一直是可使用的（最低限度设备清单）吗？

在早期设计中可以预料到会有数百个这样的问题。但是，如果需要特殊的设备，最好在这一阶段进行设计。如果修理需要非常昂贵的备件，最好在这一阶段通过设计消除那种故障模式或提供一个备份。事实上，如果需要非常大型笨重的材料装卸设备，那样的一个地下设计可能是不合适的。也许一个带限制措施的地上设施更好一些。通过前期的分析和设计改进，保障费用可以显著降低。

7.2.3 设计评审

后勤工程师通常参与设计评审太晚。他们应该参加方案设计评审，以识别所有的保障费用和相关问题，同时提出设计改进建议。美国空军提出了一个"可靠性加倍/维修性减半"的后勤工程的好目标，意味着可靠性方面的双倍投入，而降低一半的维护费用。在可靠性方面增加的投资远远小于在维护费用方面的巨大降低。设计评审的原理已在第3章和第6章阐述。

7.2.4 后勤保障分析

后勤保障分析是一组系统性活动，用来识别、定义、分析、量化和处理后勤保障要求。当产品研发一开始就要进行。维修分析是这种分析的一项主要内容。对于军用系统，MIL – STD – 1388介绍了很多工作项目，如下所述[5]：

1. 系统级后勤保障分析

（1）系统设计和使用方案影响。

（2）保障性、费用以及完好性主宰因素的识别。

（3）保障方案制定。

（4）权衡。

2. 要素级后勤保障分析

（1）保障系统优化。

（2）资源要求识别。

（3）任务和技能分析。

（4）早期现场分析（评估引入新产品对现役系统的影响）。

（5）停产后保障分析。

3. 保障性评估和验证

（1）保障性评估计划和标准。

　（2）保障方案验证。

　（3）资源要求验证。

　（4）后勤问题识别和纠正。

7.2.5　为后勤保障分析进行 FMECA

　　维修当然是后勤工程中的主要内容之一。FMECA 是设计分析和维修规划中的一个基本工具。FMECA 为各种其他目的的分析——例如，为可靠性分析（第 3 章）和制造过程分析（第 6 章）提供一种分析的基准。下面描述的程序是为了进行维修分析。

　　图 7.2 给出了一张关于维修规划的 FMECA 模型工作表。在同一个项目中多次使用 FMECA 需要仔细计划，以避免工作重复，同时要与可靠性、安全性和维修性工程师进行适当的协调。为每一个可更换单元或可修单元填写一张独立的工作表，这些单元称为后勤保障分析候选项（LSAC）。7.5.1 节定义的每一个结构重要件（SSI）和功能重要件（FSI）也需要一张独立的工作表。工作表中各栏的内容简述如下：

- 系统/子系统名称：指终端产品，如一个飞行器或一个具体子系统。
- 件号/FSCM/型号：产品识别标志。FSCM 是指制造商的联邦供应码。
- 任务：希望产品完成的具体任务。
- 产品约定层次：在功能分解序列中的产品层次。
- 区域识别：军用后勤特有的地理代码。见 MIL – STD – 2080A（AS）附录 B[6]。
- 每个系统的数量：系统中相同产品的数量。
- 参考图纸：正在分析的产品图纸编号。
- LSACN：分配给产品的后勤保障分析控制编号。
- 产品描述：根据功能和主要部件或组件对产品的描述。
- 补偿措施：与功能和功能失效相关的冗余和保护性特征。
- 产品可靠性数据：包括固有的和使用的平均故障间隔时间 MTBF，故障率；也包括维修性数据，如平均维修活动间隔时间（MTBMA），平均修复时间（MTTR）；其他的有用信息是老练和筛选要求，有寿产品的安全寿命。
- 最低限度设备清单：如果一个产品失效或无法使用等待维修，终端产品可以使用吗？
- 产品分类：这个产品重要还是不重要？ 如果它的功能失效将会影响安全性或重大经济性或可使用性，那么，这是一个重要产品。否则就不是一个重要产品（所有包含重要产品的较高级别的产品也是重要产品。）
- 功能/次功能：列出主要功能清单，然后是次要功能清单，次要功能可能也影响安全性。例如，一个燃油泵的主要功能是按规定速度提供燃油。其次要功能

版本号 _____

拟制:	日期:
审核:	日期:
批准:	日期:

系统/子系统名称 _____ 件号/FSCM/型号 _____ 任务 _____

产品数据

产品约定层次 _____ 区域识别 _____ 每个系统的数量 _____ 参考图纸 _____

LSACN _____ 产品描述 _____

产品可靠性数据
MTBF(固有的) _____ MTBF(使用的) _____
MTBMA _____ 老练时间 _____
MTTR _____

最低限度设备清单(如果这个产品不能使用,飞行器或保障设备可以派遣或使用吗?如果可以,列出限制措施)

补偿措施(针对每一项功能/次功能)

产品分类
_____ 重要的
_____ 不重要的

功能/次功能		功能失效(故障模式)(针对每一项功能)	失效原因(工程故障模式)(针对每一次功能失效)	任务阶段	隐蔽功能	功能失效影响(本级的,高一级别的,以及最终影响)	功能失效检测方法	严重度分类	耗损寿命(针对每一失效原因)	R&M数据(针对每一失效原因)和备注
编号	Lr.(针对每一项功能)		编号							

第 _____ 页

图7.2 维修分析的 FMECA 工作表

可以是将燃油限制在规定范围内。

- 故障模式:一个可能的功能性失效列表。例如,一个单位流量过低的泵可能是提供了太多的燃油,也可能是它根本不能工作。
- 失效原因:对每一个故障模式所有可能原因的列表。例如:一个燃油泵失效的原因可能是驱动装置失效、传动轴失效或油路破裂。
- 隐蔽功能:列出对使用人员完成正常任务来说不明显的功能性失效。
- 任务阶段:任务的这一部分出现失效将是致命的。一个固体推进火箭上的橡胶密封装置在发射过程中失效可能造成毁灭性后果,但在轨道中失效却没有影响。
- 功能失效检测方法:列出使失效影响最小化的检测措施。
- 严重度分类:①灾难性的,②危害性的,③无关紧要的,④轻微的[7]。
- 耗损寿命:列出每一个失效原因产品的寿命期望值。
- R&M 数据和备注:列出基于较低水平可靠性和维修性数据的每一个失效原因的固有的和使用的 MTBF,MTBMA,MTTR 及老练/筛选时间(如果适用的话)。适用的话,应包括所需维修的特征。

7.2.6　时间线分析

关键活动经常是或时间紧迫,或有安全性衍生结果这样的多事件。为了安全完成任务,需要一个严格的规程。对这些活动,时间线分析提供一种识别和分析维护及使用任务序列要求的方法。分析决定维修工作是否可以分阶段或并行进行,保证它们是按照规程以正确的次序进行。这种分析可以用于以下方面:

(1)需要多于一个人才能完成的任务。

(2)涉及安全性后果的任务,或原本必须分阶段完成的任务。例子是加油和充氧。

(3)需要使用安全设备的任务。例如,化工厂用来燃尽泄漏气体的一个燃烧部件,在工作期间不应该停工来进行维护。

7.2.7　修理级别分析

修理级别分析(LORA)应该在初步设计通过后尽快开始进行。这种分析的目的是修理、废弃和更换等各种可选方案确定最少的寿命周期费用。这种分析包括那些看起来不经济的项目,如已经建立的安全性做法和规程。

修理级别分析的主要内容是确定经济的修理级别,取决于寿命周期费用,可能在基层级、中继级或基地级维修更加便宜(关于寿命周期费用分析,参见第 4 章)。MIL – STD – 1390[8]包含了在修理级别的工作信息。

7.2.8　后勤保障分析文档

军用后勤保障,因为系统的复杂性和人员技能的差异性,需要大量的记录。对于商用系统来说,需要进行价值判断。对于军用系统,MIL – STD – 1380 – 2A[5]包括大约 600 页,详细解释了所需的大部分文档,提出了下述记录:

记录 A:维修要求

记录 B:产品 R&M 特征

记录 B1:故障模式和影响分析

记录 B2:危害性和维修性分析

记录 C:使用和维护任务汇总

记录 D:使用和维护任务分析

记录 D1:人员和保障要求

记录 E:保障设备和培训器材描述和论证

记录 E1:被测单元和自动测试程序

记录 F:设施描述和论证

记录 G:技能评估和论证

记录 H:保障产品识别

记录 H1:与应用相关的保障产品识别

记录 J:运输性工程特征

MIL – STD – 1388 – 2A,像大多数军用标准一样,需要进行剪裁。它包括数据日记,这样过程可以自动进行。这个过程在设备寿命周期的所有阶段是迭代的,可以利用过去的历史数据。

7.3 制造阶段的后勤工程

后勤工程原理同样可以很好地应用于制造。经过后勤工程设计的运输和配送,一个炼铁厂仅仅需要保存一个小时的存货量(当然,必须有一个高效的物资和服务质量控制体系)。1976 年,德国的宝马公司在工厂引进了后勤工程;在 1976 年至 1986 年期间,汽车产量提高了 60%,而当时德国生产厂商平均仅仅提高 20%。根据 Pretzch[9]所述,宝马公司的后勤看起来像是一个根据控制环原理建立起来的控制功能。

很多美国的汽车制造厂的计算机集成制造也是后勤原理应用于制造的一个很好的例子。

7.4 试验阶段的后勤工程

没有验证性试验,后勤工程问题一定会不断地出现。这些试验可以在样机和部分系统中进行。有时可以通过详细的纸上分析和仿真进行验证。下面给出了通用指南,其他试验可以通过分析指出。

7.4.1　R&M 特征试验

可靠性和维修性(R&M)特征试验用来验证 MTBM、MTBF、MTTR 和其他规定的特征。与 R&M 相关的后勤试验可以结合标准的可靠性和维修性试验进行。

7.4.2　使用程序试验

进行使用程序试验,以查看设施、培训和规程是否像计划中的那样充分。这些试验中大都包含审核。所有试验目的均可以从后勤保障分析记录中得到。

7.4.3　应急预案试验

当突然出现大的灾难时——突然停电,火车事故,或一个炼油厂发生大事故——在强大的压力下,维护人员必须将系统恢复到可使用状态。在这样的情况下,技术人员很容易犯错,导致更长时间的停电或导致另一场事故。因为这个原因,在大系统中,人们习惯性地进行应急训练,以暴露在维修性和保障要求方面的缺陷。系统可能需要进行一次大的重新设计。例如,经常发生这样的情况,救援设备来了,但设施却没有设计一个给救援设备的通道。

7.5　使用阶段的后勤工程

使用阶段的后勤工程包括确保材料、供应、备件、培训、维护要求以及类似的要求得到不断评估和改进。最重要的功能通常是维护。如果更换老化的或降级的元器件,总的可靠性显示随着时间没有什么降低。本节包括以可靠性为中心的维修,及其效能测量。

7.5.1　以可靠性为中心的维修

以可靠性为中心的维修(RCM)是指设计的一个用来保持设备固有可靠性的预防性维修大纲。这个大纲强调基于设备可靠性特征和失效后果逻辑分析选择维修任务。

1. RCM 分析的规划

以可靠性为中心的维修规划必须在设计阶段进行,而不是在使用阶段。因为 RCM 分析以失效后果为基础进行,FMECA 是完全必需的。RCM 要求使某些特征成为设计的一部分。例如,如果要监控一个铸件内部的噪声水平,那么,必须采取预防措施,以便可以安装监控装置。

2. RCM 过程

RCM 分析的基本步骤如下:

(1)确定对安全性和主要功能关键的重要产品。一个产品可能在功能上重要

（丧失功能将会对设备有重大的影响），或在结构上重要（失效将导致结构上剩余强度的严重下降）。重要的是区分重要产品的类型，因为对不同的类型将应用不同的决断逻辑（图7.3和图7.4）[10]。

（2）进行故障模式、影响和危害性分析。

（3）分析失效后果。

（4）对应下面阐述的一种RCM策略，分配一个合适的维护任务。

3. RCM 策略

至少有4种基本的RCM策略。

1）状态监控

要求当部件状态达到条件时拆除或修理。观察直接针对具体的故障模式，对潜在失效将给出可识别的物理证据。（例如，如果汽车轮胎的纹路小于1/6in厚，可能出于谨慎更换轮胎。）每一种元器件进行周期性的检测，一直使用到不可接受的程度。这种策略允许所有的元器件实现自己的全部寿命。如果使用者可以区分作为失效警告的某种声音或气味，状态可以被检测到：例如，如果过热，电绝缘体可能散发出气味；或汽车刹车在完全耗损之前会吱吱作响。

2）内部状态监控

这种策略测量失效前变化的内部参数。例如，电路结温过高，可以通过X射线枪或温度扫描遥测监控。一个电气应用计算机可以监控电分配网络变压器中的压力和温度感应器。可以监控声发射来检测飞机结构中的内部缺陷。

3）定期工作

对很多产品来说，在经过一定的使用年限后，失效概率变得非常大。这通常是由于耗损机理。这种产品的总故障率通过强制执行明确的使用期限来降低。这样，当一个产品使用到失效概率超过合理限制的时候，禁止继续使用。

定期工作任务（计划的产品拆除或更换）建立在经济寿命极限之上，使用经验表明，在纯经济基础上的计划废弃或返修是足够的。定期工作任务的安全寿命极限只有在涉及安全性和在状态观察完全不可行时才能强制执行。一个产品在其规定的最大寿命之前被拆除。在飞机结构上，安全寿命通常设定为最小寿命的一半。最小寿命定义为寿命，因为在此时，失效概率大于一个规定的值。

为了确定使用年限与可靠性的关系，使用一种称为工龄探索的技术。它是一个涉及受控试验和使用数据分析的过程。对于安全性关键的产品，要进行失效概率统计分析。另外，要进行非期望事件的概率分析。

4）成组或成批更换

这个任务像定期工作任务一样，基于由相同产品组成的整个产品组的经济寿命——有时是一组不同的产品。一个简单的例子是在繁忙大街上的灯泡更换；供电公司在预定的时间内更换全部灯泡，而不是一年50多次派出维护人员，每次更换一个灯泡。同样地，核电厂可能决定同时更换一批轴承。一些公司在预定的停

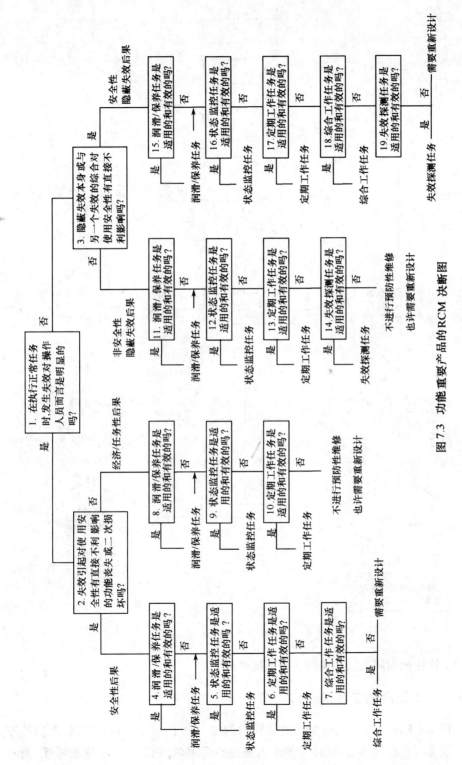

图 7.3 功能重要产品的 RCM 决断图

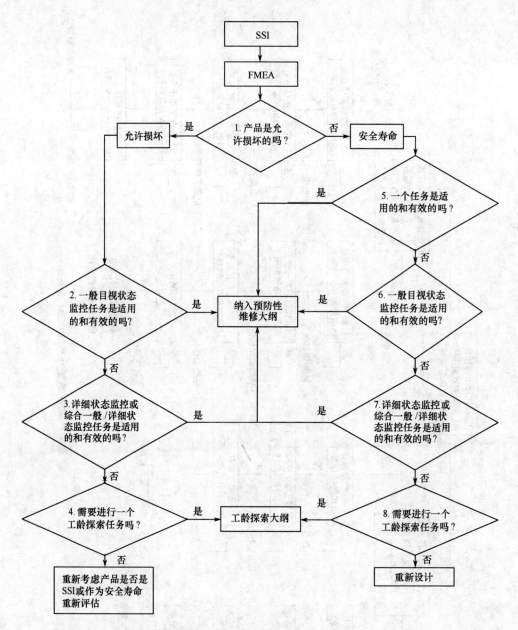

图7.4 结构重要产品的 RCM 决断图

工期更换使用期限大致相同的几个不同产品。

7.5.2 测量后勤工程的效能

第4章描述了如何评估维修性工程的效能。对于后勤工程应该采取类似的方法。只要所有后勤费用的总计(当计入避免的费用时)随着时间而逐渐降低,同时实现顾客满意度目标,那么,在后勤工程上的投资就是有成效的。

7.6　后勤保障工程和系统安全性

后勤工程涉及产品、过程或系统进入现场后确保其完整性所需的使用寿命周期考虑。显然,有些系统安全性问题应该讨论,系统经过它的寿命周期,达到最终的预期寿命,甚至可能超过预期寿命,朝着最终的处置或恢复。而且,在处置、恢复以及对可循环材料的再利用过程中存在风险,这些再循环材料可能包括危险材料、化学品、有毒气体、纤维以及长期放射的暴露。

7.6.1　产品、普通大众和专家的责任

产品、普通大众和专家的责任主张,防护可以通过应用后勤工程和系统安全性工程而增强。整个剩余寿命周期中存在必须识别、消除或控制的与安全性相关的风险。这些后勤工作和系统安全性工作应该继续到寿命周期的真正结束并可能超过期望的结束状态。因为工程和技术方面的增强,系统可能比期望的更长久,也因此存在相关风险。

无论一个原始系统开发商/制造者可能已经换手、合并或重组多少次,只要产品、过程或系统仍然在使用,那么他们仍需考虑相关的责任链。已经完成的增强安全性的任何升级(在工业领域)是当前企业的责任(拥有者或公司)。可以说,对现有产品、过程或系统的与系统安全性改善相关的升级提升安全性级别。因此,如果一个竞争者在一个具体产品中使用一种新的安全装置,其他制造商必须使用相似的安全装置。一个最近的例子是,汽车业引入了侧撞安全气囊、跑灯和备份报警器。幸运的是,在现代技术社会,普通大众看起来更加关注安全,因此,变得不愿意冒风险。因此,与产品、过程或系统的可能的延寿相关的风险必须消除或控制在一个可接受的水平。

7.6.2　变化风险分析

如果一切顺利,在初始设计期间,应该已经进行了广泛的系统危险分析,识别出了寿命周期风险和相关控制措施。不过,进行危险分析永远不会太迟。不幸的是,在很多案例中,这样的分析根本没有进行,或没有充分地进行。更复杂的是涉及现役系统的改进、升级、纠正以及能力提升。对系统的任何改变,不管是多么的平淡,像改变紧固件的尺寸等,都可能引入附加的风险,或可能改变风险的剖面(系统危险分析中识别的风险和控制)。实际上,系统危险分析应当是一项动态分析,一旦计划进行改变,就应评估风险。

7.6.3 寿命周期后勤和系统安全性

以前讨论过,并行工程涉及维修性、系统安全性、质量、后勤、人的因素、软件性能和系统效能之类的系统工程实践。系统和子系统规范涉及到寿命周期中的所有要求,各个专业应该在一起共同制定。

可能与后勤工程紧密联系的与安全性相关的风险可能是巨大的,取决于产品、过程或系统危险分析的具体输出信息。不过,有一些关键考虑如下,随着生产和部署开始,一直持续到退役和处置。

1. 生产和部署考虑

在生产和部署阶段,如果所有的系统专业没有集中在一起工作,要求可能是不充足的。系统危险分析应该已经研究了所有已知的寿命周期风险并由此制定了安全性要求。后勤/安全性相关的要求可能在开始生产和部署时就会起作用。需要面对下述问题:

生产设施能否足够保障安全生产流程?

设施是否能够防止物理损伤、火灾、爆炸、洪水、地震以及车辆、环境和飞机损伤?

会不会在不经意间将潜在危险引入产品、过程或系统之中?

工作人员会不会由于装卸、错误、受伤、污染、误用或损害等原因不经意间将潜在危险引入产品?

设施足够大吗? 有进出设施的通道吗?

对于完工产品、过程或系统来说,有足够的贮存空间吗?

有引起生产或生意中断的单点事件或共因吗?

有没有不经意间对产品、过程或系统产生不利影响的关键工作人员?

潜在危险会不会在不经意间被引入生产流或供应链?

已完工产品、过程或系统是否已经被恰当保护、包装、贮存、运输、装配、安装和试验?

是否有向顾客提供的合适资料、指南和培训?

是否有合适的安全使用程序、意外事件程序、注意事项或警告?

从后勤和系统安全性角度来看,终端用户或顾客的需要得到满足了吗?

从后勤和系统安全性角度来看,功能要求和约束条件满足顾客的需要吗?

从后勤和系统安全性角度来看,物理设计参数满足功能上的要求吗?

万一生产流或供应链中断,有应急措施吗?

有与产品、过程或系统相关的实时安全性相关的风险吗?

2. 过程运行

如果没有掌握安全性相关风险的减缓知识,在过程设计和过程运行中,可能不经意间引入潜在损害和危险。例如,可能对产品、过程或系统造成不利的影响,应该考虑以下问题：

过程本身有危险吗？

可能出现火灾、爆炸或有毒气体泄漏吗？

会不经意间引入污染吗？

过程控制足够保证稳定运行吗？

从后勤和系统安全性角度来看，过程变量控制设计参数吗？

过程监控充分吗？

环境会对过程产生不利影响吗？

与过程有关的原理得到证明了吗？

过程中可能会出现什么样的偏离？

支持性分析和计算恰当或正确吗？

对与自动装置有关的失效/失能进行分析和减缓了吗？

在软件、算法、逻辑、编码或规范方面有错误吗？这些错误可能引起意外的工作或停工，或对最终状态造成不利影响。

过程试验充分吗？

进行了过程安全性分析吗？

满足安全性要求吗？

模拟或仿真合适吗？它们与真实的过程使用相关吗？

3. 生产检查

在制造过程中，在生产线上应设置检查点以确保系统工程标准得到满足（包括维修性、系统安全性、质量、后勤、人的因素、软件性能和系统效能）。检查通常按照质量工程要求进行，而且通常要考虑如下涉及检查标准的问题：

检查标准足够识别安全性相关的风险或减缓措施吗？

检查员进行过安全培训吗？

检查员培训充分吗？

检查程序是否充分，形成文档了吗？

记录恰当吗——它们能够识别危险或不恰当的控制吗？

有过多的文档吗？

检查员有足够的工具或设备吗？

检查员会暴露于安全性相关的风险中吗？

检查员会不会不经意间将潜在危险引入产品、过程或系统？

收集的数据足够支持分析吗？

检查员进行了实时分析吗？

有独立的质量评估或审核吗？

仪器和控制设计满足维护和检查吗？

检查员是否暴露于物理危险、机器人或自动设备中？

是否设计减缓来保护检查员,使其远离危险?

互锁、防护或安全性装置可以绕开吗?

有足够的提示、警告和警示吗?

检查员是否经过培训,能应对意外事件吗?

是否有具体的控制措施以确保产品、过程或系统得到保护?

4. 质量控制和数据分析

质量工程应使用一些方法和技术来确保整个系统符合规范。总目标是制定一套要求,如果满足的话,那么,就可得到满足预期使用目标的一个产品、过程或系统。

不幸的是,对大多数系统要求都没有给予重视和所需的知识。因此,一定要谨慎地培养检查人员,来报告未知的危险。后勤提供保持和维护产品、过程或系统一旦提交给终端用户时的完整性的保障功能。人们都说:除非与安全性相关的风险被消除或控制,否则就不能满足任何目标(适合预期使用目的,同时保持和维护产品、过程或系统的完整性)。

下面是涉及共同质量、后勤和包括数据分析的系统安全性考虑的其他问题:

是否有确定整个寿命周期过程处于控制中的标准?

是否正在发生失效、中断、偏离、失能、异常、意外事件或事故?

是否有标准来事先采取措施减缓失效、中断、偏离、失能、异常、意外事件或事故的发生?

数据分析和后续措施能够促使作出减缓风险的决定吗?

收集到了合适的数据特别是危害度和严重度吗?

合适地使用了统计方法吗?

分析数据是否被合理地(归纳地或推理地)使用,以展示诱发因素直到最后结果之间的相关和关系?

数据是人工收集还是自动收集?

数据收集和分析错误是否减轻?

是否定义了获取调整数据的标准?

是否有一个接受或拒绝数据的程序?

5. 贮存、运输和装卸

产品、过程或系统生产出来后,接着是贮存和运输。产品、过程或系统可能经过一个可能出售、仓储、改进、批发或配送的中间商。后勤对整个供应链提供保障。因此,没有合适的后勤和系统安全性要求,产品、过程或系统可能暴露于可能引入的损伤和其他潜在危险。下面是一些需要考虑的问题:

在贮存过程中产品、过程或系统可能被损伤吗?

在贮存过程中有没有过期会降级的易腐烂的产品或材料?

环境风险是否被评估或减缓?

当超过保存期限时,货架寿命是否确定并纳入拆除程序中?

是否有具体的贮存要求?

如果出现意外事件或事故,是否建立了意外事件处置程序?

贮存过程中是否有监视和检查要求?

是否包装完好以保护产品、过程或系统?

是否有恰当的注意、警告或警示提示?

警告标志是否可以与系统一样长久?

警告标志是否容易被人注意到?

是否有一套恰当的使用指南、说明书和其他编写的资料?

是否有任何具体的贮存要求或环境考虑?

是否有危害/危险的装卸或贮存要求?

贮存时是否有维护/保养要求?

是否需要考虑与其他贮存的产品、过程或系统的不相容性?

是否有需要保养的自动检测器/监控器?

保密安全性风险是否减缓?(在贮存和运输过程中,闯入者可能引入潜在的危险,例如,重新编程装置,引入污染,或安装危险的装置。)

产品、过程或系统是否保护得足够好,能够防止冲击和振动?

是否有具体的运输要求:空运、海运、铁路运输或公路运输?是否考虑过具体的线路、飞行计划、铁路或公路?

6. 建造、安装、装配、试验和开始使用

事故或意外事件可能在建造、安装、装配、试验和开始使用过程中发生。危险分析应该包括安装程序。在这段时间内,也可能无意中引入潜在危险。注意下列问题:

是否有定义建造、安装、装配、试验和开始使用需求的详细的场地计划?

是否有阐明风险和减缓措施的具体危险分析?

是否有恰当的安全性大纲和计划?

是否事先进行实地调查?

地点是否适合产品、过程或系统?

有配套的公共设施、供电、供水和通信设施吗?

地点是否可满足预定的功能、维护和使用?

环境风险是否已进行评估或减缓?

万一出现伤害、火灾、洪水泛滥或地震,有无可用的合适的应急资源?

是否有像医生、应急队伍和一定范围内的精神创伤中心等有效的医疗卫生安排?

场地足够隔离吗?——不至于暴露于公众也不暴露于其他外部危害。

有包括设备和资源在内的恰当的撤离和预防意外事件计划吗?

在物理上和信息上是否有足够的保密安全控制？

是否有一个综合的试验计划——功能上的、使用上的和技术体系上的？

万一出现意外事件或事故，是否有替代程序和资源？

针对某种关键岗位的人、某个关键设计、产品、部件、算法和代码，是否有备份？

7. 使用、维修和保养

通常，大部分安全性分析研究使用和维护危险及相关的风险。在这个阶段显然会出现潜在危险和事故。有关系统的不恰当决定可以导致诱发危险、贡献危险和事故。为了采取主动，一旦系统成熟度允许，使用、维护和后勤规划就应该开始。下面是需要考虑的其他问题：

满足已有的法规、要求、条例或标准不能保证可接受的风险。是否给出的关于符合已有安全性法规、要求、条例或标准的假定不恰当？

使用要求定义充分吗？ 具有恰当的安全性要求吗？

是否有包括恰当的安全性要求在内的以可靠性为中心的维修（RCM）计划？（见本章）

是否有一个恰当的使用与保障危险分析？

自主式系统可能不得不进行编程、教学、调整和校准。对这些风险进行了评估吗？

在接触前，物理设备（能量形式）稳定、中性、能量状态归零了吗？

在接触期间，安全性装置会不会失效或失能？

有没有允许接触的恰当的人类工程学考虑？

有没有进行周围或附近地区的分析，评估物理和环境风险？

有没有足够的保障工具、方法、设备、部件和替换单元？

现有技术是否过时或没有保障？

为了维护和保养系统，是否需要一个关键岗位人员？

万一发生意外事件或事故，是否有紧急事件和意外事件备份？

是否进行了正式的事故和意外事件调查？

是否进行了监控和校正以确保系统稳定和平衡？

是否制定了有关延长系统使用寿命的计划？

是否进行了确定耗损的可靠性监控？ 是否有计划在元器件失效之前进行更换？

是否进行了决定元器件和零部件的替换备件，与系统性能和平均供应延误时间（SDT）相关的计算？

是否考虑过标准化和互换性？

是否有保障系统安全性的预防性维修？

是否有故障监控、检测和隔离措施以保障稳定性？

是否考虑过与维护和使用、技能水平、程序的定义和分析、培训需要、工具、设备和仪器相关的人的因素？

是否对与使用先进的维护设计相关的风险进行了评估和控制？自主式自诊断、自修理、人工智能和模糊逻辑怎么样？

在维护和试验过程中考虑了与软件使用相关的风险吗？

警告、警示、提示或告示恰当吗？

在人与人之间或人与机械之间是否会出现潜在的交流障碍？是否有潜在的语言障碍？是否过于复杂？

安全性装置或控制识别了吗？

是否通过顾客反馈、现场调研、访谈或检查进行现场监控以保障系统安全性？

文档和记录是否合适？

一旦出现危险和风险情况，是否有快速反应的主动召回程序？

一旦出现危险和风险情况，是否有快速反应的恰当的系统改进？

是否有恰当持续保障系统安全性的安全性计划、会议和人员？是否有正在进行的活动、分析和改进？

8. 退役和处置

不幸的是，很多产品、过程和系统含有一些在特定条件下可能是危险的物质，因此，有很多风险需要考虑。有害废物控制领域非常广泛（但不是本书谈论的话题）。可能有这么多的风险要评估，有必要进行一种具体的保障危险分析，以阐明产品、过程或系统退役或处置的风险。有很多因素要考虑，包括急剧或缓慢的暴露：固体、气体、液体、薄雾或烟雾的有毒性；气体、液体、薄雾或烟雾的易燃性；固体、气体、液体、薄雾或烟雾的腐蚀性；放射性；致癌性影响；及其长期影响和综合影响。考虑包括像混合物、塑料、化合物、金属、电气和电子子系统，以及可能包含铁、铅、镉、铜、铍、钴、铝和镓等微电子技术等新材料的使用的复杂性。在去功能化和处置评估阶段，应该阐述以下问题：

是否为产品、过程或系统特别制定了一个具体的退役和处置计划？

计划中是否包括在设计中识别急性或慢性危险的预防措施？

急性或慢性危害是否表示立即或将要出现的风险？

计划中是否包括有危险的或有危害的固体、气体、液体、薄雾或烟雾的清单？

是否有与拆卸、分解、拆除和运输到一个合适的地点相关的控制措施？

对材料或其副产品的回收利用，有些什么考虑？

与危险性材料处置有关的现行法律、标准或要求有哪些？

对法律上的变化监控和跟踪了吗？

在控制相关风险方面是否有最新的变化？

是否有提供合适的批准、文档和记录的方法？

万一出现意外事件或事故，是否有意外事件处理计划？

是否评估了运输风险——保密安全预防措施、路线计划，以及货物的稳定性？

拆除产品、过程或系统是否需要特殊设备、过程、顺序以及预防措施?

是否有特殊的装卸要求?

现场支持未来的退役要求吗?

现场的环境风险是什么?

危险的固体、气体、液体、薄雾或烟雾最终处置的技术、方法、过程或程序是什么?是否有足够的风险控制?

7.7　学生项目和论文选题

1. 为后勤保障设计编写一个通用的设计评审程序。

2. 为一个商用产品进行后勤保障分析。

3. 为一个批生产制造过程进行后勤保障分析。

4. 为一家车间制造厂进行后勤保障分析。

5. 提出分析一个系统所需备件数量的方法。

6. 评判以可靠性为中心的维修程序,并提出改进建议。

7. 选择一个产品、过程或系统,制定一个考虑到所有寿命周期阶段的后勤工程计划。

8. 扩展后勤保障分析,将系统安全性考虑进去。

9. 说明后勤保障如何增强系统安全性。

10. 选择一个产品、过程或系统,进行系统危险分析,确定适合后勤保障的减缓内容。

参 考 文 献

[1] W. Finkelstein, The New Concept and Emerging View of Logistics. In: Logistics in Manufacturing, John Mortimer (Ed.), IPS Publications, Kempston, Bedford, UK, 1988, pp. 201 – 205.

[2] E. J. Lerner, Designing for Supportability, Aerospace America, June 1989.

[3] C. O. Coogan, A Systems Approach to Logistics Engineering, Logistic Spectrum, Winter 1985, p. 22.

[4] B. Blanchard. Logistics Engineering and Management, Prentice – Hall, Englewood Cliffs, NJ, 1974.

[5] Logistic Support Analysis, Naval Forms and Publications Center, Philadephia, PA 1987, MIL – STD – 1388.

[6] Maintenance Engineering, Planning, and Analysis for Aeronautical Systems, Subsystems, Equipment, and Support Equipment, MIL – STD – 2080A(AS).

[7] Procedures for Performing a Failure Mode, Effects, and Criticality Analysis, MIL – STD – 1629.

[8] Level of Repair Analysis, Naval Publications and Forms Center, Philadephia, PA, MIL – STD – 1390.

[9] Hanns – Ulrich Pretzch, BMW Logistics: A Step in the Future. In: Logistics in Manufacturing, John Mortimer (Ed.), IPS Publications, Kempston, Bedford, UK, 1988, pp. 145 – 149.

[10] Reliability Centered Maintenance Requirements for Naval Aircraft, Weapon Systems and Support Equipment, MIL – STD –2173(AS).

补 充 读 物

Blanchard. B. S. , and E. E. Lowery, Maintainability: Principles and Practices, McGraw – Hill, New York, 1969.

Definition of Effectiveness, Terms for Reliability, Maintainability, Human Factors and Safety, MIL – STD – 721, Naval Publications and Forms Center, Philadelphia.

DoD Requirements for a Logistic Support Analysis Record, MIL – STD – 1388 – 2A, Naval Publications and Forms Center, Philadelphia.

第8章　人因工程和系统安全性考虑

8.1　人因工程原理

人为差错可能引起一个产品失效或导致一场事故。本章的目的是介绍对于人为差错具有预防能力的设计方案。一个对错误具有预防能力的产品设计,是一种健壮性设计。例如,一次性香烟打火机有两种式样:戴帽的和不戴帽的。不戴帽的打火机不是一种健壮性设计,因为火苗有时并不像人们期望的那样在几秒钟内熄灭。使用者必须确保火苗熄灭了。有人被这样的火苗烧着了胸和脸。戴帽的打火机不存在这种危险。它们切断氧气供应,从而熄灭火苗。

有很多人试图将人为差错归咎为所谓的事故原因。人肯定会犯错误,因此,系统的设计应当能容许人为差错,尤其是当可能出现灾难性风险时。最低程度上讲,在造成伤害之前,至少应发生3个独立的事件。

对人因设计的投资能减少寿命周期费用。减少的费用依据挽救的生命、对培训和技能要求的减少、责任的减轻和灾难的减少等因素来计算。

有关人为差错及其预防设计的其他例子如下:一辆旧式汽车,一个驾驶员有可能以远远高于安全限制的速度行驶;而在很多新车上,增加了一个最高速度的限制。在一个软件项目中,一个新的程序员编写了一条错误指令,造成了一个大灾难;对软件进行更改后,对系统超出边界的能力进行了限制。

这些例子说明,在设计初期就可以预计和防止灾难,而这时的设计更改成本要低很多。在制造出实际产品之前,在图纸上进行设计更改。

市场上存在大量对人为差错没有预防能力的产品。最新型的汽车上的收音机带有很多小按钮和标识,在阅读和使用它们时,驾驶员可能完全会分散对路况的关注,事实上,好几次事故就是在调收音机的时候发生的。旅馆淋浴器的操作和指示没有标准化,在一些地方,反时针方向旋转水龙头以增加热水,而在另一些地方正好相反。疗养院的很多老人因为不知道该向哪个方向旋转水龙头而被严重烫伤。如果所有的设计师都依据已在 MIL - HDBK - 1472[1] 中阐明的指南进行设计,就可以避免混乱。正如本章所述,还有一些灾难可以通过恰当的分析来预防。

8.2　设计阶段人的因素

在详细设计过程中,一名工程师至少应该采取下述措施(后面再更详细地描述）：

（1）在制定规范时使用检查单和标准。

（2）进行正常和紧急条件下人机接口的设计评审。

（3）利用过去的经验和教训。

（4）对危险分析（见第 5 章）的结果进行评审，包括人为差错引起的危险。

8.2.1　在规范中使用检查单和标准

检查单和标准中包含已经验证的设计原理。例如，MIL – HDBK – 1472 包括的检查单和设计指南，给出了显示位置，照明等级，开关、把手、按钮和标识的标准，工作场地尺寸，进行维护的可达空间，告警灯的含义，警告器及其尺寸等信息。

以下列出的是应该遵循的好的人因工程的通用原则：

（1）如果互换性将引起一场事故，就不要进行标准化。（医院的一位修理技师将一根氧气管连接到一氧化碳源上，或反过来接了，接口都是一样的。对于每个不同的源，接口应当是不一样的。）

（2）根据人的典型行为进行标准化。（人们通常顺时针方向转动把手以调低汽车的窗户。但是，有些小汽车在驾驶员那边设计成逆时针方向转动。在紧急状况下，驾驶员可能认为窗户卡住了。）

（3）一般总是用蓝色代表冷，而红色代表热。（在一些旅馆，为热水安装了蓝色把手，安装把手的人可能没有注意到颜色编码。）

（4）重复性的操作应该自动化。（对人来说，重复性的操作是单调的。）

（5）安全装置的位置应该标准化。有些小汽车的应急喇叭按钮在驾驶盘的中央，而另一些在驾驶盘的边缘，还有一些却在旁边的杆上。（商务旅行中的租车人在紧急情况下可能不知道到哪里去按喇叭。）

（6）电子装置中的控制器，应该设计成数量（电压、温度、电流等）随顺时针方向增加。

（7）液压和气压系统中的控制器，应该设计成逆时针旋转增加数量（如，水、汽等）。

（8）绿色应该用来代表"正常"信号，红色代表"失灵"，黄色代表"警告"，而闪烁的红色代表"紧急情况"。

（9）一个设计不应该只依靠一个灯来给出告警信号，因为灯本身有可能烧坏。替代方案是让灯一直亮着，而在紧急情况时，让它闪烁。如果灯不亮了，就会检查原因。另一个选择是增加一个备份的音频告警。

（10）对于遥控器，应该考虑最坏的情形。（驾驶员卷起汽车的后电动窗，压坏了小孩的手指头。在一些新的设计中引入了可感知玻璃边缘手指的光纤传感器。）

（11）小而圆的零部件，比如在玩具上的那些，可能被小孩吞食。因此，这些零部件应该设计成正方形或长方形,使其不容易被吞食。

(12) 严重警告应该大、清晰,并且容易引起注意。(不要依赖用户从使用指南中获取这些信息。)警告标志应该永久印刷并且安全可靠,不脱落。

(13) 备份装置应清楚标明。(核工厂的一位操作员试图操作一台没有动力的备用泵而不是主泵,引起了一场事故,因为控制板上没有标明哪一台是启动的。)

(14) 如果一个人可能会输入错误信息,如计算机面板或键盘上的一个错误数字,那么,必须引入失效 – 安全功能。

(15) 如果有操作员是色盲,设计时不要用颜色指示。MIL – HDBK – 1472[1]推荐了各种设计中使用的颜色编码。不幸的是,大部分颜色编码使用了红色和绿色,而色盲大部分就是红绿色盲。根据 McConnel[2]:"大部分色弱人员表现为对红色、或绿色、或对这两种颜色的反应存在缺陷。世界上大约 5% 的人对色谱中的一种或多种颜色是全盲的。" McConnel 进一步指出,色盲的主要类型包括红绿色盲或蓝黄色盲。红绿色盲的人看到的世界是蓝色和黄色的。在这些人的眼里,绿色的草地是蓝色的,消防车是黄色的。蓝黄色盲中有很小比例的人看到的世界是红色和绿色的。不管什么类型的色盲,区分黑色和白色都没有问题。

(16) 仪器的指示器应避免眩目和模糊不清。有些会侵入潮气,刻度盘无法读数。

(17) 把手设置应该标注清楚并且耐久牢固。(标签脱落,文字褪色,眩目干扰影响可读性。)

(18) 控制器使用的序列应该按照数值顺序进行。有一个例子,系统失效了,原因是按钮标数为 1、2、3、4、5、7、6。由于工程更改,数值 6、7 不是按照序列出现。操作员没有仔细阅读,想当然地认为它们是按照顺序设置的。

(19) 电池正极和负极应该大小不同,以防止不正确的电缆连接。

(20) 对于安全性关键的复杂系统,连接器的颜色应该与电线的颜色一致,以防止连接错误。(1989 年,在一架波音 747 飞机上,至少发现 14 起因误连接造成的火警。利用颜色编码有助于防止后来出现问题。)

(21) 仪表盘上的数字应置于不会被指针覆盖的地方。

(22) 控制室里的仪表应安装在操作员可以清楚看见的地方。(Three Mile Island 核电厂里的一些控制器被发现安装在操作员的背后。)

(23) 经常使用的显示器应直接安装在操作员的前面,且控制器应在旁边,在容易够着的范围内。

(24) 告警应该足够明亮,或具有足够的对比度,以便在所有照明条件下都能够清晰地看到。

(25) 计算机对接收数据还是拒绝数据应该给操作员一个明确的反馈。否则,操作员可能会在绝望中开始按下错误的按钮。

（26）操作员不需要拆下很多零件就可以检查像过滤器、风扇皮带和被腐蚀的零部件一类的东西。

（27）应该采取措施防止控制器的意外触发。关键的控制器按钮不应从控制面板中凸出，或为其提供防护装置。

（28）零部件应该避免出现锐边，以防止割伤或划破。

（29）应该避免需要对操作员进行危险告警的设计。

（30）操作台和操作仪器要有足够的空间，以免对操作员身体造成伤害。

（31）要有足够的空间供人、工具和设备进入进行维修。

（32）软件应具有区分有效和不安全指令的能力。

（33）应该避免设备出现嗡嗡噪声，噪声可能让人昏昏欲睡或使人烦躁。

（34）如果数字控制器太多的话，操作员会无法监控。将关键的控制换成模拟刻度盘。

（35）在噪声环境中避免口头交流的需求。例如，当飞行员和正驾驶在一架客机上进行启动检查时，很难分清正驾驶喊的是"ON"还是"OFF"。

8.2.2　人机接口设计评审

当人机接口分析（HIA）涉及到一个具体的机器时，就称为人－机接口分析。人机接口分析可能包括一个修理或维护过程，甚至一个修改软件程序的人。

最好的技术是使用与保障危险分析（O&SHA）。O&SHA 包括编写使用程序，分析在这个程序的每个步骤中有可能出现的错误。这是一种防止事故的技术，也可以用来防止由于人为差错而产生的失效。例如，如果一名监视仪器刻度盘的操作员分心，一个"过限"的指示信号就会因没有注意到而漏掉。如果这种故障模式可能引起一场事故，那么，应该设计其他的监视方法。图 8.1 给出了一个 O&SHA 格式的例子。其分析过程与第 5 章介绍的维修工程安全分析程序一样。

系统/子系统名称＿＿＿＿＿＿ 活动＿＿＿＿＿＿＿＿＿＿			使用危险分析		版本＿＿＿＿＿日期＿＿＿＿＿ 编写人＿＿＿＿＿＿＿＿＿			
任务序号	任务描述	危险	危险的影响	危险级别	潜在事故 预防措施	程序 编号	解决 方案

图 8.1　使用与保障危险分析的例子

例如,假设一种故障模式为:"技术员在进行预防性维修时,忘记给飞机发动机的一个螺栓装上密封圈"。设计解决方案就是将密封圈设计成螺栓的一部分。这样,技术员根本就不用担心会忘记装上密封圈了。

在航空工业上使用的一种专业工具称为链路分析。分析员观察在飞机座舱中哪一种控制装置使用更频繁,改进设计时将使用最频繁的控制装置布置在方便的位置。

8.2.3 利用过去的教训

一个新设计不应该出现大量以前出现过的问题。设计改进的信息可以来自失效记录、数据库、经销商、供货商、用户和竞争对手。一个最好的信息源就是人为差错率预计技术。

8.2.4 危险分析评审

在8.2.2节中,建议对人–机接口进行使用与保障危险分析。实际上,还有几个其他接口,如人–软件接口和人–环境接口。对这些接口最重要的分析是初步危险分析,它包括了很多由人引起的危险。(第5章包含了初步危险分析和几个其他的分析)。在处理由分析引起的任何设计更改时,都应该有人因分析专家参加[3]。需要进行人为差错评审的其他危险分析有维修工程安全分析(MESA)和所有涉及到人的附加分析。Gibble 和 Moriarty[4] 采用了一种寿命周期方法,技术上称为人因/安全功能分析。他们假设,人为差错可以在几乎每个寿命周期阶段发生,无论是设计、生产、维护或使用阶段。例如,图8.2 给出了一种飞机上的一个电接触器短路的危险,这种危险在上面所说的任何阶段都有可能引入。在设计阶段,这种故障模式可能由设计师在设计中引入。生产操作员可能允许一个缺陷从而导致短路。同样,飞行员可能超控一个自动设置,导致与由于短路引起的同样事故。

危险(SSHA)	设计	生产	维护	使用
接触器 C–4 短路,导致损害悄然开始	接触器有几种由设计师在设计时引入的故障模式	错误工艺允许缺陷存在,从而引起短路	维护工人在安装过程中出错	飞行员超控自动设置
军械保险紊乱,在紊乱位置转子可以激发	设计师没有为转子系统设计足够的公差	生产错误或装配错误	维护检测没有检测到问题	飞行员使用错误的保险设置

图8.2 人因/安全功能分析示例

当进行人为差错审查时,设计师必须假定最糟糕的情况。一名操作员无论多么小心,都存在出错的可能。应该通过设计,使系统能够克服这种情况。例如,可以要求操作员使用双手才能开动机器,这就可以确保操作员不会将手放在机器的不安全位置。同样,收音机的控制钮可以安装在汽车的方向盘上(图 8.3)。这样,就可允许驾驶员在眼睛不离开路面的情况下使用收音机。而且,方向盘上还可包括温度控制钮和风扇控制钮。

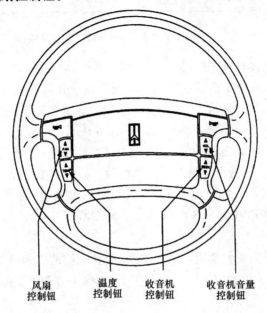

图 8.3　方向盘上的收音机控制钮——提高了人因特性

(图片来源:Delco Electronics)

8.3　生产阶段人的因素

在生产中,人为差错可能引入潜在缺陷,这些缺陷可能不会被检查和试验程序检测出来。这些缺陷影响产品的安全性和可靠性。它们有可能影响人自身的安全。本节包括这方面需要关注和警惕的事项。

8.3.1　生产错误的类型和控制

下面列举的是经常遇到的错误。同时提供了一些预防它们的措施。

1. 幻觉错误

检验员通常只看见他们期待看见的东西。如果他们在电路板上一直看见的是 100Ω 电阻,就会一点儿也没察觉地漏过一个 1000Ω 电阻。如果他们习惯于在飞机的发动机上看见一个密封圈,常常注意不到丢失了一个密封圈。机械化检查就可以防止这样的错误。但是,像丢失密封圈这样的情况,机械化检查并不可行。但可在系统中设计某种信息反馈,例如,驾驶舱的压力表可以给出一个低压警告,而不需要检查。那些不相信人会下意识地出错的人应该试一试图 8.4[5] 中的实验。

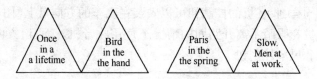

图8.4　一个关于下意识的实验(参见参考文献[5])

用自己惯用的速度读一读图中的句子,观察是否有异常或错误。

50%以上的人在第1次看这幅图像时没有发现任何异常。原因是:他们的思维固定在他们想看见的事情上。(他们没想到被事实迷惑了,就像这个玩笑一样。每个三角形中含有一个多余的单词,如"Paris in *the* spring"。)

认为这是一个怪诞实验的读者应该试一试下面的一段文字[6]。让两个或更多的人读下面的句子,数出字母F出现的次数。他们将很少数出同样的次数。

THE FIRST FINE FISHING DAY OF THE YEAR WE FINALLY FLEW TO ALASKA FOR FIVE DAYS OF REAL FISHING.

2. 视觉错误

检验员不仅看见他们期望看到的东西,而且他们的眼睛将保留前面的图像大约1/16s。这就是常说的"100%的检验很少100%有效"的理由。这种重复性的检验应当由机器人来完成。

3. 知识缺乏导致的错误

这种情况非常普遍。例如,一名生产领班被告知在开始每次轮班之前要更换清洗钢制零件的化学溶液。但是,从来就没人告诉过他这种零件(烟雾检测告警器用的)必须非常干净,以防止锈蚀。一天,为了提高产量,在利益的驱使下,他没有更换这种溶液。这种零件生锈了,使烟雾检测器无法使用。公司不得不召回这种告警器。不幸的是,只有6%的顾客退回了告警器。根据美国法律,公司对告警器一直遗留在市场负有责任。不用说,公司破产了。

因此,重要的是,工序应清楚地反映风险。根据保证技术原理,溶液应当由一个自动装置进行更换。更好的方法是,通过使用不锈钢零件,省掉了化学处理过程。

4. 工程疏忽导致的错误

并不是只有生产工人和检验员犯错。很多错误是由于加工设备的设计工程师疏忽造成的。在一个案例中,焊接温度实际上比读数低40 ℉。这个设备生产了很多冷焊接点。这个案例中的疏忽是,设备设计师没有给出任何校验指南。因此,没有任何人对设备进行校验。

8.3.2　防止检验错误

检验是由生产工人和检验员完成的。不管由谁检验,都可以使用下面的技术。

工作分区：将检验分成几个较小的任务比一个大任务更好。如果在一块电路板上有 300 个元器件，请工人首先检验所有的电阻，然后是晶体管，依此类推。如果检验根据零件的顺序来进行，工作会变得枯燥乏味。还有一个分区方法是将电路板组件分成几个区域，首先检验第 1 个区域，然后是第 2 个区域，依此类推，直至检验完所有的区域。

对比检验：在这种方法中，用一个已知是好的组件作为标准样板，所有的产品跟它进行视觉对比。如果产品复杂，可以使用一种自动的方法，如采用机器人视觉或人工智能技术。

用直观教具和表格代替文字说明：人们喜欢那些容易获取的信息，长达数页的检验指南难以记住。已经证明，编写指南时使用图形、直观教具和表格，比大段的文字说明有效得多。

工作抽样：Harris 和 Chaney[6] 推荐了一种工作抽样技术。在这种技术中，植入已知数量的错误（像软件中的错误植入技术），通过捕捉到错误的百分比来测量检验的可靠性。这种工具不能作为性能评估工具，只能作为培训工具。

除了以上所述，常见的激励因素对检验有效性具有很大的作用。监管环境既可以鼓励错误，也可以阻碍错误的产生。可靠的工作场所设计和工效学原理的应用也是有帮助的。

8.4　试验阶段人的因素

人的因素试验是系统范围的，因而是复杂的。它们包括很多试验，以确保对于制造、维护和实际使用过程中的错误具有失效 – 安全的降级模式。没有那些将要使用、修理和维护这个系统的人员参加，就无法轻易完成这些试验。至少要进行 4 个试验，下面予以简要介绍。

8.4.1　针对习惯行为的试验

除非经过培训，否则人会按照一个特定的方式行动。左撇子习惯于用一种方式完成任务，而习惯右手的人常常用另一种方式完成任务。必须对他们的行动进行研究以防止事故。例如，在一个供电系统中，减少电负载的一个典型方式是逆时针旋转控制钮。如果控制钮不是用这种方式设计，那么，负载反而会增加，而不是减少。前面提到过，关于玩具的那个案例，孩子们喜欢吞食小的零部件。这就是为什么那些著名的玩具制造商一定要确保小部件不能从玩具上分离，或小部件不是圆形的。

对习惯情况进行试验的最好方法是，观察人们基于经验使用系统的方式。大型玩具制造商通过单向透视镜观察孩子们如何正确使用和错误使用玩具。向父母们提供玩具，请他们报告他们的所见。最近对机动车进行的一项试验揭示，因业务需要租用小汽车的驾驶员总是不太容易拔出一种新型小汽车的点火钥匙。这种小汽车采用了一个罕见的钥匙拔出机构。如果点火钥匙拔不出来，驾驶员可能因此非常沮丧；不应该让驾驶员必须经过数分钟的努力才能摸索出拔出点火钥匙的方法。驾驶员将试着用某种自然的方式去拔出点火钥匙，应该让驾驶员可以用自然的方式拔出点火钥匙，或可以很快猜出正确的方法。如果 90% 的人可以猜出来，而 10% 的人猜不出来，那么，这种设计就是不能接受的。

8.4.2 应急准备试验

在紧急情况下，人们没有任何时间去思考，从而引发了很多灾难。他们凭直觉行动，犯了很多错误。纽约一次断电的原因之一是一名技工在应该减少供电系统的载荷时误操作，反而增大了载荷。在另一家供电公司，一名操作员在控制室对备用泵而不是对主泵进行了致命的调整。在印度 Bhopal，很多人死于化学事故，因为他们不知道紧急警报的原因，将警报信号当成是普通事故信号，他们跑向发生事故的工厂而不是远离。

为了减少事故造成的影响，每个存在潜在事故的组织应该进行应急准备试验，以确保人们在紧急事故发生时采取期望的行动。这些试验称为紧急事件演习。每个人——包括居住在附近的人们——均需要按照指示完成某种任务。定期模拟紧急状态，以观察人们在控制事故方面如何反应。观察员随后访问参加者，以便在系统设计和程序方面进行改进。

典型的发现是：人们不能打开灭火器；洒水车不工作；人们按照错误的方向旋转控制钮；残疾人不能逃生；疏散花费的时间比预期的长得多；存在有毒烟雾时，人们忘记打开窗户。最令人沮丧的发现是好像没有人负责。应急准备试验的目的是在真正的灾难发生之前，发现所有的障碍。

在应急准备试验中，应观察下述错误[7]，这些信息对预防未来的事故是有用的。

（1）替换错误：操作员习惯性地选择一个错误的控制或错误的设备。例如，在小汽车中，该开灯时却打开了挡风玻璃擦拭器，该踩刹车时却踩了油门踏板；在旅馆里，该开冷水时却开了热水。

（2）选择错误：操作员粗心或无意中选错了控制或设置。这种错误与替换错误类似，但不是由习惯行为引起。例如，飞行员在座舱控制面板上按错了开关，计算机用户没有阅读说明书选择了错误的指令。

（3）阅读错误：操作员阅读了错误信息。例如，机动车驾驶员将收音机的 FM 调音钮读成了 AM 调音钮；核工厂检验员将 10～100 范围读成 1～10 范围，因而没有检测到一次辐射泄漏。

（4）情绪错误：操作员在不好的天气，或面对太多的让人混淆的控制器或警报器时，很可能出错。无法读取表盘或装置，也会影响情绪。

（5）警告错误：当小心、警告和危险信号标示不合适时，操作员可能出错。不要指望操作员可以记住所有的操作指南。

（6）机敏错误：例如，在缺氧或存在有毒气体时，操作员可能不机敏。

（7）理解不足错误：没经过恰当训练的操作员可能害怕询问问题，碰到紧急情况时可能出错太多。

（8）时间紧迫错误：操作员没有能力或没有训练在规定的时间内完成工作。在这种情况下，可能发生错误控制。

（9）顺序错误：操作员可能在进行某种操作时使用了捷径和旁路，或使用错误的顺序来完成这项工作，没意识到这样做也能引发事故。一架能乘坐 300 多名乘客的 DC-10 喷气式飞机从芝加哥起飞后坠毁了，原因是维护人员在安装其中的一台发动机时走了捷径。

（10）自负错误：就像有时说的，一名高级维修技师比一名新手更有可能涉及一次事故。新手将按照程序办事，而高级技师会独立决定。一名有经验的职业安全与健康行为（OSHA）检验员在检查一个高压供电装置时没有戴绝缘手套而触电死亡。

（11）反向错误：因控制器上没有任何清楚的标示，操作员操作设备时可能方向相反。例如，操作员可能将应该往下扳的开关往上扳，或可能将应该顺时针方向旋转的把手逆时针方向旋转。

（12）无意触发错误：操作员可能穿的衣服过大，或戴了金属饰环，这些可能意外地触发控制器。其他例子是驾驶员的上衣袖子可能挂在速度选择器上，带动到错误的挡位；或在地铁站，长头发可能缠绕到电动扶梯中。

（13）忽略或疏忽错误：操作员可能完全忘记了某项工作。例如，飞行员起飞前可能没有进行某项检查。一架商用客机起飞后坠毁，原因是副驾驶没有喊出将襟翼设置在正确位置。

（14）精神压力过大错误：由于任务太多、疲劳或个人问题，操作员可能无法专心于关键任务。例如，在核电厂警报太多，可能会妨碍操作员做出正确反应；一名商业旅行者深夜租车，可能没有花时间去了解挡风玻璃擦拭器或除霜器控制键的位置。

（15）身体极限错误：操作员可能因为无法实现或无法处理某项工作，从而做出不正确的反应或根本没有反应。人们存在高度、力量、左手或右手等方面的限制。

（16）随意行为错误：操作员可能没有认真对待任务。当一辆大型自动列车的驾驶员离开去与别人聊天时，他不在的情况下列车开动了，给旅客造成了恐慌。

8.4.3　补救试验

补救试验评估向受伤人员提供紧急医疗和救助服务的能力。试验可以围绕以下几个方面进行设计：

（1）被运送到急救站需要多长时间？

（2）医疗服务完成得怎么样？

（3）对那些濒临死亡的人员提供紧急救助需要多长时间？

（4）叫一辆救护车需要多长时间？

（5）到达医院需要多长时间？

（6）附近和救护车里可供使用的应急设施。

8.4.4 人-机接口试验

人-机接口试验可以是应急准备试验的一部分。进行这种试验主要用来保证接口的有效性。例如，可以对控制室设备进行试验以判断下述事项：

（1）会不会意外地按压控制装置，激发一个武器或在错误的时间里激活一个过程。

（2）专用工具是否安全放置在设备附近以便随时可用。

（3）各项功能是否可以单独测试，使得操作员可以简单而快速地识别问题出在哪里。

（4）某个部件是否便于拆卸和重装，以便进行修理。

（5）把手、开关和灯具的功能是否已经标准化。有时，两个或多个供货商分别设计系统的不同部分，由于没有进行协调而导致完全混乱；在一个地方，开关的"开"位置是朝上，而在其他地方，"开"位置是朝下。

（6）设备上的眩光是否妨碍观察。

这些方法和很多其他方法可以从标准、检查单和个人经验中获得。

8.5 使用阶段人的因素

在正常使用过程中，会发生有可能导致重大失效、事故或濒临失事的很多事故征候。不应该轻视这些事故征候。对这些事故征候应该有正式的报告。例如，很多医院使用基于事故征候/事故报告的数据收集系统。对这些报告加以总结，采取纠正措施以防止事件的重复发生。必须建立对这些事故征候的跟踪系统，以确保及时采取预防措施，并验证其有效性。

使用中的其他错误是那些与维护和修理有关的错误。维护人员的错误可能降低可靠性并引入不安全状况。像维修工程安全性分析（见第5章）这样的技术可以用来防止这些错误。

在设备使用过程中，疲劳和单调常常起重要的作用。在飞机使用过程中，人的表现无疑可以导致事故。

8.6　涉及人因和系统安全性的其他考虑

在考虑一个系统的人的因素时,人因和系统安全性的一个目标是帮助增强系统的设计,以确保可接受的风险。考虑到系统是由人来设计和操作的,人不是完美的,总会出错。因此,人是所有系统中的一个基本元素。例如,当人紧张、心烦意乱或混乱时,出错趋势可能增大,并可能发生事故。那么,正确的方法是,通过设计使系统具有容错性,从而减少由于人为差错而造成伤害的风险,这样就可增强设计以适应人的因素。设计师在系统开发过程中可能出错,事实上,在整个系统寿命周期中均可能出错。那么,系统应该设计有预定的降级模式以容许发生这样的错误。应该将系统设计成适应人而不是改变人。否则就要改进设计,以调整设计不良的系统。

8.6.1　人的个体差异

在整个寿命周期中,人与系统均有接口。他们创建设计、开发程序、建立模型、进行计算、撰写规范、设计工艺和程序、实际装配和构建系统。人是最终顾客——用户。系统不仅要设计得与人的行为一致,而且要与所有物理接口一致。设计师要考虑最终用户数量、人的个体差异——身高、体型、尺寸、背景、身体状态、年龄、健康状况、习惯和习俗。在任何特定时间,系统安全性均可能受到不利影响。系统安全性和人因工程师必须评估由于不合适的人机接口而导致任何伤害或危害的潜在性。因此,提出了很多评估人 - 机接口的方法和技术。评估存在很多复杂性。

8.6.2　人因工程复杂性

人因工程是人的生理和心理科学与工程科学相结合的应用。目的是实现人与机器之间的最佳匹配。其目标也强调效能和系统安全性。涉及到的主要原理有人体测量学、生理学和生物工程学。

人体测量学通过使用骨龄来描述人体尺寸,测量其高度、宽度、深度、距离、周长以及曲率。对工程师来说,这些到骨骼“结合部位”的尺寸之间的关系是非常重要的,这样,人体可以被置于与设备相关的各种位置[8]。

8.6.3　人是机器

人与机器之间以一种物理上的紧耦合形式通过物理接口来连接。例如一名飞行员坐在座舱,或一位货车驾驶员坐在拖拉机驾驶室,或一个重型装备工程师坐在推土机驾驶室。因此,在考虑物理方面的接口时,可以应用生物力学。生物力学用力学术语解释人体作为一个生物系统的特征。生物力学通过将物理学(力学)和数学相联系的研究,并吸收解剖学、生理学和人体测量学的研究而得到了发展。从某种意义上讲,将人体当作一台机器设备,对人体紧张和疲劳、运动或失效物理学、动力学、扭矩、肌肉应力、伸张和压缩进行分析。

8.6.4　人的行为

人仍然是最复杂的机器,特别是当考虑人的行为特征的时候。人因工程在行为科学方面包括认知心理学、精神心理学评估,例如,对感知、感觉、记忆、思想和运动技能方面的研究。其他复杂性包括对组织与社会心理学、社会学以及人体测量学的了解。[9,pp.2,3]

8.6.5　人的动机

安全性最重要的贡献之一是激发人们朝着与安全性相关的目标努力。动机是实现具体愿望的冲动,从而满足某种需要。通常,与安全性相关的参与者应该是有动机的;管理者、工程师、分析员、用户和其他利益相关者必须有防范事故的动机。可是,取决于每个人的观点,动机的不同级别显然是基于我们对风险的行为和态度[10,86-90]。动机也许是人的行为领域最复杂的课题之一——人有很多需要,它们不断地冲突,影响着人的行为。动机决定管理选择,它们常常导致错误的选择。

8.6.6　动机和安全文化

通常,如果只考虑个人在一个组织中的职责,很难形成一个共同目标。应该使每个人都明白他/她如何对一个特定目标,即事故防范做出贡献。人们应该能够联合起来并关联到某个特定的安全风险——连接所谓的节点,并关联到特定的职责、任务、功能,或活动,能够为某个特定的风险联合起来。当这样连接或联合起来时,可以增强安全动机。一种积极的安全文化就是在整个组织内部有共同的安全动机。

8.6.7　人为差错

人为差错可以说是事故的根源,特别是在一个产品、过程或系统的开发和改进过程中,在进行工程和科学的创造性工作时所犯的错误。既然人为差错如此重要,那么,人为差错是什么? 人为差错是由于疏忽、缺陷或事故而发生的一个行动。人为差错是在进行某项应该完成的工作时产生偏离或未能完成。错误是可预见的和随机的。错误也可以分类为主要的或是辅助性的。主要错误是那些由工作人员造成的、将会立即并且直接造成事故的错误。辅助错误有一部分是由工作人员的行为导致,在工作人员履行职责过程中,对局势产生了影响,并导致伤害。错误也可看作是一个计算的、观察的、测量的值或状态,与真实的、给定的、理论上正确的值或状态之间存在的差异。

错误可以是对已接受标准的偏离,对程序的偏离,错误的假设,或基于个人对

230

风险的理解所产生的决策错误。决策者可能在风险的理解上存在先入为主的观念而产生偏离。决策者可以是风险承受者、风险回避者,或处于两者之间某个位置。很多对系统安全性有负面影响的错误可以追溯到在系统创建和后续设计中进行的一个不恰当的决策。诸如工程与管理政策、进度压力或经费限制等外在压力——所有这些压力都可对决策产生影响,可能因此导致决策错误。

8.7　实时错误和潜在错误

错误也被当作不安全行为,在事故中可能是诱发因素或贡献因素。这些危险可能是实时的不安全行为或潜在的不安全状态的结果。现行的贡献因素可能与系统中个体的实时表现有关联。潜在的不安全行为可能是由管理者、设计师和计划人员的遗漏或授权行为而导致。与现行的贡献因素不同,潜在的诱发因素或贡献因素可能并不明显;它们可能在系统中潜伏一段较长的时间,一直到发生事故的那个时刻。例如在一个假设、一个计算或软件的一行代码中的一个错误。

8.8　人因和系统安全性支持分析

考虑到影响系统的几乎所有事情最终可以影响人的状况和安全性,几乎所有的系统分析技术都可以用来表述人因和系统安全性。估计有大约550种方法和技术在使用。以下讨论的是本书中在表述系统安全性方面很有用的一些技术。

8.8.1　人的接口分析

在任何系统中,应对由工作人员、硬件和软件完成的功能进行评估。有很多例子,人可以在整个寿命周期内——全尺寸工程、生产、调度、操作、维护、退役和处置——对系统造成负面影响。因此,在人与系统接触的任何时候,无论是人还是系统都可以相互产生负面影响。人的接口分析实际上是一个涉及很多其他技术应用的全方位术语,例如,链路分析、人类工程学评估、序列分析、任务分析、工作安全性分析、仿真、建模、工作负荷评估和错误分析。人的接口分析的总体目标是优化人与包括硬件、软件和环境在内的其他综合系统要素。从安全性角度来讲,接口危险应该被识别、消除或控制在一个可接受的水平。接口危险包括错误、偏离程序、计算错误、沟通错误、疏忽和遗漏等不安全行为。这些危险也可以包括由于判断错误、决策错误和人的不恰当行为所导致的不安全状态,它们会导致潜在状态。

8.8.2　链路分析

链路分析是通过类型(视觉、听觉、触觉)、速率、负载和适量性来评估信息传输的一种方法。它表示两个单元之间的工作关系,不管这两个单元是两个人,还是一个人或一台设备。分析员关注位置、排列和交换的频度,但有时不考虑时间。一条链路是两个元素之间的任何连接;元素是一个人、一个控制器、一个显示器、一个设备或一个工作站。链路分析试图以损失那些重要度低或频度低的链路为代价,减小那些最重要的或最频繁的链路的长度。依据使用 – 重要度关系对链路进行分级。重要度代表其关键度或严重度。

链路分析可以和其他技术一起进行,如采用仿制品、用面包板搭建、采用样品或仿真。该分析能够对可能与人发生接口关系的相关区域如工作站、座舱、机动车驾驶舱、监控站或控制系统等的物理层进行评估。

链路分析包括以下内容:

(1) 准备图纸、草图、仿制品或实物,体现出待研究对象的位置。这里距离很重要,其细节一定要按比例。

(2) 在存在通信的不同元件之间标绘出链路。

(3) 测定每一条链路的频度。频度可以通过以下方法获得:计算在一个程序中的每个任务被完成的次数和程序被执行的次数。

(4) 根据关键度或严重度,建立每条链路的重要度。关键度或严重度可以基于所要完成任务的重要度、难度、执行者所需要的速度和控制、每个任务要完成的频度、完成所有一系列任务所需要的总时间以及安全性影响等因素来确定。

(5) 通过将频度或总时间乘以重要度,给每一条链路分配一个值。

(6) 然后排列各个元素,以便使具有最高的使用 – 重要度值的那些链路在长度上最短。合并相关元素,可以减少那些可能令人厌倦的、可能被中断或干扰的、或导致错误的动作。

使用一个设计得更合理的链路接口,可以增强使用和培训效果。从安全性角度,可以根据风险因素如严重度、可能性、曝光度,来建立每条链路的重要度。在链路和危险或危险控制之间可以进行模拟分析。错误分析也可以结合链路分析进行。例如一条链路,在链路通信或动作过程中,由于人、控制设备或显示的原因,使链路出现秩序颠倒、不连续或出现一个不正确的动作。

链路分析也可以用很多其他辅助方法进行或表示,例如,使用多维制图、草图、仿制品或实物。也可以使用仿真模拟器或演示器。也可用各种电子数据表、工作表、关联图和流程图[11,pp. 117~123]。

8.8.3 严重事故技术(CIT)

严重事故技术[12,pp. 301~324]是一种方法,通过采访以前经历过的人员,可以确定以前发生过的事故或事故征候信息。它基于从亲身经历的人员那里收集到的有关危险、濒临失事、不安全状态和实际经验等信息。它有助于调查分析以前的或当前的系统中的人 – 机关系,并且在开发新系统过程中,或在改进和提高现有系统过程中,使用已学到的信息。

CIT 是一种通过对人群中选来的参与者 – 观察者采取分层随机抽样来选取给定的人群,从中识别出那些对潜在场景或实际事故有贡献的不安全行为或不安全状态的方法。观察者从专门的部门或工作区域选择,这样可以保证操作系统中不同的贡献类别都有代表性子样。

经过培训的调查员询问在某个环境执行了具体任务的大量人员,请求他们回忆和描述那些他们造成的或他们观察到的、或那些与特殊操作有关的引起他们注意的不安全行为或不安全状态。不管伤害是否已经发生,参与者应尽可能多地描述他们能回忆起来的具体的"严重事故征候"。当识别出潜在事故贡献因素时,按风险优先级做出决定,以分配资源消除或控制风险。

再次应用 CIT,使用一个新的分层随机样本去检测有无新问题,并检验所采取的风险控制的有效性。如果系统在未来有任何变化,应该重新应用 CIT 去确定可能影响系统风险的任何变化。

8.8.4　行为抽样

行为抽样[13,pp.283-298]基于随机抽样的统计原理。通过观察整体的一部分,可以预计整体的组成。行为抽样可以定义为基于一系列的瞬时随机观察或样本,使用一种统计测量技术,在一个区域内对一个活动进行的评估。

行为抽样基于这种原理:所进行的观察将符合正态分布或高斯分布的唯一性。正态分布的特点是,曲线以均值为中心对称,均值也等于中值和模。样本量或观察量越大,绘制出来的图就越接近正态曲线,置信度越高,样本读数对总体越具有代表性。

在使用行为抽样时,需要确定一个人的安全行为时间的百分比和这个人的不安全行为时间的百分比。分析员既可以在整个值班过程中观察这个人,也可以在某些特定的时间点观察这个人。记录这个人是在安全地工作,还是不安全地工作。记录下全部观察的数量,计算安全和不安全行为的比例。

通常,通过下面的步骤来完成行为抽样:

(1) 经过训练的观察员和分析员进行危险分析和抽样。

(2) 进行危险分析以识别不安全行动、不安全情况、不恰当行为和不安全行为。

(3) 准备一个适合于操作或系统用的不安全行动清单。

(4) 采用随机过程选择试验观察时间周期。

(5) 主体不应该出现偏差。

(6) 进行试验观察,立即决定被观察到的行为安全与否。

(7) 在一群被选择的人中,在某个单独的观察点或在一个全过程中对人进行观察。

(8) 确定为达到希望的精度和置信度所需要的观察数量。

（9）选择进行观察的随机时间周期。

（10）开始真正研究，按照随机观察所需要的数量进行观察，记录所观察到的行为，根据安全、不安全进行分类。

（11）计算观察统计量。

（12）重复上面的步骤以获得适当的样本。

（13）构造一个行为统计控制图，计算每个人的不安全行动的平均时间百分比，或整个群体的不安全行动平均时间百分比。

（14）计算上控制限和下控制限。

（15）根据试验周期中不安全行为的百分比确定情况是否稳定。

（16）如果情况不稳定，为被研究的人群引入危险控制措施，并重复这一过程，直至不安全行为达到稳定。

（17）在获得稳定后，对系统安全性进行增强，并按照预定基数重复进行行为抽样。

（18）重构行为统计控制图，以评估增强后的时间周期。

（19）继续改进系统安全性，直至不安全行为降至最小，或尝试重新设计系统。

（20）如果需要，重复行为抽样程序来监控系统。

8.8.5　程序分析

程序是完成一个任务的有序行动的指令集，如进行操作、维护、修理、装配、试验、校准、运输、搬运、安装或拆卸等。分析是对必须完成的与任务相关的行为、必须使用或维护的设备、工作人员必须置身其中的环境的审查。分析有时以被分析的行为命名，例如试验安全性分析、操作安全性分析和维护安全性分析。

在对拟完成的行动进行正式审查过程中，危险可以通过考虑不恰当的行动、无序的行动、疏忽的行动或当需要采取措施时却没有行动的后果来进行识别。应该从系统安全性的角度对可能潜在影响一个系统的任何程序进行评估。

程序分析可以用其他辅助技术进行，例如，功能流程图、决策树、时间线分析、故障树和操作序列图等。

通常，进行程序分析的方法如下所述：

（1）定义一组有共同目标的、有序安排的行动指令（具体程序）。

（2）定义该具体程序中行动的接口和相互关系。

（3）准备一个操作序列图、流程图或示意图，细化接口和相互关系。

（4）依据不恰当行动、无序行动、延误行动、或疏忽行动的后果来识别危险，评估序列中的每个行动。

（5）依据识别的危险定义系统风险。

（6）重新设计程序行动以消除或控制风险。

（7）对重新设计的程序进行重新评估。

8.8.6　生命保障/生命安全分析

通常,这些分析涉及与人所处的某个特殊环境或设备相关的风险评估。目标是保证人所处的环境对其没有伤害。环境的暴露和具体细节不同,分析的复杂程度就不同。例如那些不能保证人生存的危险暴露环境:外太空、水下、高海拔、温度极限和压力极限、有毒环境、有害职业、封闭空间、身体和健康危害,以及特殊操作。通常,在这些分析中将采用危险分析、标准符合性和检查单。要确定该环境在可能的居住情况和条件下是否能够维持生命,需要考虑:入口、出口、生命保障、损伤隔离、缺氧、压力改变、防火防爆或密封装置、辐射、毒气、灰尘、薄雾、气体、生物危害、动物隔离和控制。

生命保障/生命安全分析方法。分析方法随具体暴露或操作内容的不同而不同。通常,程序包括以下内容:

(1) 对人必须居住的环境进行分析。

(2) 确定对人体生理和心理的影响。

(3) 识别与潜在生理和心理影响相关的危险诱发因素或贡献因素。

(4) 通过设计去除危险,提供工程控制、安全装置和安全程序。

8.8.7　工作安全性分析

工作安全性分析是 20 世纪 30 年代和 40 年代开发的原始安全性分析技术之一。它是一种识别与一项工作的每一步有关的危险的程序。它是一种简单有效的方法,通常用于管理层。一项工作被分解成一个个独立步骤,对每个步骤进行具体危险分析。工作安全性分析是一种非常好的培训工具,可以张贴在一个专门的工作地点作为参考。通常,在分析过程中,一个生产线管理人员和操作人员将会提供重要的输入。过程设计师参与更好。理想情况下,更重要的是对过程进行设计以排除危险,尽可能地消除工作安全性分析的需要。

工作安全性分析程序如下:

(1) 将工作或操作分解成基本的步骤。

(2) 按顺序将基本步骤列出。

(3) 检查每个步骤以确定危险。

(4) 开发危险控制以减轻风险。

(5) 重新评估工作安全性分析是否有任何变化。

8.8.8　人的可靠性

有很多种方法定量地预测和评估人在一个系统中的性能,这个过程称为人的可靠性(HR)。HR 可用于任何活动、程序或任务,结果可用于判断成功、任务完成或出错。HR 是一种提供定量描述人这个因素在系统中的性能,并将人的性能定量综合到系统可靠性目标的方法。

人的可靠性分析（HRA）[13,pp.259-264]在诊断一个系统中那些可能导致人的性能低于正常水平的因素（影响人体的刺激物）时很有用。可以将一个具体任务估计的错误率进行隔离，同时可以确定错误源可能在哪里。一旦识别了错误源，就可以采取措施予以纠正。HR可用来增强人的性能，通过使用设计控制来实现，该设计控制已经识别作为分析的一个输出。根据人和系统的性能，可以在设计方案之间进行比较。分析每个方案以确定其成功完成任务的概率。将选择成功概率最高的方案。

下面的步骤简略地描述了通常进行 HRA 的方法。

（1）选择分析团队成员并进行恰当的培训。

（2）团队成员应熟悉或掌握待评估的系统、任务、程序和操作。

（3）考虑人的行动、交互、链接关系和接口等范围。

（4）构建一个初始系统模型（事件、逻辑树、故障树、流程图）。

（5）识别正确的或不正确的人的具体行动。

（6）对人的交互、链接关系、接口，以及完成模型相关的信息进行描述。

（7）识别可能影响人的故障模式或危险，疏漏或委托错误，以及性能形成因素。

（8）评估不正确的人的行动对系统性能造成的影响。

（9）评估各种人的行动和交互的错误概率，并且确定敏感性和不确定性的范围。

（10）审查、验证和核实分析结果。

（11）记录 HRA。

8.8.9 错误率预计技术（THERP）

THERP[14]在核工业领域众所周知。这种方法依靠任务分析来确定错误情况。在定义了系统或子系统潜在的失效或危险之后，对与失效或危险有关的所有的人的操作，以及它们与系统任务的关系，用人的事件树来建立模型。估计事件树每个分支的正确表现或不正确表现的错误率。

1. THERP 方法

通常，在 THERP 中进行以下步骤：

（1）描述系统、系统功能和人的性能特征。

（2）描述任务、程序以及人拟采取并完成的步骤。

（3）识别所有的潜在错误和危险。

（4）估计在每个任务、程序和步骤中的每个潜在错误的可能性，以及错误不能被检测到的可能性。

（5）估计错误不能被检测到或不能纠正的严重性。

（6）研发控制装置以消除或控制错误的风险。

（7）如果需要的话,对系统进行监控,并进行重新评估。

2. 性能形成因素

因为在数学中使用了概率,所以必须确定所有可能的错误,确定错误率,确定在所有任务和所有错误之间相互依赖或相互独立的程度,并确定影响错误可能性的因素。这些因素称为性能形成因素(PSF),取决于在错误情况中 PSF 的有效性和任务之间的相互依赖程度,正确的错误值将在提供的估值范围内上下移动。

下面列出的是 PSF 的例子:

（1）温度、湿度、空气质量;

（2）噪声和振动;

（3）工作时间;

（4）可用资源;

（5）同事的行动;

（6）监督者的行动;

（7）任务速度;

（8）任务载荷;

（9）感觉丧失;

（10）精神涣散;

（11）重力;

（12）振动;

（13）性格;

（14）动机;

（15）知识;

（16）任务复杂性;

（17）工作量;

（18）人 – 机接口;

（19）生物工程学;

（20）疲劳;

（21）饥饿。

8.8.10　人的事件分析技术(ATHEANA)

过去几年来,美国核管理委员会(NRC)资助开发了一种进行人的可靠性分析(HRA)的新方法。这种分析强调遗漏错误(EOO)以及委任错误(EOC)。通常,分析要对错误进行特点描述和量化,以便将数据纳入概率风险评估(PRA)模型之中。应该考虑潜在的人的失效事件(HFE)、不安全行动(UA)和引起错误的环境(EFC)。HFE、UA、和 EFC 是 ATHEANA 方法的关键元素,定义如下:

HFE:在一个 PRA(事件树和故障树)的逻辑模型中的一个基本事件,代表由于一个或多个不安全行动而导致的一个功能、一个系统或一个元器件的失效。HFE 反映了 PRA 系统建模的观点。

UA:工厂工作人员采取的不恰当的,或需要行动时没有采取的、导致工厂安全条件降低的一个行动。

EFC:当性能形成因素(PSF)和工厂条件的特定组合造成了一种不安全行动容易发生的环境时出现的情形。

ATHEANA 被设计用来识别那些以前没有识别的、可能导致严重后果的各类事件。这种方法是从对过去发生在核工业和其他工业的严重事故进行特征分析中获得的。

8.8.11 人为差错关键度分析(HECA)

HECA[15;17,pp.315-320]方法是一种任务分析方法,基于工作程序和每个操作步骤的人为差错概率,评估错误对系统的影响。分析结果给出关键人的任务、关键人为差错模式,以及任务中人的可靠性信息之间的相互关系。分析结果给出提高系统可靠性和安全性的正确行动。

通常,完成 HECA 需要进行以下活动:

(1)定义与待评估的操作相关的任务和程序。

(2)进行任务分析。

(3)构建一个事件树。

(4)估计人为差错模式、人为差错概率、硬件失效概率和错误影响概率。

(5)通过事件树计算任务中的人为差错概率。

(6)计算任务中人的可靠性以及操作中人的可靠性。

(7)计算错误模式的关键度指数和任务的关键度指数,完成 HECA 工作表。

(8)开发和分析一个关键度矩阵。

(9)列出关键人的任务、关键人为差错模式和可靠性信息,并提供事件树。

8.8.12 工作量评估

这个程序使对操作员的工作量[12,pp.135-138]进行评估成为可能。为了保证系统安全性,要求操作员保持危情意识。例如与安全性相关的关键操作(如运输、医疗程序、军火处置和核能)。人们希望,当一个人必须进行一种与安全性相关的关键操作时,相关的工作量不应该产生可能导致丧失危情意识、分心、疲劳、降低警惕性、混乱或固执等不良影响。该程序可供评估任务负荷,或工作人员在分配的时间或可用的时间里执行分配的任务的能力。可以使用很多辅助方法和技术来完成工作量的评估:任务分析、时间-线分析、仿真、问卷调查、观察和采访。目标是定义一个对系统安全性没有不良影响的最佳工作量。可从人体新陈代谢、生物力学和生物工程学的角度,也可从心理学的角度,对工作量进行评估。

8.9　学生项目和论文选题

1. 为产品可靠性开发一种人的因素分析方法。

2. 为质量控制检验开发一种人的因素分析方法。

3. 为维修性开发一种人的因素分析方法。

4. 为生产操作开发一种人的因素分析方法。

5. 为软件系统安全性开发一种人的因素分析方法。

6. 为一个消费品制定一个人的因素分析方法。

7. 为一个核能工厂或一个有毒化工厂制定一个人的因素分析方法。

8. 为一个航空公司维修技师开发一个评估人的可靠性的模型。

9. 为一个有毒化工厂或炼油厂开发一个评估人的可靠性的模型。

10. 在产品设计规范中编制包括人因工程学要求在内的指南。

11. 使用参考文献[6]中的工作抽样技术进行一次试验,说明你的结论和建议。

12. 制定一项本章没有提及的危险分析技术。

13. 在 8.4.2 节中指出了几类人为差错。你可以提出其他类型的人为差错吗? 制定一个设计检查单以便在紧急状态避免此类错误。

14. 选择一种复杂的人的因素很关键的系统,使用 3 种人的因素分析方法,报告你的结果,并且解释选择的技术是怎样增强你的设计效果和系统安全性的。

15. 对一个具体的、复杂的、人的因素很关键的系统进行研究,获取或估计与错误率预计有关的定量数据。选择一种定量分析技术并论述你的发现。

16. 比较并且讨论定量人因分析方法和定性人因分析方法的差异,选择一种具体方法来陈述一个具体的人机接口问题。

17. 选择一种复杂的、人的因素很关键的系统,进行系统危险分析。为了支持这一活动,使用两种人因分析并且报告你的结果。

18. 选择一种与高危险环境相关的复杂系统并且进行恰当的分析以支持系统安全性。

参 考 文 献

[1] Human Engineering Design Criteria for Military Systems, Equipments and Facilities, MIL – HDBK – 1472. Naval Publications and Forms Center, Philadelphia.

[2] J. V. McConnell. Understanding Human Behavior. Holt Rinehart Winston, New York, 1980.

[3] B. S. Dhillon. Human Reliability with Human Factors. Pergamon Press, New York, 1986.

[4] J. W. Gibble, B. H. Moriarty. Human Factors in Accident Causation, Lecture notes at University of Southern Cali-

fornia,1981.

[5] J. M. Juran, F. M. Gryna. Quality Planning and Analysis. McGraw − Hill, New York, 1980.

[6] D. H. Harris, F. B. Chaney. Human Factors in Quality Assurance. John Wiley & Sons, Hoboken, NJ, 1969.

[7] A. B. Leslie, Jr. The Human Factor: Implications for Engineers and Managers. Professional Safety, November 1989, pp. 16 − 18.

[8] K. H. E. Kroemer, H. J. Kroemer, K. E. Kroemer − Elbert. Engineering Physiology − Bases of Human Factors/ Ergonomics, 2nd ed. Van Nostrand Reinhold, New York, 1990, p. 1.

[9] T. B. Sheridan. Humans and Automation: System Design and Research Issues. John Wiley & Sons, Hoboken, NJ, 2002.

[10] W. W. Lowrance. Of Acceptable Risk − Science and the Determination of Safety. William Kaufmann, San Francisco, 1943 and 1976.

[11] A. Chapanis. Human Factors in System Engineering. John Wiley & Sons, Hoboken, NJ, 1996.

[12] W. E. Tarrants. The Measurement of Safety Performance. Garland STPM Press, New York, 1980.

[13] M. Modarres. What Every Engineer Should Know About Reliability and Risk Analysis. Marcel Dekker, New York, 1993.

[14] R. A. Bari, A. Mosleh. Probabilistic Safety Assessment and Management, PSAM 4. In: Proceedings of the 4th International Conference on Probabilistic Safety Assessments and Management, Volume 1, Springer − Verlag, London, 1998.

[15] J. A. Forester, K. Kiper, A. Ramey − Smith. Application of a New Technique for Human Event Analysis (ATHEANA) at a Pressurized Water Reactor. In: Proceedings of the 4th International Conference on Probabilistic Safety Assessments and Management, Springer − Verlag, London, 1998.

[16] F. J. Hyu, Y. H. Huang. Human Error Criticality Analysis of Igniter Assembly Behavior.

补 充 读 物

Bass L. Product Liability: Design and Manufacturing Defects. Shepard's/McGraw − Hill, New York, 1986.

Hammer W. Product Safety Management and Engineering. Prentice − Hall, Englewood Cliffs, NJ, 1980.

Johnson W G. MORT Safety Assurance Systems. Marcel Dekker, New York, 1980.

Joint Army − Navy − Air Force Entering Committee. Human Engineering Guide to Equipment Design. John Wiley & Sons, Hoboken, NJ, 1972.

Juran J M. Quality Control Handbook. McGraw − Hill, New York, 1987.

Kolb J, Boss B S. Product Safety and Liability. McGraw − Hill, New York, 1980.

Lupton T. Proceedings of First International Conference on Human Factors in Manufacturing. IPS Publications, Kempston, Bedford, UK, 1984.

Sanders M S, McCormick E J. Human Factors in Engineering and Design. McGraw − Hill, New York, 1987.

Swain A, Guttman H. Handbook of Human Reliability Analysis with Emphasis on Nuclear Power Plant Applications. NUREG/CR 1278, Nuclear Regulatory Commission, Washington, DC, 1983.

第9章　软件性能保证

9.1　软件性能原理

　　软件尤其是医疗仪器和汽车中的软件,召回趋势在不断增长。在召回的仪器中有一种可编程的心脏起搏器,当一位病人经过商场的防盗设备时,起搏器失灵了。另一个召回产品是一家医院里的X光机,产生的辐射剂量达到推荐剂量的80倍,导致3位病人死亡。供货商坚持说X光机的软件满足用户的期望,因为它做到了规格说明中医院要求的所有事项。医院承认软件满足要求,但坚持认为它没有满足隐含的期望。尽管医院没有明确提出对X射线的限制,但是期望设备能够以安全的方式运行。法庭做出了对医院有利的裁决,坚持判定设备制造商有责任。

　　2005年还有一些汽车召回案例,说明如下。

　　一辆新概念汽车上的一个软件缺陷,造成测量仪表和告警灯不能工作。

　　在有些2003年至2005年的混合动力车型中,发动机控制模块(ECM)软件编程不合适,使发动机运转时有些欠油。结果,这可能引起仪表板上的故障指示灯(MIL)点亮,导致汽车排放系统的一个重要部件——尾气净化装置失效。而且,ECM还可能错误理解在加油后首次启动发动机时油压的正常上升。在另外一辆混合汽车上安装了错误的软件版本,导致发动机在更高速度时停转。

　　在另一起召回案中,在带有车载计算机的车辆上,如果电子逻辑单元里同时出现了几个相互矛盾的电气容限,则可能错误显示剩余油量及其范围。这意味着,给驾驶员显示的油量比实际可用的油量多,因此,在某些情况下,汽车就有可能耗尽燃油,导致动力丧失,因此可能出现事故。

　　在一种欧洲汽车的油泵电子管理单元中存在一个软件错误,如果油箱低于满油的三分之一,就可能造成发动机停转。

　　这些例子表明,符合工程规范可能满足合同要求,但是,可能不满足法律要求。因此,需要对软件规格说明进行全面评审,使其包含"顾客不能清楚阐述的要求",并切实反映用户的潜在期望。

　　保证技术原理既适用于硬件,也适用于软件,尽管其中有些工具和技术是专用的,只适用于硬件,或只适用于软件。适用于硬件的工具如FMECA、FTA和危险分析也可适用于软件。人们对如何保证软件性能有些困惑，是因为对软件可靠性、可维护性以及其他要求缺乏标准的定义。本章提出的定义，在一些重要的合同中得到了认可，因此，是有效的[1,2]。

9.1.1 软件质量

对软件质量的描述，诸如"软件应准确和精确"或"软件应符合规格说明"，显得过于宽泛。合同应该按下述因素对软件质量作出规定：

正确性：程序满足其规格说明的程度。证明软件正确性的一个通用方法，应该包括：一个易于应用和验证的规定有关软件正确运行要求的方法，以及指明偏离正确运行(错误)的方法。

互操作性：一个子系统和另一个子系统互相配合的难易程度的度量。对与相关系统的接口进行的验证程序和测试，应该像对主系统的验证程序和测试一样全面。重要的是，确保所有系统的用户认识到所有接口的含义，尤其是那些影响系统状态或时序之处。

灵活性：程序能够完成或改进后能够完成超出原来要求范围的功能的难易程度的度量。

效率：使用高性能算法和节约使用资源，使运行费用减到最小的度量。

有效性：程序提供在预定的用户环境里能够充分有效应用的性能、功能和接口的能力。应该注意到它与正确性定义之间的区别。正确性是相对于规格说明的，而有效性既相对于应用也相对于规格说明。

通用性：计算机程序在一个很宽的使用模式和输入范围内，即使当范围没有作为要求直接规定的时候，执行其预定功能的能力。

9.1.2 软件可靠性

软件可靠性是在规定的时间内(这里的时间通常指一个时间段，在此期间内用户所有的状态都可能发生)、规定的条件下，软件完成规定功能的概率。软件可靠性不是一个衰减函数，因为软件的部件不会随时间而降级。这个定义是通用的。下列具体内容可以作为可靠性要求的一部分[2]：

1. 使用要求

(1) 主要的控制；

(2) 主要的计算；

(3) 主要的输入/输出；

(4) 主要的实时任务；

(5) 主要的交互。

2. 环境要求

(1) 硬件接口；

（2）软件接口；

（3）人机接口；

（4）人机交互程度；

（5）硬件的可变性；

（6）操作员的培训水平；

（7）输入数据的可变性；

（8）输出的可变性。

3. 复杂性考虑

（1）入口和出口数量；

（2）控制变量的数量；

（3）单一功能模块的使用；

（4）模块的数量；

（5）最大模块大小；

（6）模块之间的分层控制；

（7）模块之间的逻辑耦合；

（8）模块之间的数据耦合。

4. 工作循环

（1）恒定任务的使用；

（2）周期任务的使用；

（3）稀有任务的使用。

5. 非运行使用

（1）培训练习；

（2）周期自检；

（3）机内诊断；

（4）自维护。

6. 定性特性

（1）正确性；

（2）有效性；

（3）效率；

（4）可移植性；

（5）适应性；

（6）可重用性；

（7）容错性；

（8）清晰性；

（9）可测试性；

（10）易读性；

（11）互操作性。

上面提及的许多定性特性已在9.1.1节中定义。其他的定义如下：

（1）适应性：有时称为健壮性，适应性是对计算机程序尽管违背约定的用法和输入，但仍能以合理方式运行的能力的度量。

（2）可重用性：对计算机程序可以在与其开发时所不同的应用环境中使用的难易程度的度量。

（3）容错性：尽管存在错误状态，但计算机程序还能正确运行的能力。

（4）清晰性：计算机程序易于理解的能力。清晰性不仅是对计算机程序本身也是对其支持文档的度量。

（5）易读性：对程序是否能够很好地被熟练的程序员而不是该程序的开发人员所理解并能与初始的和新的要求关联起来的程度的度量。

软件可靠性也可定义为"程序失效的频度和危害度，这里所说的失效是在允许的工作条件下不可接受的结果或行为"。软件可靠性可以用错误被暴露并改正的比率来表示。度量可靠性时应考虑以下因素：

（1）程序检查潜在的未定义的算术运算（如被零除）吗？

（2）软件会未经请求就执行其功能吗？

（3）软件会给出不合理的或有害的输出吗？

（4）使用之前，测试了循环结束和多索引参数的范围吗？

（5）使用之前，测试了下标范围吗？

（6）测试了错误恢复和重启过程吗？

（7）对输入数据进行确认了吗？

（8）对输出数据的合理性进行确认了吗？

（9）对测试结果进行确认了吗？

（10）对于通用功能，程序是利用标准的库函数子程序而不是单独开发的代码来完成吗？

9.1.3　软件系统安全性

软件系统安全性的一个简化定义是：如果软件不会引起硬件产生不安全状态，而且当硬件使软件失灵时，软件是"故障安全"的，那么软件系统就是安全的。

三军软件系统安全性工作组（陆军、海军、空军）将软件系统安全性定义为"在软件设计、开发、使用和维护中，以及与使用环境中的安全关键系统集成时，系统安全性的优化。"相关的定义是：

安全关键的计算机软件部件或单元：其错误会导致危险的那些部件或单元。

安全关键功能：在硬件、软件或两者中，其错误会导致危险的那些功能。

安全关键路径：软件中能导致产生出一个安全关键功能的一条路径。

9.1.4　软件可维护性

软件可维护性是指当更改、改进或升级程序时,在规定的时间内程序能恢复到可工作状态的概率。

软件可维护性可以定性地定义为软件容易理解、纠正、适调、测试和升级。定量地看,软件可维护性可以通过对以下可维护性属性进行测量来间接评价:问题确认时间、管理延迟时间、维护工具收集时间、有效纠正(或改进)时间、本地测试时间、全局测试时间、维护复查时间和总恢复时间。这是用来对程序易于更改或扩展的全部特征进行概括的一个综合术语。包括以下因素:

可更改性:计算机程序中可能变化的部分与其余程序相隔离程度的度量。(例如,将依赖于硬件或人的输入和输出的那些子程序隔离开来,就可以提高程序的可更改性。)

可移植性:软件可以在与初始设计时不同的计算机环境中运行的特性。使用标准高级语言是提高可移植性的一种方法。它也可以定义为计算机软件与不同种类的硬件和软件共同运行的能力。可移植性已经成为可维护性的一个重要的方面。新颖、先进的硬件发展如此迅速,使许多公司都愿为该性能付出额外费用。

可用度:在规定的一段时间内系统处于可运行状态的时间百分比。它可以用系统正常运行时间除以总的计划时间来计算。可以每周、每月或每年报告一次。虽然可用度有时专门作为可维护性的度量来使用,但它实际上是对可靠性和可维护性的共同度量。

可测试性:程序的功能要求能够按逻辑分步独立测试的特性。

模块化:软件系统中独立部分数量的度量。较高的模块化,有助于将设计改进限制在一个局部范围。

预测性:早在发生故障之前进行自我纠正或警告的能力。

9.1.5　软件保障工程

软件保障工程这个术语虽然很少出现在文献中,但它的确是一个重要概念。它可以定义为一项有关软件维护、训练能力、技术手册编写、安保以及软件保存等软件保障功能的工程分支。这也包括通过呼叫中心的在线帮助——与负责维护和诊断工具的团队经理进行自动无线通信联络。

9.1.6　一些重要定义

软件领域标准化在很多方面仍然在摸索中,所以对一些尚未涉及的术语加以定义是有益的。这些定义主要是根据参考文献[3]、[4]和[5]整理出来的。

计算机软件部件(CSC):计算机软件配置项(CSCI)的一个独立部分。CSC可以更进一步分解成其他的 CSC 和计算机软件单元。

计算机软件配置项(CSCI):由采购部门进行配置管理所指定的软件。

计算机软件单元(CSU):在计算机软件部件设计中规定的可以独立测试的单元。

耦合:对模块之间联系强度的度量;相互联系强的模块是紧耦合的,相互联系弱的模块是松耦合的。

设计走查:由独立的评审员,通常是对项目比较熟悉的另一个程序员,进行的非正式设计评估。

Do – While:一种结构化的控制流程结构,当特定的初始条件为真时就重复执行一系列语句。注意:如果特定的条件开始时就为假,则不执行该系列语句。

固件:驻留在只读的非易失介质中,并且在其使用环境下工作时完全是写保护的软件。

危险:具有引发灾难趋势的事物或情形的固有特性。只要存在危险,不论其程度如何,就存在发生灾难的可能。

危险的运行/状态:一种运行(活动)或条件(状态),给已有的情势带来危险而没有对该危险实施足够的控制,或者取消或降低了对已有危险的控制效力,因此增加了灾难发生的可能性或加重了潜在灾难的严重度,或两者兼而有之。

高级语言:类似英语、面向用户、针对问题的解决而不是详述机器工作的语言。

IF – THEN – ELSE:一种实现条件指令执行的控制结构。

独立验证与确认(IV&V):一种确保计算机程序在任务环境中良好地运行预定功能的独立测试和评估过程。验证是迭代的过程,它保证在开发的每个阶段,软件仅满足并实现前一阶段结束时批准的那些要求。确认是保证软件满足系统性能和软件性能全部要求的试验和评估过程。

集成测试:对若干个已完成单元测试的模块作为一个整体进行测试以确保符合设计规范的过程。

代码行数:共同实现一个软件功能的编程语言在源代码层次的实际指令数量。

事故:突然的、意外的或不希望的一个或一连串产生有害结果的事件。有害结果包括受伤,死亡,职业病,损坏或损毁设备、设施或财产,污染环境。

形态:软件结构的形状,按照深度、宽度、扇出和扇入来度量。

操作系统:控制计算机程序执行,并提供调度、调试、输入输出控制、编译、存储器分配、数据管理,以及其他相关服务的软件。

初步设计评审(PDR):对软件开发工作的正式的技术和管理评审,主要关注于顶层的结构设计以及对需求的可追溯性。

产品基线:在建立的项目里程碑(系统设计评审、初步设计评审、关键设计评审)上已设计冻结,并且在交付之前最后提交给正式测试和配置审查的配置项。

需求评审:对软件需求规格说明的正式评审,用以确定软件需求规格说明

246

（SRS）对于开发者和提出者是否都可接受，并符合系统规范和软件计划。

安全关键的计算机软部件（SCCSC）：SCCSC 是一类计算机软部件（单元），如果它不经意地响应激励，或在需要时未能响应，或不按照顺序响应，或意外地与其他因素结合，就会引起像 MIL – STD – 882B 中定义的严重事故或灾难性事故。

软件：由自动机处理或产生的用来控制自动机或对自动机进行编程的全部指令、逻辑和数据，不论它们存储在什么介质上。软件也包括与上述所有内容相关的固件和文档。

软件配置：在某一时刻对软件的物理表现形式的瞬间"快照"。这种表达有两种形式：①生成的用来描述或补充计算机程序的不可执行部分；②可由计算机直接处理的可执行部分。

软件需求规格说明（SRS）：主要描述软件项目下述四个方面的一种文档，即信息流及接口，功能要求，设计要求及限制条件，以及为建立质量保证的测试准则。

桩子：用来测试高级过程的哑程序。

支持软件：用于对开发、测试和支持提供帮助的所有应用软件、系统软件、测试软件以及维护软件等软件的总称。

系统规范（SS）：定义整个系统要求而不考虑详细实现方法的文档。该文档规定系统的功能特性和性能目标、接口特性、环境、总体设计方案、可靠性准则、设计限制条件，以及预定义的子系统。

9.2　设计阶段的软件性能

研究表明，大约 60% 的软件错误是规格说明或逻辑设计错误；其余的是与编码和服务相关的错误。由于设计阶段的错误如此之高，应该将软件至少 40% 的预算分配给设计阶段。很多与服务相关的错误也可以通过设计来预防。

9.2.1　设计中的软件质量保证

由于软件开发的重点在于准确和精密，因此整个开发过程必须进行监控。使用最广泛的过程已在 DoD – Std – 2167A[3] 中予以明确（图 9.1）。原计划囊括可靠性和安全性等特性，但这些条目不是很详细。该过程表明，质量保证在系统定义阶段就开始起作用。在此阶段，要分析系统（包括硬件和软件）性能。接着要制定软件系统规范和接口规范。此时就建立了功能基线。每个开发阶段都要进行设计评审，在每个较大的开发工作之后都要建立基线，直至完成验收测试。

9.2.2　设计中的软件可靠性

硬件错误通常是可见的，但软件错误，除了程序员以外别人是看不见的。极小的 bug 就可能带来灾难的后果。它们致死过海员，破坏过太空计划，还几乎导致股

247

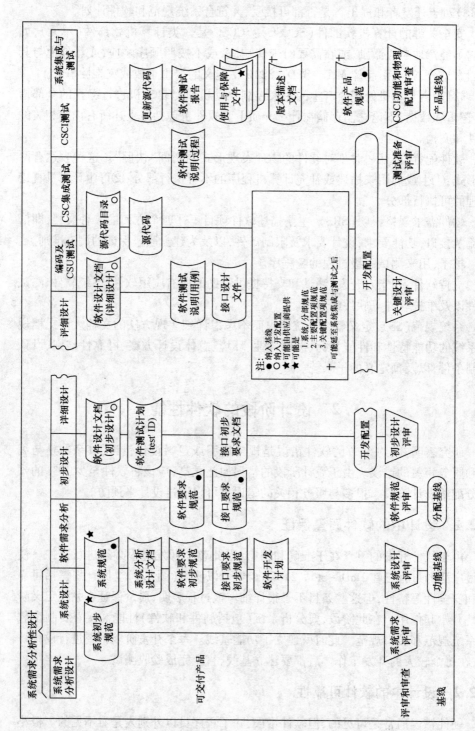

图9.1 DoD-Std-2167A[3]中的软件开发过程

248

市崩盘。bug 在复杂软件中繁殖得很快,这些软件的数千行代码委托给数百名程序员,他们每人只负责一两个模块,而且对接口模块信息了解很少。从可靠性观点看,大多数系统深藏缺陷。

软件一旦工作就不存在随机失效,而且其寿命无限。软件没有耗损。因此,传统的硬件测试策略可能不起作用。对于软件,通常要使用了很长时间后,才会恰好发生某种测试组合。多数软件工程师承认,实际上软件缺陷 100% 是人为差错,主要发生在三个方面:规格说明、编码和改进。我们总是依赖程序员和逻辑设计者的直觉,前者不一定进行设计评审,后者不进行故障树分析。北卡罗来纳大学计算机科学教授弗雷德·布鲁克斯指出"这些聪明的特定语言编辑人员,最多能保证不发生句法错误和简单的语义错误"[6]。

鉴于定义失效的复杂性,必须考虑两种定义。一种是清晰的,并在合同中明确的,第二种是隐含的。在与安全有关的事故征候中,法庭倾向于接受被隐藏的隐含定义。以下的失效和故障[7]定义,可认为是明确的。

失效是:

(1) 功能单元执行所规定的功能的能力的终止。

(2) 在给定的限制条件内,系统或系统部件不能完成所要求的功能。当遇到故障时,可能就产生失效。

(3) 程序运行偏离了程序的要求。

(4) 一种事件或不工作的状态,其中任一部分不按照或将不按照预定的要求运转。

故障是:

(1) 导致功能单元不能完成所要求的功能的一种意外状态。

(2) 软件中错误的外在显现。如果遇到错误,就可能引起失效。它与 bug 是同义语。

(3) 失效的直接原因(例如,失调)。

(4) 一旦在系统或部件的测试或运行期间遇到就会引起失效的软件状态、行为或要素。

1. 软件可靠性设计技术

硬件可靠性的设计措施有降额、安全裕度、容错设计。软件可靠性也有某些类似措施。参考文献[2]中的研究报告提出了以下方法:

1) 控制复杂性

这是软件中需要控制的最重要因素。复杂性太高,会使计算机程序难以理解。它影响可读性和模块化等其他因素。软件必须由程序员进行评审、讨论和测试,以保证用户能够理解其中的复杂关系。复杂软件很可能出错而且很难避免故障。另一方面,复杂软件使得每个功能只需占用较少的存储器,就能运行许多功能。通常,每个功能的可靠性都提高了。对这样的权衡,必须仔细评估。

2）自顶向下进行功能分解

计算机软件配置项的这种结构化分解有助于保持代码的可追踪和可读性。一般的层次体系是系统、子系统、程序、模块、子程序、单元和指令。以下层次体系适用于政府合同：

（1）计算机软件配置项（用于配置管理的软件集合）。

（2）计算机软件部件（CSCI 在功能上或逻辑上可区分的部分）。

（3）单元（完整描述一个可以独立实现和测试的功能不可分割的最底层的逻辑实体）。

（4）模块（可以独立组装或编译的最低层的物理实体）。

注：如果模块是一个逻辑实体，则在层次体系中它将高一个层次，作为一个单元出现。

（5）指令（完成某一行为的一个可执行代码语句）。

（6）操作（由指令执行的行为）。

（7）操作数（数据在计算机存储器中的存放地址）。

3）模块化

将计算机程序分割成单目的、单入口、单出口的模块，这是在文献中最常讨论的技术。

4）层次化设计

大多数作者都承认，通过强化模块段调用和控制关系的层次结构，能够显著降低复杂性。

5）采用结构化方法

结构化技术的优点众所周知。该项技术易于简化复杂的软件。其例子包括自顶向下、链结构等。

2. 防止规范和设计错误

软件小组可以运用设计评审。软件故障树分析（SFTA）非常有效，但使用得还不广泛。行业内还习惯于依赖所谓的 IV&V——独立验证与确认。一种称为软件树分析的工具适用于硬件—软件接口，已经成功试用。但是，正如海军舰面武器中心的帕特里克·霍夫所指出的，问题是："这些工具可能要求对软件十分熟悉。正因如此，大多数工程师都将其置之高阁。虽然他们有多学科的工程背景，但大多数都不胜任这种分析"。

我们在程序员帮助下使用故障模式影响及危害性分析，并对规格说明的许多更改发挥了作用。实际上，FMECA 如果在功能级、逻辑设计级或代码级等几个层级上使用或实施，将是非常有用的[8]。波音公司开发了软件潜在路径分析的软件[9]。所有这些分析工具以及很多其他工具常常能发现规格说明中的弱点，尤其是在 fallback 模式、可测试性、故障屏蔽、容错、时钟同步和可维护性等方面的问题。9.2.6节给出了一种这样的工具(软件系统故障模式和影响分析)应用于软件可靠性的一个例子。

9.2.3　设计中的软件可维护性

很多程序员已从艰苦实践中认识到,与硬件不同,当对一个软件失效进行修复后,软件可靠性通常有所降低。在一款汽车软件设计中,过去做一次工程更改需要大约6周时间,现在做一次类似更改却需要几乎6个月的时间。原因就在于,它是具有上百万个置换和组合的安全关键软件,而对所有这些都进行测试是不现实的。另一个原因是,程序员修理某个模块,通常没有注意到所有接口影响,结果产生了更严重的错误。良好的配置管理会对此有一些缓解,但编写出良好的文档以及使用接口追溯矩阵则有效得多。

对于可维护性来说,主要的工具是模块化、自顶向下的结构化编程,以及顺序化的程序设计,而不是"意大利面条"似的编程。在自顶向下的结构里,软件的分支不允许与其他分支进行旁连。要查找一个错误,只需向下或向上查找一个故障。保证模块化、可测试性并使用故障隔离技术,这也是提高可维护性的强有力手段。

人工智能工具也是有用的。例如,位于新泽西州多佛尔的海军装备司令部开发的一种工具,称为软件指纹,设定了模块内的复杂性限制,并且建立了基线的剖面("指纹")。该程序识别关键路径,并且将其数量限制在10以内。由于认为不存在两个相同的剖面,所以每个剖面都成为指纹。指纹参数体系可以包括源代码、目标码、模块功能、程序流图以及类似的项目。这些项目的任何变化都将引起指纹变化。如果任一模块中发生了非期望的变化,其指纹就会变得不同并立即被发现。在许多其他的人工智能技术中,使用了专家系统,能发现多种故障模式并确定其变化对系统的影响。

致力于控制软件错误的那些人,必须为分析任务分配时间和经济资源。防止发生问题要比用上百倍的花费去查找故障更划算。Chenoweth和Schulmeyer在罗姆航空发展中心(RADC)的一项研究中[10]对错误的来源给出了以下排列。数据表明了接口设计的重要性。用户接口、子程序与子程序接口的错误总计达到13.32%。

错误的来源	百分比/%	错误的来源	百分比/%
逻辑	21.29	预置数据库	7.83
输入/输出	14.74	文档编制	6.25
数据处理	14.49	用户接口	7.70
计算	8.34	子程序与子程序的接口	5.62

虽然软件可维护性是一个定性属性,通用电气公司[5]还是定义了一些定量的标准:

（1）问题鉴别时间；

（2）管理延迟时间；

（3）问题诊断时间；

（4）维护工具收集时间；

（5）规格说明的更改时间；

（6）实际纠正时间；

（7）本地测试时间；

（8）回归/全局测试时间；

（9）更改复查时间。

9.2.4 设计中的软件系统安全性

软件系统安全性的定义(9.1.3节)意味着软件危险的预防一定要在整个生命周期内进行，并对软件和硬件进行共同分析。

为了进行危险分析，就需要定义软件危险。软件本身并不引起任何伤害。另一方面，软件本身是没有任何用处的。软件只有与硬件相结合才能变得有用处，同时也就带来了危险。因此，软件危险是这样一种危险，它可能引入错误或故障，从而在硬件中导致不安全状态。

美国空军调查与安全中心[11]将软件危险分为4大类：

（1）不经意的或未经授权的事件，它可能会导致非预期的或不希望发生的事件。

（2）失序的事件；有计划的事件，但发生在不需要的时候。

（3）计划的事件没有发生。

（4）事件的强度或方向错误。这通常由算法错误引起。

软件中可能的危险包括：

（1）子程序无法中断。

（2）要求精确匹配浮点数的某种条件(这可能导致死循环)。

（3）导致被零除的状态。非常小的数值通常会被软件截尾，变成零。

（4）导致危险状态的数据精度和比例。

1. 软件安全性风险评估

对于硬件，风险定义为每个潜在事故的严重度和频度的乘积。对于软件来说，缺陷一旦被排除就不会再出现。因此，风险可以主要按照严重度等级来评估。美国三军软件系统安全性工作组推荐了下述分类：

（1）软件对隐含危险的硬件系统、子系统或部件实施自主控制，没有可能通过干预来防止危险的发生。软件失效或未能预防某个事件，就会直接导致发生危险。

（2a）软件对隐含危险的硬件系统、子系统或部件实施控制，但为减轻危险而给独立的安全系统预留干预时间。但是，这些系统本身被认为是不充分的。

(2b) 软件显示信息,要求操作员立即采取措施来减轻危险。软件失效可能允许或阻止发生危险。

(3a) 软件对隐含危险的硬件系统、子系统或部件发出指令,要求人员采取行动来完成控制功能。对每一个危险事件都有若干个冗余、独立的安全措施。

(3b) 软件产生用于作出安全关键决定的安全关键特征信息。对每一个危险事件都有若干个冗余、独立的安全措施。

(4) 软件不控制"安全关键"的硬件系统、子系统或部件,并且不提供"安全关键"的信息。

2. 软件安全性工具

美国空军《软件系统安全性手册》[11]推荐了下列安全分析工具:

(1) 初步和后继(Follow - on)软件危险分析:这在概念阶段完成。这是一种头脑风暴法,用来识别可能产生危险的软件部分,如模块或子程序等。分析是针对系统规范、子系统规范、接口规范、功能流程图、经验数据、程序结构,以及有关测试、编码、存储、改进和使用的信息等进行的。

(2) 软件故障树(软树)分析:这项技术用标准符号构建硬件树和软件树(第5章),然后两棵树通过接口连接,这样就可以对整个系统进行分析。实施这种分析方法略微不同的是,构建一个标识出软件接口的硬件故障树。然后在接口处添加软件故障树。

(3) 割集的使用:这项技术识别单点故障和多因故障,在第5章针对硬件进行了说明。就软件系统而论,这项技术适用于软树。割集分析的计算机程序已经商品化。

(4) 共因分析:尽管有很多冗余,割集检查还是能揭示导致系统失效的一些原因。割集是一条路径或一组部件,它如果失效,就会中断系统功能。这些也称为下游失效的共因。在图9.2所示的功能框图中,割集1是部件 B 到部件 H 不能工作的共因。类似地,部件 D 失效是冗余部件 E、F、G 和 H 不能工作的共因。第5章

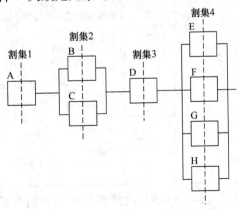

图9.2 一个方框图中识别出来的割集

给出了一个基于故障树的割集算法。例如,如果一个电源为两个数据寄存器共用,它的失效将使两个数据寄存器都不能工作。与此类似,电源线上电压的瞬变可能导致一个系统的多个部分出故障。这种分析也有相应的计算机程序。

(5) 软件潜在路径分析:参见第 5 章关于这项技术在硬件中应用的描述。

(6) Petri 网的使用:这是 Carl Petri 在 1961 年发明的一个数学模型。优点之一是用户可以用图形来描述模型。系统按照条件和事件来建模,并按照时间跟踪事件发生的条件。从某种意义上说,它是一项仿真技术,需要复杂的软件。对该技术感兴趣的读者可以参考南茜·莱韦森(Nancy Leveson)的文章[12]。

(7) 使用 MIL – STD – 882:目前使用最广泛的指南都包括在这个标准中。它要求在几个阶段进行分析和设计改进。硬件危险分析过程包含在第 5 章中,同样也适用于软件。

史蒂文·马特恩(Steven Mattern)[13]在美国三军软件系统安全性工作组的帮助下,对软件安全性分析工具的用户(用户很少)进行了调查,结果见表9.1。

表 9.1　调查结果

软件危险分析工具	用户数	软件危险分析工具	用户数
故障树分析	8	层次工具	1
软件初步危险分析	4	比较和认证工具	1
追溯矩阵	3	系统交叉校验矩阵	1
故障模式和影响分析	3	自顶向下代码审查	1
需求建模/分析	2	软件矩阵	1
源代码分析	2	线程分析	1
测试覆盖分析	2	Petri 网分析	1
交叉引用工具	2	软件危险列表	1
代码和模块走查	2	BIT/FIT 计划	1
潜在路径分析	2	核安全交叉检查分析	1
仿真(Emulation)	2	数学证明	1
子系统危险分析	2	软件故障—危险分析	1
故障模式分析	1	MIL – STD – 882B 的 300 系列任务	1
建立原型	1	拓扑网络树	1
设计和代码检查	1	关键功能流程	1
常见软件错误检查表	1	黑魔法	1
数据流技术	1		

表9.1 所列的危险分析工具表明,故障树分析工具拥有最多用户。人们普遍认为,最有效的办法,是对硬件和软件两者作为一个系统中的部件都进行故障树分

析。图 9.3 给出了一个硬件—软件—人员系统的故障树。3 种要素都在同一个树中进行分析。

对于一个安全的和容错的设计,其准则是:系统失效不应由单点失效导致。因此,顶层应当总是有一个"与"门。在图 9.3 的系统中,"与"门设计在产品第 2 级,这是因为在顶层设置"与"门不可行。使用这个准则,更低层的许多故障就可以容错。对一种设计来说,由于有保护,可以减少大约 4 个月对低层的分析时间。应用这个准则的设计是安全和高效的,且可以降低寿命周期费用。

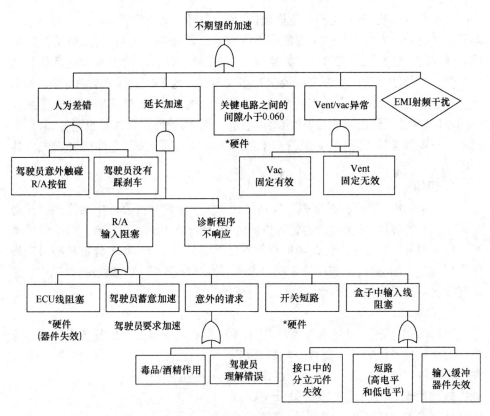

图 9.3　软件和硬件接口故障树

9.2.5　软件综合保障工程

保障措施是软件综合保障工程的一部分,包括由训练有素的程序员和软件工程师来更改、改进或升级软件。文档编制也是如此。用户手册应该在编写代码的同时就着手编写,而不应该到最后才编写,并且必须作为系统测试的一部分进行测试。

综合保障工程的另一个方面是计划和开展数据收集。在整个软件开发过程中应该采用闭环反馈系统,来保证高可靠性和可维护性。软件投入使用之后,数据分析应该继续进行,将会为下一个项目提供有价值的信息。

9.2.6 软件系统故障模式和影响分析

软件系统故障模式和影响分析（SSFMEA）适用于对硬件实施控制的软件系统。大多数技术产品可属于此类，如飞机、电厂、炼油厂及复杂系统。在 SSFMEA 中，重点是通过软件功能流程图识别系统薄弱环节，以便使软件规格说明编写得完整、清晰、全面和无歧义。目标是：①确定软件对于错误的输入、无输入、有效但不合理的输入，以及不合理的输出，是否是可容错的；②在系统规范或软件规格说明里找出遗漏的要求。

为使软件生效，通常也需要改进硬件，例如需要冗余的传感器、冗余的处理器，以及独立的验证方法。软件工程师绝不应该假设硬件会完美地工作，事实并非如此。最大的问题是硬件接口的可靠性，松动或接触不良就可能引起无法诊断的软件失效。在硬件和软件改进之间要进行多次权衡。SSFMEA 强调软件，当然如果顺便改进了硬件也是没有任何坏处的。强调软件的原因是，软件错误通常导致长时间停机，并且其原因不明显，用户难以看清。相反，硬件错误通常很明显，甚至非技术人员也很容易注意到；如果汽车上的一个轮胎扁了，任何人都能发现失效的原因。

1. 目标

SSFMEA 的主要目标是加强软件在保证系统安全性和可靠性中的作用。在进行该项工作的时候，如果没有容错硬件的帮助，软件将不能完成任务，因此，硬件系统也得到加强。第二个目标是降低软件寿命周期费用。SSFMEA 分析从编写规格说明之初就开始进行，并随设计工作的进展而不断更新，远早于编写代码工作。这将使很多工程更改能在短期内完成，并且费用最低。

2. 方法

SSFMEA 很简单，根据软件规格说明，画一张功能流程图。流程图里的每个方框作为该软件系统的一个部件。然后，分析在每个软件功能执行期间，系统中的潜在功能失效和危险。力图通过软件设计更改或硬件控制来控制危险和关键失效，具体采取哪种方式取决于可行的解决方案和较低的寿命周期费用。

3. 方法示例

考虑一个简单的 SSFMEA 例子。图 9.4 的流程图表示在一架飞机上的 4 个软件部件。对于检查发动机速度的部件，系统的故障模式和原因是：

（1）软件收到错误的速度读数。原因：

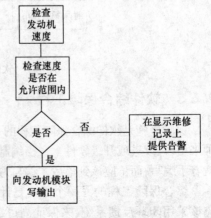

图 9.4 一个软件中的 4 个部件

在微处理器里的阻塞状态(stuck – at condition);传感器不精确。

（2）软件收不到速度输入。原因:传感器失效;微处理器失效。

（3）软件查询不到速度。原因:传感器响应周期可能比软件等待时间长。

一旦找到了故障或错误的原因,设计改进措施就更加显而易见。应按以下优先级进行设计:

（1）从设计中消除产生危险的因素。

（2）"故障安全"设计并防止产生较大损害。

（3）容错设计。

（4）每次进行关键操作时,都预备自检软件。

（5）实现一种预测设计,在任何事故发生之前向用户报警。

在这个例子里,危险原因可以通过让软件等待直到仪表出现响应来加以消除——采取事件驱动而不是时间驱动的措施。确保你对新的实现方案进行了重新分析。有人可能质疑:软件等待时间是基于当初设计的传感器响应时间的,我们为什么还要担心? 这是因为仪表使用时间长了以后,响应时间可能会改变,所以我们还是要担心。有时附加的电路连接到传感器,就会改变响应时间。结论是,如果传感器在合理时间内没有响应,那么应报告传感器故障,而不应误报警。

图 9.5 给出了一个飞机预警系统的部分流程,图 9.6 给出了软件部件的 SS-FMEA 格式。正如前面提到的,SSFMEA 将识别出遗漏的要求,在本例中十分明显。图 9.6 中的第一个软件要素(检查排气温度),与由传感器故障引起的故障模

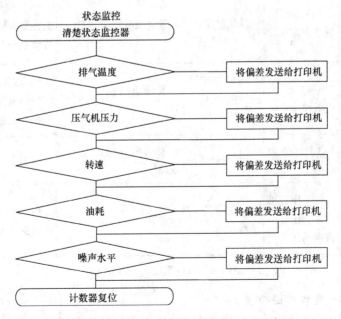

图 9.5　喷气发动机状态预警系统部分流程图

式"错误输入"关联。现在的设计,要求用打印机将此偏差打印出来。从 SSFMEA 的观点看,仅仅提供危险报告可能还不够,喷气发动机可能在实施维修之前就在空中失效了。恰当的做法是切换到一个冗余传感器。这是一项遗漏的要求,应该补充到系统规范中。与此类似,对于第 3 种故障模式——"计算错误",这是由电压瞬变引起的——应该通过软件设计来容错。对于这种情况,一种常用技术是使用时间冗余,它要求在 3 段不同的时间里执行相同的算法,3 次中至少 2 次的输出结果必须匹配。因此,如果某个错误是临时性的,它就不会与其余的 2 个输出相匹配。

软件要素	系统故障模式	原因	影响	重要度	推荐的软件/硬件更改
1. 检查排气温度(在容差范围内)	(a)错误的输入	传感器故障	软件报告偏差大	IIC	(a)当报告偏差大时,软件应该切换到冗余传感器。增加冗余传感器
	(b)无输入	传感器失效	与(a)相同	IIC	(b)与(a)相同
	(c)计算错误	电压瞬变临时故障	与(a)相同	IIB	(c)运用时间冗余技术
	(d)温度读数非常高	排气温度	发动机故障	IB	(d)软件提示飞行员将发动机关车,并在维修报告上做出记录
2. 检查压气机压力	(a)压力过低	过滤器堵塞或污损;微处理器故障	发动机可能故障	IC	(a)软件提示飞行员将发动机关车,并在维修报告上做出记录
	(b)压力过高	压气机故障	发动机可能故障	IC	(b)同上
	(c)压气机正常,但报告错误的压力	算法错误,传感器故障	虚警	IIA	(c)包括对压缩机压力进行独立检查

图9.6 软件系统的 FMEA

4. 软件—硬件接口控制

硬件失效经常使软件也不能工作。软件工程师的典型反应可能是:"嗯,如果硬件失效了,这不是软件问题。"法庭不接受这样的辩解。法律系统不区分硬件和软件。这涉及到系统。无论硬件是否有故障,确保系统运行是制造商的责任。考虑一个软件,通过微处理器控制风扇对一台发动机进行冷却。如果微处理器坏了,软件是无能为力的。问题是:软件还能控制风扇吗? 如果软件工程师和硬件工程师一起采取措施,回答是肯定的。有许多办法可以使软件仍然起作用,方法之一是提供一个外部开关,通过这个开关,软件可以接通风扇。

5. SSFMEA 的其他用途

至此仅讨论了 SSFMEA 在设计生产中的作用。然而,SSFMEA 还有许多其他用途。其中一个重要用途是开发测试用例。很多公司投资大量资金去开发测试用例,却仍然不能做彻底,这是因为检查全部路径要花费巨额的时间和金钱。SSFMEA 指出了重要的故障模式,至少应该开发与这些故障有关的测试用例。诸如软树等其他工具,能够确定其他的测试用例。

SSFMEA 可以用于软件可维护性和可用度分析。因为它能够预测失效,所以可以估计与此相关的停机时间。如果停机时间是不可接受的,那么就可能要对软件进行重新设计,使之包括容错、模块化和早期诊断等性能。

6. 实施 SSFMEA 计划

硬件 FMEA 在某些场合已实施多年,但有时仍然做得不对(这已在第 3 章讨论)。由于多年的错误实践,人们误以为错误的方法是正确的。人们最常违背 FMEA 的第一个规则——由团队进行分析。通常,FMEA 由对内部设计工作很不熟悉,因而没有资格的人来做。但在团队中,同样还是这个人,就有可能因为好奇并根据其个人经验而询问许多问题,从而使分析工作非常有效。有效的 SSFMEA 是由硬件、软件、服务以及系统工程师组成的团队,在系统安全性或可靠性工程师的指导下实施的。

FMEA 的一个主要误用,是在预测故障模式和故障率方面。这些不是 FMEA 的主要目标。真正的目标——进行设计改进——常常被忽视了。有些 FMEA 实施得太晚,没有人允许进行大的工程更改。对这些情况,在 FMEA 上的投入是不划算的。充分发挥其效益的唯一办法是,在设计早期、在最终规范发布之前实施 FMEA。而且因为只有管理层才能促其实现,所以这个过程一定要制度化。

9.2.7　软件性能规范

前面讨论的特性应该是软件规格说明的组成部分之一。不幸的是,许多公司很少花足够的时间来开发一份清晰、完整的规格说明,造成很多设计员和程序员花费更多的时间来测试和修正问题。这就是软件经常大大滞后于计划安排的原因。图 9.7 给出了一家大公司编写性能规范时所使用的指南。可以酌情增加其他项目。

系统规范

引言

软件通常是一个包括硬件、设施和人员的更大的配置的组成部分。这个称为"系统"的配置,必须在软件计划和开发启动之前就进行仔细规定。

系统规范规定了一个系统的总体功能、操作和性能特性。其中对软件和硬件要素都进行了描述,对要求进行了规定。

软件开发单位通常并不负责制定系统规范。但是,因为系统文档作为所有软件文档的一个基线,软件人员应该参与系统规范的编制。

本附录提供了系统规范的一种推荐格式。

1.0　范围

　　本章给出系统概述,并定义性能、设计、开发和测试要求的范围。此外,还阐述系统的目标和特性。

2.0　引用文档

　　本章列出本规范中引用(全文引用或部分引用)的全部文件。

3.0　要求

　　本章是对系统全部要求的描述性定义和定量定义。考虑以下方面的内容:

　　1. 系统的性能和设计要求。

　　2. 与系统的使用、维修和保障相关的要求,这些要求应能定义或约束系统设计。

　　3. 保证系统项目兼容性所必须的设计约束和标准。

　　4. 对所规范的系统与其必须兼容的其他系统之间的主要接口的定义。

　　5. 系统的功能,以及每项功能之间或每项功能内部的主要接口。

　　6. 对功能性能的分配,以及具体设计约束的定义。

　　7. 现有的设备、计算机程序或操作程序的识别和使用。

　　除非是纯粹的描述,应采用带有容差的定量物理量来对要求加以说明,并能在后面的测试、演示或检验中得到验证。本章描述的要求是本规范第4章规定的测试的基础。

3.1　系统定义

　　本节列出待开发的或作为系统一部分的要素。要素包括硬件、软件和操作程序。如果可能,这些要素也应用图形化的方式表示(方块图)。

3.1.1　功能描述

　　本段是系统的简要描述,包括全部功能列表。描述系统的预定用途,详略程度必须达到能概要理解的程度。

3.1.2　系统框图

　　本段包括系统级的功能原理图,还包括系统的顶层功能控制和数据流。要求其详细程度必须能明确系统的全部功能及其与系统要素的关系。

3.1.3　接口定义

　　本段描述功能接口和物理接口:(1)本系统与其必须兼容的其他系统之间的接口;(2)系统中所有功能之间的接口。

3.1.4　现有资源和程序

　　本段列出系统打算直接采用的现成要素清单。该清单通过引用名称、规范编号和/或部件或型号来确定各要素(例如硬件、软件)。如果该表内容过多,可放在附录中,在本段引用。

3.1.5 使用和组织

本段包括该系统预期运行的概要描述,还从地理位置和组织角度描述系统预期的部署(例如安装的数量和地点)。

3.2 特性

下面几段详述系统特性。

3.2.1 性能特性

本段包括系统性能特性,并为技术开发提供详细指导。它描述系统应该实现什么,并规定性能上限和下限。包括以下考虑:

1. 涵盖设备耐久能力的定量指标,要在规定的环境和其他条件下能满足用户的需要。给出最低寿命预计值。

2. 每个工作模式下所期望的定量性能(例如:平均速率,峰值速率,输入点数量)。

3. 编程语言要求(对于软件),如果编程语言是由系统的其他因素强制规定的话。

4. 不适合放在其他标题下的系统其他性能。

3.2.2 物理特性

本段考虑下面的问题(根据要求):

1. 重量限制,电气和设备发热的规定。

2. 尺寸限制,空间,操作员站布局,维修通道等。

3. 运输和贮存要求,例如固定、托盘、打包、包装箱等。

4. 表明严重程度的耐久性系数。

5. 健康和安全准则,包括对爆炸、机械以及生物等负面效应的考虑。

6. 安全保密准则。

7. 软件发布的存储介质。

3.2.3 可靠性

可靠性要定量说明。要明确定义那些必须满足可靠性要求的条件。

3.2.4 维修性

本段规定维修性要求。该要求适用于计划的维修保障环境下的维修,并且定量说明。如:

1. 时间(如:平均和最大停机时间,平均故障间隔时间,反应时间,周转时间,平均和最大修理时间,平均维修间隔时间)。

2. 比率(如每项特定维修活动的维修人·时,每运行小时的维修时间,预防性维修的频度)。

3. 维修复杂度(如:人数和能力水平,保障设备的种类)。

3.2.5 可用度

系统可用的程度,如:每天 24 小时,每周 7 天。

3.2.6 环境条件

本段包括系统设备运行和/或贮存期间可能遇到的环境条件。应该考虑以下几个方面:自然环境(风、雨、温度等);诱发环境(运动、振动、噪声等);电磁信号环境。

3.2.7 运输性

本段包括运输性要求,这对系统中所有设备的安装和综合保障是通用的。系统中不适合(由于使用或功能特性的原因)采用常规运输方法的所有设备,都应识别出来。

3.3　系统功能分配

本节将上述的系统功能分配到硬件、软件或其他的系统要素中。系统设计和构造的最低标准也要规定。

3.3.1　硬件和软件的划分

本段包括系统全部功能列表,并分配到硬件或软件。

3.3.2　材料、过程和部件

本段规定使用材料、部件和过程的管理要求。它包括应用于系统设备设计的具体材料和过程规范。此外,还规定合格产品清单中标准元件、部件使用的要求。

3.3.3　工艺

本段包含系统开发过程中设备生产的工艺要求。也要论述采用规定的生产技术进行制造的要求。

3.3.4　互换性

本段规定可互换和可替换的系统设备的要求。本段内容的目的是建立一个设计条件,而不是规定一些互换条件。

3.3.5　安全性

本段规定系统设计基本的安全性要求。设备特性、使用方法、环境影响等都要考虑。

3.3.6　人机工程

本段规定系统的人机工程要求,并通过引用列出适用的文件(如规章)。尤其要关注受人为差错影响特别严重的那些方面。

3.4　综合保障

本节考虑系统实现、保障和维修所要求的综合保障特性。

3.4.1　维修

本段包括以下因素的考虑:(1)测试设备的使用;(2)确定修理还是更换的准则;(3)基层级维修;(4)维护和修理周期;(5)可达性;(6)备件的分配和安置。

3.4.2　保障

本段规定系统要求的保障,包括厂家的硬件、软件保障,以及维修响应要求。

3.4.3　设施和设备

本段详述系统对现有设施和设备的影响。还要说明系统所需新的保障设施、附属设备或软件的要求。也包括软件开发设施和测试设施。

3.5　人员、训练和资料

本段规定系统的训练要求,包括:(1)如何完成训练(如:学校、在职);(2)确定训练所要求的设备或软件;(3)课程材料和教学用具。此外,还要规定训练计划和地点。

3.5.3　资料

本段规定系统每个要素所要求的资料。可以引用标准。

4.0　质量保证

本章建立的条款和准则用于验证第 3 章规定的功能和性能要求。明确测试/确认要求。应考虑以下问题:

1. 收集和记录整个测试过程的数据,作为可靠性分析的一部分;
2. 直接支持设计和开发活动的工程评估和测试要求;

3. 集成测试,如连续性检查、软件/硬件接口匹配,在安装环境中的功能运行;保障设备的兼容性和资料验证;

4. 功能和性能特性的正式测试和确认。

5.0 注释

本章应包括背景信息和其他的有关该系统完整描述的材料。

6.0 附录

本章包括作为本规范一部分的补充材料,但作为附录以便于该规范的维护。

图9.7 系统规范编写指南(摘自文献[5])

9.2.8 软件设计评审检查单

在任何设计评审中,使用检查单是一个好的起点。每个公司都应制定自己的软件质量、可靠性、安全性和可维护性检查单。我们看到一家大型航宇公司的检查单(图9.8)是最佳之一。它主要是为软件系统安全性制定的,但也适用于可靠性。这里对表格略做修改,以便包括一些其他的特性。

项　　目	要求	不要求	已包含
通用和其他			
规定避免依赖于行政管理程序			
规定使用信息控制方案获取激活授权设备的授权码			
规定软件仅包含系统所要求的性能或能力,不包含诸如测试、故障排查等其他能力			
规定对系统的安全关键功能进行全时有效控制			
规定安全关键子程序包含有"Come From"检查,以验证它们是从一个确认有效的程序调用			
命令、函数、文件和端口分离			
规定使用独立的发射授权和独立的发射控制功能来启动导弹发射			
避免地面武器战斗准备代码与允许发射授权代码相同			
规定启动武器要求独立的"战斗准备"命令与"开火"命令			
避免输入/输出端口同时被关键功能和非关键功能使用			
规定关键输入/输出端口与非关键端口的地址具有足够的差异,以保证单个地址位的错误不至于引起对关键功能或端口的访问			
规定每个文件应是唯一的,只有一个用途			

264

项　　目	要求	不要求	已包含
中断			
规定定义具体的中断优先权和中断响应			
规定对软件系统中断控制的管理,以不危及执行安全关键的操作			
停机、恢复和安全			
规定一个能从不经意的指令跳转中恢复的故障—安全程序			
软件应包括一旦检测到不安全状态的停机预案			
规定系统一旦检测到异常情况就转到一个已知的可预计的安全状态			
规定安全关键的硬件的软件具有安全性			
规定一个系统在指令关机、电源中断或其他故障情况下的顺序停机机制			
规定要求软件能区分有效的和无效的外部中断,一旦发生错误的外部中断,软件能恢复到安全状态			
规定一旦误入关键子程序,就进入安全状态			
通过探测正常发送的时序变化来防止安全关键功能信息失序。一旦检测到失序,则软件中止所有的传送,恢复到一个已知的安全状态,并显示当前状态,以便操作员采取补救措施			
规定将所有未使用的存储器初始化到一个码型,一旦将其作为一个指令来执行,就使系统转到一个已知的安全状态			
规定用于安全关键硬件的安全状态识别方案,并将该方案包含在决策逻辑中			
规定收回或中止发射授权和武器准备命令的能力			
预防、排除和禁止行动			
规定防止因疏忽而生成关键命令			
规定禁止潜在危险子程序共存的措施			
规定防止安全设备在测试过程中被旁路			
在计算机存储器加载过程中,在所用数据都加载完成并验证之前,不许自动控制			
防止数据操作疏忽而进入关键子程序的控制			

项　　目	要求	不要求	已包含
规定如果数据失去同步,则应避免状态改变			
规定防止硬件故障或电源中断引起存储器改变			
规定防止存储器在使用中随时间变化或降级			
规定程序保护,防止未经授权的改变			
规定不允许在决策逻辑中安全关键的时间限制被操作台的操作员改变			
规定避免因疏忽而进入关键子程序			
规定不允许一个危险序列被一个单键输入而启动			
禁止发送任何一个已发现存在错误的关键命令,并将该错误通知操作员			
规定核武器的控制或监控不能旁路操作员对安全关键功能的控制			
规定当检测到异常而转到安全配置时,不能使用变通的程序规定不使用"stop"或"halt"指令,或使 CPU 进入"等待"状态。CPU 应始终在运行,不管是空运行(什么也不做),还是正常工作			
规定检测并中止超出系统工作能力的命令请求行为			
规定不允许具有潜在危险的子程序与维护活动并行工作			
存储器,存储和数据传送			
避免要求的信息存储(以可用的格式)启动一个安全关键的功能			
规定自检能力以保证存储器的完整性			
规定防止硬件故障或电源中断引起存储器改变			
规定防止存储器在使用中随时间变化或降级			
规定从存储器中擦除或毁掉明文保密代码			
规定限制对存储装置存储器的控制访问			
规定对专用于关键功能的存储区域的访问加以保护			
规定安全关键操作的软件指令只驻留在非易失只读存储器中			
规定不使用带伤痕的文件来在计算机之间存储或传送安全关键信息			

266

项　　目	要求	不要求	已包含
规定数据的远程传送,必须在传送的数据经过了验证,并且操作员已经授权允许传送数据之后才能完成			
规定自检能力以确保存储器的完整性			
验证和确认检查			
若测试时需要解除安全互锁,则规定软件在测试完成后,要对这些安全互锁的还原加以验证			
规定对状态标志加以验证和确认			
要求在使用之前要对从一个 CPU 向另一个 CPU 通信的关键数据进行验证			
规定软件关键命令的确认			
规定在按照预定的操作要求发出命令之前,要验证预先要求的条件是否存在			
规定在使用之前要验证安全关键算法的结果			
规定安全关键参数或变量在输出之前要进行验证			
确定验证所有安全关键命令信息的顺序和逻辑,拒绝顺序错误或逻辑错误的命令			
规定数据的远程传送,必须在传送的数据经过了验证,并且操作员已经授权允许传送数据之后才能完成			
规定所有能产生安全关键信号的操作员动作,都由软件根据控制装置的位置加以验证			
规定模拟功能控制具有反馈机制,对该功能已经发生提供有效指示			
规定要验证和确认关于一个危险操作或系列危险操作已经启动的提示符			
规定通过在进入和启动一个操作或系列操作中的下一步骤之前设置一个专用的状态旗,以验证危险操作或一系列危险操作的每一步已经完成			
规定所有关键命令在传送之前的验证/确认			
逻辑,结构,独特码和互锁			
规定所有标志的识别是独特的,只有一个用途			

项　　目	要求	不要求	已包含
规定使用独特的解锁码来控制关键的安全设备			
规定系统具有互锁措施			
规定使用至少两个分开的独立命令来启动一个安全关键功能			
规定多数安全关键决策和算法都包含在单个(或很少的)软件开发模块中			
规定对于可能导致主要系统丧失、系统损坏或生命损失的过程的单个 CPU 控制,不满足启动该过程的全部要求			
要求使用寄存器的决策逻辑,当寄存器从末端产品硬件和软件获得数值,则不要基于全"1"或全"0"的数值			
要求使用寄存器的决策逻辑,当寄存器从末端产品硬件和软件获得数值,应使用特定的二进制码型,以降低末端产品硬件/软件由于失常而满足决策逻辑的可能性			
规定要在发射控制点与导弹计算机之间协同处理安全关键功能			
规定安全关键模块仅有一个入口和一个出口			
规定所有文件是独特的,只有一个用途			
规定不让装载的运行程序中包含有无用的可执行代码			
监控和检测			
规定包含对安全设备的监控			
规定对不经意的计算机字符输出进行检测			
规定对计算机存储器加载到终端加载过程中的错误进行检测			
规定对未授权的数据进入控制的操作进行检测			
规定对安全关键功能的识别要持续地监控			
规定对可能降低安全性的不当处理进行检测			
规定对有可能降低安全性的故障进行检测			
规定检测预定义的安全关键异常,并且通知操作员采取什么措施			
要求软件能够区分有效的和无效的外部中断,一旦发生错误的外部中断,软件应能恢复到一个安全状态			
规定对操作员的一系列不当请求进行检测			

项　目	要求	不要求	已包含
规定对安全关键子程序的不当转移进行检测			
规定检测和中止请求超出系统工作能力的行为的命令			
合理性检查			
规定对软件系统的所有安全关键输入进行合理性检查			
规定在提供输出之前,执行对等互检,要求两次决策			
初始化,定时,排序和状态检查			
规定在执行一个隐含危险的序列之前,对关键系统要素进行状态检查			
规定在初始化时对禁止、互锁、安全逻辑以及例外限制等实施恰当的配置			
规定在飞行安全检查工作满足要求后,发出良好的引导信号			
规定相对于检测到的不安全状态的响应,命令具有足够的定时时间			
规定软件初始化到一个已知的安全状态			
规定在执行一个隐含危险的序列之前,对安全关键要素进行状态检查			
规定有关危险操作处理过程的所有关键定时都是自动的			
规定对系统安全性有影响的操作,采用时间限制;并且使这些时间限制包括在决策逻辑中			
通过检测与正常发送序列的任何偏差,防止安全关键功能信息发送出现乱序。当检测到这种状态,软件中止所有发送,恢复到一个已知的安全状态,并且显示当前的状态,使操作员能采取补救措施			
规定将所有未使用的存储器空间初始化到一个码型,使得如果它作为一个指令来执行时,将使系统转到一个已知的安全状态			
规定在关键命令(解除保险、开火、爬升、下降等)发出之前,将观测到的飞行地形与计算机中存储的飞行地图进行匹配			
利用软件定时和硬件定时的一致性,来防止安全关键功能误启动			
规定对启动一个危险操作或系列危险操作的提示符进行验证和确认			

项　　　目	要求	不要求	已包含
规定通过在进入和启动一个操作或系列操作中的下一步骤之前设置一个专用的状态旗,以验证一个危险操作或系列危险操作的每一步已经完成			
操作员响应和限制			
要求在启动任何隐含危险的序列时都有一个操作员响应			
规定不允许决策逻辑中的安全关键时间限制被控制台操作员改变			
规定简洁地定义操作员与软件之间的交互			
规定操作员以一种安全的方式取消当前的处理			
要求在操作员取消当前的处理时,应得到该操作员另外一个响应的验证			
规定核武器的控制或监控不能旁路操作员对安全关键功能的控制			
要求系统通过告知操作员状态并识别已采取的行动,来响应预先定义的安全关键异常状态			
规定为了使系统安全,将产生的系统配置或状态提供给操作员,并等待确定后续的软件活动			
规定数据的远程传送,必须在待发送的数据完成了验证,操作员提供了发送数据的授权之后,才能进行			
规定操作员在武器系统使用全过程的所有情况下,都保持对安全关键功能的控制			
规定产生安全关键信号的所有手动操作,都由软件根据控制装置的位置来验证			
操作员通告			
要求对安全互锁的超控,由测试实施人员通过测试控制板上的显示来进行识别			
规定产生关键状态并提供给操作员			
规定操作员识别对安全互锁的超控			
规定如果发生了未授权的行为,软件有指示			
规定系统通知操作员已检测到异常			

270

项　目	要求	不要求	已包含
规定为了安全关键硬件产品的安全,向操作员提供系统配置状态			
规定安全关键状态变化的有效报告,例如缺少武器解锁指示,无法形成一个安全状态			
规定检测一个预先定义的安全关键异常,并通知操作员采取什么措施			
规定软件系统向操作员显示安全关键的定时数据			
规定软件系统向操作员指示当前的运行情况和功能			
规定向操作员明确,已经执行一个安全功能,并提供执行的理由,描述已采取的安全措施			
规定对操作员不恰当的键盘输入进行通告			
禁止传送任何已发现错误的关键命令,并向操作员提出通告			
规定为了使系统安全,将产生的系统配置或状态提供给操作员,并等待确定后续的软件活动			

图 9.8　软件系统安全性检查单示例

9.3　编码和集成阶段的软件要求

在编码和集成阶段,要制定计划以防止编码错误。减少错误的最佳方法之一就是使编程语言标准化,但是,至今仅有限地接受了一种标准语言。五角大楼规定了所有武器系统统一使用 Ada 语言,以便使可靠的软件部件可以像硬件系统那样组装在一起,但这限制了军用系统与商用软件一起运行的能力。

代码级设计保证面临的挑战是将以下脚本集成起来:

输入为真,软件认为其为真。(没有问题)

输入为真,软件认为其为假。(可能是大问题,需要 fallback 模式)

输入为假,软件认为其为假。(没有问题)

输入为假,软件认为其为真。(可能是大问题,需要 fallback 模式)

9.3.1　编码错误

多种类型的错误散布在代码中。程序员根据错误类型来查找,可消除许多错误。主要的错误类型如下:

(1)计算错误:由程序代码中的公式、算法和模型引起。

（2）配置错误：代码与操作系统或应用软件不兼容。这通常发生在软件修改之后。

（3）数据处理错误：发生在数据的读、写、移动、存储和修改过程中。

（4）文档错误：在软件描述、用户操作指南以及其他文档中的错误。

（5）输入/输出错误：由输入和输出代码引起。

（6）接口错误：发生在①子程序与子程序的接口；②子程序与系统软件的接口；③文件处理；④用户接口；⑤数据库接口。

（7）逻辑错误：设计错误。

（8）操作系统错误：发生在操作系统软件、编译器、汇编器以及专用软件中。

（9）操作员错误：由人引起的错误。

（10）数据库错误：数据库中驻留的错误，通常来自用户。

（11）反复出现的错误：错误的副本，通常出现在问题被重新打开时。

（12）需求符合性错误：软件不能提供需求规格说明里规定的能力。

（13）定义错误：变量或常数的不恰当定义。

（14）间歇错误：由硬件或软件中的临时故障引起。

9.3.2 量化软件错误

期望更高的软件可靠性，产生了对测量模型的需求。对于硬件，数据库可以为可靠性预计提供帮助，但是软件可靠性却是非常依赖于过程和人的。几乎没有关于从历史数据预测软件可靠性的文献报道。然而，至少发表了67种关于软件可靠性的数学模型。几乎所有的模型都是两种曲线的变型（图9.9）[14]。

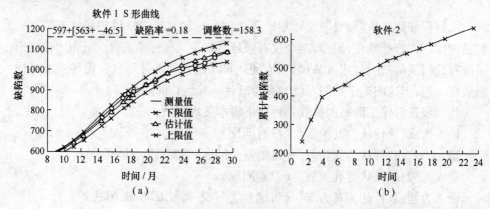

图9.9 软件可靠性的两个基本模型

（a）S形曲线；（b）负系数的标准指数增长。

Sagols 和 Albin 的经验[15]表明，第一个模型适用于较简单的软件。第二个模型适用于学习过程较长的复杂软件。有些软件数据不符合这些模型。在这些情况下，最常见的方法是使用 t 时刻的错误数来预计剩余的错误数。有些人按指数模

型来计算平均故障间隔时间。这是一个无用的量度,因为大多数用户不明白,如果
MTBF 是 200h,那么,失效的可能性还有 67% 。没有一个人心里想要如此高的失
效概率。文献[2]对一些模型进行了如下分类。对模型更多细节感兴趣的读者,
可以参阅文献[15]。

1. 可靠性测量模型

- Hecht 测量模型
- Nelson 模型

2. 可靠性估计模型

- 可靠性增长模型(杜安模型的应用)
- Mills 模型
- Rudner 模型
- Musa 模型
- Jelinski – Moranda deeutrophication 模型
- Jelinski – Moranda 几何 deeutrophication 模型
- Jelinski – Moranda 几何泊松模型
- Schick – Wolverton 模型
- Shooman 指数模型
- Weibull(Wagoner) 模型
- Goel – Okumoto 贝叶斯模型
- Littlewood – Verral i 贝叶斯模型
- Shooman – Natrajan 模型
- Shooman – Trivedy 马尔可夫模型
- Shooman 微模型
- Littlewood 马尔可夫模型
- Littlewood 半马尔可夫模型
- Moranda 先验模型
- Hecht 估计模型

3. 可靠性预计模型

- Motley 和 Brooks 模型
- McCall,Richards 和 Walters 模型
- Halstead 模型

这些模型大多数是预计故障密度。有一种方法可以用于评估可靠性。从一个
简单的模型入手:

$$系统可靠性 = (硬件可靠性) \times (软件可靠性)$$

我们可以用包括软件与硬件失效在内的威布尔图评估系统可靠性。然后画出
只含硬件失效的威布尔曲线来评估硬件可靠性。由于公式中唯一未知的是软件可

靠性,其数值可以解算出来。

如果要扩充该模型,可以将接口可靠性纳入公式中。如果软件是交互式的,还可以将人的可靠性纳入其中。

9.3.3 编码错误的预防

有很多方法可降低编码错误:高级语言;冗余算法;复杂算法的微代码编程;编辑、编译和单元测试的多用户支持;符合美国国家标准协会(ANSI)文件 X3.9 – 1978 的编译器;在建立详细要求、测试,以及接收过程中的用户支持;错误探测代码;独立的验证与确认;系统集成测试;独立测试;故障注入测试;使用软件支持库;配置管理;全面的软件开发计划;严格控制的需求规格说明;严格控制的软件功能规范;需求追溯矩阵;严格控制的详细设计规范;结构化分析工具;程序规范语言;程序设计语言;自动化测试工具;计算机辅助软件工程;一对一走查;过程评审;质量审查;软件问题报告;规格说明更改通知;软件需求评审;测试准备评审;全面的接口评审;人—机接口要求等等。

幸好有几种软件开发工具可以检测软件语言的特征。(一个例子是在 UNIX 操作系统里的一个特征工具,它可检测 C 语言的 bug。)与编译器相比,工具软件可以进行全面得多的检查。有些可以发现程序文件里的 bug。它们可识别不能到达的语句、未从顶端进入的循环、已申明但未使用的变量,以及不一致的功能调用。由于目前软件向新平台移植的趋势,这类工具已经在高质量软件开发中开始发挥非常重要的作用。

一条可以避免很多编码错误的有效经验法则是:"设计软件的人不应该写代码;编写代码的人不应该做测试。"在 IBM 经常使用的另一个有效规则是:与用户一起进行测试,用最坏条件下的测试脚本。这样通常可指出规格说明中遗漏的要求。

例 9.1 有些编码错误可以用一个简单的集成验证表(图 9.10)来预防。这

处理器:	DP			
单元名称:	GP-PART-UPDATE		发布版本:	1.0
测试审查人:			日期:	
测试:			是	否
1. 提交了要求的全部要素吗?			___	___
a. 软件设计说明				
b. 测试用例/脚本				
c. 测试驱动				
2. 测试用例是否足以测试程序结构或综合数据流?			___	___
3. 数据使用是否充分靠近真实情况?			___	___
意见:				

图 9.10 集成验证表示例

确保集成得以正确地完成。重要的编码错误可在此过程中抓到。

例 9.2　为确保代码不引起任何较大事故，评审团队应该识别不该发生的非期望路径，以及必须发生的重要路径。这些路径与测试用例一并放在一个矩阵中。这个矩阵如图 9.11 所示。

单元名称 GP-PART-UPDATE　任务 DP　日期 ______

1.0

路径	路径10	路径条件	测试用例覆盖															
		测试审查 →																
			1	2	3	4	5	6	7	8	9	10	11	12	13	14	15	16
1	DF-T	Do for "NUM-XFER" entries	×	×														
2	IF-T	Found HDR entry in XFER table	×	×														
3	IF-T	Found FIL E-ID, FILE-TYPE match	×	×														
4	IF-F	Match not found																×
5	IF-T	Found TRLR entry in XFER table	×	×														
6	IF-T	Found FILE-ID, FILE-TYPE match	×	×														
7	IF-F	Match not found																×
8	IF-F	No HDR or TRLR entry																×
9	DF-F	All entries complete	×	×														
10	IF-T	Error from GP-DIR-UPD																×
11	IF-F	No error from GP-DIR-UPD	×	×														
12	IF-T	FILE-TYPE "UPD"	×	×														
13	IF-F	Invalid FILE-TYPE																×
14	IF-T	Error in FMBPEN																×
15	IF-F	No error in FMPPEN	×	×														
16	IF-T	Error in FMP posilion																×
17	IF-F	No error in FMP position	×	×														
18	DF-T	Do for "NOM-XFER" entries	×	×														
19	IF-T	Found data entry in XFER-TAB	×	×														
20	IF-T	Found FILE-ID, FILE-TYPE match	×	×														
21	DF-T	Do for all words in record	×	×														
22	DF-F	All words complete	×	×														
23	IF-T	Error from FMPWRITE																×
24	IF-F	No error from FMPWRITE	×	×														
25	IF-T	Error from FMPCLOSE																×
26	IF-F	No error from FMPCLOSE	×	×														
27	IF-F	No match of FILE-ID, FILE-TYPE																×
28	IF-F	No data entry in XFER-TABLE																×
29	DF-F	All num-XFER entries complete	×	×														
30	IF-T	Error from GP-DIR-UPD																×
31	IF-F	No error from GP-DIR-UPD	×	×														
32	IF-T	TABLE-ID exists	×															
33	IF-F	No TABLE-ID		×														
34	DF-T	Do for delete "NUM-XFER" entries	×	×														
41	DF-F	All entries deleted	×	×														

图 9.11　期望和非期望路径的测试矩阵示例

9.4　软件测试

进行测试是为了提高质量、可靠性、安全性以及维护性。测试也用于全面合格测试。在复杂的软件里，应对内部和外部接口进行单独测试。

9.4.1　质量测试

质量测试的目的是测量软件执行的准确性和精密性。是否接受软件，是依据其按照规格说明书运行的能力来确定的。一些常用的质量控制测试定义如下。

（1）黑盒测试：该测试策略仅从需求规格说明中得到测试数据。

（2）白盒测试：该策略是对黑盒测试的补充——是一种从程序内部结构的了

解中得到测试数据的策略。

（3）灰盒测试：该策略通过结合黑盒测试和白盒测试的要素得到测试数据。

（4）单元测试：由程序员自己对每个模块进行单独测试以证实其正确性。

（5）确认测试：软件的正式测试和评估，用于证明其符合需求规格说明。

（6）边界值测试：该测试策略依据边界条件来得到测试数据，即直接将测试数据恰好置于输入和输出的边界之上和边界之下。

9.4.2　可靠性测试

由于可靠性测试持续时间非常长，所以在软件现场评估或接收测试中常使用数学模型。在很多军事合同中，MIL－STD－781[16]（基于指数概率分布），也用于硬件和软件的接收测试。有些合同中，如果错误原因没有隔离到硬件或软件，那么就计为两个错误。

测试可通过多种途径来完成。在软件开发和后续集成过程中，单个模块可以用"桩"来测试。在系统级，测试可以是自下而上或自顶向下或从中间开始的（多层结构式测试）。迈尔斯[17]提出了几种这样的测试，用于质量和可靠性测试。

9.4.3　可维护性测试

大多数可维护性参数是可测量的，例如模块化、测试性、灵活性和可移植性。测试必须从用户需求中引出，因为在这个领域几乎没有发表现成的参考资料。

9.4.4　软件安全性测试

专门的安全性测试用来验证有关安全的测试描述、过程和用例的性能。包括用于抑制、连锁和陷阱的 fallback 模式的验证。测试在规定的和异常的条件下进行。测试要特别仔细地用文件记录，因为一旦发生人员伤亡，可能在法庭上作为证据。

还应当特别关注接口测试：硬件—软件接口、软件—软件接口，以及软件—人员接口。安全性测试的输入，来自于本章所述的各种危险分析技术。要确保全面测试到极少发生的事件，例如汽车上的气囊测试。这些代码可能在使用了 17 年后才会运行到。那种情况下，软件应该在整个生命期内监控硬件的性能。

安全性测试应超出正常测试的范围，以留有安全裕量。应该进行以下测试[18]：

（1）验证软件能够正确且安全地对确切的单次和多次失效（以及故障）做出响应。

（2）对操作员输入错误和部件失效进行测试。

（3）保证从外部传感器接收的或其他软件进程接收的数据中的错误能被安全处理的测试。

（4）对进入和执行与安全关键软件部件有关的失效进行测试。

（5）对负面的和 no – go 的测试。

（6）保证软件只执行预定的功能而不执行无关功能的测试。

（7）验证在超负荷情况下 fallback 模式的测试。

9.4.5　全面合格测试

最重要的测试是故障注入（也称为错误植入）测试。在这种测试中，也要从物理上使部件和接口不工作，以保证所需的 fallback 方式。合格测试一般分级进行，从单元测试开始，一直延续到运行测试。Howley[19] 建议进行下述几种测试。不是每项工程都需要进行所有测试；如何选择，取决于测试目的（例如，验证逻辑）以及设计或使用性能。

（1）检查（Checkout）：包括编译或汇编以及执行程序，查明工作特性，并实施错误检查。

（2）单元/模块测试：包括验证设计要求，以及进行错误检查。

（3）集成测试：验证各组合程序要素的兼容性。

（4）计算机程序测试：包括验证程序的功能特性，证明处理结果的有效性，以及建立规格说明的有效性。这个层次的测试，包括验证和正式确认。接收和质量保证测试可以放在该层次，或者在系统测试层。

（5）系统测试：包括验证整个系统的软件和硬件部件的兼容性和联合工作的能力。该层次包括接收和质量保证测试，以及系统性能验证。

（6）运行测试：完全根据运行要求，在使用环境下给计算系统提供实际的数据。这些测试称为运行沉浸或运行验证。

9.5　使用阶段的软件性能

由于软件性能特征仍然不明确，所以很大一部分性能要在使用阶段改进。实际上，很多缺陷是由文档粗糙、软件结构不佳、规格说明不明确等引起的。在使用阶段，至少有 5 个方面是关键的：

（1）失效记录：用来在以后的项目中汲取教训。

（2）失效管理：保证有一个闭环系统来永久地消除 bug。

（3）配置管理：一种控制软件更改的正式程序。该程序保证软件设计的基本结构不变，并且所有更改都有记录。

（4）用户支持：确保服务质量。

（5）软件维护

最后一项是一个新的复杂领域。最广泛的定义是摩尔顿提出的[20]：“维护是对一个现有程序的任何更改。”这个观点是建设性的，因为问题的源头是更改，而不是更改的类型。摩尔顿对维护的定义包括：

（1）重要的升级。

（2）bug 的修复。

（3）对供货商提供的系统进行适应性更改。

（4）供货商提供的系统的安装。

（5）适应诸如新的硬件等环境变化。

为了配置管理，摩尔顿还提出了以下指南：

（1）功能或性能规范的任何更改都是需求的更改。

（2）用户可见的其他任何更改（除了修复一个 bug）都是在功能规范中的更改。

（3）软件部件功能分配的任何更改，或部件之间接口的任何更改，是一种体系结构更改。

（4）在一个模块设计中的任何更改，该更改仅局限于一个模块中，是一种模块设计更改。

（5）代码的任何更改，该更改没有改变模块设计，是一种编码更改。

（6）经过测试以后，任何 bug 都要进行两个方面的改进，一个是在系统中（在任何一个合适的层次），另一个是在测试中。

文献［21］包含了有关软件维护的更多信息。

9.6　学生项目和论文选题

1. 说明软件质量和软件可靠性的不同。概述各种方法。如果目前的定义不令人满意，请提出你自己的定义。

2. 概述实现软件可维护性目标的技术。如果现有的技术不合适，提出一种替代技术。

3. 撰写一份针对人为差错的容错设计方法的报告。

4. 概述可靠性测量模型。推荐一个模型（或多个模型），并说明你选择的正确性。

5. 开发一个能够在软件编码之前预计软件可靠性的模型。

6. 目前的软件安全性方法充分吗？如果充分，给出证明。提出你自己的方法。

7. 解释你自己关于软件保障分析方法的观点。

8. FMEA 能单独用于软件吗？如果可以，请对软件的一部分进行这种分析。

9. 故障树分析能单独用于软件吗？用一个例子概述你的观点。

10. 哪种类型的结构化编程最适合于软件维护？提出你的观点。

11. 选择一个复杂的自动化系统，进行系统危险分析，并提供有帮助的软件危险分析。

12. 选择一种高级软件编程语言(例如,Ada,C,C++),从系统安全性的角度进行正反两方面的讨论。

参 考 文 献

[1] U. S. Army Solicitation No. DAH CO6 -85 - R -0018.

[2] E. C. Soistman and K. B. Ragsdale, Impact of Hardware/Software Faults on System Reliability, Report No. OR 18,173, Griffiths Air Force Base, Rome Air Development Center, Rome. NY. 1985.

[3] Defense System Software Development, DoD - Std -2167A, 1986.

[4] System Safety Program Requirements, MIL - STD - 882B, Naval Publications and Forms Center, Philadelphia. MIL - STD -882E is in the process.

[5] General Electric Co. , Software Engineering Handbook, McGraw - Hill, Now York, 1986.

[6] F. Brooks, No Silver Bullet: Essence and Accidents of Software Engineering, Computer, April 1987.

[7] A Standard Classification for Software Errors, Faults and Failures, IEEE Draft Standard No. P1044/D3, IEEE, New York, December 1987.

[8] D. Raheja, Software FMEA: A Missing Link in Design for Robustness, SAE World Congress Conference, 2005.

[9] R. C. Clardy, Sneak Analysis: An Integrated Approach. In: International System Safety Conference Proceedings, 1977.

[10] W. L. Chenoweth, Oral Presentation, In: IEEE Conference on Computer Assurance, IEEE Computer Software Assurance Conference, COMPSAC 86, Washington, DC, 1986.

[11] Software System Safety Handbook, AFISC SSH 1 - 1, U. S. Air Force Inspection and Safety Center, Norton Air Force Base, Calif. , 1985.

[12] N. Leveson, Safety Analysis Using Petri Nets, IEEE Transactions on Software Engineering, 1986.

[13] S. Mattern, Confessions of a Modern - Day Software Safety Analysis. In: Proceedings of the Ninth International System Safety Conference, Long Beach, California, 1989. Group Meeting, June 1989.

[14] A. L. Goel and K. Okumoto, A Time Dependent Error Rate Model for Software Reliability and Other Performance Measures, IEEE Transactions on Reliability, no. R -28, pp. 206 -211, 1979.

[15] G. Sagols and J. L. Albin, Reliability Models and Software Development, A Practical Approach. In: Software Engineering: Practice and Experience, E. Girard (Ed.). Oxford Publishing, Oxford, UK, 1984.

[16] Reliability Qualification and Production Approval Tests, MIL - STD - 781, Naval Publications and Forms Center. Philadelphia.

[17] G. Myers, Software Reliability: Principles and Practice, John Wiley & Sons, Hoboken, NJ, 1976.

[18] MIL - STD -882C.

[19] P. P. Howley. Jr. , A Comprehensive Software Testing Methodology. In: IF)BS Workshop on Software Engineering Standards. San Francisco, 1983.

[20] R. P. Morton, The Application of Software Development Standards to Software Maintenance Tasks. In: IEEE Workshop on Software Engineering Standards. 1983.

[21] D. H. Longstreet, Software Maintenance and Computers, IEEE Computer Society Press, New York. 1990.

第 10 章 系 统 效 能

10.1 概 述

有一种说法:"每一起技术灾难的背后都存在管理缺点"。采用 MORT(管理失误和风险树)的事故调查者通常会得到这个结论。MORT 培训最初起源于美国能源部(DOE)。至于教材,可见本章最后的补充读物。

质量专家认为管理应该对 85% 的质量问题负责。可靠性专家认为造成不可靠的原因是没有足够的经费预算和时间对设计进行彻底的分析。高额的维护成本这一事实说明,管理应该强力介入综合考虑这些问题。如果能够避免生产中的浪费和额外的外场失效开支,产品的成本就能大大降低。对于顾客来说,节省了这些开支也会降低停工期开支。综合采用保证技术对于供货商和顾客双方都是有利的,这是市场领军者的一个秘密。

后面要提及的典型情况突出说明了公司的资金流失。如果将这些钱节省下来,公司可能就没有必要从银行贷款,而且自己内部产生的资金比银行提供的更多。公司花费巨大的资金做老练和筛选试验,就是不去解决问题。这仅仅是一个例子。

另一个例子是支付保险费用,一个中等规模的公司每年要为存在设计缺陷的产品支付 6000 万美元的费用。还有一个事例是召回存在安全问题的产品,福特运动型汽车的召回费用为 90 亿美元。所有人都意识到解决问题比一直不断地试验和检查产品更便宜。

缺乏团队配合与协调不够会妨碍这些事情的发生。避免不必要的试验可节省数百万美元。而且,由于管理层已经对试验费用不堪重负,有价值的试验通常被忽略了。由于生产过程不当而产生的浪费也属于类似的情况。据摩托罗拉公司前总裁乔治·费歇尔说,在一些公司中,类似这种不必要的开支占销售额的 10% ~30% 。

由于技术部门之间缺乏协调导致很多公司浪费了大量的资金。在某个公司里,设计工程师进行各种试验来证明产品的可靠性和耐久性,但生产部门很少进行全面的评估。另一种情况是,供货商和顾客都知道对某个系统进行的试验昂贵并且毫无用处,但多年来一直没有采取任何措施。造成的结果是,花大量的资金设计出了好的产品,但生产部门造不出来。这个问题众所周知但没人负责,或没有人花时间去解决。

保证技术并不是相互独立的。可靠性信息可以用于维修性、质量和后勤保障分析。根据各种分析,制定试验大纲。几乎所有的产品都需要在下列几个方面权衡:

(1) 可靠性与维修性;

(2) 功能与可靠性;

(3) 功能的多少与可靠性(例如,在一个微处理器里);

(4) 维修性与维修;

(5) 硬件与软件;

(6) 元器件的容差与可靠性;

(7) 人的因素与设计费用;

(8) 操作性与可靠性;

(9) 使用完好性和库存费用。

管理者有责任提供这样一个氛围,鼓励自由地讨论这些权衡。这就需要团队共同努力进行各种分析和预算。但是,在预算里每额外支出 1 美元,就可能会得到40 美元~100 美元的潜在回报。

10.2　系统效能原理

一个系统要达到预期的水平,其可靠性、维修性、安全性和质量特性之间应协调一致。如果设备坏了,它必须是可以快速修复的,以便用户能继续使用。从顾客的角度来说,系统的可用度更重要。例如,一个经常早晨 6:00 乘火车去上班下午6:00 乘火车返回的通勤者,就希望火车在这两个时间到达。如果火车每天晚上都发生故障,但在早上 6:00 之前修理好,这些故障对于这位通勤者来说就无关紧要。不让火车发生故障或在设计上使其能快速修复,可以提高可用度。对于用户来说,可用度取代了可靠性,它定义为在用户需要的时候系统能正常工作的时间百分率。电力公司通常用可用度来计量业绩。使用效率的提高与可用度密切相关,如果用户碰到的停电情况多于正常情况,那他们付给电力公司的费用就会减少。

可用度也可以定义为,当在未知的任一时刻提出任务需求时[1],一个项目在任务开始阶段处于可用和完好状态的程度。用平均故障间隔时间(MTBF)和平均修理时间(MTTR)来给出可用度的技术定义见第 4 章。

可用度实际上仅仅是顾客需求的一部分。随着系统的不断复杂化,诸如可靠性、维修性和质量保证之类的保证技术开始成为"系统效能"这一难题的一部分。工程师们似乎将这些技术单独应用于硬件系统效能或软件系统效能,但事实上系统性能还取决于软件和硬件效能以及使用系统的人员的综合。这项大的工作通常被忽略了。负责整个工作的人(即最高管理者)也应该对所有效能负责。表 10.1[2] 给出了软件控制的系统中由硬件、软件和其他原因引起的典型故障,其他原因包括人的因素等几个原因。

表 10.1　各种原因引起的系统停运时间(分钟)

月份	硬件	软件	其他	总计
1	43	102	195	340
2	28	121	0	149
3	133	39	21	193
4	31	81	119	231
5	261	128	411	800
6	76	109	916	1101
7	284	44	7	335
8	0	209	0	209
9	17	181	46	244
10	13	158	34	205
11	3	107	36	146
12	154	100	48	302
平均	86.9	114.9	152.8	354.6
百分比	24.5	32.4	43.1	100

上面的数据表明,由软件原因引起的停运比硬件原因引起的停运更多。最大的故障百分比(43.1%)却被忽略了。换句话说,没有人对几乎达一半的系统问题负责。这说明对系统可用度负责比对一项独立的技术负责更重要。

在系统效能中,第一个要考虑的因素是可用度。系统可用度可根据各部分的可用度建模如下:

$$A_{系统} = A_{硬件} \times A_{软件} \times A_{人的因素} \times A_{接口}$$

式中,$A_{人的因素}$不仅仅是指有人可以做这个工作,而是指有一个经过训练的、在紧急情况下知道应该做什么的警觉的人可用。$A_{接口}$是指硬件、软件和人之间的接口处于可用状态的时间比例。

下一个要综合的是可信度。如果系统是不可信的,那就不能接受,因此,管理者也就不能相信它。系统也必须有能力在预期的时间内正确地完成任务。当这些原则被综合后,其结果就是系统效能。参考文献[3]中包括各种模型及其来源。下面的数据来源于该参考文献。

系统效能可定义为[4]"在给定时间和规定条件下使用时,系统成功满足使用要求的概率"。对于一次性使用的设备而言,系统效能可以是"当在特定条件下需要时,系统(例如降落伞)能够成功使用的概率"。MIL – STD – 721[1]中系统效能的定义为"对某个产品能够预期完成一组具体任务要求的程度的度量,可表示为可用度、维修性、可信度和能力的函数"。由美国空军系统司令部提出的 WSEIAC

模型(武器系统效能工业咨询委员会)似乎已被大多数人所接受。美国海军也在 WSEIAC 模型的基础上提出了一个模型,陆军也是如此。这些模型在图 10.1 给出,详情可见参考文献[5,6,7]。

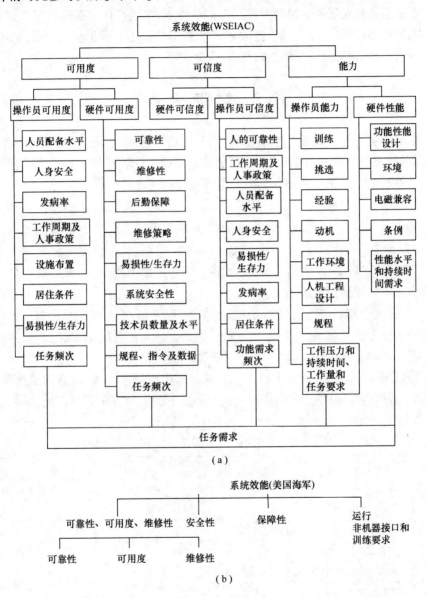

(a)

(b)

图 10.1　系统效能模型

(a) 美国空军系统效能模型(WSEIAC);(b) 美国海军可靠性、可用度、维修性(RAM)和系统效能模型。

在这些模型中的一些特征参数是为特定的应用而提出的。其他特征参数是针对特定机构的。但有两个通用的术语,可以定义为:

能力:假定系统可用并且可信的条件下,系统设计的性能水平允许其成功满足任务需求的概率(MIL – STD – 721)。能力包括电源供电、保真度和精度的持续保证能力等因素。

可信度:在给定任务开始时产品状态的条件下,在执行任务期间的某个或多个工作点,对产品使用状态的度量,包括可靠性、维修性和生存性的影响(MIL – STD – 721)。可信度包括安全性和维护的便利性。

10.3　贯彻大纲

很明显,如果没有完成某些活动的计划,就没有这些活动的预算。没有预算,这些任务就不能完成或不能按时完成,这将会影响工作积极性和生产率。因为没有真正的资源支持,很多所谓的全面质量管理大纲失败了。

表 10.2 给出了可靠性大纲(MIL – STD – 785)[8],表 10.3 给出了维修性大纲(MIL – STD – 470)[9]。第 5 章包含系统安全性大纲。类似的质量保证大纲可根据 DoD 指南 5000.51 – G[2] 或 MIL – Q – 9868[10] 编制,后勤保障工程大纲可根据 MIL – STD – 1388 – 2A[11] 编制。这些大纲并不是详尽无遗的,如果某项任务有意义,就应该将它添加到大纲中去。

可靠性大纲和维修性大纲中有一些类似的任务。一个好的项目经理会把类似的、相关的任务组合起来,一起进行分析。例如,FMECA 既用于可靠性,也用于维修性,但是目的不同,其中大约 80% 的分析是相同的。

后勤保障分析同样需要 FMECA 的结果。如果设计工程师、可靠性工程师、后勤保障工程师和维修性工程师组成一个团队进行分析,将是非常高效的,越来越多的公司发现安全性工程师也应该加入到这个团队中。

表 10.2　可靠性大纲(MIL – STD – 785)

任务		大纲阶段			
		论证	方案	工程研制	生产
101	可靠性大纲工作计划	X	X		
102	对转承制方和供应方的监督和控制		X	X	X
103	可靠性评审		X	X	X
104	故障报告分析及纠正措施系统(FRACAS)		X	X	X
105	建立故障审查组织(FRB)		X	X	X
201	可靠性建模	X	X		
202	可靠性分配	X	X		
203	可靠性预计	X	X		
204	故障模式、影响及危害性分析(FMECA)	X	X		

（续）

	任务	大纲阶段			
		论证	方案	工程研制	生产
205	潜在电路分析（SCA）		X		
206	部件电路容差分析		X		
207	元器件大纲		X	X	
208	可靠性关键项目		X	X	
209	对贮存、装卸、包装、运输、维护的影响		X		
301	环境应力筛选		X	X	
302	可靠性增长试验		X		
303	可靠性鉴定试验大纲		X	X	
304	产品可靠性验收试验				X

表 10.3 维修性大纲（MIL – STD – 470）

	任务	大纲阶段				
		论证	方案	工程研制	生产	操作系统研发
101	维修性大纲工作计划		X	X	X	X
102	对转承制方和供应方的监督和控制			X	X	
103	维修性评审	X	X	X	X	
104	数据收集、分析和纠正措施系统			X	X	
201	维修性建模	X		X		
202	维修性分配	X		X		
203	维修性预计			X		
204	故障模式和影响分析（FMEA）——维修性信息			X		
205	维修性分析	X	X			
206	维修性设计准则			X		
207	为详细的维修计划和后勤保障分析（LSA）准备输入			X		
208	维修性验证（MD）			X		

　　一个公司不可能在每一件产品上都贯彻这些大纲的全部内容，必须根据具体项目对大纲进行剪裁。下面的例子对剪裁进行了说明。考虑一张带有 14 条桌腿的大餐桌，桌子可能是安全和可靠的，但可能不是费效合理的。然而，有 4 条桌腿的餐桌也能以合理的费用提供期望的安全性和可靠性。剪裁意味着在慎重地考虑费用和进度约束的条件下挑选出正确的任务。也意味着，如果一个新的任务能使产品安全得多，那就应该加入大纲中。如果餐桌只有 3 条腿，给它增加第 4 条腿是明智的。

执行这些任务的一个重要方面,就是要利用并行工程的原理来有效地完成。图 10.2 给出了任务和并行工作表的一个例子。

任务	设计阶段	生产阶段	试验阶段	使用阶段
1 管理				
a 大纲工作计划	▬			
b 预算	▬			
2 总则				
a 初步设计评审	▬			
b 中期设计评审	▬			
c 关键设计评审	▬			
3 可靠性				
a 可靠性预计、分配和建模	▬			
b 故障模式和影响分析	▬			
c 最坏情况分析	▬			
d 部件容差分析	▬			
e 潜在电路分析	▬			
f 元器件大纲	▬▬			
g 贮存、装卸、包装和运输分析	▬			
h 可靠性增长试验		▬		
i 可靠性鉴定试验		▬		
j 生产和筛选试验		▬		
k 过程可靠性	▬▬▬			
l 软件可靠性分析	▬			
m 人的因素的可靠性分析	▬			
4 维修性				
a 维修性分析	▬			
b 维修性建模、预计和分配	▬			
c 故障模式和影响分析——维修性信息	▬			
d 测试性分析	▬			
e 维修性的人的因素分析	▬			
f 维修性验证	▬			
5 系统安全性				
a 系统安全性大纲工作计划	▬			
b 初步危险分析	▬			
c 故障模式和影响分析——安全性信息	▬			
d 故障树分析	▬			
e 分系统危险分析	▬			
f 使用与保障危险分析	▬			
g 维护工程安全性分析	▬			
h 系统危险分析	▬			
i 安全性试验	▬			
j 软件危险分析	▬			
k 应急演练			▬▬▬	
l 安全培训		▬▬▬		
6 质量保证				
a 质量功能分配	▬			
b 过程可靠性和可用度分析	▬▬			
c 设计的健壮性分析	▬▬▬			

任务	设计阶段	生产阶段	试验阶段	使用阶段
d　采办计划 e　试生产评估 f　过程控制计划 g　持续改进 h　软件质量分析				
7　后勤保障 a　后勤保障分析 b　可靠性和维修性分析结果的结合 c　时间流程分析 d　制造后勤分析 e　后勤保障试验 f　以可靠性为中心的维修计划				

图 10.2　并行工程任务主进度表

（注意：生产和试验在设计阶段就开始了）

10.4　寿命周期费用管理

顾客很少因为某种汽车的价格最低而决定买这种汽车。相反，想购车的人会下意识地考虑汽车的修理、维护和燃油消耗费用，通常根据寿命周期费用做决定。经营人员在投资时面临类似的挑战，有些投资可能不会立即获得效益。

不幸的是，很多情况下他们不确信是否有足够的效益。他们忽视了很多潜在的因素。例如，买主要设备时没有考虑设备的停工费用，可以节约巨额停工费用的高价设备可能会被拒绝。

在进行工程决策时，寿命周期费用的概念得到了广泛的象征性接受，但是，很少有人愿意认真对待。有两大原因：①由于投资不能立即得到回报而导致短期效益减少——华尔街不喜欢这样干；②设计部门的投资，其效益被制造、市场、维修等其他部门和顾客享受。精明的商家利用这一概念所带来的好处来获得高的市场份额和长期的利润，而目光短浅的商家迟早会被淘汰，除非他们有开拓性的新产品项目。

第 4 章给出了分析寿命周期费用的例子。下面的另一个例子说明，这种方法不仅对工程方案选择有意义，而且对高层决策同样有意义。寿命周期费用模型通常包含当前费用和未来费用，有供货商的，也有顾客的。最好的情况是供货商的费用减少了，顾客的费用也减少了。

例 10.1　一个产品的塑料轴上有一个塑料齿轮。由于齿轮在轴上出现移位而使产品失效。这是由于环境变化使得塑料膨胀和收缩引起的。分析表明，如果将齿轮和轴作为一个零件来制造，就可彻底解决这个问题。尽管这个改变符合逻

287

辑,但解决方案可能不会实施。争论的焦点是,在已有的工艺过程上的投资已经获得了回报,为什么还要花费 200 万美元来实现新的工艺过程。然而,寿命周期费用分析让公司震惊了。分析表明,投资 200 万美元,由于减少了保证费用和相关费用,在未来的 10 年内,将节约 2000 多万美元。这也是一个供货商和顾客如何享受到节省寿命周期费用的例子。当然,顾客受益是因为减少了故障。

10.5　系统效能模型

正如前面所说,系统效能是可用度、可信度和能力的函数。因此,系统效能的模型可以用概率的组合表述为:

$$P(SE) = P(A) \times P(D) \times P(C)$$

式中,SE、A、D 和 C 分别表示系统效能、可用度、可信度和能力。

可以在系统效能模型中加入另一个术语:使用完好性。正如图 10.1 中美国海军的模型所示,包括使用人员和装备的完好性。文献上没有明确定义使用完好性,但作者建议应包含使用人员和保障服务如救护车、消防和营救人员的完好性。保证技术的内容现在看起来完整了。

10.6　作 者 建 议

某大公司的一个主要部门似乎已经到了没有生意可做的地步,结果又发生逆转,在不到两年的时间里在产品质量上又成为了第一,作为市场的领导者,这件事发生在 1974 年。多年来,公司精锐们拒绝相信发生逆转时所采用的原理,直到日本开始大规模应用。有些原理到现在仍有争议,但作者愿意与读者分享事实,仅仅是事实而已。这些原理被具体化为保证产品质量的 10 条管理指令:

(1) 在计划自己的方向时,应估计对手的弱点和优势。大公司总是处于领先地位。当竞争对手赶上的时候,你已领先了 5 年。

(2) 在详细设计工作开始之前,应该全面检查所有与可靠性、维修性、安全性、质量和后勤保障相关的规范,这必定引起系统规范的很多更改。

(3) 在准备投产之前,应该进行很多设计更改使寿命周期费用最小化。这就需要更多的防火要求,而在救火方面就会少得多。防火是一次性投入,救火可能持续很多年。

(4) 应该应用并行工程原理,在功能交叉的团队里,开展诸如规范和分析等挑战性工作,使产品更快、更好、更便宜。

(5) 在确定制造工艺之前,应该像评审产品设计一样彻底地评审制造工艺。

(6) 在制造过程中,不要使用控制图,除非证明问题不能彻底消除。尽可能早地取消所有的检查,包括控制图。

（7）不应对设备进行 100% 的老练和筛选试验,除非证明失效原因无法消除。

（8）以中止任务的失效为零和伤亡为零作为目标,努力取得顾客的信任并增加市场份额。

（9）最高管理者应确保坏消息能和好消息一样迅速传递给他们。

（10）对于那些创新的公司来说,故障率越低,效益越好。本书作者认为,每预防一起故障和事故,能得到 500% 的回报。安全是赢利的事,而不是开支的事。

10.7　系统风险及其对系统效能的影响

如果未能从系统安全性的角度对系统进行恰当的设计,就可能发生系统事故。底线是:如果在设计中未对安全性进行充分的考虑,那么,其他的系统工程努力可能是徒劳的。很多制造或使用产品、过程或系统的企业无法承受多次灾难性事件。对新的和已有的产品、过程和系统都可以进行系统安全性增强。在应用风险管理和系统安全性的概念时,第一步是系统风险和协同风险的识别。

10.7.1　系统事故

Perrow 在他的《Normal Accidents》一书中讨论了系统事故[1]的概念。早在 20 世纪 70 年代初期,安全专家们就认识到了一个与系统事故相似的概念,不过它被称为多因事件。涉及系统的事故是由多个危险导致的,这一点已成为共识。Benner 和 Hendrick 在他们的《Investigation Accidents with STEP》一书中[12,p.27],将事故定义为一个过程。这样一个过程应当等价于失效状态,而不是成功状态。也是在 20 世纪 70 年代,Hammer[13,pp.62-64] 为多因事件这一概念提供了支持。他通过解释诱发危险、贡献危险和主要危险的概念,将潜在事故和危险分析等价起来。值得注意的是,确定为输出结果的有诱发危险、后续的贡献危险和主要危险。

10.7.2　复杂的系统风险

系统事故从来都不是由一个简单的失效,或一个人行为偏差,或某一个错误所引起。尽管简单的不利事件仍在发生,但系统事故是由很多诱发因素和贡献因素,错误、失效和失灵的组合所引起的。在分析不利事件的多个贡献因素、识别初始事件和识别后续引起的事件直到最终结果时,很难预估不利事件发生的顺序和连接事件节点。系统风险可能是独特的、不易检测的、不易察觉的、不明显的和很不寻常的。初学的调查者、分析者或外界人员可以怀疑这些不利事件的可信度。

---

① Perrow 博士 1984 年在他的书《Normal Accidents》中提出并讨论了系统事故定义的多线性逻辑理论——系统事故包括多个失效的无法预料的相互作用。

10.7.3　相关风险

在进行风险管理时,有很多其他的风险不是很明显地直接与安全相关,取决于观看问题的角度。在其他风险之间有相互作用,结果造成负面影响——协同风险,也会引起损害。考虑下面的例子:

- 一个与保密安全性相关的风险:一位黑客侵入某个特别危险过程的控制系统,修改了控制系统的安全参数。
- 在意外事故或系统恢复的关键时刻失去了关键人员。
- 一条陆地传输线路的物理损坏阻断了安全关键信息的传输。
- 很有价值的文件和记录丢失,其中含有重要的安全关键数据。
- 维持一个安全关键的产品、过程或系统的资源不足。
- 压缩计划以节约开支,相反影响了一个安全关键的产品、过程或系统。
- 突发事件,如断电、瞬变现象、电脉冲、火灾、物理损坏、洪灾、风暴、地震。
- 不合适的决定、遗漏和疏忽。
- 不利的公共关系。
- 罢工、国内动乱、故意破坏或恶意行为。
- 负面政治影响。
- 不充分的系统要求,涉及可靠性、维修性、质量、人的因素和后勤保障。
- 企业士气低落。
- 停业。
- 经营管理不善,目标不合适或发生冲突。
- 民事法律纠纷。
- 缺乏信息交流。
- 对系统使用和复杂性的知识有限。
- 系统集成不良。
- 系统文档和技术状态控制不良。
- 对系统、模型、可视化的描述不准确。
- 计划不周,程序不清。

10.7.4　采用有效的系统安全性要求和标准控制风险

如果一开始就没有考虑系统风险及协同风险,那么,它们将成为设计中的固有风险。设计者通常关心的是满足顾客的需求,然而,很多情况下,顾客和设计者都没有意识到与方案相关的系统风险或协同风险。经验表明,顾客所提的需求中超过50%没有明确的定义或清晰的说明,或他们自己也含糊不清。

确定复杂系统的安全需求,例如降低系统风险或协同风险,需要一些技巧、知识和经验。必须全部读完这本书后才能了解大多数的需求。作为危险分析和风险评估的结果,定义了危险控制、建议和预防措施。形式上,这些降低是以系统要求的形式出现,形成了标准。为了实现这一目的,安全分析员稍滞后于设计过程,以便进行分析和定义风险降低量。分析员在一个并行工程组里工作,这个组包括产品、保证和其他系统的专家,这是为了确保系统级的规范是完整的和不矛盾的。

设计过程是迭代的过程,一般包括下列活动[14,pp.2-5]:

(1) 设计者必须有知识并了解顾客的需求。

(2) 从系统安全性的角度出发,应该进行初步危险清单、初步危险分析(PHA)和初始风险评估,以识别风险,最好是与顾客或股东进行头脑风暴式的讨论。

(3) 设计者应该定义为满足需求需要解决的问题。

(4) 必须基于已知的信息,进行系统级的初步危险分析(PHA),以便进一步明确协同风险或系统危险。各种危险要纳入或集成到各种风险中,通过初始风险评估,确定潜在事件发生顺序。

(5) 设计者应该通过综合形成解决方案。

(6) 作为危险分析的结果,应该给出危险控制,以及建议和预防措施——消除或控制已识别风险的减缓措施。应该给出几条路线,以便选择最佳解决方案。

(7) 应进行初始分析、研究和试验,以改进危险分析和风险评估。

(8) 设计者应该通过分析来优化建议的解决方案,通过其他的分析、研究和试验来验证和改进危险控制、建议和预防措施。应做出决定以确保已识别的风险将被消除或控制在可接受的水平。

(9) 设计者应检查设计方案以确定是否满足原始需求。反复进行危险分析和风险评估,直到设计完全成熟,全寿命周期内的风险已得到识别、消除或得到控制。

(10) 设计者应进行危险跟踪和风险解决工作,确保所有的危险控制、建议和预防措施被运用到了设计中和全寿命周期内。

(11) 设计者应对方案进行验证,确保不产生任何负面影响。

10.7.5　有效的系统安全性要求和标准

一旦确定了系统安全性要求,目标就是通过应用危险控制措施来设计一个风险可接受的系统,这些控制将转化为要求和标准。在公理设计里①,功能要求是设计目标的特征化[14],详细描述了满足需求需要实现什么目标。设计参数或物理设计要求明确了如何实现目标。设计目标也受到约束,它提供了可接受设计方案的边界条件。也有实现设计的过程变量和过程要求,如处理方法。需求和目标在功

---

① 公理设计是给设计和改进设计建立了科学基础的一个方法,它基于逻辑和推理思考过程和工具,给设计者提供理论基础。公理设计还提供了额外的内容——除了单纯看功能外,另一种看待设计的思路。

能要求里定义。如何满足需求在设计要求里定义。过程要求提供了完成设计的方法。

1. 标准和联邦法律

标准就是一系列的规定、条件或要求,以定义和规范设计、性能、规程或使用。经讨论,安全标准由一组系统安全性要求组成,以确保风险被识别、消除或控制在可接受的水平。迄今,已经讨论了功能、设计和过程要求。诸如安全操作程序之类的管理控制可以视为过程要求。

通常联邦标准强调被动安全——事故中的保护。主动安全也同样重要。例如,驾驶员想向前开时而车往后走。联邦标准不适用于这种异常事件。

法规是一组特定的相关规定,例如"国家防火协会的生命安全法规"。被视为规定的一组法律同样也是法规,例如,美国联邦法律。联邦法律是一部通用的、永久的法典,由美国联邦政府的执行和代理部门在联邦注册局发布。

为了满足最低保护水平或风险降低量,必须符合与安全性相关的法规和标准。然而,满足法规和标准也不能完全确保达到可接受的风险水平。前面讨论过,正确的危险分析和风险评估使具体的安全性要求得到发展。通用化的法规和标准是总结一致意见、偏见和过去灾难性事故的结果。

一致意见和偏见会对标准产生不利的影响。对一个特殊的系统风险或协同风险来说,仅通用要求可能不够。可能仍然需要在一个具体的安全性大纲中,对适用的安全性相关法规目录以及记录这些法规贯彻执行情况的相关文档一起进行维护。

2. 通用的系统安全性要求

在开始初步设计之前,通用要求①可能是合适的,以便应用基本原理或公理。安全性大纲的关键应该包括将系统安全性原理应用到新系统、已有的系统、过程、规程、任务或使用。在大纲中应该考虑和明确下列通用的系统安全性要求:

- 通过设计、材料选择和/或代用尽早减少风险。
- 当必须使用有危险的部件时,应选取那些在全寿命周期内风险最低的。
- 设计软件控制或软件监控功能,通过软件控制,如错误源检测、模块化设计、防火墙、指令控制响应和故障检测,将危险事件的触发最小化。
- 通过设计使项目在使用和保障过程中人为差错引起的风险最小化。
- 考虑其他方法使风险最小化,如联锁、失效—安全设计和冗余设计等。
- 为不可控的能量源提供设计保护(如物理保护、屏蔽、接地和搭铁)。
- 设备、仪器和分系统的放置应使工作人员在使用、保养、维护、安装和修理过程中的接触暴露在相关风险的可能性最小。

① 通用的系统安全性要求源自 MIL - STD - 882 的一部分,这些要求已经成为系统安全性应用方面的公理。

- 对与系统及其性能相关的风险进行分类。
- 识别安全性要求在规范可追溯性的分配,并对该分配在风险控制方面的有效性进行评估。
- 采用下述系统安全性优先级:选择风险最小的设计、产品或方法。如果做不到,则应通过设计或提供安全装置或告警设备来消除风险。最后,应用管理规程将风险控制在可接受水平。

3. 衍生的要求

衍生的安全性要求是对与安全性相关的经验、事故分析、系统安全性分析、研究、评估、安全评审、调查、观察、试验和检查进行研究的输出结果。通过应用衍生的要求,安全性相关的风险被消除或得到控制。在安全性大纲中,应该对制定并执行衍生要求的过程进行描述。

4. 对要求进行试验

能否对所有设计要求进行试验,取决于系统复杂程度。例如,包括大规模软件和数百万行代码的大型自动控制系统。从系统安全性角度来看,核实在一个设计中是否落实安全性要求是很重要的。例如,对安全装置、结构完整性、机内自检、检测能力和系统可靠性的要求应该进行试验。应该进行专门的安全性试验,以证明系统可运行。对要求进行试验是关系到危险追踪和风险解决的重要问题。

在某些情况下,当某项具体试验存在与安全性相关的风险时,必须进行试验安全性分析。分析的结果能为试验提供危险控制或安全操作程序。

5. 要求的制定

有些与使用相关的危险是已经存在的,有些则是由于系统更改后,发现了新的危险。过程或系统的更改会引入附加的危险。当研制新的系统时,应进行危险分析以识别新的风险。通过这些努力,研究出减小风险的管理和工程控制方案,提供新的安全性要求。

正如前面讨论过的,附加的衍生安全性要求是对与安全性相关的经验、事故分析、系统安全性分析、研究、评估、安全性评审、调查、观察、试验和检查进行研究的输出结果。

6. 要求的一致性

必须确定专门的验证技术来验证与安全性相关的要求是一致的。关于安全性要求的一致性,需要通过安全性验证来确保系统安全性已经经过了充分的验证、所有尚未消除的已识别风险都得到了控制。必须很正规地验证风险控制(减小)措施得到了贯彻。例如,通过以下的方法来完成安全验证:

(1) 检查;
(2) 分析;
(3) 演示;
(4) 试验;

（5）隐含验证。

值得注意的是,上述的验证方法中,没有任何一个单独的方法能提供全部的保证。安全验证要在闭环危险追踪和风险解决过程的支持下进行。

危险控制分析或安全性确认要考虑系统控制不足的可能性。控制的效能要进行评估,它们可以加强设计。记住,系统安全性工作不能给系统带来危害,对系统的任何更改都必须从系统风险及协同风险的角度进行评估。

7. 要求的修正

当系统更改时,识别出与更改相关的风险,与安全性相关的要求可能不得不进行修正。考虑一个新系统的研发,随着系统设计的完善,要求也将得到完善。对于复杂系统来说,对要求的修正过程工作量很大,涉及面很广。可能需要正式评审和开会。对系统、子系统、过程、规程、任务或与系统安全性相关的活动的任何更改都应该进行评估,必要时对要求进行修正。这些工作都应写入安全性大纲。

8. 要求的可追溯性

对于复杂的大型系统,要求的可追溯性是很重要的。一开始可以将安全性要求写得高度抽象,因为最初系统可能处于研发的概念阶段。这时的要求对几乎所有复杂的过程、规程、功能、活动或任务的制定可能都适用。后来,要求就被写得越来越具体了。随着系统的成熟,与其相关的要求也变得成熟。而且,为了满足高级别的要求所提出的目标,根据设计特性,可能需要很多低级别的要求才能真正满足这一高级别要求。可追溯性的概念包括提供(或证明)高级别要求和低级别要求之间的关联性。系统工程或管理过程也应写入大纲。随着设计的成熟,功能要求、设计和过程特性不断迭代。高级别的总要求必须能追溯到低级别的具体要求。必须有高级别要求和低级别要求之间关联的证据。这意味着每个工程上的更改都必须指向那些受到影响的软件、硬件和接口部分。这使得验证和确认更有效。

9. 要求的记录

与系统安全性要求有关的活动都应该形成正式的文档。应该明确整个过程或程序,对报告的类型,如表格、检查清单、要求模型和试验结果等,要给出准则。对于大型系统,应贯彻正规的要求大纲。对于大型复杂项目,要使用自动化程序和模型来实现对要求的可追溯性和归档。商用软件工具如"Rational Rose"和"Perfect Developer"就可用于这一目的。

10. 要求的语言描述

重要的是,要求必须以可以验证的方式来描述,如果合适的话,通常能进行试验验证。当然,如前面所述,要求也可以通过检查、分析、演示、试验、隐含验证等其他方式来验证。在初始设计阶段有很多情况,高级别安全性要求包括需要进行专门的研究、分析、试验、建模和仿真。最终的目标是,低级别要求应该是非常具体和可试验验证的。按照合同和政府文本规定,要求应该用专用的语言形式来撰写。包含"shall(将)"一词的要求是强制性的和合同所约束的。包含"should(应)"或

"is preferred(宜)"或"is permitted(允许)"一词的陈述是希望的和建议的指南,不是强制性的。包含"may(可以)"一词的陈述是选择性的。

11. 冗余的要求

要求必须是相互独立的,使得每个低级别的要求在功能上彼此独立,否则会产生冲突并导致不良的设计。有很多方式来叙述一个具体的要求或指出满足这一要求需要完成什么任务。对于复杂系统,可能有很多低级别的要求来满足某个具体的高级别要求。

10.7.6　其他的系统效能模型

正如本章所讨论的,有很多种方法来评价系统效能,最终所用的模型取决于分解系统的不同简化方式。Ebeling[15,pp. 148 - 149] 在 1997 年的出版物中讨论了 3 个层次的系统效能模型。顶层描述系统效能,第 2 层说明使用完好性、任务可用度和设计充分性。在任务可用度之下,可靠性、维修性是其子集。这 3 个中间级分量定义为 3 个相互独立的概率。因此:

系统效能 =(使用完好性)×(任务可用度)×(设计充分性)

10.7.7　系统效能或成功的其他指标

衡量系统成功有很多定量和定性的方法。显然,有必要研发一个系统的、完整的、合适的评估系统的方法。尽管经济计量学和系统费用分析可能是确定系统成功与否的恰当方法,但还应该综合考虑其他因素,例如:

(1) 责任风险;

(2) 职业责任;

(3) 违法责任;

(4) 系统健壮性;

(5) 系统扩展性;

(6) 系统趋势;

(7) 系统风险余量;

(8) 投资回报;

(9) 系统复杂度;

(10) 系统一致性;

(11) 系统稳定性;

(12) 系统可信度;

(13) 软件复杂度;

(14) 系统适应性;

(15) 系统增长。

10.8　学生项目和论文选题

1. 提出一种与本章所描述的不同的系统效能模型，其中包含使用完好性。

2. 提出自己关于使用完好性模型的方法。

3. 提出自己关于保证技术的综合方法，考虑成本、进度和性能。

4. 搜索最好的寿命周期模型，并提出自己的方法。

5. 论述管理在系统效能中的作用。

6. 选择一个复杂系统并进行系统危险分析，识别协同风险或系统风险，提出消除或控制风险的安全性要求。

7. 提出一个评估系统成功的综合方法。

8. 提出一个评估系统效能的综合模型。

9. 描述系统安全性能够如何提高系统效能。

10. 选择一个复杂系统并提出系统工程计划，详述在综合了各种约束的情况下如何实现并行工程。

参 考 文 献

[1] Definitions of Effectiveness Terms for Reliability, Maintainability, Human Factors, and Safety, MIL – STD – 721.

[2] DoD Directive 5000. 51 – G.

[3] F. A. Tillman, C. L. Hwang, and Way Kuo, System Effectiveness Models: An Annotated Bibliography, IEEE Transactions on Reliability, no. R – 29, October 1980.

[4] ARINC Research Corp. , Reliability Engineering, Prentice – Hall, Englewood Cliffs, NJ, 1964.

[5] Weapon System Effectiveness Industry Advisory Committee, AFSC – TR – 65, vols. I , II and III , U. S. Air Force Systems Command, An drews Air Force Base, MD, 1966.

[6] Naval System Effectiveness Manual, Technical Document 251 (NBLC/TD261), Naval Electronics Laboratory Center, San Diego, 1973.

[7] Product Assurance – Army Materiel Reliability, Availability, and Maintainability, AR702 – 3, Department of the Army, Washington DC, 1973, revised 1976.

[8] Reliability Program for Systems and Equipment Development and Production, MIL – STD – 785.

[9] Maintainability Program Requirements, MIL – STD – 470.

[10] Quality program Requirements, MIL – Q – 9858.

[11] Logistic Support Analysis, MIL – STD – 1388; and Logistic Support Analytic Records, MIL – STD – 1388 – 2A.

[12] L. Benner and K. Hendrich, Investigating Accidents with STEP, Marcel Dekker, New York, 1987.

[13] W. Hammer, Handbook of System and Product Safety, Prentice – Hall, Englewood Cliffs, NJ, 1972.

[14] Suh Pyo Nam, Axiomatic Design: Advances and Applications, Oxford University Press, New York, 2001.

[15] E. C. Ebeling, An Introduction to Reliability and Maintainability Engineering, McGrawHill, New York, 1997.

补 充 读 物

Anenault, J. L. , and J. A. Roberts(Eds), Reliability and Maintainability of Electronic Systems, Computer Science Press, Potomac, MD, 1980.

Booth, G. M. , The Design of complex Information Systems, McGraw – Hill, New York, 1983.

Chapanis, A. , Human Factors in System Engineering, John Wiley & Sons, Hoboken, NJ, 1996.

Electronic Reliability Design Handbook, MIL – HDBK – 338.

Farry, K. A. , and I. F. Hooks, Customer – Centered Products: Creating Successful Products Through Smart Requirements Management, AMACOM, American Management Association, 2001.

Hammer, W. , Handbook of System and Product Safety, Prentice – Hall, Englewood, Cliffs, NJ, 1972.

Johnson, W. , MORT Safety Assurance Systems, Marcel Dekker, New York, 1980.

Proceeding of the Reliability and Maintainability Conference, annual publication, IEEE, New York.

Sheridan, T. B. , Humans and Automation: System Design and Research Issues, John Wiley & Sons, Hoboken, NJ, 2002.

Suh Pyo Nam, Axiomatic Design: Advances and Applications, Oxford University Press, New York, 2001.

Yourdon, E. Modern Structured Analysis, P. T. R. Prentice – Hall, Englewood Cliffs, NJ, 1998.

第 11 章　管理与安全性相关的风险

11.1　制定适当的安全性大纲以管理风险

制定安全性大纲时,需要考虑很多方面,包括标准、人和风险复杂度。特定行业的标准、法规、要求、实践、准则、协议和程序,已很广泛。在现代安全性大纲中,符合性和保证工程是非常重要的。人,作为以前事故中的诱发因素或贡献因素,或作为潜在的未来事故中的可能诱发因素或贡献因素,仍然是一个最复杂的考虑因素。可靠性、维修性、质量、后勤保障、人的因素、软件性能和系统效能也是重要的因素。掌握潜在的与安全性相关的风险,需要应用本书阐述的各个"保证"方面。看来系统安全性的理想目标可能是一个非常长远的目标——设计出没有风险的系统。通过这些观察,可以得出一个结论:为了集成、实现和管理这些复杂因素,需要制定安全性大纲。

对于任何与安全性相关的风险,制定具体的安全性大纲。大纲包括具体的标准、法规、要求、实践、准则、协议和程序。已经制定了准则和习惯做法,详细说明大纲内容、要素和协议。具体安全性大纲(或子大纲)有:过程安全性、产品安全性、生命安全性、武器安全性、舰队安全性、人类工程学、工业卫生、飞机/飞行安全性、环境保护、高保护风险、火灾安全性、辐射安全性和建造/设施安全性。

11.2　针对产品、过程和系统的安全性大纲

通常,在设计并贯彻产品和过程安全性大纲时,可以广泛应用系统安全性原理。在这些大纲中,或在通用安全性大纲要素中,有一些类似的地方:危险分析、系统化的安全性培训、沟通、事故/事故征候调查、安全性评审、检验、评估、观察、详细评审、数据收集、资源分配、监控和大纲维护。具体产品、过程与系统的安全性大纲应用的具体标准、法规、要求、实践、准则、协议和程序,也有关系。

11.2.1　产品安全性管理

20 世纪 70 年代,在美国,由于大型产品责任判断对制造商不利,产品安全性

变得重要起来。保险公司制定了产品责任声明防范(PLCD)大纲①标准,以控制这些与产品责任相关的潜在重大损失。对损失控制工程师进行产品安全性方面的培训,以便与被保险者进行商谈,并帮助制定大纲。根据产品安全性所需的标准制定了大量的审核检查单,给出满足、超过或不满足产品安全性标准的判断。例如,PLCD审核涉及下述内容:

(1)损失控制大纲。针对产品安全性制定一个损失控制大纲②。大纲要包括一个组织针对产品安全性进行的所有活动。

(2)政策声明。发布一个由首席执行官(CEO)或首席运营官(COO)签署的合作政策声明。政策声明是一个大范围公开的正式声明文件,作为记录材料,表述高层管理对产品安全性最新技术水平和产品寿命周期中产品安全性重要性的承诺。

(3)产品安全性办事员。指定一名产品安全性办事员,规定他在产品安全性方面的任务和责任。产品安全性办事员应是一个合作管理执行者,可直接与首席执行官或首席运营官沟通。

(4)政策、程序和协议。在与产品安全性相关的整个组织内制定正式的政策、程序和协议。责任和授权的具体分配应当明确定义,在执行层面建立起来,在整个组织内进行集成,并重点描述职位,包括绩效目标。

(5)产品安全性委员会。建立一个产品安全性委员会,包括来自法律、工程、设计、制造、质量、设施、市场、公关、使用等方面的代表。每个学科应有产品安全性方面的具体责任和任务。

(6)危险分析和风险评估。落实安全性要求,对所有产品进行危险分析和风险评估,以识别与安全性相关的风险。应定义如何进行危险分析和风险评估的标准。包括与系统安全性相关的方案,如通过设计或工程解决危险。

(7)设计评审和安全性评审。要求进行必要的正式设计评审和安全性评审。这些评审从系统角度对产品进行评价,包括评估零部件、原材料、元器件、配置、子系统、样机、模型、电路试验板、包装设计、发货、贮存、装卸、运输、处置、标签(指示、注意或警告),以识别、估计和控制产品与安全性相关的风险。这些与产品寿命周期有关的风险被识别、消除,或控制在一个可接受的水平。

(8)试验。需要贯彻的安全性试验的标准和要求。要对现场试验或考察活动进行定义、评估和检查,以识别产品安全性风险。也要考虑产品的潜在误用、产品的适用性、产品的形状或功能。

(9)设计水平。应识别并采用与当前设计水平有关的研制要求。也要确定有

---

① Aetna Causality 制定了产品责任声明防范(PLCD)大纲;Michael Allocco 是 Aetna 的一位损失控制工程师,在 20 世纪 70 年代接受了产品安全性方面的全面培训。

② 总损失控制是全面地应用危险控制技术来考虑在整个组织内一个特定的金融风险的概念。

关风险防护的最佳实践经验。也应定义法律上的方案。要说明合理关注或重大关注的方案。

（10）培训。也要制定一个正式的产品安全性培训大纲,包括与产品安全性相关的整个组织的政策、程序和协议。也要进行与法规、标准或要求有关的培训。也应进行危险分析、风险评估和系统安全性评审的培训。标准中也应包括顾客、分承包商、发货人、零售商和批发商的培训。

（11）质量保证和过程控制。在产品安全性中,质量保证也是一个重要因素。质量是指与一系列要求的符合性,如果满足,则产品符合其预期使用(参见第6章的论述)。质量标准包括设计质量、过程质量、服务质量。具体标准阐述产品研发的各个阶段:原材料选择、进货检验、零部件选择、组装、制造、产品评审、统计控制、维护、过程控制、贮存、装卸、发货、配送、后勤保障、产品性能监控、顾客反馈、产品召回、产品处置。

（12）文档与记录。也必须考虑文档要求。记录应当保持到超过产品寿命周期。记录包括产品研发信息、首件产品试验、产品安全性大纲文档、分析、检验结果、市场试验、顾客反馈、召回信息、过程文档和安全性评审纪要。注意,作为公司合并的结果,应承担现有产品的责任。应考虑过去产品的评审、以前生产产品的期望寿命、与产品安全性相关的记录、文档、过去的声明和损失。

（13）沟通。也需要提供与产品安全性相关的沟通要求。要定义和评估与产品安全合理使用有关的标准。应考虑合适的组装指南、产品的预期使用、维护和保养、检验要求、包装和装卸、批发商要求、广告宣传、产品召回信息、潜在错误使用、与适用的安装法规和标准的符合性、疏忽损伤、分解、工具和测试设备的使用。也需要对与危险通告、注意和警告、应急救助、危险性质、潜在误用等有关的沟通制定准则,并应考虑沟通错误、程序偏差、语言使用、铅版印刷、社会习俗、常规使用和人的因素。

（14）与产品有关的危险和风险。在美国,与产品有关的危险和风险的信息来源可以从消费品安全委员会、国家公路交通安全局、食品与药品管理局获取。

11.2.2　过程安全性管理

美国职业安全与健康标准1910.119阐述高危险化学品的过程安全性管理。查阅这个标准以得到关于过程安全性的明确信息。下述讨论提供了一般背景信息的纵览。

（1）标准范围。标准包括预防有毒的、易发生反应的、易燃的或易爆的化学品灾难性释放的后果或使其后果最小化的要求。这些化学品释放可能导致中毒、起火或爆炸危险。

（2）危险分析。依据标准,雇主应对标准覆盖的过程进行一个初始过程危险分析(危险评估)。过程危险分析应与过程的复杂度相适应,应识别、评估和控制过程中的危险。雇主应基于合理的论据,包括考虑过程危险的范围、潜在影响的雇员数量、过程的工龄和使用历史,进行过程危险分析,确定优先级并形成文件。记住在系统安全性中应用的危险分析技术有很多种可能适合用来进行分析。

(3)分析团队。一个团队将与工程和过程操作方面的专家一起进行过程危险分析,这个团队至少应有一位在被评估过程方面有专门知识和经验的雇员。这个团队的一位成员也必须在所使用的具体过程危险分析方法方面知识渊博。

(4)风险控制。分析过程的一个输出应是适用于各种危险及其相互关系的工程和管理控制,如使用适当的检测方法以提供化学品释放的早期预警(可接受的检测方法可能包括带有警报的过程监控与控制仪器;要实现检测的硬件如碳氢化合物传感器、过程自动装置、仪器和控制装置)。

(5)危险跟踪和风险解决。雇主也应建立一个系统,以迅速地考虑团队的发现和建议,做到下述几点:①确保所有建议得到及时解决,并将解决方案做好记录;②记录拟采取的措施;③尽可能快地实现这些措施;④制定一个何时完成这些措施的书面计划;⑤向使用维护人员、在过程中工作的其他雇员以及可能受到这些建议或措施影响的人员通报这些措施。

雇主应持续进行过程危险分析,升级改进或重新确认标准覆盖的每个过程,以及记录在案的有关过程寿命建议的解决措施。

雇主应制定并实施书面操作程序,提供安全地开展活动的明确指南,每个覆盖的过程应与过程安全信息保持一致,至少应说明下述内容:初次启动,正常操作,临时操作,应急关机,程序偏差,操作限制,危险化学品,健康危险,工程和管理控制措施。

操作程序应准备好,便于工作在过程中或维护一个过程的雇员获取。应根据需要经常对操作程序进行评审,以确保它们反映现在的操作实践,包括由于过程化学品、工艺技术和设备变化以及设施的变化导致的变化。雇主应进行年度认证,保证这些操作程序现行有效和准确。

雇主也应制定并实施《安全工作实践》以提供在操作过程中的危险控制,如闭锁/作标记;狭窄空间进入;开放过程设备或管道传送;对进入设施的维护人员、合同商、实验室人员或其他保障人员进行监督管理。这些安全工作实践应适用于雇员和合同商雇员。

(1)安全培训。应对每个正在从事过程工作的雇员以及每个即将从事一个新过程工作的雇员进行培训,培训内容包括过程的总体情况、标准中规定的操作程序。培训应着重于具体的安全性和健康危险、关机等应急操作、与雇员的工作任务相应的安全工作实践。

应当对从事过程工作的每个雇员进行重新培训,至少每 3 年 1 次,如果需要,应更多地安排,以确保雇员明白并遵守现行的过程操作程序。雇主与从事过程工作的雇员进行协商,确定重新培训的适当频度。

（2）合同商参与。标准适用于对一个隐蔽过程或一个相邻的隐蔽过程进行维修、小修、重要改进、专门工作的合同商。不适用于提供诸如看门、饮食、洗衣、投递或其他供应业务等不影响过程安全性的杂务的合同商。

（3）过程安全性信息。标准也涉及过程安全性信息。依据标准中提出的计划安排，按照标准要求进行任何过程危险分析之前，雇主应完成过程安全性信息的书面编辑。过程安全性信息的书面编辑是要使雇主和从事过程工作的雇员识别和明白涉及高危险化学品的那些过程面临的危险。过程安全性信息应包括关于过程中使用或生产的高危险化学品的信息、关于过程工艺技术的信息、关于过程中设备的信息。

（4）安全性评审。雇主应当对新的设施，而且当改进很大需要改动过程安全性信息时，也应当对改进设施进行一次启动前安全性评审。

（5）维修培训。需要对过程维修工作进行培训。雇主应培训每个从事保持正在工作的过程设备完整性的雇员，掌握该过程及其危险的总体概况，以及适用于雇员工作任务的程序，以确保雇员可以安全地完成工作任务。

（6）检查与测试。应对过程设备进行检查与测试。检查与测试程序应遵守已识别并得到普遍接受的好的工程实践经验。对过程设备进行检查与测试的频度应与制造厂商的建议以及工程实践经验保持一致，如果根据以前的使用经验确定有必要，则应进行更多的检查与测试。

雇主应将每次对过程设备进行的检查与测试记录在案，文档中应注明检查或测试的日期、进行检查或测试的人员姓名、接受检查或测试的设备序列号或其他识别号、进行检查或测试的描述、检查或测试的结果。

雇主在继续使用之前应纠正设备中超出可接受极限的缺陷（在本标准中由过程安全性信息确定），或在必要时，以一种安全的和定时的方式采取措施，确保安全使用。

（7）质量保证。在建造新的工厂和设备时，雇主应确保该设备如制造商说明的那样，适用于将要使用该设备的那些过程。应进行适当的检查，以保证合理安装设备，与设计规范和制造商指南保持一致。雇主应保证那些维修材料、备件和设备适用于将要使用它们的过程。

（8）热台工作许可。雇主应签署一个热台工作许可，以对一个隐蔽过程及其附近进行热台工作。许可中应说明在开始热台工作之前已执行了 29 CFR 1910.252(a)中的火灾防护要求；应标明许可热台工作的日期；识别将要进行热台工作的客体。许可应以文件形式保持，直到热台工作结束。

（9）过程更改管理。雇主应制定书面的管理过程化学品、过程技术、过程设备和过程程序等过程更改以及影响一个隐蔽过程的设施更改的程序，并按此实施。

（10）事故征候调查。雇主应调查每个导致或可以合理地认为已经导致工作场所高危化学品的灾难性释放的事故征候。事故征候调查应尽可能迅速地启动，最迟不能迟于事故征候之后 48h。应建立一个事故征候调查团队,至少包括一位熟悉过程的专家、一个合同雇员(如果事故征候涉及承包商的工作),以及其他具有全面调查和分析事故征候的适当知识和经验的人员。

(11) 应急计划和反应。雇主应依据 29 CFR 1910.38(a) 的规定,为整个工厂制定一个应急措施计划并按此实施。而且,应急措施计划应包括处理小量释放的程序。本标准覆盖的雇主也应服从 29 CFR 1910.120(a),(p) 和 (q) 中的危险废品和应急反应规定。

(12) 符合性考核。雇主应证实自己至少每 3 年对与本节规定的符合性进行了评估,以验证按本标准制定的程序和实践惯例够用,并正在遵守。符合性考核至少应由一位熟悉过程的人员进行。应撰写考核结果报告。雇主应对符合性考核发现的每个问题采取适当的措施迅速作出决定并形成文件,并记录已经纠正的缺陷。

(13) 商业秘密。雇主应将必须照做的所有信息提供给那些负责编辑过程安全性信息的人、那些帮助进行过程危险分析的人、那些负责制定操作程序的人、那些从事事故调查应急计划和反应以及符合性考核的人,而不管这些信息可能涉及商业秘密。

11.2.3　系统安全性管理

在系统安全性工作计划(SSPP)[①]中定义了系统安全性管理与工程的任务和活动。一个综合系统安全性工作计划(ISSPP)以一个 SSPP(其轮廓在 MIL – STD – 882C 描述)的内容建模。在大工程或大系统中,需要一个 ISSPP。系统安全性活动应按照逻辑进行综合。其他参与者、任务、工作以及复杂工程中的子系统也应包括在内。

第一步是制定一个经专门设计适合具体工程、具体过程、具体工作或具体系统的计划。应为每个复杂客体对象如一个具体的商业线、工程、系统、研发、研究任务或试验制定一个计划。考虑一个由很多部件、任务、子系统、工作或功能组成的复杂客体,所有这些子部件应按照逻辑组合起来。这是综合集成的过程。这个计划的所有主要元素应综合起来。在下述段落中解释如何完成这个工作。

(1) 综合计划。由大纲管理者、主承包商、建设管理者,或集成者制定综合系统安全性工作计划。计划包括在工程中要落实的适当的综合系统安全性任务和活动。包括管理、团队成员、子承包商和所有其他参与者的综合工作。

(2) 大纲范围和目标。在大纲范围条目下定义工程、大纲和系统安全性工作的范围。系统安全性工作应与工程或大纲协调一致。要定义好边界条件,说明在

---

① MIL – STD – 882C 阐述和确定了系统安全性大纲要求。MIL – STD – 882D 是 1999 年颁布的现行有效的一个升级版本。该版本不再提供 C 版中提供的详细内容。本书写作的时候,E 版刚刚颁布。E 版在提供有关系统安全性工作项目和系统风险的更多细节和讨论方面进了一步。

计划中包括什么,不包括什么。

目标是建立一个管理综合者(总体),以保证在涉及系统安全性的很多客体之间的协调。在文件中定义与综合管理有关的任务和活动。这个计划变成为工作中所有其他大纲的一个模板。其他参与者、合作伙伴和子承包商也要提交计划,由总体批准和接受。这些计划因此成为综合计划的一部分。

(3) 计划的输入。系统安全性过程的外部输入是系统的设计方案、正式文件、工程笔记,以及正式会议和非正式沟通中的设计讨论。系统安全性过程的输出是危险分析、风险评估、风险减小、风险管理和安全性最优化。

(4) 系统安全性组织。在计划中详细说明系统安全性组织,并且定义了安全性管理者和成员的职责。每个子客体如一个合作伙伴或一个子承包商,应指定愿意管理客体计划的一个管理者,或高级系统安全性工程师,或主管安全性工程师。所有相应的系统安全性参与者都要明确具体职责。参与者应有系统安全性、安全性工程和安全性管理方面的具体资质,包括工程经验和专业教育两个方面。

(5) 系统安全性工作组。应形成一个系统安全性工作组(SSWG),以帮助管理和开展与大纲有关的任务。工作组专门提供一个协商确定的活动以加强工作开展。SSWG 是大纲的主要组成部分。

对于制定了一个综合大纲的大型或复杂工作,规定了综合系统安全性工作组(ISSWG)的活动。ISSWG 包括从事系统安全性过程的反应敏捷的人员。例如,计划专门指出,可靠性、维修性、质量、后勤保障、人的因素、软件性能和系统效能人员是 ISSWG 中的积极参与者。总体可能作为由来自每个子客体的关键系统安全性参与者组成的 ISSWG 的主席。工作组可能根据一个具体计划安排正式开会。所有活动均记录在会议纪要中。参与者都分配了任务。

(6) 大纲里程碑。规定了系统安全性和大纲计划进度。计划进度标明了大纲里程碑的具体事件和活动,需要完成的具体任务。一个实例是使用大纲评估评审技术(PERT)[1]。这是在一个网络上按照顺序和依赖度格式对任务、事件和活动的一个基本表示,给出了独立性、任务持续时间和完成时间的估计。关键途径可以很容易地识别出来。优点是对复杂研发和生产计划提供了更强大的控制,以及将大量的日常数据过滤简化,定制可靠性、维修性、质量、后勤保障、人的因素、软件性能和系统效能的能力。实施管理决定。可以更清晰地看出必要的措施,如进行一次具体试验的步骤。

(7) 系统安全性要求。描述了系统安全性的工程和管理要求。当设计和分析逐步成熟,要制定具体安全性标准和系统规范,要对计划进行更新。最初,在一个具体工程或过程中,规定了系统安全性设计、实现和应用的一般要求。综合者规定实现目标所需的要求,为生产的系统安全性产品、风险评估编码矩阵、风险可接受判据、残余风险接受程序,规定了具体细节。这一工作也应包括关于建立工程阶段、评审节点、评审和批准级别的方针。

（8）系统安全性目标。要提供下述系统安全性目标：

① 通过设计、原材料选择和/或替代方式,尽早消除系统风险。

② 当必须使用危险元器件时,选择在综合系统的整个寿命周期中那些风险最小的元器件。

③ 设计软件控制功能或软件监控功能,通过软件控制如误差源检测、模块化设计、防火墙、指挥控制响应和故障检测,使危险事件的发生达到最少。

④ 通过设计使得由于系统使用和保障中的人为差错导致的风险减至最小。

⑤ 考虑其他方法,如联锁、故障安全设计、冗余设计,使整个系统的风险减至最小。

⑥ 对不受控的能量源提供设计保护(例如,物理保护、屏蔽、接地和连接)。

⑦ 安装设备的位置,要使得在使用、服务、维护、安装和修理期间,暴露给相关系统的风险减至最小。

⑧ 对与系统及其性能相关的风险进行分类。

⑨ 识别将要求分配给规范的可追溯性,评估这种分配在风险控制方面的效能。

（9）安全性设计:系统安全性优先级。满足系统安全性要求并解决已识别的风险的优先级见表 11.1 所列。

表 11.1　安全性设计:系统安全性优先级

描述	优先级	定义
最小风险设计	1	从最初的设计消除风险。如果已识别的风险不能消除,通过设计选择将其降低到一个可接受的水平
引入安全性装置	2	如果已识别的风险不能通过设计选择消除,通过利用固定的、自动的或其他安全性设计特征或装置,降低风险。应制定规定,对安全性装置进行周期性的功能检查
提供警告装置	3	当设计和安全性装置都不能有效地消除已识别的风险或充分地降低风险,应使用警告装置以检测状态,并产生一个充分的警告信号。应设计警告信号及其应用,使得人的不恰当反应和响应的可能性达到最小
制定程序和培训	4	对于那些通过设计选择或通过专门的安全性装置和警告装置来消除风险不切实际的地方,应使用程序和培训。然而,当程序和培训用来降低那些严重度为灾难的或致命的风险时,通常需要官方的合作

（10）风险/危险跟踪和风险解决方案。在计划中描述风险/危险跟踪和风险解决方案。这是通过对风险解决方案进行审核,记录和跟踪贡献的系统风险及其相关的控制措施的一个程序。控制措施要经过正式的验证和确认,相关的贡献危险要归零。这一活动在 ISSWG 会议或正式的安全性评审期间进行和/或评审。

（11）风险评估。风险与一个具体的潜在事故相关联。它可以表示为一个特定事件在一个特定时间发生的最差、中等和最好情况的严重度和发生概率。事件发生概率和风险严重度的定义(表11.2和表11.3)要适合对那些可能在任何时间发生的事件,考虑在系统中所有可能的暴露,进行系统危险分析活动。也要考虑可能在系统寿命周期中任意时间发生的事件。而且,系统危险分析还考虑人、硬件、软件、固件和/或环境的接口和交互作用。

表11.2　常用的发生概率定义实例

描述	发生概率	定　义
A. 经常	$X \geqslant 10^{-3}$	连续经历
B. 可能	$10^{-3} > X \geqslant 10^{-5}$	预期会频繁发生
C. 遥远	$10^{-5} > X \geqslant 10^{-7}$	预期会发生几次
D. 极其遥远	$10^{-7} > X \geqslant 10^{-9}$	不可能,但是,可以合理地预期将会发生
E. 极其不可能	$X < 10^{-9}$	似乎不可能发生,但有可能

表11.3　常用的严重度定义实例

受影响的地方	估计的损害			
	轻微4	重要3	灾难1	灾难1+
公众	轻微的可恢复的伤害(待定义)	重要的可恢复的伤害(待定义)	致命的伤害(1至待定义)	多人致命(待定义)
财产	轻微的财产损坏($待定义)	重要的财产损坏($待定义)	很多的财产损坏($待定义)	极多的财产损坏($待定义)
环境	轻微的环境损坏($待定义)	重要的环境损坏($待定义)	很多的环境损坏($待定义)	极多的环境损坏($待定义)

(12)危险分析方案。目的是通过识别与安全性相关的风险,基于可接受的系统安全性优先顺序,通过设计和/或程序消除或控制风险来优化安全性。危险分析是检查系统整个寿命周期以识别固有的与安全性相关风险的过程。

在进行危险分析时,分析员应关注由于应力在时间/空间发生改变/偏差而导致机器—环境之间的交互作用;对人的身体伤害;功能损害;以及系统降级。人、机和环境之间的交互是一个系统的元素。人的参数与相应的人因工程和相关因素有关:生物力学、工效学和人的性能变量。机器相当于物理硬件、固件和软件。人和机器处于一个具体的环境。要研究由于环境造成的不利影响。

具体的综合分析至少适合用来评估交互:

人——人的接口分析。

机器——异常能量交换,软件危险分析,故障危险分析。

环境——异常能量交换,故障危险分析。

人、机和环境之间的交互和接口可以通过使用上述技术来估计,也包括危险控制分析或安全性确认;要分析系统控制不够的可能性。

（13）综合方法。综合方法不是简单地将很多不同的技术或方法组合到单个报告中就可以期望得到关于系统风险和危险的符合逻辑的评估。危险分析的逻辑组合称为综合系统危险分析。要完成综合系统危险分析，应掌握很多有关系统风险的相关概念。

（14）系统安全性资料。要使用与系统安全性相关的历史资料和具体的经验教训信息，以增强分析工作。关于过去的意外事件、事故征候和事故的具体知识也将改善分析活动。

（15）安全性验证与确认。具体的验证技术在计划中讨论。需要进行安全性验证，以保证系统安全性得到充分证明，所有已识别的但尚未消除的系统风险得到了控制。风险控制（减轻）措施在实施时必须得到正式的验证。安全性验证由下述方法完成：

① 检查；

② 分析；

③ 演示验证；

④ 试验；

⑤ 隐含验证。

（16）审核大纲。计划应提倡质量保证功能，对大纲进行审核。要审核所有保证系统安全性的活动，包括承包商的内部工作。也必须审核所有保证闭环危险跟踪与风险解决的外部活动。

（17）培训。为了进行分析、危险跟踪与风险解决，参与者要接受系统安全性方面的具体培训。要向 SSWG 成员和大纲审核员提供附加的培训，以保证他们明白了这里讨论的系统安全性概念。要对系统用户、系统工程师和技术人员进行专门培训。培训要考虑正常使用与标准操作程序、维护与适当的注意事项、试验与仿真培训，以及对意外事件的反应。要推荐专门的危险控制程序作为分析工作的结果。

（18）事故报告与调查。任何影响系统安全性的事故征候、事故、功能故障或失效，都要进行调查，以确定原因，加强分析工作。作为调查的一个结果，要确定原因并消除原因。也要监控试验和认证活动，要纠正影响系统安全性的异常情况、功能故障和失效。

也应通过正式的事故调查方法系统地运用系统安全性综合的概念。很多系统方法已经得到了成功的应用，例如，情景分析（SA）、根因分析（RCA）、能迹障碍分析（ETBA）、管理疏忽与风险树（MORT）、项目评估树（PET）[2]。更详细的资料可见提供的参考文献。考虑到危险分析是事故调查的逆过程，在危险分析和事故调查使用的归纳推理和演绎推导过程中使用了类似的方法。

（19）系统安全性接口。系统安全性与其他学科之间，在系统工程之内和系统工程之外，都有接口。系统安全性涉及其他学科，例如，可靠性、维修性、质量、后勤保障、人的因素、软件性能和系统效能。在危险分析、危险控制、危险跟踪和风险解决活动中应该包含这些学科。

11.3 安全性管理的资源分配和费用分析

要成功地管理一个安全性大纲,需要资源分配和费用分析方面的知识。一位安全性管理者必须作出的最重要的决策之一,涉及到资源的分配以及与那些资源相关的费用。通常,资源决策与项目的规模和复杂性、合同的性质以及工作说明有关。所有这些因素说明一个安全性管理大纲应有多大或多小。大纲的目标可以分解为具体的任务和活动。可以进行估计,应当由谁来完成这项工作,要多长时间才能完成。通常,按照这样一个过程的结果来编制预算。然而,还有性能方面的矛盾需要考虑。通常,当进展顺利时,系统正常工作,没有任何事故发生,所需安全性相关的资源减少,直到发生问题。当发生灾难性事故时,安全性方面的资源花费增加,在有些情况下,出现资源和费用呈指数增长的情况。很明显,在事故预防方面尽量保持一种超前观点是有益处的。

在图 11.1 中,描述了一种理想情况:预防(控制)所需的费用和损失造成的费用之间呈指数对称关系。这个假定表明,采用最小的预防(控制)措施时,损失最初是不可控制的。当采用预防(控制)措施后,损失最终会减小。在总的费用曲线上给出了最佳点,这个点的斜率是平的。(第 1 章图 1.3 和第 4 章图 4.9 中也讨论了费用曲线。)

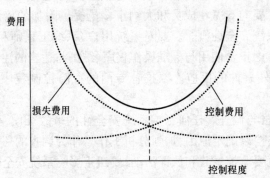

图 11.1 费用曲线图:费用与控制程度的关系

11.4 学生项目和论文选题

1. 探究产品、过程和系统安全性大纲之间的差异。
2. 选择并定义一个复杂危险产品,编写一个具体的产品安全性大纲。
3. 确定可靠性、维修性、质量、后勤保障、人的因素、软件性能、系统效能如何与系统安全性目标进行竞争。

　　4. 为一个危险过程制定一个过程安全性大纲。

　　5. 解释产品、过程和系统之间的危险分析有哪些不同。

　　6. 提出你对一个复杂系统进行综合危险分析的方法,要考虑人、硬件、软件和环境。

参 考 文 献

[1] J. V. Grimaldi and R. H. Simonds, Safety Management, 3rd ed. , Richard D. Irwin, Inc. , Homewood, IL, 1975.

[2] J. Stephenson, System Safety 2000, A Practical Guide for Planning, Managing, and Conducting System Safety Programs, Van Nostrand Reinhold, New York, 1991.

[3] System Safety Society, System Safety Analysis Handbook, Unionville, Virginia, July 1997.

补 充 读 物

Allocco, M. , Automation, System Risks and System Accidents. In: Proceedings of the 17th International System Safety Conference, System Safety Society, August 1999.

Allocco, M. , Computer and Software Safety Considerations in Support of System Hazard Analysis. In: Proceedings of the 21st International System Safety Conference, System Safety Society, August 2003.

Allocco, M. , W. E. Rice, and R. P. Thornburgh, System Hazard Analysis Utilizing a Scenario – Driven Technique. In: Proceedings of the 20th International System Safety Conference, System Safety Society, September 2001.

Anderson, D. R. , D. J. Sweeney, and T. A. Williams, An Introduction to Management Science Quantitative Approaches to Decision Making, West Publishing, Belmont, CA, 1976.

American Society for Testing Materials, Fire Risk Assessment, ASTM STP762, 1980.

Bahr, N. J. , System Safety Engineering and Risk Assessment: A Practical Approach, Taylor and Francis, Philadelphia, PA, 1997.

Chapanis, A. , Human Factors in Systems Engineering, John Wiley & Son, Hoboken, NJ, 1996.

Clemens, P. L. , A Compendium of Hazard Identification and Evaluation Techniques for System Safety Application, Hazard Prevention, March/April, 1982.

Cooper, J. A. , Fuzzy – Algebra Uncertainty Analysis, Journal of Intelligent and Fuzzy Systems, vol. 2, no. 4, 1994.

DEF(AUST)5679, Army Standardization (ASA), The Procurement of Computer – Based Safety Critical Systems, May 1999.

Department of Labor, OSHA Regulation for General Industry, 29 CFR 1910, July 1992.

Department of Labor, Process Safety Management of Highly Hazardous Chemicals, 29 CFR 1910. 119, Federal Register, 24 February 1992.

Department of Labor, OSHA Regulation for Construction Industry, 29 CFR 1926, July 1992.

Department of Labor, Process Safety Management Guidelines for Compliance, OSHA 3133, 1992.

第 12 章　统计概念、损失分析以及与安全性相关的应用

12.1　与安全性相关的分布和统计应用

统计信息可以通过很多方式用于支持安全性分析。当分析中使用统计方法时,有很多相关的目标。分析员必须了解过去发生了什么、现在正在发生什么、将来又会发生什么,考虑被评估系统的过去、现在和未来的风险。而且,掌握工程的风险、失效物理学、有关人的行为和错误的动力学、系统状态、环境和人身健康也是合适的。

12.2　安全性分析中采用的统计分析技术

下面简要介绍安全性分析中采用的统计分析技术。但是,并没有全部列出安全性采用的所有技术。几乎所有的工程、技术或科学统计应用都可以用来解决一个与安全性相关的问题。

(1) 损失分析。这种技术是一种基于安全性分析的方法,用来半定量地分析、测量和评估在突发事件或事故期间由设备、程序和人员的行动引起的预计损失或实际损失结果。任何与安全性相关的工作都应该有一个突发意外事件计划,用来处理非期望的意外事件。

这种方法定义了有组织的数据,用于评估突发事件应急反应的目标、进展和结果;识别反应的问题;发现并评估消除或减少反应问题和风险的不同方法;监控未来的表现;调查事故;以及用于安全性计划的目的。

(2) 概率设计分析。这种方法用来评估在给定的故障模式、错误和危险条件下硬件、软件和人的可靠性。随机变量用概率密度函数(PDF)或累积分布函数(CDF)来表征。一个随机变量(RV)是某个概率分布中的一个数值变量。随机变量可以是连续的,如实数,也可以是离散的,如非负整数值。概率分布为一个离散随机变量的每个值定义了一个概率,或为一个连续随机变量的一段数值给出一个概率[1, pp. 16 - 17]。

(3) 概率风险分析。这是在失效概率可以直接等价于危险时用来评估可靠性的一些方法。失效概率由其他辅助分析确定,如贝叶斯网络、故障树分析和事件树分析。概率数据根据先验历史、目前观察和实验进行估计。先验的、目前的和未来

的 PDF 使用贝叶斯技术进行加权。这些技术依赖于传统概率。

（4）敏感性分析。敏感性分析是研究某个输入的变化如何影响某个输出[2,pp.92-93]。可使用复杂的数学模型来检查这些变化（如可使得系统不可用的人为差错概率的变化）的影响。

（5）散布图。画出原始数据，以确定两个变量之间是否存在任何关系。散布图上显示的曲线图可以帮助分析员确定问题的可能原因，甚至当两个变量之间的关系意想不到时。点束的方向和密度可提供变量原因和影响之间关系的线索[3,pp.195-199]。

（6）控制图/趋势分析。在控制图中，纵轴上标注对不安全行为、事故、事故征候或偏差等观察的抽样事件，横轴上标注时间。

（7）条形图。条形图可给出数据数量的一种比较，用来帮助识别数量变化。条的长度，可以代表事件的百分比或频度，表示数据（如事故类型）的数量。条可以是水平的，也可以是垂直的。为了比较不同的信息，条形图可以用双条或三条表示。

（8）层化图。层化涉及到将数据分成不同的组，每个组具有一个共同的特征。对不同的组、单元或其他层化类型的比较，可以导出一个改进或缓解建议，或识别一个危险。

（9）排列图。当需要知道数据或变量（问题、危险、原因、状态）的相对重要度时，可以使用一个排列图。排列图可以帮助突出那些可能是至关重要的数据或变量。排列图可以描述一个具体时间周期的数据。数据用递减次序排列，最重要的放在左边。排列图基于"Pareto 原理"，即小部分原因常常造成大部分影响。

（10）柱状图。条形图的另外一种形式称为柱状图，给出在一个规定范围内数据的散布。这种数据散布使其更容易解释。当数据画在柱状图上，很多项目将趋向于落入数据分布的中心。很少的项目落在中心的两边。条柱在高度上与所表示的数据组的频度成正比。因为数据组的间隔在大小上是相等的，条柱具有相同的宽度。图中每个条柱可以称为一类。条柱厚度是这个类的间隔。对应条柱边界的数值是这个类的边界，这个类的中心值称为代表值。

（11）t 分析。t 分析对基于样本均值和标准偏差的样本统计量 t 与相同样本大小和期望重要度（错误概率）的 t 分布进行比较。t 分布与正态分布类似，当具有无穷大的样本大小时，t 分布相当于标准的正态分布。当样品大小少于无穷大时，t 分布变得比正态分布"低而扁平"。

（12）差异分析（ANOVA）。这种技术在试验（可靠性试验）设计中使用，比较样本统计量以确定均值的变化和在两个以上总体之间的方差是否属于不同随机变量的源。

（13）相关分析。相关是两个或多个变量之间关系的量度。使用的量度标尺是间隔标尺，但还有其他相关系数来处理其他类型的数据。相关系数的范围可以

从 -1.00 ~ +1.00。-1.00 代表一个完全的负相关,而 +1.00 代表一个完全的正相关。0.00 表示没有相关。

(14)置信水平分析。这种分析是在一个选择的显著水平下,通过比较样本值、均值或标准方差与总体标准方差,以获得一个置信区间。置信水平分析用于确定一个值的区间,这个值以一个选择的概率在那个区间里。置信水平分析可以用于单个点、均值、标准偏差、回归线或可靠性量度(如平均故障间隔时间)。

(15)回归分析。这种分析是一种曲线拟合形式,用来找出一组数据之间的数学关系。一种典型的回归分析方法称为最小二乘曲线拟合。这种方法发展为使用一种概率图和拟合一条线性回归线。这种变换取决于使用的分布。通常进行拟合优度检验,以确定所得关系与数据匹配的程度。通常,画出可靠性数据,如失效或修理时间。这种最小二乘方法可以拟合指数分布、威布尔分布、正态和对数正态分布。

(16)关键事故征候法。这是一种通过对总体中挑选出来的参与观察者的随机样本进行分层,识别那些对一个给定总体里的潜在的和实际的事故和事故征候有贡献的错误和不安全状态的方法。操作人员可以收集潜在的错误、过去的错误或不安全状态的信息。由此进行危险控制使潜在错误或不安全状态达到最小。

(17)Delphi 法。这种技术通过一个迭代过程,使一群主题专家达成一致意见。首先将主题提交给专家。不进行讨论,专家将他们的意见呈交给一个辅助设备或评判员[2,p.141]。他们可能使用数值方法或有排序方法评估,陈述理由为什么得到这样的结论。辅助设备或评判员检查这些意见,删除那些对主题无用的意见。然后,将这些观点重新分发给专家,以供进一步审查。这一迭代过程反复进行,直至专家达成一致意见。

12.3　在安全性决策中运用统计控制

考虑这样的方案,即管理者可以通过使用统计控制图表[5,pp.61-85],从安全性的角度监控一个复杂系统,当出现异常时能够检测到异常。异常就是系统的不平衡,如果不消除,可能发生事故。这是安全观察的基础,在安全观测中,观察员识别不安全行为和不安全状态。

(1)使用控制图进行系统监视。从系统安全性的角度考虑,在一个系统中对偏差进行监视是适用的,因为这些偏差可能是危险的。受训的收集人员获取数据,这些数据按照时间进行标绘。从统计学上讲,在一个复杂系统中识别偏差的趋势是可能的。一旦识别出偏差的趋势,在损害出现前可以进行改进,消除系统的不平衡。不仅可以改进不安全行为和不安全状态,而且可以改进任何可能影响安全性的系统偏差。通过运用统计控制,就有可能降低与非常复杂的系统事故相关的风险。

（2）控制图。控制图是这样的标注图,纵轴标注不安全行为、事故、事故征候或偏差等观察的抽样事件,横轴标注时间。控制图有利于发现在一个稳定过程中由于随机变量,或由于独特事件或单个行为,会产生多大的变异性,用来确定一个过程是否处于统计控制范围内——也就是说,这个过程是保持一致的。

（3）控制图类型。有各种各样的控制图,因包含的数据不同而不同。某些数据基于测量,如对部件或化学过程产量的测量。这些被认为是非离散值或连续数据。基于计数的那些数据,如观察,被认为是离散值或计数值。控制图也可以根据用途分成不同的类型,如数据是如何被各种因素、材料、人的因素或方法影响,或两个以上不同的因素一起发挥影响。数据可能不得不被制成分层或分离的图表,以确定影响的来源。假设需要一个控制图系统来监视一个复杂系统将是合理的。图 12.1 举例说明的是一个控制图例子。

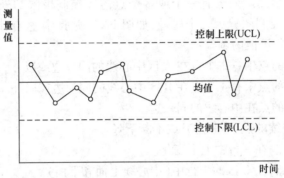

图 12.1   统计控制图例子

（4）安全性观察和属性控制图的使用。当收集到的样本是安全性观察这样的定性数据时,可使用属性控制图或"P 图"。画一个 P 图需要进行下列计算[6, pp.573-575]：

$$UCL = p + 1.96 \sqrt{p(1-p)/n} \qquad LCL = p - 1.96 \sqrt{p(1-p)/n}$$

式中,p 为在所有观察周期内观察到的不安全或安全行为的平均比例;n 为观察周期数。在 95% 置信水平条件下,为达到一定的准确度水平,所需的读值次数 N 为

$$N = \frac{4(1-p)}{(S^2)p}$$

式中,p 为在研究期间观察到的安全或不安全行为的比例,S 为期望的准确度（每 100 次读值的百分比）。读值准确度是观察到的比例加上或减去准确度的某个百分比。

（5）属性控制图程序。假设通过分析选择了适当的控制图,已经就控制行为抽样作出了决策,所需获取的数据可能是主观的、定性的,因此,要使用属性控制图或 P 图。构造 P 图的一般程序如下：

313

① 选择受过训练的观察者去收集数据。

② 选择所需的准确度 S。

③ 随机收集数据,包括观察次数、观察到的安全或不安全行为的次数。

④ 计算 p,并填入到数据表

$$p = \frac{pn}{n} = \frac{\text{子组中拒绝次数}}{\text{子组中观察次数}}$$

⑤ 计算中线,即

$$p \text{ 均值} = \frac{pn + pn + pn + \cdots}{n + n + n + \cdots} = \frac{\text{总缺陷数}}{\text{总观察数}}$$

⑥ 计算控制上限和控制下限(UCL 和 LCL)。

⑦ 构建控制图和 P 图。

(6) 解释控制图。如果有一个或多个点落在控制极限的外面,则称该过程"失去控制"。将控制图分为几个区域,如图 12.2 所示,检查有什么变化,如果出现下述情况则进行可能的调整:

① 3 个相继的点中有 2 个点在 A 区中心线的同一边或以外。

② 5 个相继的点中有 4 个点在 B 区中心线的同一边或以外。

③ 9 个相继的点在中心线的同一边。

④ 有 6 个连续的点,不断上升或不断下降。

⑤ 有 14 个点,在一行中上下变化。

⑥ 有 15 个点,在 C 区的一行中(中心线上面和下面)。

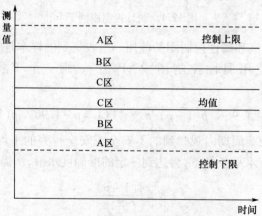

图 12.2　带区域指示的统计控制图

12.4　行为抽样

行为抽样[4,pp.283-298]基于随机抽样的原理。通过对总体的一部分进行观察,可以对总体的组成进行预测。行为抽样可以定义为基于一系列瞬时的随机观察或抽样,使用统计测量技术,对某个领域进行的一个活动的评估。

行为抽样方法基于概率论、正态分布和随机概念。为了确定置信水平,对观察的准确度和数量有要求。

考虑到一项试验中事件 A 的"概率"[8,pp.1153-1158] 是用来测量在多次试验中事件 A 发生的大约频度。如果抛掷一个硬币,正面 H 和反面 T 的出现次数将会大致相等,或"很可能相等"。当进行大量试验时,就可以通过将事件 A 发生次数除以试验次数(观察值除以试验次数)来获得一个未知概率的近似值。

行为抽样基于读数值符合正态分布或高斯分布特征这一原理。一个正态分布的特征是曲线沿均值对称,均值也等于中值。抽样的数量越多,或进行观察的次数越多,则它们形成的图离正态曲线越接近,就可以更加相信抽样读数代表了总体。

必须仅仅选取满足置信水平所需的观察次数。置信水平等于曲线下面的一个特定区域。95% 置信水平表示 95% 或 $\pm 2\sigma$ 的一个区域,对于大多数行为抽样来说已经足够。95% 置信水平意味着结果有 95% 的时间代表了真实的总体,有 5% 的时间不代表真实的总体。准确度是读值落入一个希望的置信水平内的容限。准确度是读值次数的一个函数。当观察次数增多时,容限变小。

在应用行为抽样方法时,必须确定一个人行为安全的时间百分比和这个人行为不安全的时间百分比。分析员可以在整段时间内观察这个人,也可以在某几个时间观察这个人。要记录这个人是在安全地工作还是在不安全地工作。要记录总的观察次数,确定安全行为和不安全行为观察的比例。

12.5　计算人身系统受到的危险

在进行危险分析时,必须考虑与健康相关风险的识别。可以应用具体的技术,如使用与保障危险分析,健康危险评估,或工作安全性分析。这些工作应识别与人身系统相关的危险。人可能暴露在有危险材料、危险物质和生物病原体的地方。先用统计研究来确定一个人可能遭受的影响和限值,然后,制定出指导方针和标准。重要的是,要掌握支持这些方针和标准的统计学和科学。

1. 危险材料

被评估的系统可能包含危险材料,产生与健康有关的风险。在美国,如果材料属于下述情况,则认为是危险的:

(1) 在法律《29 CFR 1910 部分,Z 子部分,有毒和危险物质(Z 清单)》中明文列出的。

(2) 由美国政府工业卫生医师会议分配了一个门限值(TLV)。

(3) 被确定为致癌物、腐蚀物、有毒物、刺激物、敏化物,或对特定身体器官具有损害作用。

2. 与危险材料、危险物质和生物病原体有关的信息源

当进行与危险暴露有关的评估时，可以从下述渠道获取信息：

（1）材料安全数据表（MSDS）。它们是美国国内的危险物质信息源。MSDS提供材料的物理性能或材料对身体健康有快速影响使得材料处理很危险的信息，也提供所需人身保护设备、遭受暴露时的急救处理、安全处置泄漏和起火以及日常使用所需的预先计划等信息。

（2）国家防火协会704M出版物提供一个指示危险材料的储存和有关的危险（NAPA危险分级）的法规。

（3）《OSHA易燃液体分类，29 CFR 1910.106》列出了标准分类，用于识别与液体有关的起火或爆炸的风险。

下面提供识别危险的部分源清单以供参考。在美国，当评估与健康有关的环境暴露时，建议咨询注册工业卫生医师（CIH）以得到最新的ACGIH方针和标准。

（1）因疏忽而过量接触危险物质。ACGIH列出了26页纸的物质清单，从乙醛到锆[10,pp.12-37]。在系统的化学处理、组装、生产、分解、使用和报废过程中可能出现暴露在这些物质中的情况。分析员应考虑在系统寿命周期过程中所有可能的暴露。

（2）因疏忽而接触致癌物质。《ACGIH手册》附录A讨论了对人致癌的物质分类。对带有门限值（TLV）①的A1类致癌物，以及对A2类和A3类致癌物，工人在各种途径受到的暴露应小心控制在TLV以下尽可能低的水平。

A1类——已证实的人类致癌物：基于对暴露的人的流行病学研究证据或有令人信服的临床证据，该物质对人是致癌物。

A2类——疑似人类致癌物：动物实验表明，多种浓度、施药途径、位点、组织类型以及在被认为是与工人接触该物质时类似的（实验）条件下，该物质都是致癌的。现有的流行病学研究②结果相互冲突，或不足以确认人类接触该物质后，得癌症的风险上升。

---

① 要对下述内容进行一次完整的讨论，可参考最新的ACGIH Handbook。

门限值（TLV）是指物质在空中的浓度，代表各种条件，在这些条件下，相信几乎所有的工人都可以日复一日地重复暴露其中，对身体健康没有不利影响。

门限值-时间加权均值（TLV-TWA）是当每天正常工作8h，每个星期工作40h时的时间加权平均浓度，几乎所有的工人都可以日复一日地重复暴露其中，没有不利影响。

门限值-短期暴露极限（TLV-STEL）是工人可以在其中连续地短期暴露的浓度，不会遭受（a）刺激；（b）慢性的或不可逆的组织损伤；（c）足以增加事故伤害的可能性、削弱自救能力或大大降低工作效率的麻醉，并且假设每天的TLV-TWA并未过量。

STEL定义为15min TWA暴露，即使8h的TWA在TLV-TWA之内，在一个工作日期间的任何时间，也不应超过。

门限值-最高限度（TLV-C）是工作场所的任何部分都不应超出的浓度。

② 流行病学是研究全体大众疾病的一门学科。确定某一特定疾病的影响程度和分布可以提供疾病原因的信息。

A3 类——动物致癌物:动物实验表明,相对高的浓度、施药途径、位点、组织类型以及在不认为是与工人接触该物质时类似的(实验)条件下,该物质都是致癌的。现有的流行病学研究结果不能确认人类接触该物质后,得癌症的风险上升。现有的证据支持该物质不太可能导致人得癌症,除非在罕有的或不太可能的暴露途径或等级。

A4 类——不可分类为人类致癌物:根据对人和/或动物的致癌性将药剂分类的数据不充分。

A5 类——不疑似为人类致癌物:基于合理进行的人类流行病学研究,药剂不疑似为一种人类致癌物。这些研究经过了长期充分的追踪,可靠的暴露历史,足够高的浓度,足够强的统计力量,得出了暴露在这种药剂中不会对人产生明显的致癌风险的结论。

在动物实验中表明缺少致癌性的证据,将考虑是否有其他相关的数据支持。

(3) 因疏忽暴露在生物危险中。血液传播病原体、昆虫、坟土、真菌类和细菌可以产生对人的危险。可以进行安全性分析,以评估含有正在进行生物研究的设施的系统。分析员必须认识到潜在的生物风险。

(4) 因疏忽暴露在致命的血液传播病原体(如 HIV)中。血液传播病原体是人体血液中存在的病原微生物,可以导致人的疾病。这些病原体包括,但不限于,肝炎 B 病毒(HBV)和人类免疫缺陷病毒(HIV)。OSHA 于 1991 年出版了血液传播病原体标准(29 CFR 1910.1030),以防止针管和其他对血液的暴露以及工作中含血的其他体液。

(5) 可以产生健康风险的昆虫。蚊子、苍蝇、虱子和其他昆虫可以导致疾病,如莱姆关节炎病和其他不利的过敏反应。

(6) 由于细菌、真菌类或寄生虫暴露可以产生皮炎的生物药剂。处理兽皮可能出现炭疽热感染,处理皮毛可能导致野兔病,处理动物制品可能出现类丹毒,葡萄球菌和链球菌可以引起疖子和毛囊炎,伤口可以导致全身感染。

(7) 严重的过敏反应可以导致疾病并引发事故。过敏是人体免疫系统感知到药剂可能危险的一种反应的结果。过敏有很多形式,可能是药物过敏、植物过敏、尘土过敏、动物过敏、坟土过敏、真菌类过敏、食物过敏、昆虫毒液过敏,以及暴露在危险物面前导致过敏。

12.6　学生项目和论文选题

1. 选择一个具体操作、设施、系列任务或功能,汇集一个不安全行为和不安全状态(危险)的清单,进行安全性观察。运用统计分析技术,提出你的发现。

2. 选择一种统计分析方法,解释如何运用这样一种方法来解决一个具体的安全性问题。

3. 获取报告的事故/损失信息和数据。至少使用三种不同的方法分析这些信息和数据,解释你的结果。提供建议,讨论使用这些不同的方法是如何增强或限制了你的工作的。

4. 选择一个具体操作、设施、系列任务或功能,进行健康危险评估,提出安全性要求、建议和预防措施。参考相应的标准、参考文献和研究报告以支持你的建议。

参 考 文 献

[1] C. E. Ebeling, An Introduction to Reliability and Maintainability Engineering, McGraw – Hill, New York, 1997.

[2] T. B. Sheridan, Humans and Automation: System Design and Research Issues, John Wiley & Sons, Hoboken, NJ, 2002.

[3] K. Ishikawa, Guide to Quality Control, Asian Productivity Organization, 1982.

[4] W. E. Tarrants, The Measurement of Safety Performance, Garland Publishing, 1980.

[5] K. Ishikawa, Guide to Quality Control, JUSE Press Ltd. , Tokyo, 1994.

[6] R. L. Brauer, Safety and Health for Engineers, Van Nostrand Reinhold, New York, 1990.

[7] M. Brassard, The Memory Jogger, A Pocket guide of Tools for Continuous Improvement, 2th ed. , GOAL /QPC, Methuen, MA, 1988.

[8] E. Kreyszig, Advanced Engineering Mathematics, 7th ed. , John Wiley & Sons, Hoboken, NJ, 1993.

[9] J. O. Accrocco, The MSDS Pocket Dictionary, Genium Publishing, Schenectady, NY, 1991.

[10] American Conference of Governmental Industrial Hygienists (ACGIH) Handbook, current version of: Documentation of the TLVs and BELs with Worldwide Occupational Exposure Values CD – ROM – 2005, Single User Version, 2005. ACGIH, 1330 Kemper Meadow Drive, Cincinnati, Ohio.

补 充 读 物

29 CFR Part 1910. 106 OSHA Flammable/Combustible Liquid Classification.

29 CFR Part 1910, Subpart Z, Toxic and Hazardous Substances (the Z list).

29 CFR Part 1910. 1030, OSHA Blood borne Pathogens Standard, 1991.

第13章 模型、概念和实例:
应用情景驱动危险分析

13.1 不 利 序 列

在进行事故分析或情景驱动危险分析时,为了按照事故来思考,很多分析方法可以组合起来使用。重建事故序列,或推测潜在的未来事故,必须建立一个事故或潜在事故的模型。因此,必须定义一个不利序列。这个序列发生并且发展到一个结果——伤害;然后必须进行恢复。

13.1.1 安全性分析中的情景

自从开始正规的安全性分析,就存在情景思维。分析员必须能够描绘可能发生什么事件,或事件是如何发生的。这个描绘就是一个情景——某个时间的一个快照,用来描述一个已经发生的或可能发生的事故。情景表示一个过程,一个不利事件流。有很多抽象概念可以用来描述情景,将在本章详细讨论。

13.1.2 安全性分析中的建模

序列建模可以用很多方法进行,在一些情况下使用专门设计的模型、自动模型以及人工描述。有动态和静态模型。一种典型技术使用了事件树,给出序列的分支、成功或失效状态。事件树的节点是故障或成功树。动态模型——如有向图、Petri 网、Markov 模型、差分方程和状态转换图——已经应用于系统安全性分析之中。动态建模可以用于仿真,以尝试确定在条件变化的情况下可能发生什么,或事件是如何发生的。仿真可以提供物理结构、视觉和失效物理信息。

1. 概貌图和模型

通过获取或开发一个概貌图——可给出一个系统概念的顶层细节——来得到一个系统的总体概念也是恰当的。然后,可编制子系统的功能分解图,它们是在顶层概念图中描述的整个系统的一部分。

有很多类型的模型/图表可能很有用。下面列出模型和图表的例子:

(1) 过程流程图;   (2) 生产流程图;

(3) 大纲评审技术(PERT)图;   (4) 系统接口图;

(5) 数学模型;   (6) 分散模型;

(7) 决策方案图;   (8) 可靠性框图;

（9）事件树；　　　　　　　　　　（10）成功树；

（11）故障树；　　　　　　　　　　（12）计算机辅助图；

（13）As－built 制图；　　　　　　（14）照片记录；

（15）数字记录；　　　　　　　　　（16）视频；

（17）分解视图；　　　　　　　　　（18）线路图；

（19）软件线；　　　　　　　　　　（20）软件流程图；

（21）事实表；　　　　　　　　　　（22）逻辑树；

（23）鱼骨图；　　　　　　　　　　（24）统计分析图；

（25）载波图；　　　　　　　　　　（26）Markov 模型；

（27）仿真模型；　　　　　　　　　（28）主逻辑图；

（29）网络图；　　　　　　　　　　（30）Petri 网络图。

2. 可视化

在获得一个复杂系统或系统事故的知识方面，视觉信息是最有帮助的。对现存的或类似的系统进行视觉研究，将提供附加的视角，以分析一个系统在实时环境、在测试状态或在仿真过程中如何工作。获取视觉记录，并对其进行系统的审查。可以从很多来源获取视觉信息，例如：

（1）生产、安装、装配或分解操作的视频；

（2）复杂装配的抽象简化或逼真的再设计；

（3）现场的照片或视频；

（4）动画；

（5）图片或视频的实体模型；

（6）操作、装配任务的计算机仿真，或具体序列；

（7）虚拟仿真。

3. 情景、现实和效果

可以从情景思维获得很多显而易见的好处。过程越有力，好处越多。然而，一定要小心，模型和仿真必须尽可能逼近现实。模型和仿真之间的差异，如果没有识别出来，可能会引入附加风险。下面是情景思维的好处：

（1）整体观点。模型可以给出目标系统中潜在事故的更整体的画面。在构建的潜在事故中应该没有任何遗漏的逻辑。情景基于物理现实、系统物理学、对所有可能的能量交互的了解、能量的物理转换甚至人的生理方面的因素。必须定义一个逻辑事故进程。

（2）负事件。目的是提供关于假设、组成序列的细节的更易于理解的图片。理论上讲，分析员使用相机给可能发生的未来负事件照相，给出包括边界和假设的所有系统参数。负状态或失效状态将在这些照片中定义。

（3）样机。可以开发系统模型，实际上，也称为系统和系统事故样机或模型。

事故模型可以嵌入整个系统模型中,从而进行仿真①。

(4) 逻辑子集。一个系统的任何逻辑子集均可建模。考虑对刚开发的维护方法、装配任务、安全操作程序、危险任务、意外事故或操作序列建模。基于开发的任何逻辑子集均可以进行危险分析。

(5) 其他知识。非常大的复杂系统可以建模并进行系统危险分析。从模型开发和仿真方面获取的知识越多,分析也就越透彻。

(6) 系统状态。通过建模和仿真可以识别复杂系统状态条件。这些复杂系统状态可以表示附加的系统风险。一旦复杂系统状态得到定义,可以进行强化的危险分析以识别任何附加的风险。

(7) 可靠性和可用度。系统可靠性和可用度可以通过样机仿真和样机试验进行试验。如果系统可靠性和可用度被当成危险控制,仿真和试验提供危险控制的确认和验证过程的一部分。在系统是自动的情况下,就可以通过可靠性或可用度来控制相关风险。

(8) 整合意外事件数据。与安全性相关的数据、安全操作和意外事件防范措施可以建模,以便进行更详细的危险分析。一旦系统建模,在实际意外事件中的数据、程序和过程就可以快速获取并展示。这些信息可以自动显示在多功能显示器或监视器上,而不是在各种手册、指南、计划或图表中提供安全数据。这样一个计算机与人的接口也必须从系统安全性角度进行评估。

(9) 工作人员暴露。使用大型模型,当合理开展的时候,也可以强化培训。危险操作、过程和任务可以进行仿真,使用仿真进行培训。通常会暴露于高风险环境中的工作人员,在所有培训阶段将不再暴露。同样,这种使用也必须从系统安全性角度进行评估。

(10) 迭代分析。情景驱动危险分析是一个迭代过程,为系统和潜在事故开发的模型可以加强危险分析工作。分析员可以从系统、事故模型或工作表着手工作。情景模型和工作表格式包括危险、诱发因素、贡献因素和主要危险。分析员在模型和工作表之间慢慢推导。这个过程使分析员能够从不同的角度考虑问题,从而识别出更多的细节,可以进一步开发模型和工作表。这就是"记忆推理"的概念。将情景驱动技术和表格式工作表结合起来的另一个好处是允许整个情景序列概念化、形象化,用一个整体且非线性的格式呈现。情景,即事件逻辑,以这样一种形式展示出来,允许每个情景的诱发因素、贡献因素、主要危险,加上可能的影响、恰当的控制、记录相关的风险和风险代码。情景驱动技术连同表格式工作表形式也适合于更有效的危险跟踪和风险解决。

---

① 空间站自由度模型研制开始于 20 世纪 90 年代早期。空间站第 6 级使用有向图建模,整合实际的 FMEA 数据。然后通过计算机进行仿真以试验系统冗余度。

（1）并行工程。综合评估活动可以促进并行工程工作。从事保证技术的专家可以通过系统和事故模型并行地进行协同分析。在这些工作过程中，专家之间的沟通得以增加，这样可以增强系统的集成。

（2）节省费用。适当的模型仿真也可以降低与试验相关的费用。准确的仿真可以提供与样品模型试验能够提供的相似信息。在仿真和试验过程中，通过分析程序可以更早地识别更复杂的系统风险，能够在早期识别与安全性相关的风险，以确保在系统寿命周期的早期通过设计避免这些风险。在后期为了消除危险及其相关风险而对系统进行重新设计，费用高昂。

（3）文档。情景可以提供关于安全性相关风险的详细文档。好的文档可以增强责任赔偿防护，例如，提供最佳操作使用说明文档，给出重大关注事项以保护普通公众。

（4）事故调查。在进行事故调查和事故再现过程中，情景模型在记录可能的事故情景中可起非常大的作用。失效状态建模和仿真可以记录一个具体事故现场的适当的数据和信息。仿真可以帮助证明与复杂系统事故相关的理论。

13.1.3 分析信息的综合和表示

为了进行情景驱动危险分析，必须综合与安全性相关的信息以说明事故情节。在对分析信息进行综合过程中的第一步是设计表格、电子数据表格或工作表格，这些表格包含的信息必须合乎逻辑，以便可以系统地进行分析，并以一种易懂的方式提供。分析应该包括一个情景主题、诱发因素、贡献因素和主要危险。根据分析的阶段，如初步危险分析或系统危险分析，指出风险参数。也可以列出初始风险和残余风险。在一些情况下，可以提供风险评估编码（RAC）。也可以指出其他的具体风险参数，定义并指出风险等级标准。

13.1.4 叙述报告与表列格式

当需要大量的细节时，使用叙述报告格式。叙述报告提供用于记录专门的安全性分析的细节。正式报告用来记录分析的过程、发现、结果和建议，例如安全性工程报告（SER）或安全性评估报告（SAR），但对于情景的开发，表格是最合适的。以下是使用表格进行情景驱动危险分析的好处。

（1）迭代过程和信息浏览。通过使用简短的叙述格式列出合适的数据清单，分析员可以一页一页地浏览情景和相关信息的数据。出现迭代过程，分析员能够在对以前工作的复审过程中开发其他的相似情景。在逻辑上出现与情景相关的微小变化，将导致附加的情景。例如，改变结果或主要危险，或改变系统状态，将使潜在的事故发生改变。

具体表格中的每一个情景,提供正在研究的潜在故障的有关信息。可以提供一张描述性的图片或快照,这样人们可以得到一张关于这场具体事故怎么发生的感性图片。

（2）增强互检能力。表列格式可增强互检能力,例如,对相似的控制进行分组,改变措词以改变控制逻辑,可以得到其他的危险控制。

信息的交叉引用可以通过使用表格来完成。为了确定危险控制的确认和验证目的,需对公共危险控制加以识别。

当分析员使用事件树、从属图或逻辑树开发事故模型时,信息的交叉引用可以通过使用表格来完成。通过同步进行模型开发并将信息汇总到表格式工作表中,可增强分析工作的效果。表格可以容易地与其他表格或文件之间交叉链接起来,以便对信息进行更加广泛的审查。例如,一个针对与程序有关的需求的需求互检分析,可以与一个使用与保障危险分析链接起来。

（3）情景序列。表格式分析格式允许进行情景描述。情景逻辑进程、主题、诱发因素、贡献因素和结果可以通过情景序列展示出来。

（4）使用简短语句。在表列工作表中,使用简短精练的陈述,而不是冗长详细的陈述,冗长详细的陈述不利于审查和理解。冗长的叙述式陈述可能会引起混乱,特别是在大规模的安全性评审过程中。

（5）增强演示效果。在安全性评审过程中,表列格式也有利于将信息提供给评审组。一个非常便于理解的情景可以通过 PPT 中的一张幻灯片来表达。

（6）分析的定制。可以定制分析和使用表格提供或记录信息的方法,以适应分析类型、系统、评审或记录。

（7）分类和隔离分析数据。当素材以表列式出现时,在分析中很容易实现分类。对分析数据进行分类和隔离可以增强分析效果。通过类型,或通过危险控制,或通过风险来提供情景信息,将允许分析员使用不同的内容来评估风险。这样做,就有使用迭代方案进一步深化分析的可能。

（8）质量评审。使用表格时能够瞬间快速地评审大规模的信息也是一大优势。大规模评审和复审的结果是使分析得以改进。通过评审,分析的整体质量可以得到提高。分析员对不一致的逻辑、假设中的错误、排印错误、控制逻辑的错误、情景的冗余以及控制验证进行检查。

13.2　为进行分析和报告结果设计格式

根据分析的目标、使用的方法类型、应用的技术和文档要求的不同,可以用多种方法进行分析和表达。一个考虑因素是分析是否是初步的,在子系统级还是系统级进行。必须进一步考虑用于支持分析的信息类型和数量。应该设计一个表列式来填写非常简练的信息,用一种综合的方式提供。必须定义情景"画面"。注意,情景不可能表达所有相关的信息和数据,必须参考其他的支持信息。下面是几个在过程中已经开发出来并得到使用的格式表头的例子。

一种典型的表格式表头如图13.1所示。情景序号在第1栏列出;第2栏包含情景描述或情景主题;诱发因素记录在第3栏;所有的其他贡献因素记录在第4栏;任务阶段或工作阶段记录在第5栏;可能的影响或主要危险记录在第6栏;建议、预防措施和控制记录在最后一栏。下面一行包含系统状态和暴露的描述。

序号	情景描述	诱发因素	贡献因素	阶段	可能的影响	建议、预防措施和控制
系统状态和暴露						

图13.1 情景驱动危险分析的一个基本表列式表头的例子

如前面所述,可以定制分析和使用表列式提供或记录信息的方法,以适应分析类型、系统、评审或记录。有很多的定制工作表格的方法,图13.2给出了一个例子。

图13.2描述的是一种稍微复杂一点的格式。情景序号在第1栏列出;第2栏是情景描述;第3栏列出诱发因素和贡献因素;可能的影响在第4栏提供;阶段或可能发生事故的寿命周期记录在第5栏;初始风险或残余风险记录在第6栏;建议、预防措施和控制记录在最后一栏。系统状态和暴露信息记录在第2行。正在分析的系统或子系统信息记录在第3行。

序号	情景描述	诱发因素及贡献因素	可能的影响	阶段	初始风险/残余风险	建议、预防措施和控制
系统状态和暴露						
评估的系统或子系统						

图13.2 带有更多信息的表列式表头的另一个例子

图13.3给出的是一种更详细工作表格式。值得注意的是,基本建议、预防措施和控制记录在第1行第6栏。定义基本控制是为了识别复杂系统中的初始风险。最后建议、预防措施和控制记录在第1行的第7栏。在分析中也增加了风险代码。在第2行第1栏,给出了情景类型代码(STC),通过STC将情景分开,STC是一个与该情景关联的诱发因素的指示器。

324

序号	情景描述	诱发因素及贡献因素	可能的影响	阶段	基本建议、预防措施和控制	最后建议、预防措施和控制
STC	系统状态和暴露				初始风险/RAC	残余风险/RAC
	评估的系统或子系统					

图 13.3 带有附加细节和风险评估信息的表格式表头的例子

图13.4提供的是一种由 Hammer[1] 提出的使用传统术语的危险分析格式的例子。在第1行中,第1栏标明情景序号;第2栏记录潜在事故主题的情景描述;第3、4、5栏记录诱发因素、贡献因素和主要危险的危险顺序;第6栏定义初始风险和残余风险;第7栏提供建议、预防措施和控制。第2行,标明系统状态和暴露,以及相关的备注说明和参考资料。这里提到了其他支持性工作,如其他分析、行业研究或设计归档。正在评估的系统或子系统记录在第3行,与风险相关的状况也记录在跟踪和风险解决栏内。状况提供包含危险控制确认和验证的细节。情景(风险)可以是打开、关闭或正在监视状态。

序号	情景描述	诱发因素	贡献因素	主要危险	初始风险/残余风险	建议、预防措施和控制
	系统状态和暴露	评论			其他参考资料	
	评估的系统或子系统	跟踪和风险解决				

图 13.4 带有附加细节和常规术语的表格式表头的例子

13.3 记 录 报 告

就记录而言,有很多类型的与系统安全性相关的报告。例如,有安全工程报告、安全评估报告、安全行为记录、危险行为报告、事故分析报告和与专门的安全性相关的报告,用来记录设计的状态、调查结果、研究成果和专门的分析结果。

在安全工程报告或安全评估报告中记录危险分析工作。这些报告可以用来介绍分析结果或报告当前的系统安全性工作。根据项目的规模,可能只编写一份报告,也可能编写多份报告。这些报告的目的是记录分析结果。报告内容因沟通目的或沟通目标的不同而不同。同时要考虑报告的阅读者是谁。作为一名分析员,还要考虑自己想要沟通的是什么。可以给工程师提供大量细节,或给高管提供高层次的汇总信息。为了充分记录分析也可能需要大量细节。

13. 4　概　念　模　型

为了进一步增强和描述情景思维的话题,下面提供一些模型供考虑。

13. 4. 1　Hammer 模型

Hammer 模型是最早提出的最恰当的模型。在研读了 Hammer 的书籍和关于系统安全性的资料,以及后来与 Hammer 进行讨论后,情景概念第一次进入了脑海。Hammer[1,pp. 63-64]在危险分析的范畴中首次讨论诱发因素、贡献因素和主要危险的概念。Hammer 注意到精确地判断哪一个危险是或已经直接构成一次事故的原因并不像看起来那么简单。

图 13.5 表示的是关于一个小孩在出现闪电情况时在开阔地带玩耍的潜在事故以及可能出现的结果的简化的例子。诱发危险是缺乏足够的培训、监督以及指导,包括存在闪电的条件。贡献因素包括孩子在户外玩耍时处于雷击范围,实际的雷击以及雷击的强度。主要危险包括可能的致命或非致命的伤害。

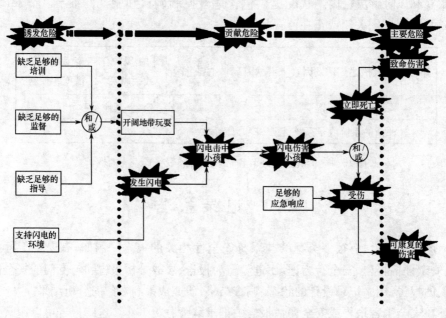

图 13.5　一个复杂情景模型的例子

13. 4. 2　复杂情景模型

图 13.6 描述了一个涉及一名操作员和一个自动化过程的更复杂的情景(一个系统事故)。图中 I 表示诱发因素,C 表示贡献因素。不利流是从左到右。箭头表

示流动方向。一个椭圆代表一个节点,即这个序列中的一个重要事件。有分支导向节点,用来定义其中包含的事件。

由于软件编码错误、规范错误或计算错误,出现初始功能失常、失效或异常。由此导致一个故障,由于规范错误,这个故障没有检测出来,接着导致与安全性相关的模块的改变或错误。这些错误的数据或信息通过显示屏传给操作员。操作员没有识别出这些有危险的误导数据或信息。操作员错误地认定这些错误的数据或信息是真实的,接着采取了不恰当的措施,输入了一个错误的控制命令。接着,程序失控,引起火灾和爆炸。

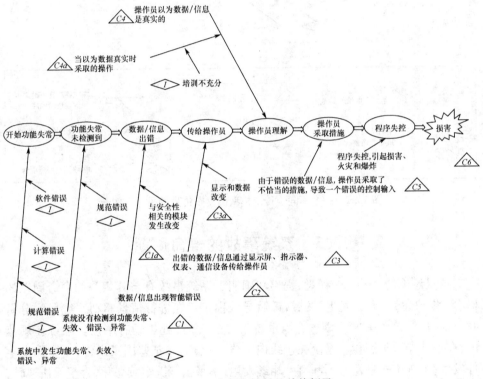

图 13.6　一个复杂情景的其他例子

13.4.3　鱼骨图

情景也可通过鱼骨图来描述(图 13.7)。不利事件流用箭头表示,从左向右。在流动箭头中定义情景的主题,分支的输入表示诱发危险和贡献危险。每个分支定义与硬件、人、软件和环境相关的诱发危险和贡献危险。这里提供了完整的情景。图下的符号键定义了图里的元素。设计这样的图可展示分解的不同等级,可以增加或取消分支以适应研究中的情景或系统。

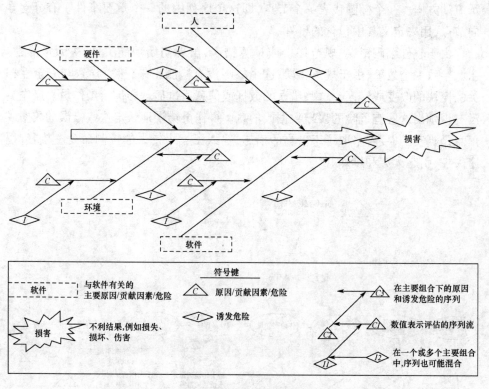

图 13.7　一个不同于传统模型的复杂情景的另一个例子

13.5　系统事故的寿命周期

　　这里讨论的另外一个模型,提出和阐明了系统事故有与其相关的寿命周期的概念(图13.8)。事故发生、发展,最后导致损害。在进行情景驱动系统危险分析时,分析员应该考虑这一概念。当系统设计合理时,处于动态平衡。系统在规范内,在设计参数下运行。系统在包线内工作。但是,当某些因素出错,一个诱发事件发生,系统不再平衡。不利事件相继发生,不平衡状况继续恶化,直至无法逆转,导致损害。进行分析时,应考虑事故寿命周期,以及这些不利事件是怎样相继发生的。通过应用危险控制可以阻止不利事件流。重要的是,检测到所有的不平衡,对系统进行稳定,使其恢复到稳定状态。而且,不利事件相继发生直到系统无法逆转时,通过应用危险控制可减少或消除可能导致的损害。万一导致损害,系统应该拉回到一个正常的平衡状态。应该考虑在严重伤亡事故、意外事故或尝试恢复过程中,可能出现附加损害。在危险控制应用过程中,不仅要控制或消除所有的诱发因素、贡献因素和主要危险,也应在系统寿命周期内对意外事故、恢复以及损伤和损失进行控制。系统必须重新恢复稳定。

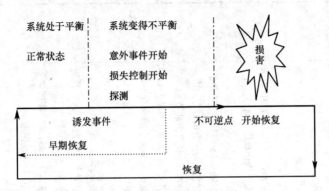

图 13.8 一个系统事故重现的寿命周期

13.5.1 复杂的交互作用

系统事故可以是人、硬件、软件和环境这些系统要素之间复杂的交互作用。因此,在建立情景时,分析员必须考虑这些交互作用。潜在事故要素由成功状态和失效状态组成——正要素和负要素。将诱发危险和贡献危险看作负要素,将合适的系统状态条件看作正要素。图 13.9 模型阐述这一观点。

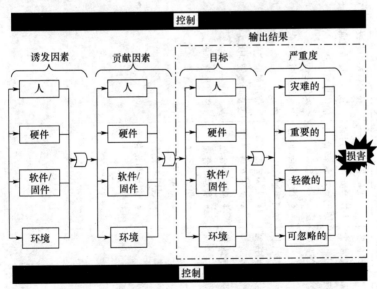

图 13.9 通用情景驱动模型(Robert Thornburgh 画)

13.6 使用与保障危险分析案例

表 13.1 给出了对一个复杂系统进行电子维修的使用与保障危险分析的部分案例。一个实际的分析可能由数百个与诱发危险和贡献危险相关的情景组成。工

表 13.1　使用与保障危险分析的部分例子

类型	情景序号	情景描述	诱发因素	贡献因素	阶段	可能的影响	预防措施、控制和缓解建议	风险
E	X	当在工作台维修监视器（以监视器为例）时，技术员无意间进入芯线高电压环境中。当接触芯线时，技术员可能无意间接触高电压。这样可能导致丧命。	当接触芯线时，一个技术员由于下列原因无意中接触高电压： • 设计不合理（芯线可接触到） • 人为差错 • 心不在焉 • 程序不合理 • 警示不合理 • 培训不充分 • 潮湿 • 说明不清楚 • 工具和设备使用不当	技术员接触芯线。技术员提供至地面的传导路径。发生电击。无法及时将电能释放。应用现场应急救助或及时时援救时无法恢复。能级是致命的。	安装/维护/拆卸/处置	致命伤害	2—确保在维修程序中对具有资质人员进行培训。 3—开始工作前通过接地将芯线中的储存电能放干净。 13—经常对相关职员进行恰当的安全操作程序培训，例如，开闭危险的安全操作程序的培训（LOTO）。 14—设计控制台/安装架/电气设备，在进行维修之前使所有电源可以事先与每个设备断开，制定完成该任务的程序并形成文档。如果不能断开控制台/安装架/电气设备中的所有电源，那么，电源必须是绝缘的、受保护的、标志明显的，以防止接触事故发生。 31—设计装备、设备、子系统和系统，使它们能够处于 0 电能状态，以预防能量无法控制造成的伤害或损害。 35—储能源标注明显，以预防能量无法控制造成的伤害或损害。 89—按照人因要求设计装备、设备、子系统和系统，使其能够提供照明或任务说明以预防伤害或损害。	XX

（续）

类型	情景序号	情景描述	诱发因素	贡献因素	阶段	可能的影响	预防措施、控制和缓解建议	风险
E	XX	当在工作台维修监视器（以监视器为例）时,技术员也许会无意间进入人芯线高电压环境中。当接触芯线时,技术员可能无意间接触高电压。这样可能导致严重伤害。	当接触芯线时,一个技术员由于下列原因无意中接触高电压: • 设计不合理(芯线可接触到) • 人为差错 • 心不在焉 • 程序不合理 • 警示不合理 • 培训不充分 • 潮湿 • 说明不清楚 • 工具和设备使用不当	技术员接触芯线。技术员提供至地面的传导源。发生电击。能够及时将电能释放。应用现场应急救助或及时接救时能够恢复。能级不是致命的。	安装/维护/拆卸/处置	严重伤害	2—确保在维修程序中对具有资质人员进行培训。 3—开始工作前通过接地将芯线中的储存电能放干净。 13—经常对相关职员进行恰当的有关电危险的安全操作程序培训,(例如,开闭/连接程序的培训(LOTO)。 14—在进行维修之前控制台/安装架/电气设备以事先与单个设备断开,制定完成该任务的程序并形成文档。如果不能断开控制台/安装架/电气设备中的所有电源,那么,电源必须是绝缘的、受保护的、标志明显的,以防止接触事故发生。 31—设计装备、设备、子系统和系统,使它们能够处于0电能状态,以预防能量无法控制造成的伤害或损害。 35—储能源标注明显,以预防制造成的伤害或损害。 89—按照人因要求设计装备、设备、子系统和系统,使其能够提供防护或说明以预防伤害或损害。	XX

331

（续）

类型	情景序号	情景描述	诱发因素	贡献因素	阶段	可能的影响	预防措施、控制和缓解建议	风险
E	XXX	当在工作台维修监视器（以监视器为例）时，技术员也许因无意间进入人芯线中接触高电压。当接触芯线时，技术员可能无意间接触高电压。这样可能导致轻微伤害。	当接触芯线时，一个技术员由于下列原因无意中接触高电压： • 设计不合理（芯线可接触到） • 人为差错 • 心不在焉 • 程序不合理 • 警示不合理 • 培训不充分 • 潮湿 • 说明不清楚 • 工具和设备使用不当	技术员接触芯线。技术员提供至地面的传导率。发生电击。能够及时将电能释放。应用现场应急救助或及时援救数时能够恢复。能级是轻微的。	安装/维护/拆卸/处置	轻微伤害	2—确保在维修程序中对具有资质人员进行培训。 3—开始工作前通过接地将芯线中的贮存电能放干净。 13—经常对相关职员进行恰当的有关电危险的安全操作程序培训，例如，开闭/连接程序的培训（LOTO）。 14—设计控制台/安装架/电气设备，在进行维修之前使所有电源可以事先与单个设备断开，制定完成该任务的程序并形成文档。如果不能断开整组台/安装架/电气设备中的所有电源，那么，电源必须是绝缘的、受保护的、标志明显的，以防止接触事故发生。 31—设计装备、设备、子系统和系统，以预防能量无法控制造成的伤害或损害。 35—储备能源标注明显，使它们能够处于0电能状态，以预防能量无法控制造成的伤害。 89—按照人因要求设计装备、设备、子系统和系统，使其能够提供照明或者任务说明以预防伤害或损害。	XX

(续)

类型	情景序号	情景描述	诱发因素	贡献因素	阶段	可能的影响	预防措施、控制和缓解建议	风险
E	XXXX	当拆除或替换LRU时,技术员也许无意中接触电源。这样可能导致致命伤害。	当接触电芯线时,一个技术员由于下列原因无意中接触高电压: • 设计不合理(电源可接触到) • 人为差错 • 心不在焉 • 程序不合理 • 警示不合理 • 培训不充分 • 潮湿 • 说明不清楚 • 工具和设备使用不当	技术员接触芯线。技术员提供至地面的传导路。发生电击。无法及时将电能释放。应用现场应急救助或无法及时援救时无法恢复的。能级是致命的。	安装/维护/拆卸/处置	致命伤害	2—确保在维修程序中对具有资质人员进行培训。 9—为每个与装备相关的现场可更换单元(LRU)提供防护装置(例如在继电器、开关、母线等),这样在安装、替换或装置过程中不可能出现其他LRU、设备或装备中接触无意中接触到带电元器件的情况。 10—更换设备前,或在接触带电装备、设备或子系统时,必须遵循并坚持开闭/连接程序(LOTO)。 13—经常对相关职员进行恰当的有关电危险的安全操作程序培训,开闭/连接程序的培训(LOTO)。 14—设计控制台/安装架/电气设备,在进行维修之前使所有电源可以事先与单个设备断开,制定完成该任务的程序并形成文档。如果不能断开控制台/安装架/电源设备中的所有电源,那么,电源必须是绝缘的、受保护的,标志明显的,以防止触碰事故发生。 89—按照人因要求设计装备、设备、子系统和系统,使其能够提供照明或说明以预防伤害或损害。	XX

（续）

类型	情景序号	情景描述	诱发因素	贡献因素	阶段	可能的影响	预防措施、控制和缓解建议	风险
E	XXXXX	当拆除或替换LRU时,技术员也许无意间接触电源。这样可能导致严重伤害。	当接触芯线时,一个技术员由于下列原因无意中接触高电压： • 设计不合理(电源可接触到) • 人为差错 • 心不在焉 • 程序不合理 • 警示不合理 • 培训不充分 • 潮湿 • 说明不清楚 • 工具和设备使用不当	技术员接触芯线。技术员提供至地面的传导路。发生电击。能够及时地将电能释放。应用现场应急救助或及时救治能够恢复。能级不是致命的。	安装/维护/拆卸/处置	严重伤害	2—确保在维修程序中对具有资质人员进行培训。 9—为每个与装备相关的现场可更换单元(LRU)提供防护装置(例如在安装、替换电器、母线等),这样在安装或装置过程甚至拆除其他现场可更换电元器件中不可能出现无意中接触到带电元器件的情况。 10—更换现场应急带电装备、设备或关闭系统时,必须遵循和坚持并关闭连接程序(LOTO)。 13—经常对相关职员进行适当的安全操作程序培训,例如,开闭连接程序(LOTO)。 14—设计控制台/安装架/电气设备,在进行维修之前使所有电源可以事先与单个设备断开,制定完成该任务的程序并形成文档。如果不能断开控制台/安装架/电气设备中的所有电源,那么,电源必须是绝缘的、受保护的、标志明显的,以防止接触事故发生。 89—按照人因要求设计针对装备、设备、子系统和系统,使其能够提供照明或预防以预防伤害或危害。	XX

（续）

类型	情景序号	情景描述	诱发因素	贡献因素	阶段	可能的影响	预防措施、控制和缓解建议	风险
E	XXXXXX	当拆除或替换LRU时，技术员接触电源。这样可能导致轻微伤害。	当接触芯线时，一个技术员由于下列原因无意中接触高电压： • 设计不合理（电源可接触到） • 人为差错 • 心不在焉 • 程序不合理 • 警示不合理 • 培训不充分 • 潮湿 • 说明不清楚 • 工具和设备使用不当	技术员接触芯线。 技术员提供至地面的传导源。 发生轻微电击。 能够及时将电能释放。 应用现场应急救助或及时援救时能够恢复。 能级很小。	安装/维护/拆卸/处置	轻微伤害	2—确保在维修程序中对具有资质人员进行培训。 9—为每个与设备相关的现场可更换单元（LRU）提供防护装置，这样在安装、替换或装备过程中不可能出现无意中接触到带电元器件的情况。 10—更换设备前，或在接触带电装备、设备或子系统时，必须遵循和坚持开闭/连接程序（LOTO）。 13—经常对相关职员进行恰当的培训，例如，开闭/连接程序的培训（LOTO）。 14—设计控制台/安装架/电气设备，在进行维修之前使所有电源可以事先与单个设备断开，制定完成该任务的程序并形成文档。如果不能断开整控台/安装架/电气设备中的所有电源，那么，电源必须绝缘的，受保护的，标志明显的，以防止接触事故发生。 89—按照人因要求设计装备、设备、子系统和系统，使其能够提供照明或任务说明以预防伤害或损害。	XX

作表是一种典型表格,共有9栏:类型,情景序号,情景描述,诱发因素,贡献因素,阶段,可能的影响,预防措施、控制、缓解的建议和最终风险。如果需要更多的细节可以增加栏数(例如,初始或当前风险,系统状态,现存的需求,其他的参考或分析)。为了获得更多的关于硬件失效、人为差错或软件失能方面的详细情况,进行进一步的研究和分析可能是有用的。对具体故障模式和影响分析、人的交互作用分析以及软件危险分析进行前后参照可能是适当的。

13.7 学生项目和论文选题

1. 对曾经发生的一次灾难性事故进行研究,讨论已公布的结论。确定在进行事故调查中可能存在的不足、偏颇、疏忽、遗漏或错误。

2. 对发生在某一特定设施、行业、公司的一些事故进行调查并进行损失分析。确定在已发生事故中的诱发因素和贡献因素,提出确保风险控制在可接受程度的建议。

3. 获取损失数据,应用统计分析,阐明自己的发现。

4. 详细说明进行情景驱动危险分析的好处。

5. 选择一个复杂系统,进行情景驱动危险分析,阐述自己的发现。

6. 选择一个有危险的系统,详细说明进行系统安全性工程和管理的范围、目的和目标。详细说明在一个安全性工程报告中记录系统安全性工作需要的标准和信息。

7. 评估一项具体的高风险工作,确定恰当的风险评估标准:可接受的风险、暴露程度、严重度以及似然度范围。详细说明与可接受的风险相关的具体因素。

8. 假设你已被选为一个正式安全性评审委员会的主席。委员会的职责是对一个高危险性的复杂系统的设计和开发进行评估。设计恰当的程序以进行成功的安全性评审,并用一个正式的计划记录这个程序。

9. 选择一个复杂的系统,应用5种建模技术,说明选择这些技术的理由。说明使用这些技术后的观察结果。

参 考 文 献

[1] W. Hammer, Handbook of System and Product Safety, Prentice – Hall, Englewood Cliffs, NJ, 1972.

补 充 读 物

Allocco, M., Hazards in Context with System Risks. In: Proceedings of the 23rd International System Safety Conference, System Safety Society, April 2005.
Allocco, M., and J. F. shortle, Applying Qualitative Hazard Analysis to Support Quantitative Safety A-

nalysis for Proposed Reduce Wake Separation CONOPS. In: Proceedings of the NASA/FAA ATM(Air Traffic Management) Workshop, Baltimore, MD, June 2005.

Allocco, M. , Key Concepts and Observations Associated with a Safety Management System. In: Proceedings of the 22rd International System Safety Conference, System Safety Society, August 2004.

Allocco, M. , Computer and Software Safety Considerations in Support of System Hazard Analysis. In: Proceedings of the 21st International System Safety Conference, System Safety Society, August 2003.

Allocco, M. , and R. P. Thornburgh, A Systemized Approach Toward System Safety Training with Recommended Learning Objectives. In: Proceedings of the 20th International System Safety Conference, System Safety Society, August 2002.

Allocco, M. , W. E. Rice and R. P. Thornburgh, A System Hazard Analysis Utilizing a Scenario Driven Technique. In: Proceedings of the 20th International System Safety Conference, System Safety Society, August 2002.

Allocco, M. , Consideration of the Psychology of a System Accident and the Use of Fuzzy Logic in the Determination of System Risk Ranking. In: Proceedings of the 19th International System Safety Conference, System Safety Society, September 2001.

Allocco, M. , Appropriate Application Within System Reliability Which Are in Concert with System Safty; The Consideration of Complex Reliability and Safety – Related Risks Within Risk Assessment. In: Proceedings of the 19th International System Safety Conference, System Safety Society, August 1999.

Allocco, M. , Automation, System Risks and SystemAccidents. In: Proceedings of the 19th International System Safety Conference, System Safety Society, August 1999.

Allocco, M. , Development and Applications of the Comprehensive Safety Analysis Technique, Professional Safety, December 1997.

Allocco, M. , Hazard Control Considerations in Computer Complex Designs, Professional Safety, March 1990.

Allocco, M. , Focus on Risk, Safety & Health, September 1988.

Allocco, M. , Chemical Risk Assessment and Hazard Control Techniques, National Safety New, April 1985.

Allocco, M. , Hazard Recognition for the Newcomer, National Safety News, December 1983.

第14章 自动化、计算机和软件复杂性

14.1 复杂系统分析

软件正在成为复杂自动化系统的一个扩展部分(图 14.1)[①]。在进行系统危险分析时,必须对整个系统进行评价,考虑复杂的人、复杂的硬件设计,以及在硬件和软件机器指令之间提供固件接口的微电子器件。由于这些方面的复杂性,所以需要人机工程、硬件和材料工程,以及软件工程的专门知识和经验。设计一个成功的复杂系统,还需要人的可靠性、软件可靠性、计算机工程、质量保证、维修性和综合保障方面的专业工程师一起并行工作。为了适应这些学科的发展,已逐步形成了专门从事硬件、软件和系统分析的系统安全性专业。

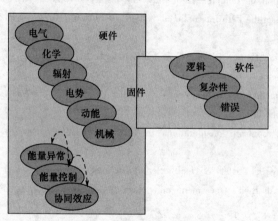

图 14.1 复杂的自动化系统

14.2 系 统 概 述

确保所有与安全性相关的风险得到识别、消除或控制在一个可接受的水平,这是"系统"集成者(系统安全性工程师)的责任。考虑到系统事故是很多危险引发

[①] 本节中讨论的涉及系统范畴的概念,在下述文献中已经提出:M. Allocco,Computer and Software Safety Considerations in Support of System Hazard Analysis. In: Proceedings of the 21st International System Safety Conference, System Safety Society, August 2003.

的结果。事故可能由硬件失效和计算机子系统的代码错误引起。通常,人为差错对可能导致系统事故的硬件和软件问题有贡献。

推想而知,系统由人、机器和环境构成。而机器可以分解为计算机子系统。计算机子系统还可继续分解为以下要素:计算机概念开发(方案制定)、逻辑设计、软件编码、将高级代码编译成机器语言、将指令装入计算机,以及合适的计算机体系结构设计。

任何一个实体几乎都可以看作是符合以下定义的一个系统:人、程序、材料、工具、设备、设施和软件等在任何复杂层次上的合成体。这个合成体的要素,共同用于预定的使用或保障环境中执行规定的任务或完成特定的生产保障要求,即一组或一系列相关的或联系的部件,形成一个单一的或有机的整体。

现在有一个层级的概念,使用了"系统的系统"这一术语。这样,任何实体都可看作是一个系统中的系统,而不是使用子系统、元部件或部件等术语。设想一下亚原子粒子的微观世界和现代航空母舰的宏观世界。而且,航空母舰"系统"进而还综合到世界,与大海和海洋交汇。在对计算机和软件进行系统安全性分析时,分析员必须能理解微观世界(如微电子器件)中的潜在问题是如何最终触发宏观世界的不利事件序列的。

14.3　理解不利序列

系统安全性分析员必须了解系统潜在的不利序列。将系统事故看作是一些成功和失效状态所构成的潜在的有害组合,这些状态最终将导致损害。分析员必须能够对这些成功和失效状态潜在的有害组合进行分解。

该序列的任何地方都可能出错,可对潜在危险或实时危险有贡献。在计算机概念开发期间,如果假设不全和目标定义不对时,就可能出错;软件编码和写入期间也可能出错;代码编译期间还可能出错。当编译自动进行时,不仅可能引入错误,而且编译器也可能发生故障。此外,在不利序列的末端也可能发生错误、失灵和失效。

14.3.1　失灵和故障模式

代码一旦经过编译,就变成了固件,这是一种由微电子硬件维持的电磁状态。按照这一逻辑,计算机系统将受到异常能量交换的影响。应力、热量、振动、电源、电磁、化学反应和随之而来的协同效应——失效物理——影响着微电子。适用于计算机的任何形式的能量,如果未受控制,将对系统产生不利影响。在安全性分析中必须考虑这种可能性。

14.3.2　理解系统功能

如果分析员从系统功能方面思考进行功能危险分析,其分析结果将产生高层功能危险控制。为了理解系统风险,分析员必须定义驱动功能的条件。分析员必须确定功能(或对象)是如何工作的,以及在现实世界中的故障。在立项、概念研究和初步设计阶段的任何地方,都可能引入潜在危险。这些危险被引入系统,所以是诱发因素。在对代码进行评估时,应考虑人为差错、逻辑错误、假设错误,以及疏忽的可能。

14.3.3　理解概念过程

分析员必须能够通过抽象和通过概念过程来分解系统。切记,抽象和概念过程必须反映现实世界。在评估计算机和软件建模时,要使用某种形式的抽象。同时,模型必须真实地反映系统,包括数学抽象和计算。

概念过程的一个实例是面向对象的方法学(OOM),这是一种独立于任何编程语言的过程[1,pp.267-270],直到最后阶段。这里不打算完全描述 OOM 过程;不过,分析员必须理解各种抽象和概念,以便能进行分析。因此,合适的计划是与专业领域专家一起工作。

OOM 是创建软件结构和抽象的一种正规方法。其概念涉及到"对象"的使用,在编程语言里,用某个特定类的实例来表示。一个类代表几个对象的一个模板,并描述这些对象在内部是如何组织的。一个对象含有关于如何进行某些操作的一定信息,它使用数据提供的输入和嵌入在对象中的方法。一个对象包括数据结构(属性)和行为(操作或方法),它们组成一个类。有两种对象图:类和实例图。类图可以是原理图、模式图,或描述很多可能的数据实例的模板。实例图描述对象之间彼此如何关联。类图描述对象类,实例图描述对象实例。

14.4　其他的软件安全性分析技术

有很多专门的软件安全性技术可用来完成具体的详细分析。表 14.1 对这些分析技术进行了评述。

表 14.1　软件安全性分析技术示例

技术	概述	适用性与使用
硬件/软件安全性分析	该分析评估硬件和软件之间的接口,以识别接口的危险。	含有硬件和软件的任何复杂系统。
接口分析	该分析用来识别由于接口不兼容引起的危险。该方法要求查找系统中级联、互联和相互起作用的各部分之间的不兼容性,如果在系统整个工作期间,存在这种不兼容,就会产生风险。	接口分析适用于所有系统。应调查所有的接口:机-软件、环境-人、环境-机、人-人、机-机等。

（续）

技术	概述	适用性与使用
建模和仿真	有很多建模技术形式应用于系统工程。失效、事件、流程、功能、能量形式、随机变量、硬件配置、事故序列以及操作任务,都能建立模型。	建模适合于任何系统或系统安全性分析。
网络逻辑分析	网络逻辑分析是一种根据数据表示检查系统的方法,以便对一个系统进行深入的了解(而这通常是不可能实现的)。	该技术广泛适用于复杂系统。
Petri 网分析	Petri 网分析是对复杂系统独特状态建立模型的方法。Petri 网可用于在广泛的抽象层次上对系统部件或子系统建模。例如,硬件、软件或两者结合体的概念设计、自顶向下设计、详细设计或实际实现。	该技术广泛适用于复杂系统。
软件故障模式和影响分析	该项技术通过分析过程流图来识别与软件相关的设计缺陷。它还识别需要验证/确认和测试评估的区域。	软件被嵌入到目前以及未来的飞机、设施、设备的致命的和关键的系统中。该方法可以用于任何软件过程,然而,主要的应用是用于软件控制的硬件系统中。可用来分析控制、顺序、定时监控,以及系统从不安全状态恢复安全状态的能力。
软件故障树分析	该项技术用来识别不希望发生的"顶"事件的"根"原因,从而通过禁止、互锁和/或硬件来确保对安全关键功能的适当保护。	任何层级的任何软件开发或更改过程都能进行演绎性分析。
软件危险分析	该项技术的目的是以集成在软件开发过程中的结构分析方法为手段识别、评估和消除或减缓软件危险。	该方法广泛适用于软件系统。
软件潜在路径分析	软件潜在路径分析(SSCA)用于发现可能产生不希望的程序输出、禁止或错误排序/时序的程序逻辑。	该项技术广泛适用于任何软件程序。

14.4.1　软件失灵

硬件和固件会失效,但软件不会失效。人可能造成与软件相关的错误。设计要求可能不适当。人在编码过程中会犯错误。复杂软件或大型软件设计会增加错误的可能性。可能还有其他的设计异常、潜在路径和不适当的 do-loop 循环等。有一些专门的软件分析和控制方法可以成功地应用于诱发危险和贡献危险,这些都与软件有关。

14.4.2 与软件相关的风险的表现形式

由于系统越来越复杂、越来越多的系统涉及数百万行代码,因此,对每个与安全性相关的功能都进行测试也许是不可能的。这种情况下,总会出现有些问题可能被忽视的情况。这就是为什么在新的设计或更改之后,涉及软件的很多系统事故(隐患)不能立即显现出来的原因。潜在的逻辑错误可能要在数年之后才会触发。如前所述,系统事故可能是由很多诱发因素、贡献因素和特定的系统状态造成的。为了确保将风险控制在可接受范围内,明智的做法是假设如此复杂的计算机系统会失灵,并导致系统事故。分析员应该着眼于事故的整个寿命周期,并且考虑所有控制风险的方法。

系统监控和检测是至关重要的。还应考虑到发生意外事故。为了控制与自动化过程和功能相关的异常能量反应,可能同时需要物理冗余和软件冗余危险控制。对误导、指示不适当、人与自动化子系统之间错误通信等也应该评估。在安全关键功能中如果人是关键环节,人就成为意外事故的控制者。例如,人的因素控制,应该处理好当计算机失灵时危险的误导信息。重要的是,使人能够认识到与安全性相关的偏差,并在可能的情况下做出恰当的反应。关于人的可靠性的概念是非常重要的。

14.4.3 理解异常

不幸的是,复杂计算机系统发生异常的所有情况中,也许不可能确定诱发因素是什么。复现异常也许是不可能的。在获取合适的设计信息时,也应将安防要求、产权信息、商业秘密、版权,或不适当的可靠性数据看作限制因素。我们也许永远不会知道计算机崩溃后,或者当计算机挂起、停止、损坏数据时,问题出在哪里。分析员不应该对复杂的计算机系统盲目自信,而应该假设存在失灵的可能。

14.4.4 复杂性、理解风险、系统状态

由于大型自动化系统的复杂性,安全分析员要面临资源问题。要深入到非常复杂错综的系统的具体软件/计算机逻辑线程中去也许是不可能的。分析员必须考虑与人、机和环境有关的可能的危险。这些工作的每一项工作量可能都非常大,重要的是谨慎使用资源。首先,恰当的方法是要了解系统寿命周期内可能发生的事故。这可以通过系统危险分析来完成。作为该分析的输出,风险要得到识别、消除或控制。然后对这些风险进行相对排序,并合理地使用资源。

14.4.5　系统状态

就计算机子系统而言,非常重要的是,使用资源识别所有不安全的系统状态,定义健壮的数据流,描述通向不安全状态的转移路径(包括不安全的转移过程)。还要评估这种系统状态与转移时间关联的动态过程。还应该思考对所有安全关键的功能逻辑、编码逻辑和物理构型设计的评估。

14.4.6　诱发因素、贡献因素和系统事故的复杂性

系统事故可能简单,也可能复杂。由于编码错误、逻辑错误或规格说明不完整,自动运行期间就可能发生事故。一个异常就可能产生灾难性后果。设想一下:由于一个明显的单个错误,就可能使一个武器系统不经意地工作或一台医疗设备在关键时刻失灵。一个简单的逻辑错误就会直接引起有害的输出。因此,在输入和输出可能出错的地方,在功能层、逻辑设计层和代码层进行危险分析是审慎明智的。

在构想潜在事故时,既要考虑明显简单的诱发危险,又要考虑非常复杂的有很多诱发危险和贡献危险的潜在事故。考虑问题不应仅完全受限于软件危险和硬件危险,还应包括 EMI(电磁干扰)、RFI(射频干扰)以及系统噪声。对软件和硬件分开来进行分析可能是合适的,也可能是不合适的,这取决于不同的情况。既要对软件、硬件危险分别进行分析,还要对综合风险进行分析。

14.4.7　功能的抽象和域

如果分析工作仅限于抽象的软件逻辑或系统功能,这是有局限性的。典型的假设是将某个具体功能的失效或丧失看作一个危险。同时,给"危险"分配一个安全关键度,然后采取减缓措施以保证该功能不会失灵。

考虑到有很多域可以用来定义现实世界。例如,在设计领域有 4 个域:顾客域、功能域、物理域和过程域[1,p.10]。顾客域是以顾客对其寻求的产品、过程或系统的需求或属性来描述的。在功能域,需求被转化为功能要求和限制。设计参数在物理域中,它们满足功能要求。为了按照设计参数生产产品,在过程域中要应用过程变量。在 4 个域的任何一个中都可能引入潜在危险和错误。

14.4.8　寿命周期内的潜在危险

跳出"盒子"更多地思考问题,可能有助于分析员处理复杂系统的潜在事故。人员、硬件、软件或环境都可能以多种方式将潜在危险引入到系统。在系统寿命周期内,在立项、概念开发、初步设计、概念评估、原型验证、生产制造、使用以及报废处理过程中,随时都可能引入潜在危险或事故。

14.4.9　模型使用和开发中的错误

在进行分析、模拟试验、进行计算和仿真时使用不适当的抽象模型,也会引入错误。功能模型用来反映系统工作。构造故障树或事件树用来反映系统的失效状态。当模型背离设计实际,或当它们有错误,构建不当、使用不当时,就会引入潜在危险。用于计算、建模和图形表示的自动化工具,也可能不恰当或出错。

14.4.10　理解安全关键度

如果自主的自动化系统的失灵会导致灾难性的事故后果,那么,该系统就可认为是安全关键的。与这样的系统接口并可能引入危险的任何事物也应该认为是安全关键的。当使用模型和自动化支持工具时,如果对安全关键系统可能产生不利影响,它们也应认为是安全关键的。如果没能考虑到这种关系和所受的影响时,就会犯错。这个逻辑也适用于评估与安全关键系统相关的备用子系统、待机安全装置或任何危险控制措施。因而,这些备用子系统、待机安全装置和危险控制措施都应看作是安全关键的。如果认为备用子系统、待机安全装置以及控制措施只是备用的,即不认为是重要的,那么这样的假设是不合适的。一旦这些备用装置、待机安全装置以及控制措施在需要使用时失效了,就会产生灾难性后果。

14.4.11　理解转移和切换的复杂性

对于自主的自动化系统,还有一个难题需要考虑。这些系统可能要依靠自动转移或切换能力来实现冗余备份,也可能在启动转移或切换之前要依靠故障自动检测。如果初始延迟或线程是安全关键的,那么检测、转移或切换操作也应该认为是安全关键的。如果在需要时自动检测、转移或切换失灵了,就会导致灾难性后果。很多情况下,单点失效/失灵被忽视,被当作共因。此时,也必须将硬件、软件、固件、环境和人作为单个事件和共因来评估。

14.5　真　冗　余

如果对什么是真冗余缺乏了解,就有可能引入潜在危险。真冗余子系统必须是尽可能独立于原子系统、延迟或线程的。利用两种不同的体系构架,采用不同的计算机和硬件,但采用了共同的软件,这就破坏了冗余方案,这是因为在看似完全不同的体系构架之间可能存在共同的软件错误。为了真的差异,需采用 N 版软件的概念。按照一套要求来开发、测试这种软件,但故意将其设计成独立的、不同的多个版本。规格说明、设计、语言、算法或数据结构等都可以有差异,或其中几项有差异。

为了实现真冗余,必须知道检测、转移、切换和冗余延迟的状态。除非已经知道冗余子系统可以正常工作,否则不能认为这个系统是冗余的。

　　冗余可以通过很多途径来实现或满足。可以通过硬件、软件、固件、环境和人来实现冗余。开发一个相似冗余的功能或延迟也许是不必要的。按照安全程序操作,人就有可能作为自动化功能的备份。硬件设备可以作为人或自动化功能的备份。从系统的观点看,已经利用了很多冗余复杂性。

14.6　计算机硬件中的复杂性和危险

　　电子设备、航空电子设备和微电子设备都可能受到以下因素影响:异常能量;热、冷、极端温度变化;　振动;过电流;硅微裂;基底分层;电磁环境效应;以及中子和伽马辐射。外部危险也能引起损害:浸水、洒水器喷洒、地震、物理损坏、连接器不匹配、连接器插针弯曲、电气短路、电线或电缆磨损、外来异物、烟熏损坏、复合材料燃烧、材料不兼容、腐蚀、材料电离,以及鼠啮或动物损坏。

　　提供额外冗余、增加机内自检能力、使操作自动化,以及设计待命或切换能力等明显增加了复杂性,而且可能引入更多与安全性相关的风险。所有控制、降低和增加复杂性的措施,必须从系统安全性的角度加以评估。应该采用称为危险控制分析的技术来评估这些额外的东西。当推荐附加的控制措施时,不可产生附加的危险,或增加与安全性相关的风险。分析员必须运用恰当、有效、高效的危险控制。控制措施的设计,必须确保在需要时能起作用。

14.7　诱发因素和贡献因素:与软件相关的错误

　　与软件相关的错误,是潜在事故序列中的诱发因素和贡献因素。表 14.2 列出了可能出现在输入、处理和输出软件逻辑中的诱发因素和贡献因素的例子。可以将有关处理的软件逻辑,看作具有软件逻辑输入和输出的一个白盒子。

表 14.2　与软件有关的诱发因素、贡献因素和错误

因素名称[2,pp.288,301]	引起不恰当的软件实现的错误
计算错误	编码方程、算法、和/或模型可能出错。
诱发因素	假设、逻辑、知识和经验不足(LTA);触发数学中的错误。
诱发因素	假设、逻辑、知识和经验不足(LTA);触发算法中的错误。
诱发因素	假设、逻辑、知识和经验不足(LTA);触发模型中的错误。
后继诱发因素	LTA 系统规范对软件规范的不利影响。
后继诱发因素	LTA 软件规范对数学方程应用的影响。
后继诱发因素	LTA 软件规范对算法的影响。
后继诱发因素	LTA 软件规范对模型开发和使用的影响。

(续)

因素名称[2,pp.288,301]	引起不恰当的软件实现的错误
后继诱发因素	LTA 系统规范对硬件/计算机规范的不利影响。
后继诱发因素	LTA 硬件规范对数学方程应用的影响。
后继诱发因素	LTA 硬件规范对算法的影响。
后继诱发因素	LTA 硬件规范对模型开发和使用的影响。
贡献因素	数学方程错误。
贡献因素	算法错误。
贡献因素	分析中使用的模型错误。
贡献因素	编码设计中使用的模型错误。
配置错误	当软件(即操作软件和应用软件,升级,补丁和改版)版本或型号之间出现不兼容的情况时,产生配置错误。
诱发因素	假设、逻辑、知识和经验不足(LTA);触发配置设计中的错误。
后继诱发因素	LTA 软件规范对配置设计的影响。
后继诱发因素	LTA 系统规范对与配置有关的硬件/计算机规范的不利影响。
后继诱发因素	LTA 硬件规范对配置设计的影响。
贡献因素	有关操作(系统)软件与应用软件之间接口的逻辑出现错误。
贡献因素	有关编译器的逻辑出现错误。
贡献因素	有关升级、补丁和改版之间接口的逻辑出现错误。
贡献因素	有关操作(系统)软件与应用软件之间接口时序的逻辑出现错误
贡献因素	有关时序和编译器使用的逻辑出现错误。
贡献因素	有关升级、补丁和改版之间接口时序的逻辑出现错误。
数据处理错误	数据处理错误发生在通过编码指令读取、写入、移动、存储和修改数据时。
诱发因素	假设、逻辑、知识和经验不足(LTA);触发数据处理逻辑中的错误。
后继诱发因素	LTA 软件规范对数据处理设计的影响。
后继诱发因素	LTA 系统规范对与数据处理有关的硬件/计算机规范的不利影响。
后继诱发因素	LTA 硬件规范对数据处理设计的影响。
贡献因素	读取数据期间出现数据处理错误。
贡献因素	写入数据期间出现数据处理错误。
贡献因素	移动数据期间出现数据处理错误。
贡献因素	出现与数据存储和检索有关的数据处理错误。
贡献因素	修改数据期间出现数据处理错误。
贡献因素	出现与时序有关的数据处理错误。
数据库错误	在数据库设计、选择、处理、排列、不当数据、数据存储、数据智能型损坏等方面的错误。
诱发因素	假设、逻辑、知识和经验不足(LTA);触发数据库逻辑的错误。
后继诱发因素	LTA 软件规范对数据库设计的影响。

（续）

因素名称[2, pp. 288, 301]	引起不恰当的软件实现的错误
后继诱发因素	LTA 系统规范对与数据库有关的硬件/计算机规范的不利影响。
后继诱发因素	LTA 硬件规范对数据库设计的影响。
贡献因素	设计中出现数据库错误。
贡献因素	数据选择中出现数据库错误。
贡献因素	数据处理中出现数据库错误。
贡献因素	数据排列中出现数据库错误。
贡献因素	由于不当的数据使用出现数据库错误。
贡献因素	由于不当的数据存储出现数据库错误。
贡献因素	由于数据智能型损坏出现数据库错误。
定义错误	由于概念、函数、变量、参数或常数定义不恰当出现错误。
诱发因素	假设、逻辑、知识和经验不足(LTA)；触发定义逻辑的错误。
后继诱发因素	LTA 软件规范对定义逻辑的影响。
后继诱发因素	LTA 系统规范对与定义逻辑有关的硬件/计算机规范的不利影响。
后继诱发因素	LTA 硬件规范对定义逻辑的影响。
贡献因素	概念方案中出现定义错误。
贡献因素	出现与函数相关的定义错误。
贡献因素	变量中出现定义错误。
贡献因素	参数中出现定义错误。
贡献因素	常数中出现定义错误。
间歇性错误	不合适的临时状态,看起来是由于不合适的软件逻辑引起的;没有任何明显的硬件贡献因素(硬件问题)。
诱发因素	假设、逻辑、知识和经验不足(LTA)；触发逻辑中的错误。
后继诱发因素	LTA 软件规范对逻辑的影响。
后继诱发因素	LTA 系统规范对与逻辑有关的硬件/计算机规范的不利影响。
后继诱发因素	LTA 硬件规范对逻辑的影响。
贡献因素	出现具有不利影响的临时状态。
重复错误	不合适的重复错误,看起来是由于不合适的软件逻辑引起的;没有任何明显的硬件贡献因素(硬件问题)。
诱发因素	假设、逻辑、知识和经验不足(LTA)；触发逻辑中的错误。
后继诱发因素	LTA 软件规范对逻辑的影响。
后继诱发因素	LTA 系统规范对与逻辑有关的硬件/计算机规范的不利影响。
后继诱发因素	LTA 硬件规范对逻辑的影响。
后继诱发因素	出现具有不利影响的重复错误。

（续）

因素名称[2,pp.288,301]	引起不恰当的软件实现的错误
输入错误	当与期望的输入出现任何偏差时,产生输入错误。
诱发因素	假设、逻辑、知识和经验不足(LTA);触发逻辑中的错误。
后继诱发因素	LTA 软件规范对逻辑的影响。
后继诱发因素	LTA 系统规范对与逻辑有关的硬件/计算机规范的不利影响。
后继诱发因素	LTA 硬件规范对逻辑的影响。
贡献因素	概念(方案)中出现输入错误。
贡献因素	出现与函数有关的输入错误。
贡献因素	变量中出现输入错误。
贡献因素	参数中出现输入错误。
贡献因素	常数中出现输入错误。
输入失效/失灵/异常	由于异常能量交换影响硬件和模拟输入,出现输入失效/失灵/异常;输入偏差没有检测到,作为合理输入被接受了。
诱发因素	假设、逻辑、知识和经验不足(LTA);触发逻辑中的错误。
后继诱发因素	LTA 软件规范对逻辑的影响。
后继诱发因素	LTA 系统规范对与逻辑有关的硬件/计算机规范的不利影响。
后继诱发因素	LTA 硬件规范对逻辑的影响。
后继诱发因素	概念(方案)中出现输入错误。
贡献因素	出现与函数有关的输入错误。
贡献因素	变量中出现输入错误。
贡献因素	参数中出现输入错误。
贡献因素	常数中出现输入错误。
贡献因素	由于电磁环境效应引起的失效。
贡献因素	由于单个事件、BIT 翻转或中子事件引起的失效。
贡献因素	由于微电子问题、电迁移、断裂裂纹、分层和协同环境效应引起的失效。
贡献因素	由于物理损坏引起的失效。
贡献因素	由于处理错误引起的失效。
贡献因素	由于外部危险引起的失效。
因素名称	输出错误和损害
计算错误:后继贡献因素	计算错误对计算机输出产生不利影响。
配置错误:后继贡献因素	配置错误对计算机输出产生不利影响。
数据处理错误:后继贡献因素	数据处理错误对计算机输出产生不利影响。
数据库错误:后继贡献因素	数据库错误对计算机输出产生不利影响。

（续）

因素名称[2,pp.288,301]	引起不恰当的软件实现的错误
定义错误:后继贡献因素	定义错误对计算机输出产生不利影响。
间歇性错误:后继贡献因素	间歇性错误对计算机输出产生不利影响。
重复性错误:后继贡献因素	重复性错误对计算机输出产生不利影响。
输入错误:后继贡献因素	输入错误对计算机和计算机输出产生不利影响。
后继贡献因素的损害	计算机输出偏差引起:
	危险的误导信息(HMI)。
	危险的自动功能(HAF)。
	丧失安全关键的系统。
	在需要时失去安全关键的信息。
	丧失安全关键的输出。
	安全关键的信息被改变。
	不可检测的安全关键的功能丧失。
后继贡献因素的损害	计算机输出偏差造成危害:显示不适当的信息而导致人员的不恰当的响应。
后继贡献因素的损害	计算机输出偏差造成危害:自动功能不适当地或意外地起作用。
后继贡献因素的损害	计算机输出偏差造成危害:安全关键的系统在最不合适的时间丧失。
后继贡献因素的损害	计算机输出偏差造成危害:安全关键的信息在最不合适的时间丧失。
后继贡献因素的损害	计算机输出偏差造成危害:安全关键的输出在最不合适的时间丧失。
后继贡献因素的损害	计算机输出偏差造成危害:安全关键信息被改变,并且此情况发生在最不合适的时间。
后继贡献因素的损害	计算机输出偏差造成危害:发生了不可检测的安全关键功能丧失。

14.8　用于软件和计算机系统评估的其他专用技术、分析方法和工具

14.8.1　软件可靠性

在过去 30 年中,开发了很多用于软件复杂性分析和软件可靠性的技术、方法和工具。这些工作成果提供了软件寿命周期内关于代码设计、测试、维护机构的量化信息。从软件复杂性分析结果中可以获得关于代码结构、关键部件、风险以及测试缺陷信息,这也可看作是软件可靠性函数的一部分。从严格的可靠性角度看,软件可靠性提供了投入使用之前软件完好性的估计和预测[3]。将这些技术、方法和工具用于保障系统安全性时,应该小心。分析员必须清楚这些分析是怎样进行的,在分析过程中涉及的假设,以及在数据收集和分析过程中发生了什么变化。可靠的软件并不自动地意味着系统安全性。

14.8.2　静态复杂性分析

要全面查清代码的复杂性,就需要进行静态复杂性分析。复杂性度量可定义为测量软件结构、规模和接口。测量范围从测量软件代码行数的简单度量直到测量软件抽象特性的复杂度量。度量的量可以包括:软件需求的数量,顺序时间参数,错误数量、语句数量、总运算量、总操作量、输入数量、输出数量和直接调用数量。

14.8.3　动态分析

为评估软件测试的效率和效能,在软件系统运行期间对其进行监视。在运行期间采集数据用以评估测试的全面性;通过测量在软件测试运行期间实际执行的代码数量,来评估软件测试的效率。动态分析将跟踪代码中的执行路径并确定执行了哪些逻辑路径。分析要考虑代码执行的比例,执行的频度,以及在每项应用中花费的时间。

14.8.4　测试覆盖度监控

为了评估测试用例的覆盖度,有多种方法用来监控代码执行期间软件部件的执行状态。具体使用什么方法,取决于用于监控的工具以及被监控部件的重要性。这些方法需要一种称为插桩(Instrumentation)的技术,它是一个软件程序,包括增加一些附加代码,用来记录各部分代码的执行状态。还可以设置状态旗来指示源码的执行顺序。监控的类型包括:

(1)入口点监控:包括测试确定一个规定的部件是否在一个测试用例中使用,但是,不指示执行了该部件哪些部分的任何信息。

(2)段监控:确定代码里的所有语句是否均已执行,但是,不提供关于逻辑路径的信息。

(3)转移监控:测量从一个代码段到另一个代码段的逻辑分支。执行所有的转移相当于执行所有的语句以及代码中的全部逻辑路径。

(4)路径监控:试图监控代码中所有可能路径的执行情况。路径监控可以在非常小的子程序或模块上实施。

(5)数据图表监视:测量各独立部件的使用频度和执行时间。通过输出一份详细的进程到进程的运行时间分析,包括一个进程被调用了多少次、被哪个进程调用、该进程花了多长时间,以及在其运行期间调用了哪些其他进程,用数据图表来监控程序的运行。

14.9   现存的旧系统、可重用软件、商用货架软件和非开发项目

从系统安全性的角度看,最有意义的挑战是将新技术集成到已有系统之中,包括旧的系统、可重用软件、商用货架软件(COTS)和非开发项目(NDI)。对于这样的系统,包括软件、固件和硬件,已知的数据和资料通常都非常少。有一句俗话——你如果在采办一个系统时不知道与它相关的风险,那么你就要承受风险。不幸的是,在技术转换、商业秘密以及安全等方面存在一些隐忧。需要有一些预先的协议(从风险管理的角度看),否则买主、集成商、建造管理者或主承包商就会承受风险。

关于预定用途的概念,还存在另外一个复杂性。例如,考虑典型的笔记本电脑的预定用途。一般来说,这类设备不用于安全关键的应用。因此,在设备设计时只采取了最少的减缓措施来防止显示的信息出现不可检测的变化。进一步假设,这个设备不会用于安全关键的使用场合,比如为一个复杂危险过程或医疗过程提供详细信息。结果,便携机跌落,固件受到影响,无意中改变了关键的数据,就有可能出现复杂系统事故。由于原来的预期用途不是用在安全关键的使用环境中,所以最初没有提出额外的减缓措施需求。

推荐采用以下预防措施,但列出的并不是所有措施:

(1) 如果销售方不愿意提供所要求的详细数据、信息和安全性文件,那么合同上就应确定销售者承担所有风险。

(2) 如果没有获得适当的数据、信息和安全性文件,那么就做最坏的假设,并提供隔离、屏障和分隔措施,以防止失效扩散或危险启动。

(3) 将这样的系统看作是白盒或黑盒,并寻求控制其输入和输出。

(4) 规定销售方应该满足的最大安全性要求,例如机内自检(BIT)能力、硬件测试验证、可靠性、可用度以及其他系统要求。

(5) 提供系统级控制、端—端测试,以及连续 BIT。

(6) 按照预期最坏的情况,提供应急措施、备份和恢复措施。

(7) 根据已知信息,进行适当的危险分析和风险评估。

(8) 让操作员确认和验证所采办系统的操作、数据和信息。

(9) 向所有参与者告知存在的风险及控制措施。

(10) 提供合适的提示、警告和报警。

(11) 一开始就明确销售方应该满足的预期安全性要求。

(12) 规定隐含要求和数据传输要求。

(13) 提供采办系统的物理保护。

(14) 要求销售方改进系统以满足安全性要求。

（15）从外部防止采办的系统可能出现的不适当的操作。

（16）包含保障系统安全性的服务要求。

14.10　学生项目和论文选题

1. 选择一个复杂的自动化系统，制定一个软件安全性工作计划。

2. 假设你在评估一个安全关键的自动化系统，你很关心系统中的错误。阐述并设计处置错误的减缓措施。

3. 为开发一个安全关键的自动化系统中的故障安全恢复能力，定义其特性和要求。

4. 选择一个人机交互程度高的复杂自动化系统。定义该系统中与人—机（计算机）接口相关的危险，并提供一个设计控制方案。

5. 假设你在评估一个复杂的计算机程序，你被告知存在一些隐性的和控制流程的错误。请你制定一项计划和检查表，用于查找故障和消除问题。

参 考 文 献

[1] Suh Pyo Nam. Axiomatic Design：Advances and Applications. Oxford University Press, New York, 2001.

[2] Raheja, D. G.. Assurance Technologies Principles and Practices, First Edition. McGraw – Hill, Inc. , New York, 1991.

[3] A. T. Lee, T. Gunn, T. Pham, and R. Ricaldi. NASA Technical Memorandum 104799. Software Analysis Handbook：Software Complexity Analysis and Software Reliability Estimation and Prediction. August 1994.

补 充 读 物

Adrian. W. R. , M. A. Brans, and J. C. Cherniavaky. Validation, Verification, and Testing of Computer Software. Special Publication 500 – 75, National Bureau of Standards, Gaithersburg, MD, February 1981.

Allocco, M. . Computer and Software Safety Considerations in Support of System Hazard Analysis. In：Proceedings of the 21st international System Safety Conference, System Safety Society. August 2003.

ANSI/IEEE STD 1002 – 1992. IEEE Standard Taxonomy for Software Engineering Standards.

Chikofsky, E. J. . Computer – Aided Software Engineering. IEEE Computer Society Press, New York, 1988.

Chow. T. S. . Software Quality Assurance：A Practical Approach. IEEE Computer Society Press, New York, 1985.

Curtis, B. . Human Factors in Software Development. IEEE Computer Society Press, New York. 1986.

Defense System Software Development Handbook. DoD – HDBK – 287. Naval Publications and Forms Centers, Philadelphia, February 29, 1988.

Department of Defense. Military Standard Defense System Software Development. DoD – Std – 2167A. February 29, 1988.

Donahoo, J. D., and D. Swearinger. A Review of Software Maintenance Technology. Report RADC – TR – 80 – 13. Rome Air Development Center, Rome. NY, 1980.

Dunn, R., and R. Ullman. Quality Assurance for Computer Software. McGraw – Hill, New York. 1981.

Electronic Industries Association, EIA – 6B, G – 48. System Safety Engineering in Software Development. 1990.

Freeman, P.. Software Reusability. IEEE Computer Society Press, Now York, 1987.

Glass, R. L.. Checkout Techniques, Software Reliability Guidebook. Prentice – Hall, Englewood Cliffs, NJ, 1979.

Handbook for Software in Safety – Critical Applications, English edition. Swedish Armed Forces, Defense Material Administration, March 15, 2005.

Herrmann, D. S.. Software Safety and Reliability. IEEE Computer Society Press, Los Alamitos, 1999.

IEEE Standard Dictionary of Measures to Product Reliable Software. IEEE Standard 982. 1 – 1988, IEEE, New York, 1988.

IEEE Standard for Software Reviews and Audits. IEEE Standard 1028 – 1988, IEEE, New York, 1988.

IEEE Standard for Software Safety Plans, IEEE Standard 1228. IEEE, New York, 1994.

IEEE Standard for Software Test Documentation, IEEE Standard 829. IEEE New York, 1983.

IEEE Guide to Software Requirements Specification, IEEE Standard 830. IEEE, New York, 1984.

Leveson, N.. Safeware: System Safety and Computers. Addison – Wesley, Boston, 1995.

Musa, J. D., A. Lannine, and K. Okumotoko. Software Reliability: Measurement, Prediction, Application. McGraw – Hill, New York, 1987.

Myers, G. J.. The Art of Software Testing. John Wiley & Sons, Hoboken, NJ, 1979.

NASA – Std – 8719. 13A. Software Safety. September 1997.

Reviews and Audits for Systems, Equipment, and Computer Programs. MIL – STD – 1521B, Naval Publications and Forms Center, Philadelphia.

RTCA – DO 178B. Software Considerations in Airborne Systems and Equipment Certification. December 1, 1992.

RTCA – DO 278B. Guidelines for Communication, Surveillance, Air Traffic Management(CNS/ATM) System Software Integrity Assurance. 2004.

Shooman, M.. Software Engineering – Design, Reliability, Management. McGraw – Hill, New York, 1983.

Software Qualify Evaluation. DoD – Std – 2168. Naval Publications and Forms Center, Philadelphia.

Storey, N.. Safety – Critical Computer Systems. Addison – Wesley, Boston, 1996.

System Safety Program Requirements. MIL – STD – 882. Naval Publications and Forms Center, Philadelphia, 1984.

附录 A 参 考 表 格

表 A 标准正态分布

|z|	x. x0	x. x1	x. x2	x. x3	x. x4	x. x5	x. x6	x. x7	x. x8	x. x9
4.0	.00003									
3.9	.00005	.00005	.00004	.00004	.00004	.00004	.00004	.00004	.00003	.00003
3.8	.00007	.00007	.00007	.00006	.00006	.00006	.00006	.00005	.00005	.00005
3.7	.00011	.00010	.00010	.00010	.00009	.00009	.00008	.00008	.00008	.00008
3.6	.00016	.00015	.00015	.00014	.00014	.00013	.00013	.00012	.00012	.00011
3.5	.00023	.00022	.00022	.00021	.00020	.00019	.00019	.00018	.00017	.00017
3.4	.00034	.00032	.00031	.00030	.00029	.00028	.00027	.00026	.00025	.00024
3.3	.00048	.00047	.00045	.00043	.00042	.00040	.00039	.00038	.00036	.00035
3.2	.00069	.00066	.00064	.00062	.00060	.00058	.00056	.00054	.00052	.00050
3.1	.00097	.00094	.00090	.00087	.00084	.00082	.00079	.00076	.00074	.00071
3.0	.00135	.00131	.00126	.00122	.00118	.00114	.00111	.00107	.00104	.00100
2.9	.0019	.0018	.0018	.0017	.0016	.0016	.0015	.0015	.0014	.0014
1.9	.0287	.0281	.0274	.0268	.0262	.0256	.0250	.0244	.0239	.0233
1.8	.0359	.0351	.0344	.0336	.0329	.0322	.0314	.0307	.0301	.0294
1.7	.0446	.0436	.0427	.0418	.0409	.0401	.0392	.0384	.0375	.0367
1.6	.0548	.0537	.0526	.0516	.0505	.0495	.0485	.0475	.0464	.0455
1.5	.0668	.0655	.0643	.0630	.0618	.0606	.0594	.0582	.0571	.0559
1.4	.0808	.0793	.0778	.0764	.0749	.0735	.0721	.0708	.0694	.0681
1.3	.0968	.0951	.0934	.0918	.0901	.0885	.0869	.0853	.0838	.0823
1.2	.1151	.1131	.1112	.1093	.1075	.1056	.1038	.1020	.1003	.0985
1.1	.1357	.1335	.1314	.1292	.1271	.1251	.1230	.1210	.1190	.1170
1.0	.1587	.1562	.1539	.1515	.1492	.1469	.1446	.1423	.1401	.1379

（续）

$\|z\|$	x. x0	x. x1	x. x2	x. x3	x. x4	x. x5	x. x6	x. x7	x. x8	x. x9
0.9	.1841	.1814	.1788	.1762	.1736	.1711	.1685	.1660	.1635	.1611
0.8	.2119	.2090	.2061	.2033	.2005	.1977	.1949	.1922	.1894	.1867
0.7	.2420	.2389	.2358	.2327	.2297	.2266	.2236	.2206	.2177	.2148
0.6	.2743	.2709	.2676	.2643	.2611	.2578	.2546	.2514	.2483	.2451
0.5	.3085	.3050	.3015	.2981	.2946	.2912	.2877	.2843	.2840	.2776
0.4	.3446	.3409	.3372	.3336	.3300	.3264	.3228	.3192	.3156	.3121
0.3	.3821	.3783	.3745	.3707	.3669	.3632	.3594	.3557	.3520	.3483
0.2	.4207	.4168	.4129	.4090	.4052	.4013	.3974	.3936	.3897	.3859
0.1	.4602	.4562	.4522	.4483	.4443	.4404	.4364	.4325	.4286	.4247
0.0	.5000	.4960	.4920	.4880	.4840	.4801	.4761	.4721	.4681	.4641

P_z = 过程输出超出一个具体值（如一个指标极限）的比例，z 偏离过程均值的标准偏差单位（对于一个正态分布的统计控制过程）。例如，如果 $z = 2.17$，那么 $P_z = .0150$ 或 1.5%。在任何实际情况中，这个比例只是大概的。

（来源：Ford Motor Co.）

表 B 控制图常数和公式

子组大小 n	$\overline{X}$ 和 R 图*				$\overline{X}$ 和 s 图*			
	均值图 $(\overline{X})$	范围图 (R)			均值图 $(\overline{X})$	标准差图 s		
	控制限因子	标准差估计的除数	控制限因子		控制限因子	标准差估计的除数	控制限因子	
	A_2	D_2	D_3	D_4	A_3	C_4	B_3	B_4
2	1.880	1.128	—	3.267	2.659	0.7979	—	3.267
3	1.023	1.693	—	2.574	1.954	0.8862	—	2.568
4	0.729	2.059	—	2.282	1.628	0.9213	—	2.266
5	0.577	2.326	—	2.114	1.427	0.9400	—	2.089
6	0.483	2.534	—	2.004	1.287	0.9515	0.030	1.970
7	0.419	2.704	0.076	1.924	1.182	0.9594	0.118	1.882
8	0.373	2.847	0.136	1.864	1.099	0.9650	0.185	1.815
9	0.337	2.970	0.184	1.816	1.032	0.9693	0.239	1.761
10	0.308	3.078	0.223	1.777	0.975	0.9727	0.284	1.716

（续）

子组大小 n	$\overline{X}$和 R 图*				$\overline{X}$和 s 图*			
	均值图 ($\overline{X}$)	范围图(R)			均值图 ($\overline{X}$)	标准差图 s		
	控制限因子	标准差估计的除数	控制限因子		控制限因子	标准差估计的除数	控制限因子	
	A_2	D_2	D_3	D_4	A_3	C_4	B_3	B_4
11	0.285	3.173	0.256	1.744	0.927	0.9754	0.321	1.679
12	0.266	3.258	0.283	1.717	0.886	0.9776	0.354	1.646
13	0.249	3.336	0.307	1.693	0.850	0.9794	0.382	1.618
14	0.235	3.407	0.328	1.672	0.817	0.9810	0.406	1.594
15	0.223	3.472	0.347	1.653	0.789	0.9823	0.428	1.572
16	0.212	3.532	0.363	1.637	0.763	0.9835	0.448	1.552
17	0.203	3.588	0.378	1.622	0.739	0.9845	0.466	1.534
18	0.194	3.640	0.391	1.608	0.718	0.9854	0.482	1.518
19	0.187	3.689	0.403	1.597	0.698	0.9862	0.497	1.503
20	0.180	3.735	0.415	1.585	0.680	0.9869	0.510	1.490
21	0.173	3.778	0.425	1.575	0.663	0.9876	0.523	1.477
22	0.167	3.819	0.434	1.566	0.647	0.9882	0.534	1.466
23	0.162	3.858	0.443	1.557	0.633	0.9887	0.545	1.455
24	0.157	3.895	0.451	1.548	0.619	0.9892	0.555	1.445
25	0.153	3.931	0.459	1.541	0.606	0.9896	0.565	1.435

$$pcUCL_{\overline{X}}, LCL_{\overline{X}} = \overline{\overline{X}} + A_2 \overline{R}$$
$$UCL_R = D_4 \overline{R}$$
$$LCL_R = D_3 \overline{R}$$
$$\hat{\sigma} = \overline{R}/d_2$$

$$UCL_{\overline{X}}, LCL_{\overline{X}} = \overline{\overline{X}} \pm A_3 \overline{s}$$
$$UCL_S = B_4 \overline{s}$$
$$LCL_S = B_3 \overline{s}$$
$$\hat{\sigma} = \overline{s}/C_4$$

* 源自 ASTM 出版物 STP – 15D, Manual on the Presentation of Data and Control Chart Analysis,1976; pp. 134 – 136. Copyright ASTM,1916 Race Street,Philadelphia, Pa. 19103. Reprinted with permission.

表 C　χ² 分布百分点

$$\chi_{\alpha;v} \text{——} v \text{ 自由度} \chi^2 \text{分布} 100\alpha \text{ 百分点}$$

v	α									
	0.995	0.99	0.98	0.975	0.95	0.90	0.80	0.75	0.70	0.50
1	0.0^4393	0.0^3157	0.0^3628	0.0^3982	0.00393	0.0158	0.0642	0.102	0.148	0.455
2	0.0100	0.0201	0.0404	0.0506	0.103	0.211	0.446	0.575	0.713	1.386
3	0.0717	0.115	0.185	0.216	0.352	0.584	1.005	1.213	1.424	2.366
4	0.207	0.297	0.429	0.484	0.711	1.064	1.649	1.923	2.195	3.357
5	0.412	0.554	0.752	0.831	1.145	1.610	2.343	2.675	3.000	4.351
6	0.676	0.872	1.134	1.237	1.635	2.204	3.070	3.455	3.828	5.348
7	0.989	1.239	1.564	1.690	2.167	2.833	3.822	4.255	4.671	6.346
8	1.344	1.646	2.032	2.180	2.733	3.490	4.594	5.071	5.527	7.344
9	1.735	2.088	2.532	2.700	3.325	4.168	5.380	5.899	6.393	8.343
10	2.156	2.558	3.059	3.247	3.940	4.865	6.179	6.737	7.267	9.342
11	2.603	3.053	3.609	3.816	4.575	5.578	6.989	7.584	8.148	10.341
12	3.074	3.571	4.178	4.404	5.226	6.304	7.807	8.438	9.034	11.340
13	3.565	4.107	4.765	5.009	5.892	7.042	8.634	9.299	9.926	12.340
14	4.075	4.660	5.368	5.629	6.571	7.790	9.467	10.165	10.821	13.339
15	4.601	5.229	5.985	6.262	7.261	8.547	10.307	11.036	11.721	14.339
16	5.142	5.812	6.614	6.908	7.962	9.312	11.152	11.912	12.624	15.338
17	5.697	6.408	7.255	7.564	8.672	10.085	12.002	12.792	13.531	16.338
18	6.265	7.015	7.906	8.231	9.390	10.865	12.857	13.675	14.440	17.338
19	6.844	7.633	8.567	8.907	10.117	11.651	13.716	14.562	16.352	18.338
20	7.434	8.260	9.237	9.591	10.851	12.443	14.578	15.452	16.266	19.337
21	8.034	8.897	9.915	10.283	11.591	13.240	15.445	16.344	17.182	20.337
22	8.643	9.542	10.600	10.982	12.338	14.041	16.314	17.240	18.101	21.337
23	9.260	10.196	11.293	11.668	13.091	14.848	17.187	18.137	19.021	22.337
24	9.886	10.856	11.992	12.401	13.848	15.659	18.062	19.037	19.943	23.337
25	10.520	11.524	12.697	13.120	14.611	16.473	18.940	19.939	20.867	24.337
26	11.160	12.198	13.409	13.844	15.379	17.292	19.820	20.843	21.792	25.336
27	11.808	12.879	14.125	14.573	16.151	18.114	20.703	21.749	22.719	26.336
28	12.461	13.565	14.847	15.308	16.928	18.939	21.588	22.657	23.647	27.336
29	13.121	14.256	15.574	16.047	17.708	19.768	22.475	23.567	24.577	28.336
30	13.787	14.953	16.306	16.791	18.493	20.599	23.364	24.478	26.508	29.336

（续）

v	α									
	0.30	0.25	0.20	0.10	0.05	0.025	0.02	0.01	0.005	0.001
1	1.074	1.323	1.642	2.706	3.841	5.024	5.412	6.636	7.879	10.827
2	2.408	2.773	3.219	4.605	5.991	7.378	7.824	9.210	10.597	13.815
3	3.665	4.108	4.642	6.251	7.815	9.348	9.837	11.345	12.838	16.268
4	4.878	5.385	5.989	7.779	9.488	11.143	11.668	13.277	14.860	18.465
5	6.064	6.626	7.289	9.236	11.070	12.832	13.388	15.086	16.750	20.517
6	7.231	7.841	8.558	10.645	12.592	14.449	15.033	16.812	18.548	22.457
7	8.383	9.037	9.803	12.017	14.067	16.013	16.622	18.475	20.278	24.322
8	9.524	10.219	11.030	13.362	16.507	17.535	18.168	20.090	21.955	26.125
9	10.656	11.389	12.242	14.684	16.919	19.023	19.679	21.666	23.589	27.877
10	11.781	12.549	13.442	15.987	18.307	20.483	21.161	23.209	25.188	29.588
11	12.899	13.701	14.631	17.275	19.675	21.920	22.618	24.725	26.757	31.264
12	14.011	14.845	15.812	18.549	21.026	23.337	24.054	26.217	28.300	32.909
13	15.119	15.984	16.985	19.812	22.362	24.736	25.472	27.688	29.819	34.528
14	16.222	17.117	18.151	21.064	23.685	26.119	26.873	29.141	31.319	36.123
15	17.322	18.245	19.311	22.307	24.996	27.488	28.259	30.578	32.801	37.697
16	18.418	19.369	20.465	23.542	26.296	28.845	29.633	32.000	34.267	39.252
17	19.511	20.489	21.615	24.769	27.587	30.191	30.995	33.409	36.718	40.790
18	20.601	21.605	22.760	25.989	28.869	31.526	32.346	34.805	37.156	42.312
19	21.689	22.718	23.900	27.204	30.144	32.852	33.687	36.191	38.582	43.820
20	22.775	23.828	25.038	28.412	31.410	34.170	35.020	37.566	39.997	45.315
21	23.858	24.935	26.171	29.615	32.671	35.479	36.343	38.932	41.401	46.797
22	24.939	26.039	27.301	30.813	33.924	36.781	37.659	40.289	42.796	48.268
23	26.018	27.141	28.429	32.007	35.172	38.076	38.968	41.638	44.181	49.728
24	27.096	28.241	29.553	33.196	36.415	39.364	40.270	42.980	45.558	51.179
25	28.172	29.339	30.675	34.382	37.652	40.646	41.566	44.314	46.928	52.620
26	29.246	30.434	31.795	35.563	38.885	41.923	42.856	45.642	48.290	54.052
27	30.319	31.528	32.912	36.741	40.113	43.194	44.140	46.963	49.645	55.476
28	31.391	32.620	34.027	37.916	41.337	44.461	45.419	48.278	50.993	56.893
29	32.961	33.711	35.139	39.087	42.557	45.722	46.693	49.588	52.336	58.302
30	33.530	34.800	36.250	40.256	43.773	46.979	47.962	50.892	53.672	59.703

来源：REALIABILITY HANDBOOK, AMCP 702 - 3, HEADQUARTERS, U.S. ARMY MATERIAL COMMAND, WASHINGTON D.C., 1968.

表 D　各种样本大小的 5% 秩、中位秩、95% 秩

5% 秩

样本大小，n

j	1	2	3	4	5	6	7	8	9	10	11	12	13	14	15	16	17	18	19	20
1	5.000	2.532	1.695	1.274	1.021	0.851	0.730	0.639	0.568	0.512	0.465	0.426	0.394	0.366	0.341	0.320	0.301	0.285	0.270	0.256
2		22.361	13.535	9.761	7.644	6.285	5.337	4.639	4.102	3.677	3.332	3.046	2.805	2.600	2.423	2.268	2.132	2.011	1.903	1.806
3			36.840	24.860	18.925	15.316	12.876	11.111	9.775	8.726	7.882	7.187	6.605	6.110	5.685	5.315	4.990	4.702	4.446	4.217
4				47.237	34.259	27.134	22.532	19.290	16.875	15.003	13.507	12.285	11.267	10.405	9.666	9.025	8.464	7.969	7.529	7.135
5					54.928	41.820	34.126	28.924	25.137	22.244	19.958	18.102	16.566	15.272	14.166	13.211	12.377	11.643	10.991	10.408
6						60.696	47.930	40.031	34.494	30.354	27.125	24.530	22.395	20.607	19.086	17.777	16.636	15.634	14.747	13.955
7							65.184	52.932	45.036	39.338	34.981	31.524	28.750	26.358	24.373	22.669	21.191	19.895	18.750	17.731
8								68.766	57.086	49.310	43.563	39.086	35.480	32.503	29.999	27.860	26.011	24.396	22.972	21.707
9									71.687	60.584	52.991	47.267	42.738	39.041	35.956	33.337	31.083	29.120	27.395	25.865
10										74.113	63.564	56.189	50.535	45.999	42.256	39.101	36.401	34.060	32.009	30.195
11											76.160	66.132	58.990	53.434	48.925	45.165	41.970	39.215	36.811	34.693
12												77.908	68.366	61.461	56.022	51.560	47.808	44.585	41.806	39.358
13													79.418	70.327	63.656	58.343	53.945	50.217	47.003	44.197
14														80.736	72.060	65.617	60.436	56.112	52.420	49.218
15															81.896	73.604	67.381	62.332	58.088	54.442
16																82.925	74.988	68.974	64.057	59.897
17																	83.843	76.234	70.420	65.634
18																		84.668	77.363	71.738
19																			85.413	78.389
20																				86.089

（续）

95% 秩

样本大小,n

j	1	2	3	4	5	6	7	8	9	10	11	12	13	14	15	16	17	18	19	20
1	95.000	77.639	63.160	52.713	45.072	39.304	34.816	31.234	28.313	25.887	23.840	22.092	20.582	19.264	18.104	17.075	16.157	15.332	14.587	13.911
2		97.468	86.468	75.139	65.741	58.180	52.070	47.068	42.914	39.416	36.436	33.868	31.634	29.673	27.940	26.396	25.012	23.766	22.637	21.611
3			98.305	90.239	81.075	72.866	65.874	59.969	54.964	50.690	47.009	43.811	41.010	38.539	36.344	34.383	32.619	31.026	29.580	28.262
4				98.726	92.356	84.684	77.468	71.076	65.506	60.662	56.437	52.733	49.465	46.566	43.978	41.657	39.564	37.668	35.943	34.366
5					98.979	93.715	87.124	80.710	74.863	69.646	65.019	60.914	57.262	54.000	51.075	48.440	46.055	43.888	41.912	40.103
6						99.149	94.662	88.889	83.125	77.756	72.875	68.476	64.520	60.928	57.744	54.835	52.192	49.783	47.580	45.558
7							99.270	95.361	90.225	84.997	80.042	75.470	71.295	67.497	64.043	60.899	58.029	55.404	52.997	50.782
8								99.361	95.898	91.274	86.492	81.898	77.604	73.641	70.001	66.663	63.599	60.784	58.194	55.803
9									99.432	96.323	92.118	87.715	83.434	79.393	75.627	72.140	68.917	65.940	63.188	60.641
10										99.488	96.668	92.813	88.733	84.728	80.913	77.331	73.989	70.880	67.991	65.307
11											99.535	96.954	93.395	89.595	85.834	82.223	78.809	75.604	72.605	69.805
12												99.573	97.195	93.890	90.334	86.789	83.364	80.105	77.028	74.135
13													99.606	97.400	94.315	90.975	87.623	84.366	81.250	78.293
14														99.634	97.577	94.685	91.535	88.357	85.253	82.269
15															99.659	97.732	95.010	92.030	89.009	86.045
16																99.680	97.868	95.297	92.471	89.592
17																	99.699	97.989	95.553	92.865
18																		99.715	98.097	95.783
19																			99.730	98.193
20																				99.744

（续）

中位秩

样本大小，n

j	1	2	3	4	5	6	7	8	9	10	11	12	13	14	15	16	17	18	19	20
1	50.000	29.289	20.630	15.910	12.945	10.910	9.428	8.300	7.412	6.697	6.107	5.613	5.192	4.830	4.516	4.240	3.995	3.778	3.582	3.406
2		70.711	50.000	38.573	31.381	26.445	22.849	20.113	17.962	16.226	14.796	13.598	12.579	11.702	10.940	10.270	9.678	9.151	8.677	8.251
3			79.370	61.427	50.000	42.141	36.412	32.052	28.624	25.857	23.578	21.669	20.045	18.647	17.432	16.365	15.422	14.581	13.827	13.147
4				84.090	68.619	57.859	50.000	44.015	39.308	35.510	32.380	29.758	27.528	25.608	23.939	22.474	21.178	20.024	18.988	18.055
5					87.055	73.555	63.588	55.984	50.000	45.169	41.189	37.853	35.016	32.575	30.452	28.589	26.940	25.471	24.154	22.967
6						89.090	77.151	67.948	60.691	54.831	50.000	45.951	42.508	39.544	36.967	34.705	32.704	30.921	29.322	27.880
7							90.572	79.887	71.376	64.490	58.811	54.049	50.000	46.515	43.483	40.823	38.469	36.371	34.491	32.795
8								91.700	82.038	74.142	67.620	62.147	57.492	53.485	50.000	46.941	44.234	41.823	39.660	37.710
9									92.687	83.774	76.421	70.242	64.984	60.456	56.517	53.059	50.000	47.274	44.830	42.626
10										93.303	86.204	78.331	72.472	67.425	63.033	59.177	55.766	52.726	50.000	47.542
11											93.893	86.402	79.955	74.392	69.548	65.295	61.531	58.177	55.170	52.458
12												94.387	87.421	81.353	76.061	71.411	67.296	63.629	60.340	57.374
13													94.808	88.298	82.568	77.526	73.060	69.079	65.509	62.289
14														95.169	89.060	83.635	78.821	74.529	70.678	67.205
15															95.484	89.730	84.578	79.976	75.846	72.119
16																95.760	90.322	85.419	81.011	77.033
17																	96.005	90.849	86.173	81.945
18																		96.222	91.322	86.853
19																			96.418	91.749
20																				96.594

来源：CENERAL MOTORS

附录 B   保证技术的一个杰出应用

B.1   EATON 卡车传动装置公司

在 Eaton 卡车元器件公司,设计保证技术早就嵌入到了设计、制造和服务过程中。Eaton 公司位于密歇根州卡拉马祖的分公司,设计和制造重型、中型和轻型卡车,包括混合电气交通工具(HEV)等的传动装置。

这个过程从生产定义阶段开始,每个产品的关键目标规定如下:

(1) 系统可靠性目标——在期望寿命期间没有任何中止任务的失效。

(2) 系统安全性目标——任何时候,即使超过期望寿命,也没有死亡事故。

(3) 维修性目标——通过设计,尽可能缩短停工期。

(4) 保障工程目标——提高维护性和故障隔离能力。

(5) 人因工程目标——通过设计减少由于驾驶员出错造成的影响。

(6) 系统综合目标——瞄准高可用度和诊断精确性。

这些目标的每一个都要与顾客进行沟通,以在设计和制造过程中保证质量。管理者相信高可靠性降低产品费用,因为消除问题比在现场进行修理更便宜。这就是 Eaton 公司管理者开发一套解决问题的持续改革方法的原因。很多微小的改革积累起来,从而使产品可靠性、耐久性、安全性和维护性得到根本的改进。为了鼓励改革,管理者对解决每个问题要求 500% 的投资回报(ROI)。(ROI 是寿命周期费用节省与所需投资之间的比率。寿命周期费用的例子见第 3 章。)

执行 Eaton 公司的保证技术分三个步骤:

(1) 减轻已知风险。

(2) 减轻未知风险。

(3) 为健壮性使用新的范例。

B.1.1   减轻已知风险

已知风险的过程输入是从历史教训、保证报告和顾客反馈中获得的。Eaton 公司工程师通过在系统规范中提出更加严格的要求来减轻这些风险,包括在规范中可靠性、耐久性、维修性、维护性、人的因素、后勤保障和接口要求。他们特别注意输入和输出接口的可靠性。这帮助系统工程师增加透明度。当规范一个系统时,主要要求有下述特征:

(1) 应用环境;

（2）功能；

（3）安全性；

（4）可靠性；

（5）耐久性（任务周期）；

（6）维护性/维修性（包括故障诊断）；

（7）人的因素；

（8）后勤保障；

（9）生产能力；

（10）输入接口要求；

（11）输出接口要求；

（12）安装要求；

（13）出厂/装卸要求。

规范不仅包括产品应该做什么，而且包括产品不应该做什么，诸如"汽车没有非期望的移动"。这对安全性确认是很重要的。

B.1.2　减轻未知风险

存在没有认识到的风险，需要去发现。在进行正式的可靠性、安全性、使用和误用分析前，它们是未知的。因为元器件、软件、接口系统和顾客输入的差异等复杂的交互作用，要识别它们是困难的。要发现未知的故障模式、系统危险和用户受挫，需要进行彻底的头脑风暴式讨论。这项工作需要一个包括系统工程、可靠性工程、维护工程、市场、制造工程和供应链工程等各种专业人员组成的优秀团队进行创造性思维。

底线是识别主要风险，并且当对 Eaton 公司和顾客最经济时减轻这些风险。在规范发放前需要进行 3 种分析。它们是：

（1）系统功能故障模式和影响分析（FMEA）；

（2）系统危险分析；

（3）使用/误用分析。

这些分析通常带来巨大的改进，导出一个易于理解并且清晰的系统规范。这样一个系统规范也为所有的工程活动设置一个单一目标。系统规范中，整个工作目标是至少减少 80% 的风险。图 B.1 给出了在设计过程中，持续革新的 3 个阶段。图中使用改进包括设计改进以避免制造和维护问题。革新定义为解决失效或顾客投诉问题开展设计，投资回报率（ROI）至少 500%。

1. 系统功能 FMEA

系统功能 FMEA 是对用户（在这个案例中是驾驶员）看得见的功能进行分析。它不是针对以后在详细设计过程中要分析的元器件失效。驾驶员主要关心的是在运送易坏或保质期短的货物时旅途安全。必须对系统所有的功能进行 FMEA

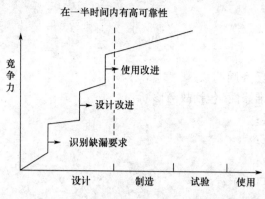

图 B.1 持续改革的 3 个阶段

分析。这就提出了一个问题:"在系统级,这个功能可能会出现什么错误?"系统由驾驶员、路况、环境、车载软件、硬件和接口、"没有引起任务中止的失效"任务之间的交互影响组成。通常有多件事情可能出错。每一件都被看作一个系统故障模式。系统功能 FMEA 分析的部分表格如图 B.2 所示。

在一个 FMEA 分析中,高风险项目这样定义:在 1 ~ 10 范围内,严重度等级为8、9 或 10 的项目。8 级对应一个任务中止失效,9 级对应一个主要的安全性问题或潜在的召回,而 10 级可能出现致命故障。这个范围内的风险是无法接受的,必须减轻风险。按优先级顺序,减轻风险的标准是:

(1) 通过改变设计消除风险;

(2) 通常使用冗余或二选一模式容许出现故障;

(3) 故障安全和降级模式设计;

(4) 故障诊断早期预警设计。

注意上面列出的每个措施都是通过设计减轻风险,这样就省去了不必要的试验需求。例如,如果新产品的风险是由密封引起的,就可以通过消除连接头来减轻风险。因为对组件来说,没有任何泄漏途径,不需要对泄漏进行设计鉴定试验。这种减轻失效的方法将 ROI 提高到 1000% 以上。

其结果是,不用试验,不用对配对元器件进行统计质量控制,也不需要生产试验,不用花费保证费用。这只是节约费用的一部分。顾客甚至节省更多:在寿命周期内没有故障、不用维护、不用修理和没有停工期! 这就是 Eaton 公司的销售模型。一个双赢模型!

功能	故障模式	原因	影响	系统响应	建议措施
为 340V DC 设备提供高压设备接口	接口损失间歇失效	连接性能降级热环境损伤	失去混合功能	电流泄漏故障	改变高压连接器设计,在导线线路上增加 + VSE 断开信号,并用防护装置对高压系统进行防护。

图 B.2 系统功能 FMEA 分析的部分表格

2. 系统危险分析

系统危险分析检查每个可能的事故情景以识别可能导致事故的不安全状态或危险。危险可以是一个元器件、一个事件、一套元器件、一系列事件、安全电池断电或由环境因素引起。单独的危险不会引起事故。例如，一个 H 桥状电路（类似于第 5 章潜在电路分析中的一个 H 形电路，）可以构成一个危险，因为电流可以在电路中向相反的方向流动。但是，这个危险不会导致事故，直到在集成电路芯片发生"固定逻辑故障"这样的事情。这个事件称为触发事件。事故只是在"危险"和"触发事件"同时存在时发生。因此，如果通过设计消除这两者中的任意一个，就可以防止事故。Eaton 公司通过引入一个机内自检软件，确保芯片中不会出现支持 H 桥状电路的固定逻辑故障，以阻止该"危险"变成一场"事故"。

3. 使用/误用分析

人因工程分析有助于防止用户受挫和与安全性相关的事故。分析有两部分。第一，在使用和误用产品过程中进行 FMEA 分析。分析中的故障模式定义为没有元器件或系统失效时可能发生错误的任何事情。实例有：乘车人因正常的震动可能会不舒服，车辆挂错档或驾驶员无意中采取了错误的行动。第二，对用户进行采访，以掌握关于这个问题的第一手资料，如图 B.3 所示。这里应用与上面系统功能 FMEA 分析中同样的风险减轻指南。

1　产品过速要求
　　a　需要单独开会评估风险
2　电力传输过载（PTO）要求
　　a　需要评估电力传输过载（PTO）启动负载
　　b　需要标明电力传输过载（PTO）操作模式（例如，抽吸和滚动，使用啮合的 PTO 驱动，等等）
3　空置要求
　　a　需要评估离合器关闭和打开时的空置情况
　　b　关注效率、节气阀寿命、空置响度和齿条磨损度
4　往返汽车变速
　　a　牵引控制系统对往返汽车变速能力的影响？
　　b　产品定义了往返汽车变速/可编程选择的要求？
　　c　如果需要往返汽车变速，任务周期是什么？
5　离合器保护要求
　　a　万一温度超过极限，产品能否因防护而打开离合器？
　　b　如果能够打开离合器，这是一个安全性考虑吗？
6　Hill 启动辅助要求
　　a　它是如何工作的？
　　b　标出的错误和停止模式怎么样？
7　机动性要求
　　a　用反转速度表示吗？
　　b　与流行产品对比，这种产品怎么样？（特别是 DM）
　　c　高速倒转工作需要有转换输入吗？

图 B.3　使用/误用分析的部分任务

B.2 为健壮性使用新的范例

在大多数情况下,上面描述的设计规范分析是不错的起点。当为了满足"没有引起任务中止的失效"这个目标,需要更耐用或更智能的产品时,下述两个新的例子,通常提供了更多的选择:

(1) 针对硬件失效进行"双倍寿命"设计;

(2) 针对复杂交互影响引起的软失效进行诊断设计。

B.2.1 "双倍寿命"设计

为什么要"双倍寿命"? 简单的答案是比设计成一倍寿命更便宜。这需要了解寿命周期费用。当进行威布尔分析(第3章)时,常用的方法是使用中位秩,意味着50%的时间,寿命达不到预计寿命。换一种说法,要么是 Eaton 公司,要么是顾客,必须为产品寿命周期内50%的失效买单。对双方来说,代价都是昂贵的。此外,在监控、生产试验以及为了替换失效零部件而保持大量存货方面,需要很多间接费用。Eaton 公司"双倍寿命"的要求将500%的投资回报(ROI)转换成了实实在在的现金流。因为失效将发生在"第1倍寿命"之外,没有什么需要监视的。50%的故障率移到了"第2倍寿命",而这时产品将废弃不用了。

"双倍寿命"设计的另一个理由是基础工程的需要。Eaton 公司供应链的一个经理解释说:想象一下设计一座承载20t卡车的桥梁。刚使用时可能没有问题。但是,随着时间的推移,桥梁的品质不断下降。5年后,它可能没有足够的强度承载15t的卡车,很可能倒塌。如果设计成一座可承载40t卡车的桥梁,就会非常安全。这就像很久以前我们从工程学院学到的100%安全裕量一样。同样的理由,航天工业的元器件都降额50%使用。

因为 Eaton 公司注重持续改进,工程师开创性地使用"双倍寿命"设计理念。他们努力不增加元器件的尺寸或重量,这是驾驶员的主要花销。偶尔他们可能通过小量地增加尺寸以加速解决方案。只要 ROI 至少达到500%,这是可以接受的。有大量的不改变尺寸或重量完成"双倍寿命"设计的范例。例如,通过使用不同的热处理方法和通过使用确实没有应力集中点的更便宜的圆形键,使传动 Shift 键组件的预期寿命提高好几倍。在 Eaton 公司巴西分公司,通过将两个部件铸成一个单件,防止连接点的应力,实现"双倍寿命"设计。因为不需要装配,所需库存的零部件更少,没有失效,没有停工期,所以费用更低。因此,Eaton 公司的管理者总是鼓励进行这样一种降低风险的健壮设计。

B.2.2 诊断设计

"双倍寿命"设计方法的结果是硬件变得更加可靠。趋势是向复杂交互影响中"找不到故障"发展。在这种情况下,了解子系统、接口和软件间的相互作用是困难的但又是必要的。因为异常情况下,系统表现不同,检测到变化并通知驾驶员采取预防措施是可能的。一个优秀的诊断设计使驾驶员有充足的时间完成旅途。这一分析在详细设计中进行。维护工程预计可能的任务中止失效和事故,确定机动车哪些异常行动需要通过机内自检进行跟踪,提出设计改进的建议。混合动力机动车包括很多诊断要求,需要修改系统规范。

在这个阶段应该完整而清晰地考虑系统规范。它成为所有保证功能的主要文档。然后构建一个包括所有子系统和功能的矩阵,如图 B.4 所示,以识别所有交互影响,包括与顾客系统的沟通。

功能	驾驶员	AMT	液压	离合器	X/Y开关	传输导线	ECU	CAN总线	OEM接口
从动离合器	×	×	×	×	×	×	×	×	×
从动齿轮	×	×	×	×	×	×	×	×	×
隔离故障	×	×	×	×	×	×	×	×	×
减少"找不到故障"	×	×	×	×	×	×	×	×	×
平滑移动	×	×	×	×	×	×	×	×	
发动机启动	×	×	×	×	×	×	×	×	
加速	×	×	×	×	×	×	×	×	×
没有非期望的移动	×	×	×	×	×	×	×	×	×
健壮 OEM 通信	×	×			×		×	×	×
RCM	×								
分级速度控制	×	×	×	×	×	×	×	×	×
PTO 使用	×	×					×	×	
机动性	×	×						×	
低温使用		×					×	×	×
速度控制(巡航)	×			×	×		×	×	
诊断		×		×	×	×	×	×	×

图 B.4　功能和子系统交互影响矩阵

矩阵作为开发子系统规范的基线,如离合器和 OEM 接口。例如,离合器规范包括所有在离合器栏中标注为×的功能。水平行是每个功能显示在子系统中的交互影响。这样一个矩阵是开发软件规范的非常有用的工具,因为大多数的交互影响是看得见的。它让工程师能够看见系统集成的整体图片。因此,他们可以一道工作来实现最终目标——"没有引起任务中止的失效"。

〔注:作者衷心感谢 Eaton 公司的下述管理者使我们能够在本书中分享其世界级设计保证过程。他们是:技术副总 Tim Morscheck,重型卡车副总 George Nguyen,中小型卡车副总 Ken Davis,销售经理 Kevin Beaty 和定购经理 Paul Kellberg。〕

术　语

B

Bacteria	细菌
Bar chart	条线图
Barrier analysis	障碍分析
Bathtub curve	浴盆曲线
Behavior	行为
Behavior sampling	行为抽样
Benchmarking	确定基准点
Bent pin analysis	插针弯曲分析
Binomial distributions	二项式分布
Biological pathogens	生物病原体
Black box testing	黑盒测试
Block/group replacement	成批(组)更换
Boundary value testing	边界值试验
Built – in testing	机内自检
Burn – in testing	老练试验

C

Cable failure matrix analysis	电缆失效矩阵分析
Capability	能力
Capital equipment analysis	固定资产设备分析
Carcinogens	致癌物
Casual behavior error	行为随意(造成)的错误
Change analysis	更改分析
Change control	更改控制
Change management	更改管理
Checklists	检查单
Check out	检查
Clarity	清晰度
Closed – loop hazard management	闭环危险管理
Codes（federal）	法律(联邦的)
Coding and integration phase	编码集成阶段
Coding errors	编码错误
Combined environmental reliability tests（CERT）	综合环境可靠性试验
Commercial off the shelf（COTS）software	民用现成软件
Common cause analysis	共因分析
Communication	沟通
Comparison inspection	比较检验
Compartmentalization	分区
Complexity	复杂性(度)

Design of experiments	试验设计
Design phase	设计阶段
Design review	设计评审
Design walk – through	设计审查
Deviation	偏差
Diagnostics	诊断
Digital design	数字化设计
Discrete distributions	离散分布
Disposal	处置
Documentation	文档,归档
Duane model	杜安模型
Durability tests	耐久性试验
Dynamic analysis	动态分析
Dynamic burn – in	动态老练

E

Ease of maintenance	维修的方便性
Effectiveness measurement	效能量度
Efficiency	效率
Emergency planning and response	应急计划与响应
Emergency preparedness tests	应急准备试验
Empirical distribution	经验式分布
Energy analysis	能量分析
Energy control approach	能量控制法
Energy – induced failure mechanisms	能量诱发的失效机理
Engine condition monitoring	发动机状态监控
Engineering	工程
Engineering complexity	工程复杂性(度)
Engineering oversight	工程疏忽(失察)
Engineering phase	工程阶段
Equipment repair time	设备修理时间
Error	错误
Real time and latent	实际和潜在的
Error prediction	错误预计
Error prevention	错误预防
Error quantification	错误量化
Event and causal factor charting	事件与原因关系图
Event trees	事件树
Existing equipment	现有设备
Exponential distribution	指数分布
Exposure calculations	接触(暴露)量计算

F

Failure	故障,失效
Failure mode, effects and criticality analysis	故障模式影响及危害度分析
Failure rate	故障率
Fall hazard/high elevation analysis	高空坠落危险分析
Fatigue tests	疲劳试验
Fault	故障
Fault tolerance	容错
Fault – tree analysis	故障树分析
Federal codes	联邦法律
Firmware	固件
Fishbone (Ishikawa) diagrams	鱼骨图
Flexibility	灵活性
Flow analysis	流程分析
Follow – on software hazard analysis	后续软件危险分析
Formal safety review	正式的安全性评审
Format design	正式设计
Functional abstractions and domains	功能抽象与功能域

G

Generality	通用性
General system safety requirements	通用系统安全性要求
Goodman diagrams	古德曼图
Gray box testing	"灰盒子"试验
Group/block replacement	成组/成批更换

H

Hammer model	Hammer 模型
Handling	装卸
Hard time tasks	定时工作
Hardware	硬件
Hardware – software interface	软硬件接口
Haste error	匆忙草率(造成)的错误
Hazard	危险
Hazard analysis	危险分析
Hazard and risk analysis	危险与风险分析
Hazard function	危险功能
Hazard identification	危险识别
Hazardous exposure	危险暴露
Hazardous materials	危险材料

Hazardous operation/condition	危险的使用/状态
Hazard tracking	危险跟踪
Hazard tracking and risk resolution	危险跟踪与风险解决
Health	健康
Health hazard assessment	健康危险评估
High elevation/fall hazard analysis	高空坠落危险分析
High – order language	高阶语言
Histograms	直方图
Holistic perspective	整体的角度
Hot work permit	高温工作许可
Human behavior	人的行为
Human error	人为差错
Human error analysis	人为差错分析
Human error criticality analysis（HECA）	人为差错危害度分析
Human error tests	人为差错试验
Human event analysis	人的事件分析
Human factors analysis	人的因素分析
Human factors engineering	人因工程
Human interface analysis	人机接口分析
Human – machine interface tests	人机接口试验
Human reliability analysis	人的可靠性分析
Human variability	人的可变性
Human variation tests	人的差异试验

I

Implementation	实施
Incident investigation	事故征候调查
Incident reporting	事故征候报告
Independent verification and validation	独立验证与确认
Inductive approach	归纳法
Industry standards	行业标准
Informal safety review	非正式的安全性评审
Information	信息
Inherent equipment downtime	设备的固有停机时间
Initial operation	初步使用
Initiating hazards	诱发危险
Initiators	诱发因素
Inspection	检验
Inspection error	检验错误
Installation	安装
Integrated System Safety Program Plan（ISSPP）	综合的系统安全性工作计划

Integrated System Safety Working Group (ISSGP)	综合的系统安全性工作组
Integration	集成,综合
Integration testing	集成试验
Integrity	完整性
Interchangeability	互换性
Interface	接口
Interface control	接口控制
Internal condition monitoring	内部状态监控
Interoperability	互操作性
Investigation	调查
Irritation error	恼怒(造成)的错误
Ishikawa diagrams	鱼骨图
Iterative analysis	迭代分析

J

Job safety analysis	岗位安全性分析
Job sampling	岗位抽样

K

Knowledge	知识

L

Latent errors	潜在错误
Latent hazards	潜在危险
Latent safety defects	潜在安全缺陷
Legacy systems	旧有系统
Lessons learned	经验教训
Level – of – repair analysis	修理级别分析
Liability	责任
Life – cycle analysis	寿命周期分析
Life – cycle costs	寿命周期费用
Life – cycle logistics	寿命周期后勤保障
Life support/life safety analysis technique	生命保障/生命安全性分析技术
Limited – life items	有寿件
Line of code	代码行
Link analysis	链路分析
Logic	逻辑
Logic development	逻辑开发
Logistics engineering	后勤工程
Logistics support analysis	后勤保障分析
Logistics support engineering	后勤保障工程

Log normal distribution	对数正态分布
Loss analysis	损失分析
Loss control	损失控制
Low failure rate testing	低故障率试验

M

Maintainability	维修性
Maintainability analysis	维修性分析
Maintainability engineering	维修性工程
Maintainability testing	维修性试验
Maintenance	维修
Maintenance engineering safety analysis（MESA）	维修工程的安全性分析
Maintenance level tests	修理级别试验
Maintenance training	维修训练
Management	管理
Management oversight and risk tree	管理疏忽与风险树
Management responsibilities	管理责任
Manufacturing phase	制造阶段
Material properties	材料特性
Material Safety Data Sheets（MSDS）	材料安全性数据单
Mean time between failures（MTBF）	平均故障间隔时间
Mean time to repair（MTTR）	平均修复时间
Mental overload error	思想负担过重(造成)的错误
Mishap	事故
Modeling	建模
Models and scenarios	模型与情景
Modifiability	可改性
Modularity	模块化
Monitoring	监控
Morphology	形态学
Motivation	动机

N

Narrative reports	叙述性报告
National Fire Protection Association（NAPA）	美国防火协会
New equipment	新研设备
New technology integration	新技术集成
Nondevelopmental items	非研制品
Normal distribution	正态分布

O

P

Probability density function	概率密度函数
Procedure analysis	程序分析
Procedures	程序
Procedures integrity	程序完整性
Process	过程
Process analysis map	过程分析图
Process control	过程控制
Process design review	过程设计评审
Process runs	过程运行
Process safety	过程安全性
Procurement plans	采购计划
Procurement quality plans	采购质量计划
Product baseline	产品基线
Product design review	产品设计评审
Production considerations	生产考虑
Production inspection	生产检验
Production testing	生产试验
Production tests	生产测试
Product liability	产品责任
Product qualification tests	产品鉴定试验
Product safety committee	产品安全委员会
Product safety officer	产品安全员
Product safety programs	产品安全计划
Professional liability	专业责任
Prognostability	可预测诊断性
Program implementation	项目实施
Programs	项目计划
Protocols	协议
Prototype development	原理样机研制
Prototyping	试制

Q

Qualification testing	鉴定试验
Quality	质量
Quality assurance	质量保证
Quality assurance engineering	质量保证工程
Quality function deployment	质量功能展开
Quality loss function	质量损失函数

R

Random variable	随机变量

Readability	可读性
Reading error	阅读错误
Real time errors	实时错误
Records	记录
Redundancy	冗余
Regression analysis	回归分析
Reliability	可靠性
Reliability analysis	可靠性分析
Reliability and maintainability	可靠性维修性
Reliability – center maintenance	以可靠性为中心的维修
Reliability computation	可靠性计算
Reliability demonstration tests	可靠性验证试验
Reliability engineering	可靠性工程
Reliability growth testing	可靠性增长试验
Remote systems	遥控系统
Remove and replace	拆卸与更换
Requirements review	要求评审
Residual risk	残余风险
Resilience	恢复性
Resource allocation	资源分配
Retirement	退役
Reusable software	可重复使用的软件
Reversal error	反向错误
Reviews	评审
Risk	风险
Risk analysis and assessment	风险分析与评估
Risk control	风险控制
Risk control requirements	风险控制要求
Risk management	风险管理
Risk items	风险项
Robustness	健壮性
Root cause analysis	根因分析
Rule – of – thumb approach	经验法

S

Safety analysis models	安全性分析模型
Safety – critical computer software component（SCCSC）	安全关键的计算机软件部件
Safety culture	安全文化
Safety factor and safety margin variability	安全因素与安全余量的变化
Safety margin	安全余量
Safety programs	安全性大纲

Safety review	安全性评审
Safety testing	安全性试验
Safety training	安全性训练
Scale parameter	尺度参数
Scatter diagram	分散图
Scenario – driven hazard analysis	情景驱动危险分析
Scenarios	情景
Screening tests	筛选试验
Security	保密
Selection error	选择错误
Sensitivity analysis	敏感度分析
Sequencing error	顺序错误
Series modeling	串行模型
Shainin approach	Shainin 法
Shape parameter	形状参数
Sneak circuit analysis	潜在电路分析
Software	软件
Software configuration	软件配置
Software errors	软件错误
Software – hardware interface	软硬件接口
Software logistics engineering	软件后勤工程
Software performance assurance	软件性能保证
Software requirements specification	软件需求规格说明
Software safety analysis	软件安全性分析
Software system failure – mode and effects analysis	软件系统故障模式与影响分析
Specification error prevention	规范错误预防
Specifications	规范
Standardization	标准化
Standards	标准
Standby redundancy	备用冗余
State – of – the – art design	最新设计
Static complexity analysis	静态复杂性(度)分析
Statistical concepts	统计概念(统计方案)
Statistical process control	统计过程控制
Stereotype behavior tests	成规的行为试验
Storage	贮存
Stratification chart	分层表图
Stress – strength analysis	应力强度分析
Student – t analysis	t 分析
Substitution error	替代错误
Suppliers	供货商

Support analysis	保障分析
Support costs minimization	保障费用最小化
Support software	保障软件
Switching implications	转换影响
Synergistic risks	协同性风险
System assurance	系统保证
System effectiveness	系统效能
System hazard analysis	系统危险分析
System redundancy	系统冗余
System safety	系统安全性
System safety engineering	系统安全性工程
System Safety Program Plan (SSPP)	系统安全性工作计划
System Safety Working Group (SSWG)	系统安全性工作组
System specification	系统规范
System states	系统状态
System testing	系统试验

T

Tables	表
Tabular formats	表的格式
Taguchi approach	田口法
Tailoring	剪裁
Task analysis	工作项目分析
Technique for error rate prediction (THERP)	错误率预计方法
Technique for human event analysis (ATHEANA)	人的事件分析方法
Test, analyze and fix	试验、分析与纠正
Testability	测试性
Testability enhancement	测试性加强
Test coverage monitoring	测试范围监控
Testing	试验
Testing principles	试验原理
Test phase	试验阶段
Test safety analysis	试验安全性分析
Time – line analysis	时间线分析
Trade – offs	权衡
Trade secrets	行业秘诀
Training	训练
Transfer complications	移交的影响
Transparency	透明化
Transportation	运输
True redundancy	真冗余

U

Understanding error　　　　　　　　　　理解错误
Unintentional activation error　　　　　无意启动的错误
Unit/module testing　　　　　　　　　　单元/模块试验
Unit testing　　　　　　　　　　　　　单元测试
Upkeep　　　　　　　　　　　　　　　维护
Use phase　　　　　　　　　　　　　　使用阶段

V

Validation　　　　　　　　　　　　　确认
Validity　　　　　　　　　　　　　　有效,正确
Variability　　　　　　　　　　　　变异(性),差异
Verification　　　　　　　　　　　　验证,核实
Visual aids　　　　　　　　　　　　视频辅助装置
Visualization　　　　　　　　　　　可视化

W

Walk – through analysis　　　　　　现场巡视分析
Warning error　　　　　　　　　　告警错误
Weibull distribution　　　　　　　威布尔分布
What – if analysis　　　　　　　　因果分析
White box testing　　　　　　　　白盒测试
Working environment　　　　　　　工作环境
Workload assessment　　　　　　工作量估计
Worst – case analysis　　　　　　最坏情况分析

内 容 简 介

本书从产品、过程和系统安全性的角度,阐述了保证技术原理与实践。内容包括:第 1 章保证技术、利润及与安全性相关的风险管理;第 2 章统计概念简介;第 3 章可靠性工程及与安全性相关的应用;第 4 章维修性工程及与安全性相关的应用;第 5 章系统安全性工程;第 6 章质量保证工程和潜在安全隐患预防;第 7 章后勤保障工程与系统安全性考虑;第 8 章人因工程和系统安全性考虑;第 9 章软件性能保证;第 10 章系统效能;第 11 章管理与安全性相关的风险;第 12 章统计概念、损失分析以及与安全性相关的应用;第 13 章模型、概念和实例:应用情景驱动危险分析;第 14 章自动化、计算机和软件复杂性。并提供了参考表格和保证技术的一个杰出应用作为附录。

本书可供从事产品研制、生产、试验、管理的工程技术人员和管理人员使用,特别适合于研制单位领导层使用,也可作为从事保证技术研究的研究生的参考书。